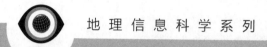
地理信息科学系列

GCESS

Web GIS 原理与技术

Web GIS Principles and Technologies

付品德　秦耀辰　闫卫阳　等著

高等教育出版社·北京

内容简介

本书基于 ArcGIS 平台，全面而系统地讲授 Web GIS 的原理、技术和应用。内容包括服务器端的要素服务、动态地图服务、栅格瓦块和矢量瓦块地图服务、地理处理服务、流服务、三维场景服务、影像服务和大数据分析工具；浏览器端的应用模板、故事地图、Web 应用构建器、Operations Dashboard、三维场景浏览器和 JavaScript 编程；移动端的 Survey123、Collector、Workforce、虚拟现实和增强现实等。全书共 14 章，各章设有概念原理和技术介绍、分步骤详解的实习教程、常见问题解答和具有一定挑战性的作业。

本书理论和技术兼备、体系完整、新颖前沿、易学易用，提供配套数据，可供地理信息系统、环境、规划、计算机等专业的高校师生作为教材，也可供相关专业及电子商务和电子政务等领域的技术人员和管理人员参考。

图书在版编目（CIP）数据

Web GIS 原理与技术/付品德等著.--北京:高等教育出版社,2018.6（2021.8 重印）

ISBN 978-7-04-049907-0

Ⅰ.①W… Ⅱ.①付… Ⅲ.①地理信息系统-应用软件 Ⅳ.①P208

中国版本图书馆 CIP 数据核字（2018）第 110045 号

策划编辑	关 焱	责任编辑	关 焱	封面设计	王 洋	版式设计	王艳红
插图绘制	于 博	责任校对	王 雨	责任印制	赵义民		

出版发行	高等教育出版社	网 址	http://www.hep.edu.cn
社 址	北京市西城区德外大街 4 号		http://www.hep.com.cn
邮政编码	100120	网上订购	http://www.hepmall.com.cn
印 刷	北京中科印刷有限公司		http://www.hepmall.com
开 本	787mm×1092mm 1/16		http://www.hepmall.cn
印 张	29		
字 数	650 千字	版 次	2018 年 6 月第 1 版
购书热线	010-58581118	印 次	2021 年 8 月第 3 次印刷
咨询电话	400-810-0598	定 价	75.00 元

本书如有缺页、倒页、脱页等质量问题，请到所购图书销售部门联系调换

版权所有 侵权必究

物 料 号 49907-00

Web GIS YUANLI YU JISHU

序

Web GIS 是地理信息系统与互联网融合而产生的一个新领域,是 GIS 发展史上一个重要的里程碑。它为 GIS 引入了一个灵活的架构,深刻地改变了地理信息数据采集、管理、传输、可视化、分析、共享和应用的各个环节。让 GIS 走出了办公室和实验室,走进千家万户的计算机里,走入亿万大众的手机中,让地理信息系统可以更广泛地应用于电子政务、电子商务、数字科研以及人们日常生活的方方面面,可以更深入地服务于我国现代化和智能化社会建设。

社会上对 Web GIS 科研人才、技术人才和应用人才的需求将日益扩大,也迫切需要一本具有国际化视野的、融合了世界 Web GIS 科技前沿的、理论与实践兼备的教程。由付品德、秦耀辰和闫卫阳等撰写的《Web GIS 原理与技术》一书在这方面做了有益的尝试。该书体系完整、内容新颖,不仅全面介绍了 Web GIS 的知识体系、基础概念和原理,而且图文并茂,配有简单易学、生动有趣的教程,更为难得的是,这本书深入浅出地展示了 Web GIS 在与移动设备、云计算、虚拟现实、增强现实、无人机遥感、大数据、物联网和人工智能等技术相融合方面的国际科技前沿技术。"他山之石,可以攻玉",相信这本书中展现的国际上的 Web GIS 前沿技术对广大的学生和科技工作者能有很好的启发作用,能够激励读者创造性地开发和应用 GIS,有利于我国的自主创新。

这本书是美国环境系统研究所(Esri)公司付品德博士和河南大学环境与规划学院秦耀辰教授等多年来在 Web GIS 科技、应用和教学方面辛勤探索的结晶,是国际合作的结果。付品德博士曾是我的硕士研究生,他在美国 Esri 公司设计和开发了诸多国际 GIS 项目和产品,并在河南大学和美国哈佛大学、加利福尼亚大学、得克萨斯大学等高校兼职任教,出版了多部中英文 Web GIS 专著,致力于传播 Web GIS 理念。秦耀辰教授带领河南大学 GIS 教师团队,在数据集成共享、区域发展模拟、低碳城市规划、气候变化经济过程模型等领域的科研和教学方面有丰富的经验。本书的作者团队具有深厚的地理信息科学基础与丰富的 Web GIS 开发实践经验,把两者融会贯通,求实创新,推出这本体系完整、兼备实践性和前瞻性的教程,难能可贵!

Web GIS 是 GIS 发展的趋势,自从 20 世纪 90 年代初产生以来,不断迅猛发展,但 Web GIS 现在还是起步阶段,展望未来,Web GIS 的应用价值潜力无限。相信本书能够帮助广大读者了解和学习 Web GIS,创造性地发展和应用 Web GIS。

中国工程院院士

2018 年 5 月

前　　言

互联网深刻地改变了我们的工作和生活,也改变了地理信息系统,两者的融合产生了Web GIS。随着互联网和移动互联网的迅速普及,Web GIS 也迅速发展,以其广泛的应用价值和独特的魅力,成为现代生活的日常工具和现代社会的技术支柱。近些年来,Web GIS与地理信息科学,与云计算、物联网、大数据和人工智能等信息技术继续融合,迅猛发展,愈发展示出其在各行各业的应用价值和潜力。充分利用 Web GIS,这将有益于乃至将决定很多机构的发展和前途。

本书特点

社会上对 Web GIS 专业人才的需求很旺盛,而且将持续增加。面对这种需求,一些高校已经开设或正在考虑开设 Web GIS 课程,需要 Web GIS 教学和学习指南。尽管这种需求明确而紧迫,但目前合适的 Web GIS 教程却很少。这在很大程度上是由于 Web GIS这一领域面临的挑战:发展太快,教程难以及时跟上;涉及面广,以至于难以压缩和总结;有时过于技术化,以至于不易解释。

本书把主要作者付品德出版的 *Web GIS Principles and Applications* 和 *Getting to Know Web GIS* 两本英文教程进行综合,并针对国内读者的需求和社会对 Web GIS 的应用需要,对内容做了大量的更新、扩充和改进。在写作的过程中,我们力图达到如下目标:

- 兼顾理论和技术:本书一方面着重于概念层次的探讨,注重方法论和原理的介绍。这些内容相对稳定,能在较长的时间内保持现势性。另一方面,我们理解高校培养学生动手能力的需要,以及学生希望学习 Web GIS 具体技术的需要,所以本书的每一章都配有技术路线介绍和精心设计的实习教程,通过详实的步骤让读者能够实实在在地掌握 Web GIS 技术。

- 体系完整:Web GIS 及其相关材料分散在产品网站、刊物、博客、讨论区和会议报告中。我们将这些零散的材料连贯一致地组织起来,力图涵盖 Web GIS 的全部知识体系和系统架构。不同于那些介绍单一技术产品的书籍,本书讲解众多产品,覆盖 Web GIS 的全平台技术,既包含要素服务、栅格瓦块和矢量瓦块服务、动态地图服务、地理处理服务、流服务、影像服务、三维场景服务等服务器端技术,也包括 Web 应用模板、移动应用和定制等客户端技术。

- 新颖前沿:我们争取囊括 Web GIS 的新技术和研究前沿,包括云计算、大数据分析、虚拟现实、增强现实、无人机遥感、物联网、深度学习和人工智能等,介绍它们的原理、技术和应用。希望能扩宽读者的视野。

- 易学易用:我们从事 Web GIS 研究和应用开发已 20 多年,本书尽量通过平实的语言和精心设计的插图来表达我们对该领域的理解。本书的教程部分配有实习和作业数据,每一章都创建一个或多个有趣有用的 Web 应用,大部分应用无须编程即可创建,个别应用需要编程。JavaScript 编程一章讲解如何通过修改和组合例子来定制开发,这种方法快速高效、简单易行。

目标读者

我们力求兼顾所有需要 Web GIS 的广泛读者群,不管他们的技术背景如何。管理人员可以从本书中学习到 Web GIS 能为其机构带来的好处和应用潜力;开发人员能从本书了解到 Web GIS 应用开发的可选方案和最佳实践;政府雇员能学到如何使用 Web GIS 提升公共信息服务的效果和加强跨部门之间的信息合作;商务人员能够学习 Web GIS 如何创造新的商业模式和重塑已有的商业模式;研究人员可以探索 Web GIS 所带来的新的研究领域和前沿。

本书适合作为地理信息系统、环境科学、计算机科学、电子商务、建筑设计、公共健康、新闻媒体等专业的本科生和研究生教材。本书的内容基础——*Web GIS Principles and Applications* 和 *Getting to Know Web GIS* 这两本英文教程,被美国哈佛大学、纽约州立大学、得克萨斯大学、约翰·霍普金斯大学、佛罗里达大学、明尼苏达州立大学、威斯康星大学、加利福尼亚大学、加利福尼亚州立大学、南加利福尼亚大学、俄亥俄州立大学、马里兰大学、科罗拉多大学和芬兰图尔库大学等几十所大学选为教材。本书在其基础之上做了大量改进和创新,相信将是 Web GIS 领域一本全面新颖、兼备理论性和实战性的中文教材。

实习课建议

本书有 14 个实习教程,提供配套的练习数据,可从高等教育出版社"学术前沿在线"的下载中心获取(扫描本书封底二维码),也可从河南大学地球科学共享网的"Web GIS 原理与技术练习数据"中下载。

本书每一章的教程有很多节,以供教师根据学生的基础、兴趣、需求和软硬件情况来灵活选择。例如,如果学校没有安装大数据分析的软硬件,可以把大数据分析练习布置为阅读,让学生在不做练习的情况下就能了解大数据分析的基本工作流程。

在服务器端软件方面,高校可以用 ArcGIS Online 或 ArcGIS Enterprise(包括 ArcGIS Server 和 Portal for ArcGIS 等)来进行实习,前者的好处是不需要在本地安装软件就能完成大部分的实习和作业,但有的高校在连接国际网络时存在带宽不够、速度缓慢的问题。后者需要在学校的服务器上安装 ArcGIS Enterprise,好处是在局域网或内部网上使用 Web GIS,网速快,体验好,并能够完成那些必须使用 ArcGIS Enterprise 软件的章节(见下表)。客户端需要 Web 浏览器、智能手机、ArcMap、ArcGIS Pro 和 Drone2Map。如果没有这些软件,ArcGIS 网站上提供部分软件的试用版,详情可参见每一章的软件需求和练习部分。

章号	服务器端软件需求	客户端软件需求
第 1，2，3，4，5，6，9，10 和 14 章	ArcGIS Online 或 ArcGIS Enterprise	Web 浏览器；iOS 或 Android 手机或平板电脑
第 7 章	ArcGIS Enterprise	ArcMap
第 8 章	ArcGIS Online 或 ArcGIS Enterprise	ArcMap 和 ArcGIS Pro
第 11 和 12 章	ArcGIS Online 和 ArcGIS Enterprise，GeoAnalytics Server 和 Image Server（可选）	ArcGIS Pro
第 13 章	ArcGIS Enterprise	Drone2Map

本书第一作者付品德博士在美国环境系统研究所（Environmental Systems Research Institute，Inc.，Esri）公司（目前世界上最大的专业 GIS 软件公司）工作，能及时获得 Web GIS 的国际发展动态和技术进展，并把这些内容融入书中。虽然本书使用 ArcGIS 产品作为例子，但本书的基本概念和原理适用于所有品牌的 Web GIS 产品。

Web GIS 技术是一个快速发展的领域。本书中的概念和原理部分将保持较长时间的现势性，但教程部分将随着新软件的发布而出现与最新版软件不一致的情况。我们计划发布订正信息。读者可从高等教育出版社"学术前沿在线"的下载中心或河南大学地球科学共享网"Web GIS 原理与技术订正"获取。我们也将根据 Web GIS 领域的发展和读者需要，争取在近年内及时推出新的版本。

本书是团队协作的结果。全书分工如下：第 1 章，陈郁、付品德；第 2 章，夏浩铭、秦耀辰；第 3 章，马晓哲、闫卫阳；第 4 章，马晓哲、付品德；第 5 章，陈郁、秦耀辰；第 6 章，夏浩铭、秦耀辰；第 7 章，翟石艳、宋根鑫；第 8 章，李宁；第 9 章，闫卫阳；第 10 章，宋宏权、付品德；第 11 章，宋宏权、付品德；第 12 章，常捷；第 13 章，常捷；第 14 章，史斌、付品德。缩略语，闫卫阳。全书由付品德、秦耀辰和闫卫阳统稿，由秦耀辰和闫卫阳统筹协调。

我们才疏学浅，写作时间仓促，书中难免有错误与不足之处，敬请广大读者批评指正（webgisbook@163.com）。希望本书能激发读者的想象力，帮助读者充分地挖掘利用 Web GIS 的潜力。

作者团队
2018 年 3 月

致　　谢

这本书的出版是和许多人的帮助分不开的。

首先，我们要感谢高等教育出版社关焱编辑和李冰祥主任。她们热情鼓励和大力支持了本书的写作和出版。

本书是基于我们在美国 Esri 公司的工作经验、在河南大学环境与规划学院所做的研究项目及所开设的 Web GIS 课程综合提炼而成的。在此深深致谢河南大学环境与规划学院的支持和帮助，也谢谢学生们对本课程所给予的反馈，这些反馈帮助我们改进了本书的内容和体系结构。我们要感谢河南大学秦奋、孔云峰、张喜旺和王喜等教授，中国科学院地理科学与资源研究所王卷乐、诸云强、尹芳、冯敏、宋佳、孙崇亮、李锐、徐于月、廖秀英、姚凌、刘润达、任正超、张金区、刘睿等研究员和博士对本书部分章节的贡献。

感谢美国 Esri 公司的 Clint Brown，Mourad Larif，Brian Cross，Jennifer Laws，Bethany Scott，Sarah Ambrose，Javier Gutierrez，Morakot Pilouk，Nathan Shephard，Jeremy Bartley 和 Maosour Raad 等提供的多种帮助。感谢 Esri 中国（北京）有限公司蔡晓兵、沙志友和徐汝坤等专家审阅本书并提出建议。

最后，我们衷心感谢家人的支持！

作者团队
2018 年 3 月

目　　录

第 1 章

Web GIS 概述和云 GIS 起步

万维网改变了人类社会的方方面面,也改变了地理信息系统。万维网与地理信息系统的融合产生了万维网地理信息系统(Web GIS)这一新兴领域。万维网所产生的巨大冲击力以及它广泛的连通性使地理信息系统获益匪浅,使地理信息系统能走出办公室和实验室,走入千家万户的计算机,到达亿万大众的手机里,让地理信息系统广泛地应用于各个领域,从政府、企业、教育、科研,深入我们的日常生活。不管人们是否意识到了,现在绝大部分的互联网用户都已经使用过万维网地理信息系统,常见的如手机导航和查找附近的商家,更专业的如应急管理和商业选址。

Web GIS 于 1993 年出现后,迅速发展,已经颠覆性地改变了地理信息传输、出版、共享、可视化和应用的各个环节,是地理信息系统发展史上重要的里程碑。近些年来,Web GIS 与并行运算、云计算、移动互联网、物联网、无人机、语音界面、机器学习、人工智能等信息技术融合,在大数据、智慧城市、智慧社区、商业智能、无人驾驶、虚拟现实、增强现实等前沿领域都有独特的用途,成为现代人类社会发展中越来越重要的技术支柱之一。

本章首先介绍 Web GIS 的概念、优点、技术基础和近些年的发展趋势,然后以 ArcGIS Online 为例,介绍云 GIS 的基本功能、内容类型、基本操作和应用开发流程。实习部分使用 ArcGIS Online 演示如何利用 Story Map Tour 模板来快速构建 Web GIS 应用程序。图 1.1 中箭头所示为本章将讲授的技术路线。

学习目标:

- 理解 Web GIS 的概念、优势、技术基础和应用类型
- 了解近期 Web GIS 的技术走向和新一代 Web GIS 的特点
- 理解云 GIS 的概念和 ArcGIS Online 的内容类别及用户级别
- 了解构建 Web GIS 应用程序的不同方法
- 学习 ArcGIS Online 创建 Web 应用程序的工作流程
- 使用逗号分隔符(CSV)文件类型的 GIS 数据
- 理解 Story Map Tour 模板的适用场景和使用方法

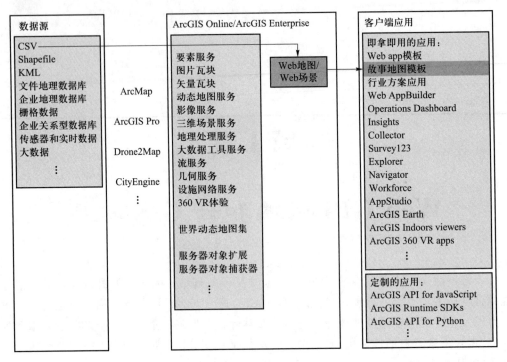

图 1.1　本章技术路线

1.1　概念原理与技术介绍

1.1.1　Web GIS 的概念和优势

　　GIS,即地理信息系统(geographic information system)或地理信息科学(geographic information science),是一门处理与地理位置有关问题的、能够对地理数据进行采集、存储、管理、分析、表达和共享、帮助人们做出正确决策的技术和科学。Web GIS 是指采用了 Web 技术的 GIS。

　　Web GIS 的设施基础是 20 世纪 60 年代末出现的互联网和 90 年代早期出现的万维网。在许多人的脑海和谈话中互联网和万维网是同义词,但实际上它们有所不同。互联网(Internet)是一个把分布在全世界的计算机等设备连接起来的巨大的计算机网络。互联网上的计算机可以通过一系列协议与其他计算机交流,这些协议包括超文本传输协议(HTTP)、简单邮件传输协议(SMTP)、文件传输协议(FTP)、互联网中继聊天(IRC)、即时通信(IM)、远程登录(Telnet)、点对点或对等网络(P2P)等。万维网(World Wide Web)是互联网上的众多网站和超文本文件的集合,它主要通过超文本传输协议把各种超文本文件连接起来。超文本传输协议虽然只是互联网协议中的一个,但它所聚集起来的丰富内容和所能支持的用户交互活动,是互联网最主要的吸引力,因此,万维网被称为是互联网的"门面"。

第一个可操作的地理信息系统是由罗杰·汤姆林森(Roger Tomlinson)在 20 世纪 60 年代开发的。从那时起,地理信息系统从基于本地文件的单个计算机系统不断发展,经历了基于中央数据库和局域网的客户端/服务器架构(client/server,C/S),发展到了基于万维网的浏览器/服务器架构(browser/server,B/S)。1993 年,施乐公司帕洛阿尔托研究中心(Palo Alto Research Center,PARC)开发了一个交互式的地图网页,这标志着 WebGIS 的起源(图 1.2)。这个网页首创了在 Web 浏览器中运行 GIS 的方法,展示了用户不必在本地安装地理信息系统数据和软件,就可以在任何有互联网的地方使用地理信息系统,这个优势是传统的桌面地理信息系统无法比拟的。

图 1.2　GIS 的发展历程和使用的 Web 技术

互联网和万维网赋予了人们选择时间的自由(一天 24 小时、一周 7 天都是开放的),也使人们摆脱了距离的羁绊,它们本身所具有的全球性、低成本、高效性、开放性等特点也赋予了 Web GIS 很多优点(图 1.3)。

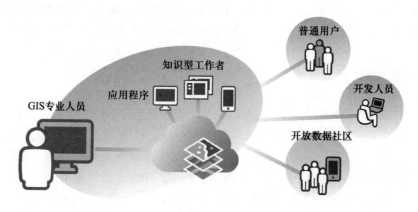

图 1.3　Web GIS 让地理信息摆脱了距离的羁绊,极大地扩展了
GIS 的用户群,让 GIS 的应用和价值呈指数级增长

1）传播的广远性

对开发者来说，做一个 Web GIS 应用，可以向全世界展示；对使用者来说，坐在家里，用浏览器或其软件就可以使用全世界的 Web GIS 应用（被防火墙或其他安全措施隔绝的系统除外），所以 Web GIS 的传播具有全球性，这个优点是从互联网和 HTTP 传输协议中继承而来的。

2）用户的众多性

一般来说，一个传统的桌面 GIS 在某一个时间只供一个用户使用，而一个 Web GIS 能支持很多用户乃至成千上万的用户同时使用。这是 Web GIS 的一个优势，同时也要求 Web GIS 具有较高的性能和扩展能力。

3）较好的跨平台性

Web GIS 的主要客户端是 Web 浏览器，而 Web 浏览器在各个操作系统上都有，因此，相对于桌面应用来说，基于 Web 浏览器的 Web GIS 具有较好的跨平台性。但值得注意的是，当前由于移动平台操作系统的多样性和各个平台所提供的编程接口不同，本地式——即那些直接在移动设备上安装运行的——移动 GIS 的跨平台性相对较差。

4）平均费用的低廉性

对于一个机构来说，它不必为每一个 GIS 用户购买一套桌面 GIS，而是可以构建一个 Web GIS，供多个用户分享，这样平均费用往往比前者要低廉。对最终用户来说，大量的电子地图网站、政府部门提供的公共信息服务地图网站等 Web GIS 都是免费的。

5）对最终用户的易用性

桌面 GIS 的主要用户是那些经过多年培训和有多年经验的专业人员，而 Web GIS 的用户往往是非 GIS 专业人员和普通网民。这些大众化的用户没有受过相应的培训，他们需要 Web GIS 简单易用，像傻瓜相机一样，同时又要有良好的用户体验。他们的期望甚至是——"如果我不知道怎么使用你的网站，那是你的错。"这就要求 Web GIS 的开发人员注意设计人性化的操作界面，降低使用的复杂性。

6）更新的统一性

如果一个桌面 GIS 有了新的版本或数据，管理员需要到每台计算机上安装。Web GIS 则不同，管理员只需要对服务器进行更新，那么用户下次使用该系统时，客户端大都会自动更新,得到最新的程序和数据。因此,在很多情况下,Web GIS能降低系统维护的复杂性,也非常适合那些对时效性要求较高的应用,如应急管理。

7)应用的广泛性

针对人们五花八门的需求,政府机关、商业机构和一些爱好者开发出了各种各样的Web GIS应用。Web GIS推动了新地理学的发展,新地理学(Neogeography)是指非专业用户因个人或公共目的使用地理学技术和工具,这一现象突破了专家与非专家之间的传统界限,促进了公众参与和GIS社会化。

1.1.2 Web GIS 的功能和应用

从理论上讲,Web GIS可以实现GIS的全部功能,可以在互联网上实现地理信息的收集、存储、编辑、处理、管理、分析、共享和可视化等。现阶段应用较多的主要功能包括:

地图和查询:在线地图是Web GIS最常见的形式和最常用的功能,可以说是Web GIS的门面。地图上的每个地物都有属性数据,可以进行空间查询(如这里是什么?)和属性查询(如书店在哪里?)。

数据采集:专业人员和业余用户都可以利用互联网来采集地理信息。野外工作人员利用移动客户端,可将野外采集或验证后的数据传送到后台办公室的服务器和数据库中,提高数据的现势性。近年来出现的自发式地理信息大部分也是通过Web来收集的。

地理信息的分发和传播: Web GIS是一个传播地理信息的理想平台,政府机关、学术机构和商业部门可以长期使用这个平台共享空间信息。从早期的美国空间数据仓库、地理信息一站式门户网站、到目前的ArcGIS Online和OpenData等,它们允许用户搜索和下载数据,共享地理Web服务,促进了跨部门的合作,帮助他们充分利用数据资源,避免数据的重复采集,既降低了费用,又提高了效率。

地理空间分析: Web GIS不仅仅是电子地图,它还提供许多空间分析功能,特别是那些贴近人们日常生活的重要功能。例如,量算地物的距离和面积、寻找最佳的驾车路线或公交路线、查找地址或地名的位置、利用临近分析来查找附近的商店。政府、企业、科研机构也利用Web GIS进行一些专业的空间分析。例如,利用化学物品泄漏扩散模型计算出可能受影响的区域,并利用叠加分析确定要疏散的街区。在商业零售方面,选址模型可以帮助企业分析出在哪里开设商店可以产生最好的利润。在低碳和绿色能源方面,太阳辐射模型可以帮助公众估算在自己的房顶上安装太阳能面板所可能产生的能量。基于已有案发地点的分布,公安部门能制作热度图,让公众知道哪里是高危险区,提醒公众注意安全。有些最佳路径分析还做了进一步深化,不仅考虑到起点和终点的距离与沿途道路的限速,还考虑到了接送所要求的时间窗口、沿途的实时路况和桥梁限高等。这些功能显示了Web GIS可以针对现实世界中的实际需求而量身定制,为雇员、顾客和公众提供具有针对性的服务,解决实际的问题。

Web GIS 解放了地理空间信息并将其传递给办公人员和居民,把这项技术普及给亿万民众。Web GIS 已经展示了其对于政府、商业、科学和日常生活的巨大价值。近年来,空间位置的概念和重要性变得更加主流,并且大众的 Web GIS 意识日益凸显。

1) Web GIS 作为新的商业模式和新的商品

Web GIS 所带来的最显著的商业模式是基于地理位置的广告服务,这种模式被 Google、Apple、Facebook、百度、腾讯等众多公司采用,为它们带来了巨大的财富,它们针对用户所搜索的关键字和位置来显示广告赞助商的商品和服务。这种广告发布方式比传统的电视和广播等广告模式更精准,有更高的回报率。从广告赞助商的角度来看,这种按点击量来付费的模式能让它们更好地了解广告的实际效果,更好地控制在广告上的投资。

2) Web GIS 作为电子政务的一种强大并具有亲和力的工具

电子政务一词于 20 世纪 90 年代初被提出,许多国家通过立法、监管和财政激励等手段积极推动电子政务的发展。很多政府事务与位置相关,地理位置也就成为政府业务的基本要素,这使得 GIS 和 Web GIS 成为电子政务的重要组成部分。易于理解的在线地图,使 Web GIS 成为一种极具亲和力的沟通渠道。凭借其分析能力,Web GIS 能为决策者提供广泛的地理智能和辅助决策方案。许多政府部门已经在转向 Web GIS,以便充分利用 Web GIS 在交流和协作方面的优势。智慧社区(smart community)就是 Web GIS 在政务方面应用的热点之一,例如,美国洛杉矶市的地理枢纽 GeoHub 项目①就利用 Web GIS 来提供城市施工、垃圾回收,甚至每一棵树的信息,为公民提供方便,增加公民的知情权,提高政府的透明度。结合"众包"(crowdsourcing)模式,洛杉矶的 GeoHub 还提供自下而上的信息通道,吸引公众参与,收集公众建议,吸纳集体智慧,藉此来提高政府的工作质量。

3) Web GIS 作为数字化科研(e-Science)的基础平台

近些年来,自发式地理信息爆炸式增长,直接连接到万维网上的传感器和正在实现的物联网在实时发送海量的地理信息,现代科研往往涉及大数据和密集计算。Web GIS 及其背后的云平台和并行运算为数字化科研提供了计算能力强大、数据丰富、成本低廉、容易使用的基础设施。目前,万维网已经日益成为一个巨大的分布式数据库、强大的计算平台和协同实验室。越来越多的机构把它们的地图服务、空间分析服务发布到了"云"中。Web GIS 在大数据分析方面和与人工智能软件的融合方面为科学家们提供了从数据技术到前沿分析的全方位平台。

---

① http://geohub.lacity.org/

4）Web GIS 作为人们日常生活中的重要工具

"六何"法（英文中所说的"5 个'W'和 1 个'H'"）——何人（who）、何事（what）、何时（when）、何地（where）、为何（why）和如何（how），是人们日常生活中所遇到的基本问题，其中"何地"是重要的一个方面。人们经常会遇到诸如到哪里吃饭、哪里入住、哪里购物，如何从这里到那里去等问题，它们都与 GIS 有关。传统上，教育界认为，一个人在社会上生存需要学会三项基本技能，即"3R"——读（reading）、写（writing）和算术（arithmetic）。近年来，空间认知能力被认为是继"3R"之后的第四个"R"（spatial literacy），即第四项基本能力（Goodchild，2006）。而 Web GIS，特别是在线和手机地图，是人们了解自己的生活空间、获得空间认知能力的重要手段。

1.1.3　Web GIS 的主要产品和技术基础

Web GIS 是 GIS 技术研究和商品化的热点，国内外几家主要的 GIS 厂商也都在积极开发 Web GIS 产品，提出自己的解决方案。国内外的主要 Web GIS 产品包括：

- Esri 公司的 ArcGIS Online 和 ArcGIS Enterprise；
- 大众化地图应用如 Google Maps、Google Earth、Apple Maps、百度地图和天地图；
- 开源软件 GeoServer、CartoDB 和 Mapbox；
- 超图公司的 SuperMap IS；
- 武汉吉奥公司的 GeoSurf 等。

本书将以 Esri 公司的 ArcGIS Online 和 ArcGIS Enterprise 这两个在世界上应用最广泛的专业 Web GIS 产品为主来介绍 Web GIS。本书的许多基本概念适用于大多数产品。

Web GIS 所采用的 Web 技术，包括但不限于超文本传输协议（Hypertext Transfer Protocol，HTTP）、超文本标记语言（Hypertext Markup Language，HTML）、统一资源定位器（Uniform Resource Locator，URL）、JavaScript、WebGL（Web Graphics Library）、SVG（Scalable Vector Graphics）、Canvas 2D 和 WebSocket 等。其中，HTTP、URL 和 HTML 是万维网技术的三大基石，也是 Web GIS 的技术基础。HTTP 定义了一套 Web 服务器与客户端进行请求和应答时所应遵守的规范。URL 是描述互联网上网页和其他资源地址的一种标识方法。HTML 是标准通用标记语言下的一种规范，它通过标记符号来标记显示网页中的各个部分。

Web GIS 的基本架构如图 1.4 所示。与 Web 应用相似，Web GIS 的基本工作流程是用户使用 Web 客户端（可以是 Web 浏览器、移动客户端或桌面应用程序），向 Web 服务器发送 HTTP 请求；Web 服务器将有关 GIS 功能的请求转发到 GIS 服务器，GIS 服务器从 GIS 数据库中读取所需要的数据，对请求进行相应处理，如生成地图、执行查询或相关分析，将数据、地图或其他操作结果通过 HTTP 响应返回到客户端中显示。下面逐一介绍 Web GIS 的各基本组成部分。

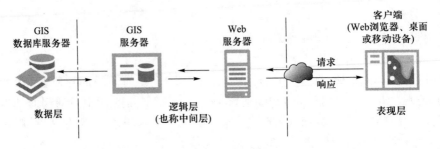

图 1.4　Web GIS 的基本架构

1）Web GIS 服务器是 Web GIS 架构中最重要的部分

一个 Web GIS 应用的能力和质量在很大程度上取决于其所使用的 Web GIS 服务器，其功能、可定制的程度、可扩展性及性能是关系到 Web GIS 应用能否成功的重要因素。自 Web GIS 产生以来，Web GIS 服务器技术的发展经历了多次迭代变更，产品的性能和功能飞跃式发展。以 Esri 公司产品为例，从 20 世纪的 ArcIMS 到 2004 年发布的 ArcGIS Server，到现在新一代 Web GIS，包括基于公有云的 ArcGIS Online 和可用于私有云的 ArcGIS Enterprise。

2）数据库是 Web GIS 应用的基础支撑

地理数据库是某区域内关于一定地理要素特征的数据集合。它可以存储不同类型的地理数据，如矢量数据（如点、线、多边形）和栅格数据（数字高程、卫星与航空影像）；一些 GIS 数据库还支持 CAD、三维、交通和管线网络、三角测量、激光雷达（light detection and ranging，LiDAR）、图像镶嵌数据集等数据类型的存储。地理数据可以从简单的 CSV 文件、单幅的遥感图像，到小型的和大型的企业级数据库。近些年来，地理大数据的存储和分析促进了大数据数据库如 Hadoop、Hive 的发展和使用。

3）Web GIS 客户端在 Web GIS 应用中扮演着两种角色

一方面它代表整个系统的最终用户界面，负责与用户交互；另一方面，客户端日益强大，可以快速进行较多数据的渲染可视化，并能进行一些分析运算等处理任务。现在的 Web GIS 客户端早已经不限于浏览器/服务器（B/S）架构下的浏览器客户端，它包括如下类型：

Web 浏览器客户端：运行于 Web 浏览器之中，主要基于 HTML5 技术。这类客户端轻盈，不需本地安装，便于使用。例如，ArcGIS Online 和 ArcGIS Enterprise 提供的大量 Web 应用模板和故事地图都属于这一类别。

桌面应用程序客户端：直接运行在操作系统上，而不是在 Web 浏览器之中，因此不受浏览器"沙箱"环境（即浏览器中 JavaScript 和插件程序所设置的、被严格控制的安全运行环境）的限制。桌面客户端可以更方便地访问本地资源，如本地文件、数据库和外围设备,特别适用于资源密集型的 Web 应用。例如,ArcGIS Pro 就是一个桌面客户端,它是一个 64 位原生程序,支持多线程,在使用更大内存的同时还可以更充分地利用中央处理器(CPU)计算资源,可以灵活地使用互联网或云中的多种地图和分析服务,并且可以与本地数据相结合,提供多种 Web 浏览器客户端不能完成的复杂分析操作。

移动客户端:日益普及,其用户量已经超过了其他客户端。这类客户端的应用大致可以分为两种:一种是基于移动浏览器;另一种是基于本地应用程序(或称嵌入式程序)。这类客户端的典型代表包括 Collector for ArcGIS 和 Survey123 for ArcGIS。

1.1.4 Web GIS 的技术发展方向

自从 Web GIS 于 1993 年出现后,与地理信息科学和整个信息技术领域的发展相辅相成,发展迅猛,经历和展现了以下发展方向(图 1.5)。

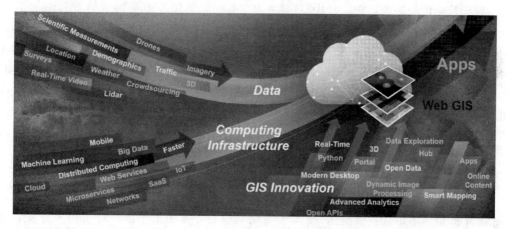

图 1.5 近年来,Web GIS 与地理科学和信息技术的发展相互融合,发展迅猛

1) 从封闭的 Web GIS 网站到基于 Web 服务的架构

早期的 Web GIS 软件产品和应用系统大都是作为"独立解决方案"来开发的,各自是孤立和封闭的网站,各系统之间不易进行信息和功能的共享。系统内各个模块之间的接口是紧密的和局部的,不能够灵活进行重组和改进。而 Web 服务作为一种运行于 Web 服务器上的程序模块,可以被客户端灵活地调用和重新组合,近年来已经成为 Web GIS 的技术基础。现在的 Web GIS 产品和应用架构主要就是服务器端发布 Web 服务、客户端调用和展现 Web 服务的结果。这种架构也便于 Web GIS 融合到商务智能软件中。

2) 从自上而下的信息流向转为信息的双向流动

早期的 Web GIS 产品和应用主要是支持地理信息从服务器端到客户端的单向流动。21 世纪以来,互联网用户创建的内容越来越多,自客户端到服务器的信息流迅速发展,自发式地理信息也随之出现,基于这种模式的地理信息众包研究和应用蓬勃发展,是诸如全民科学、社区反馈、预警、突发性事件的监控和过程分析、国家空间数据基础设施建设等方面的重要支撑技术之一。

3) 从本地到云端

近几年来,云计算和云 GIS 已经完成了从概念到普及应用的转变。相对于本地复杂的海量数据处理、频繁的软硬件更新,云 GIS 显得更为"轻盈"。使用云 GIS 为桌面和移动等应用提供数据和功能支持,这种模式已经被业界广泛接受和应用。

4) 从有线的桌面平台到无线的移动平台

现代社会已经进入后 PC 时代,智能手机、平板电脑和各种便携式数码设备极其流行,智能移动设备的数量早已超越了台式和笔记本式计算机。移动 GIS 正成为 Web GIS 最主要的客户端平台,越来越多的 Web GIS 采用自适应技术和本地应用技术来支持大小迥异的屏幕,把 Web GIS 送到每个人的手机上,让 Web GIS 的应用更紧密地融入人们的办公和生活。增强现实是移动 GIS 中的一个研究热点。它根据手机的位置及角度,把地理信息叠加在手机的图像或视频上,将虚拟的信息应用到真实世界,从而达到超越现实的感官体验。

5) 不仅提供功能,而且提供数据内容

现在流行的 Web GIS 产品不仅提供了功能,而且提供了众多的底图服务和专题图层,以 Web 服务的形式提供给用户,大大简化了应用开发的工作量。对于很多开发者来说,很难想象以前那种连基础底图都需要自己采集或购买的年代。

6) 从二维地图到三维地图和虚拟现实

三维地图更为直观、便于理解,但在 Web 上提供三维地图曾受限于很多技术瓶颈。而今,WebGL 日益普及,缓存技术日益完善,许多 Web GIS 产品已经能在浏览器和手机中平滑、逼真地展示三维地图。虚拟现实(virtual reality,VR),特别是带上 VR 眼镜或头盔的浸入式 VR,能给用户带来身临其境的视觉和其他感观效果,并让用户能与周围的环境进行动态交互。VR 给用户带来了全方位的、比三维地图更有冲击力的用户体验,在众多的 GIS 应用领域中都充满了潜力。

7) 从静态数据到实时数据、时空大数据和实时 GIS

Web GIS 中的许多组成部分都具有实时和近实时的特性,例如,由野外工作人员收集的数据,由公众使用手机报告的事件,由智慧城市和物联网所布设的传感器网所监测到的海量数据,对 Web GIS 提出了挑战和新的需求。现代的 Web GIS 具有巨大的实时数据吞吐能力、大数据存储能力和实时分析能力,以适应物联网时代的需求。

栅格数据是 GIS 的一种重要数据源,在这方面,航空航天和无人机遥感图像的时空分辨率也越来越高,数据量爆炸式增长。对栅格大数据的动态拼接、及时发布和高速处理也是现代 Web GIS 需要具备的重要功能。

8)从简单制图到更为智能的分析功能

Web GIS 从为互联网用户提供简单的地图开始,一直在逐渐增加分析功能,例如,为大众提供的最佳路径计算功能和为企业提供的专业商业分析功能。近期快速发展的大数据分析能挖掘出以前所不能发现的规律和现象,为政府和企业等机构提供更深入的决策支持。目前,机器学习和人工智能等热点也在与 Web GIS 融合,例如,机器学习能让在线遥感分析和图像识别更为准确,人工智能可以让 Web GIS 能够从众多的设施图片中识别出破损的设施,以便安排定位维修。这些专业深入的分析,现在都可以在简单的 Web 界面中实现。

1.1.5 ArcGIS Web GIS 平台简介及其部署方式

本书以美国 Esri 公司的 ArcGIS Web GIS 平台为例来介绍 Web GIS。ArcGIS Web GIS 平台使专业人员和广大公众能够从任何设备、随时随地轻松地发现、使用、制作并共享地图应用(图 1.6)。

图 1.6　ArcGIS 新一代 Web GIS 平台,提供数据、地图、检索、安全管理、分析和协作功能

Web GIS 平台的核心是一个门户网站,ArcGIS Online 或是 Portal for ArcGIS,它是访问组织内信息产品的一种途径。门户可以帮助管理并安全便捷地访问地理信息。

桌面、Web、平板电脑和智能手机上的客户端应用程序可以通过门户网站来搜索、发现、访问 Web 地图、Web 应用及其他类型的内容。

在后台基础设施方面,该平台提供 GIS 服务器、地理数据库和大量即拿即用的内容。
ArcGIS Web GIS 平台有三种部署模式(图 1.7):

- 基于公有云的 ArcGIS Online:基于公有云和软件即服务的模式,服务器托管于亚马逊、微软等公司的云平台中。用户不需要维护服务器的软硬件基础设施,Esri、亚马逊和微软负责管理和维护 ArcGIS Online,保证其性能和安全。
- 基于私有云的 ArcGIS Enterprise:该产品可以安装在企业和政府的服务器或私有云上(也可以安装在公有云上),由这些企业和政府机构自己管理和维护。
- 公有云、私有云混合部署:该模式是目前最常见的 Web GIS 部署模式,最简单的如采用 ArcGIS Online 的基础底图,融合用户自己服务器上的内部数据层。

图 1.7　Web GIS 部署模式

ArcGIS Enterprise 是 ArcGIS Server(加上其他产品)启用的全新名字,是主要用于私有云和混合部署模式的 Web GIS,是运行在组织内部基础设施上的 Web GIS 平台。ArcGIS Enterprise 具有灵活的部署模式,可支持多种配置:本地(在物理硬件或虚拟化环境中)、云(在 Amazon Web Services 或 Microsoft Azure 上)、将本地和云结合。ArcGIS Enterprise 产品包含四个组成部分:

- ArcGIS Server:这是 ArcGIS Enterprise 的核心组件,它的主要功能是发布各种 Web 服务,使你的数据、你的地图、工具等地理信息资源可供组织中的其他人使用。
- Portal for ArcGIS:它是 Web GIS 的门户,是 ArcGIS 平台资源管理和访问出口。帮助用户实现多维内容管理、跨部门协同分享、精细化访问控制、发现和使用 GIS 资源。Portal for ArcGIS 还有众多即拿即用的应用模板,用于快速创建 Web 应用。
- ArcGIS Data Store:它是新一代 Web GIS 系统的数据存储,可用于设置 Portal for ArcGIS 托管服务器所使用的不同类型的数据存储,包括大数据的分布式存储。
- ArcGIS Web Adaptor:用于将 ArcGIS Server 和 Portal for ArcGIS 与现有的企业级 Web 服务器相集成。

ArcGIS Online 和 ArcGIS Enterprise 之间有所不同。例如,ArcGIS Online 提供更多的即拿即用的图层和分析功能,而 ArcGIS Enterprise 允许用户发布更多类型的 Web 服务,但总体来说两者提供的具体项目解决方案和工作流程有许多类似之处。本书内容既适用于 ArcGIS Online,也适用于 ArcGIS Enterprise。

1.1.6 ArcGIS Online 云 GIS 的用户和内容

云 GIS 将 GIS 部署于云计算平台上,能帮助用户降低成本,减少复杂性,并加快可伸缩性。ArcGIS Online 是 Esri 公司建设的公有云平台[①]。它基于亚马逊和微软云平台搭建,为用户提供了一个基于云的、完整的协作式地理信息内容管理与分享工作平台。它使用户能够把自己的业务数据简易快捷地发布为图层、制作二维 Web 地图和三维 Web 场景,拥有丰富的地理分析功能,拥有众多即拿即用的 app 应用,并提供模板支持用户快速构建新的 app 应用,在浏览器、桌面和移动平台上随时随地地访问。ArcGIS Online 为管理员提供完整的地理内容和用户管理功能,提供跨机构之间的共享和合作功能。

从云计算的宏观角度来说,ArcGIS Online 能提供以下服务:

- 基础设施即服务(Infrastructure as a Service,IaaS):用户可以上传数据,发布 Web 图层到 ArcGIS Online,将图层和应用托管保存在 ArcGIS Online 中。从这个角度来看,用户使用了 ArcGIS Online 的存储、计算和带宽等基础设施。
- 平台即服务(Platform as a Service,PaaS):用户可以使用应用模板构建丰富的 Web GIS 应用程序,无须编程。用户也可以利用 ArcGIS Online 的 Web 开发接口来定制 Web GIS 应用程序。从这个角度来看,用户可以将 ArcGIS Online 作为创建应用程序的开发平台来使用。
- 软件即服务(Soft as a Service,SaaS):ArcGIS Online 由 Esri 公司维护,用户自己不必在本地安装服务器软件,不必担心该系统的维护和运营,甚至不必知道这些服务来自哪里。用户上网就能随时随地使用 ArcGIS Online 上的丰富的图层内容、分析功能以及 Web 应用。从这个角度来看,用户以服务的形式使用 ArcGIS Online 软件。

ArcGIS Online 的基本要素包括用户、群组、内容和标签(图 1.8)。大致来说,它们具有如下关系:① 用户可以创建和加入群组。② 用户可以创建和共享内容,包括各种数据、图层、Web 地图和 Web 应用程序。③ 内容具有标签,可以支持用户搜索和发现所需要的内容。④ 用户的内容可以是私有的,也可以与所选的群组共享,与组织机构内的所有人共享,或与所有人共享。

组织机构可以使用、创建和共享大量地理内容,包括图层、地图、场景、应用程序和分析。组织机构可以使用级别控制和角色来分配给成员不同的权限。ArcGIS Online 主要支持如下用户类别:

- 匿名用户:可以访问 ArcGIS Online 上的公开内容和应用程序。对于组织机构的内容,只要该组织允许匿名访问,匿名用户就可以访问该组织分享给所有人的公开内容。匿名用户不能保存工作和创建 Web 应用程序。

---

① http://www.arcgis.com

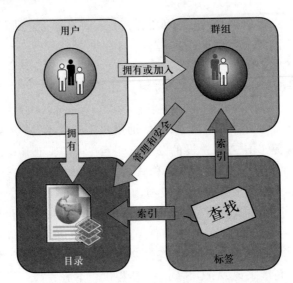

图 1.8　ArcGIS Online 的基本要素及它们之间的关系，
Portal for ArcGIS 也提供类似的内容类别

- 组织用户：一个用户要成为一个 ArcGIS Online 组织的成员，需由该组织管理员的邀请或管理员为之创建组织账户（表 1.1）。用户有两种级别：级别 1 的成员仅能查看组织或组群与其共享的内容。级别 2 的成员可以查看、创建、共享内容和创建群组。组织用户可以有下列角色之一：① 查看者；② 用户；③ 发布者；④ 管理员；⑤ 自定义：管理员可以定义一个具有一些特定权限的角色。

表 1.1　ArcGIS 用户角色及权限

权限	基本角色				
	匿名	查看者	用户	发布者	管理员
使用地图和应用程序、地理搜索、地理编码	√	√	√	√	√
使用人口统计、高程分析、网络分析、加入无项目更新功能的群组		√	√	√	√
加入具有项目更新功能的群组、使用订阅者内容、空间分析、GeoEnrichment、创建内容、共享地图、应用程序和场景、创建群组、编辑要素			√	√	√
发布托管 Web 图层、执行分析				√	√
管理 Open Data 站点、邀请用户加入组织、管理组织资源、配置网站主页、创建自定义角色、设置企业登录、管理配额预算、启用和禁用成员账户、组织内容安全管理					√

ArcGIS Online 的内容有以下五种主要类型（图 1.9）：

- 数据：诸多数据格式，包括 CSV、TXT、Shapefile、GPS 交换格式（GPX）和地理数据库等。

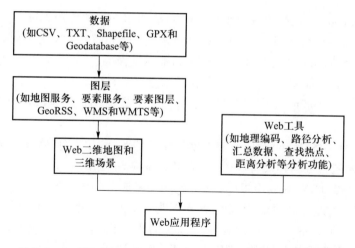

图 1.9　ArcGIS Online 和 Portal for ArcGIS 主要内容类型及关系

- 图层：ArcGIS Online 可以加载的图层包括数据、可关联图层、要素服务、地图服务、瓦块图层、矢量瓦块图层、影像服务、场景服务、开放地理空间信息联盟（OGC）定义的多种规范的 Web 服务包括钥匙孔标记语言（KML）、GeoRSS、WMS、WMTS 和 WFS 等。这些图层的概念、发布和使用将在本书后面章节中介绍。
- Web 二维地图和三维场景：这些二维、三维地图交互式地显示地理信息，一个地图或场景可以包含多个图层，并能对图层配置过滤、符号、弹出窗口、搜索字段、透明度、显示范围等。
- Web 工具：执行分析（如地理编码、路径、生成 PDF 文件）、汇总数据、查找热点、距离分析等诸多功能。
- Web 应用程序：一个应用可以使用一个或多个 Web 地图或场景。有了 Web 地图和场景之后，用户就可以使用 ArcGIS Online 提供的众多即拿即用的应用程序来展示、查询和分析 Web 地图或场景中的图层。非开发人员也可以利用 ArcGIS Online 提供的应用模板来创建应用程序，无须任何编程。程序员可以使用 ArcGIS WebAPIs 编程来构建独特的 Web 应用。

1.1.7　Web GIS 应用程序的基本创建方法

构建 Web GIS 应用一般需要把本地的数据源发布到 GIS 服务器上成为 Web 服务，然后在客户端使用这些 Web 服务。

- 数据层：包含从简单的 Microsoft Excel CSV 文件到复杂企业级数据库下的地理数据库和大数据库等不同格式。这些格式能够在 ArcGIS 桌面软件包括 ArcGIS Pro 中创建地图、工具箱和 3D 场景。
- 服务层：使用浏览器、ArcGIS Pro 或 ArcMap，可以将桌面资源作为各种类型的 Web 服务发布到 ArcGIS Online 或 ArcGIS Enterprise。然后将这些 Web 服务添加到 ArcGIS Online 中创建 Web 地图或三维场景。

- 客户端 app 层：包括大量无须编程的即拿即用 app 和使用 Web 应用程序编程接口（APIs）或者软件开发工具包（SDK）来开发满足特殊要求的定制 app。

使用 ArcGIS Online 创建 Web 应用程序的基本流程是：

（1）了解项目功能需求、定义所要制作的信息产品目标。

（2）在 ArcGIS Online 搜索图层和（或）将自己的数据发布到 ArcGIS Online 中成为新的图层。

（3）使用 ArcGIS Online 地图查看器创建和共享 Web 地图：① 将图层添加到 Web 地图；② 为图层配置符号和弹出窗口；③ 保存和共享 Web 地图。

（4）创建和共享 Web 应用程序：ArcGIS Online 提供了很多 Web 应用程序模板。可以浏览这些模板，从中找到最能满足需要的那个，利用它把自己的 Web 地图转化为 Web 应用程序。创建的 Web 应用程序是私有的，需要把它以及它所用的 Web 地图和图层分享给群组或所有人，以便其他人搜索、发现和使用这个 Web 应用程序。如果没有找到能满足需求的模板，则可以用 ArcGIS 的开发接口来创建定制的应用程序（图 1.10）。

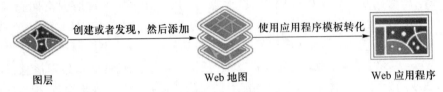

创建或者发现，然后添加　　　　使用应用程序模板转化

图层　　　　　　　　　　Web 地图　　　　　　　　Web 应用程序

图 1.10　ArcGIS Online 创建 Web 应用程序的过程

1.2　实习教程：利用 ArcGIS Online 创建景点游览 Web 应用程序

在本教程中，将创建一个介绍开封市主要景点的 Web GIS 应用。

数据来源：

CSV（Comma Separated Value）文件，它包含了开封市的主要景点数据，如经度、纬度、名称、描述、照片、视频 URL 和缩略图 URL。

基本要求：

（1）显示一个底图（街道地图或卫星图像）、景点的位置以及它们的描述和照片。

（2）引人入胜并易于使用。

（3）在台式计算机、平板电脑和智能手机上均能运行。

解决方案:

本教程将使用 ArcGIS Online 上最受欢迎的模板 Story Map Tour 来制作这个 Web 应用程序(图 1.11)。

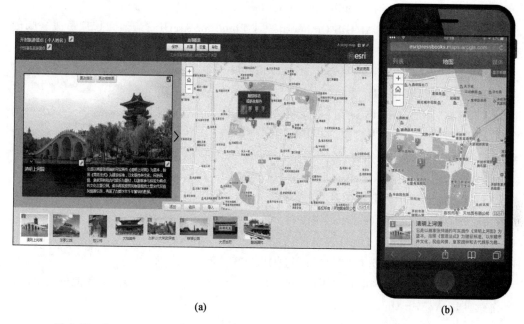

(a)   **(b)**

图 1.11　Story Map Tour 应用程序模板可以在桌面浏览器(a)和智能手机上(b)运行

Story Map Tour 应用程序模板是一个吸引人的、易使用的 Web 应用程序,它用令人信服的照片和视频元素来更好地展示地理信息。模板布局自适应各种屏幕尺寸,并可以排序浏览景点。该模板的设计适用于台式计算机、智能手机和平板电脑上的 Web 浏览器。此模板可满足如下应用需求:
(1)向公众展示政府部门、组织或机构正在进行或已经完成的工作;
(2)展示一个校园或城市的主要旅游景点;
(3)展示那些需要引起公众关注来改善或保护的地方;
(4)创建旅行或事件的在线照片或视频日志;
(5)介绍一个公司内各分公司的分布和情况;
(6)介绍一个人的成长环境,包括出生地、求学和工作地点等。

系统要求:

(1)Microsoft Excel 或文本编辑器来创建和编辑 CSV 数据,Excel 能自动保存正确的 CSV 格式(例如,正确地添加引号和逗号)。
(2)Web 浏览器。

（3）一个 ArcGIS Online（或 Portal for ArcGIS）账户：如果你没有组织账户，可以创建一个 21 天的免费试用账户。教师可以为学生创建一个组，以便于学生们相互共享。

1.2.1　创建 ArcGIS Online 试用账户

如果已经有一个 ArcGIS Online 或 Portal for ArcGIS 账户，跳过此节。

如果所在工作单位有 ArcGIS Online 组织或 Portal for ArcGIS，请询问管理员或老师创建一个账户。

（1）打开 Web 浏览器，请导航到 ArcGIS Online（www.arcgis.com）。

（2）单击"试用 ArcGIS"。

（3）填写"注册 ArcGIS 试用"：① 输入名字、电子邮件和其他要求的信息；② 单击"开始试用"提交该表单，当显示"确认电子邮件发送！"，就说明表单已提交，Esri 公司将寄给你一封激活账户的确认邮件。

（4）检查电子邮件，在确认邮件中单击激活 URL。

（5）在激活页面上，填写表单、接受条款和条件，并单击"创建我的账户"。

你创建了一个 ArcGIS Online 试用账户，同时也成为该 ArcGIS Online 组织的管理员。

（6）在"组织设置"页，填写表单，然后单击"保存"并继续。（为了便于使用 HTTP 和 HTTPS 的数据源，请不要选择"只允许通过 HTTPS 访问组织"。）

现在已经创建了一个组织试用账户。如果系统提示下载 ArcMap 和其他软件，请单击"继续使用 ArcGIS Online"。

1.2.2　准备数据

特定的模板需要对应类型的数据内容，例如，Story Map Tour 模板需要一个点图层，包含景点的位置、标题、说明、照片或视频，以及与它们相关的缩略图。该图层可以整理成 CSV 文件或点 shape 格式、要素服务、地图服务或其他格式的数据。

本章实习数据中的主要景点都在开封市。本节检查该实习数据，熟悉其字段。

（1）如果还没有得到实习数据，请访问以下网址：http://henu.geodata.cn，或按照老师指导下载本书的实习数据。将数据解压到 C:\WebGISData。

（2）在 Microsoft Excel 中，打开"C:\WebGISData\Chapter1\Locations.csv"，并查看其数据格式（图 1.12）。

	A	B	C	D	E	F	G	H	I	J	K	L	M	N
	Name	Caption	Icon_colo	Long	Lat	URL	Thumb_URL							
	清明上河	它是以画家	R	114.3419	34.80889	https://wx	https://wx2.sinaimg.cn/mw690/bec0364bly1fpztqmsnuhj20m80b4wfc.jpg
	龙亭公园	按清万寿宫	R	114.3527	34.80939	https://wx	https://wx2.sinaimg.cn/mw690/bec0364bly1fpzu6lcs8jj2064046t8m.jpg
	包公祠	包公祠是为	R	114.3393	34.79306	https://wx	https://wx1.sinaimg.cn/mw690/bec0364bly1fpzu61gt3rj2041041glr.jpg
	大相国寺	现保存有天	R	114.3547	34.79195	https://wx	https://wx2.sinaimg.cn/mw690/bec0364bly1fpzu69sqbhj206403ajra.jpg
	万岁山·万岁山大宋	R		114.3404	34.82049	https://wx	https://wx3.sinaimg.cn/mw690/bec0364bly1fpzu69siyaj20k00a0ta5.jpg
	铁塔公园	铁塔公园位	R	114.3651	34.81679	https://wx	https://wx2.sinaimg.cn/mw690/bec0364bly1fpzu69ktyxj20m80b4wfc.jpg
	天波杨府	天波杨府是	R	114.3414	34.8115	https://wx	https://wx1.sinaimg.cn/mw690/bec0364bly1fpzu6au4oyj21kw16ob29.jpg
	翰园碑林	翰园碑林,	R	114.3388	34.81071	https://wx	https://wx4.sinaimg.cn/mw690/bec0364bly1fpzu61qjc3j20dw09cadg.jpg

图 1.12　实习数据

本表格的第一行提供了表头信息。下面的每一行都包含一个景点。每个点应该具有以下字段:

- 名称(Name):景点的简短名称。
- 标题(Caption):景点的描述。尽量简洁(建议少于 350 字符),标题可以用 HTML 标签来设置文本的格式和提供超链接。
- Icon_color(可选):每个点的颜色。有效值(R、G、B、P)分别表示红色、绿色、蓝色和紫色。
- 地理位置:描述景点地理位置的经度(Long)和纬度(Lat);也可以是一个单独的地址字段(包含一个完整的街道地址)或多个字段(如地址、城市、省和邮编)。
- 网址(URL):全尺寸的图像或视频的完整 Web 地址,以"https://"或"//"开始。推荐的图像大小是 1000 像素×750 像素,其他大小也可以使用。所使用的计算机上的照片或视频需要上传到一个在线存储的网站上,以取得其 URL。如果尚未收集到自己的图像和视频,可以通过搜索引擎搜索图片,然后复制其 URL(右键单击图像,在火狐浏览器中选择复制图像 URL,在 Chrome 浏览器中选择复制图像的位置,在 IE 浏览器中选择属性,然后复制图像地址的 URL)。图片网址通常以 JPG、PNG 或 GIF 等结尾。
- Thumb_URL:缩略图的完整 Web 地址(以"https://"或"//"开始)。图像可以缩放,但推荐的图像大小为 200 像素×133 像素。

通常,需要找到一个点的纬度和经度。例如,CSV 文件中最后一个点——翰园碑林,缺少经度和纬度,可以使用 ArcGIS Online 地图查看器查找坐标。

(3) 打开浏览器,访问 ArcGIS Online 或 Portal for ArcGIS,并登录。熟悉页面顶部的链接(图 1.13):

- 主页:返回到主页。
- 图库:引导到特色的地图和应用程序。
- 地图:前往地图查看器。
- 场景:链接到 3D Web 场景查看器。
- 群组:指向群组页面,可以创建并加入群组。
- 内容:链接到内容页面,用户可以在其中查看、添加和删除内容项目。
- 组织:导航到组织页面。如果是组织管理员,该页面包含用于管理组织的管理工具。
- 搜索框:在页面的右上角,用于在 ArcGIS Online 中搜索内容。

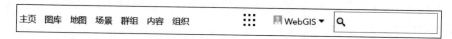

图 1.13　ArcGIS Online 页面顶部链接

(4) 单击"地图"打开地图查看器。

如果知道这个缺失信息的景点在哪里,直接在地图上找到那里。本实习将使用地理编码寻找"翰园碑林",它的具体位置在开封市龙亭西路。

（5）在搜索框中输入"开封市龙亭西路"，然后单击"搜索"按钮（图1.14）。地图被放大到该地址后，单击"放大"按钮，直到不能再放大。记清地图上的地址近似位置。

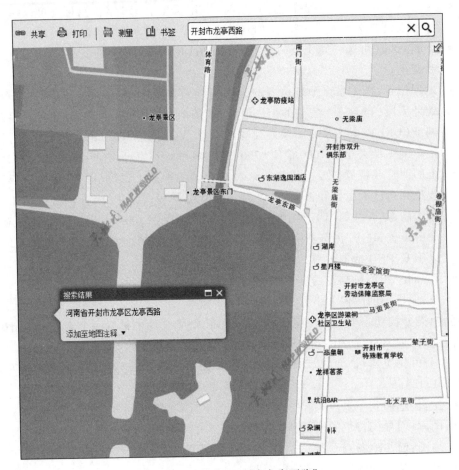

图1.14　搜索"开封市龙亭西路"

（6）在地图上方的菜单中，单击"测量"。在测量窗口中，单击"位置"按钮，然后在地图中单击上一步找到的位置。该位置的经度和纬度显示在"测量结果"下方（图1.15）。

（7）复制在第（6）步查询到的经纬度值，粘贴到 CSV 文件中的翰园碑林一行。

（8）在 Excel 中保存成 CSV 文件，并退出 Excel。现在可以退出地图查看器，或者继续到下一节的第（2）步。

注意：CSV 文件含有中文字符时，请使用记事本打开文件，另存为编码为 UTF-8 的 CSV 文件，否则中文将显示为乱码（图1.16）。

至此，数据已经准备完成了。

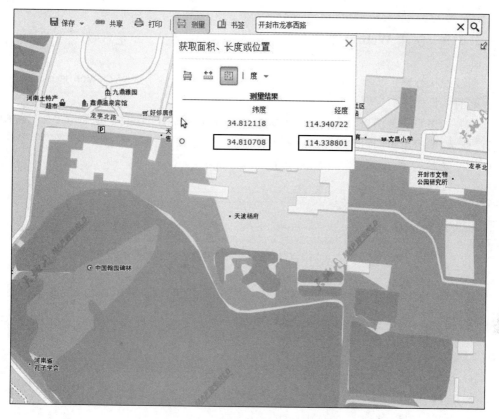

图 1.15　查询"翰园碑林"经纬度值

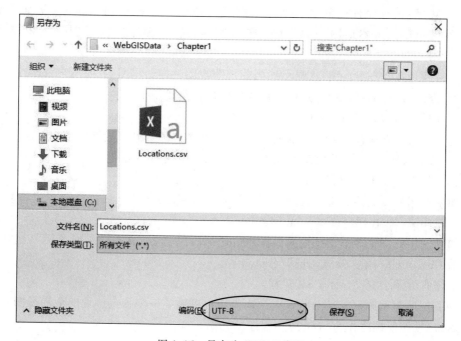

图 1.16　另存为 UTF-8 编码

1.2.3　创建 Web 地图

在继续执行其余步骤之前,先要保持登录状态;否则,将不能保存 Web 地图,并可能失去之前的操作。

(1) 如果未在地图查看器中,在浏览器中导航到 ArcGIS Online 或 Portal for ArcGIS 主页,登录,然后单击"地图",打开地图查看器。

(2) 熟悉地图查看器菜单栏(图 1.17)。

图 1.17　地图查看器菜单栏

ArcGIS Online 地图查看器可以帮助用户创建、配置和查看 Web 地图。其菜单栏上有以下按钮:

- 详细信息:切换地图画布左侧面板。此面板可以显示地图的元数据,表的目录(TOC)或图例。
- 添加:可将图层添加到地图上。
- 底图:可从图库中选择底图。
- 分析:提供一套丰富的分析功能。
- 保存:保存 Web 地图。
- 共享:选择允许访问 Web 地图的群组,还可以选择如何共享它,例如提供在网页中嵌入本地图的源代码,或选择一个应用程序模板来创建一个 Web 应用。
- 打印:打开一个新窗口,显示同当前地图视图一样的视图,方便用户打印。
- 方向:计算从起始位置到指定目的地的最佳路线。
- 测量:测量面积、距离和点位置的经纬度。
- 书签:允许保存当前地图范围,以便快速选择并缩放到该地图区域。
- 查找文本框:可以指定地址或地点并在地图中找到其位置。

(3) 将 CSV 文件添加到地图查看器。

如果使用的浏览器支持拖放操作(如 Chrome、火狐或 IE 10+),可以简单地将 CSV 文件拖到地图中(图 1.18)。

如果使用的浏览器不支持拖放操作,单击"添加",选择"从文件添加图层",找到计算机上的 CSV 文件,单击"导入图层"(图 1.19)。

地图查看器会自动显示 CSV 数据。

(4) 把地图缩放到能显示所有点。这为用户提供了一个景点位置的全局视图。保存地图后,该地图范围将作为 Web 应用程序的初始范围。

(5) 在菜单栏上,单击"保存"按钮,然后选择保存。

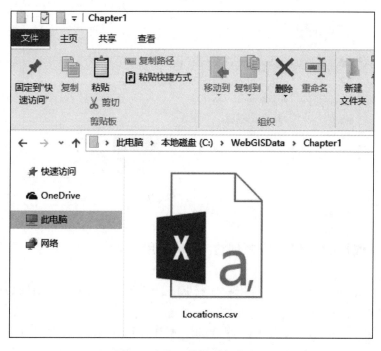

图 1.18 练习数据及存放路径

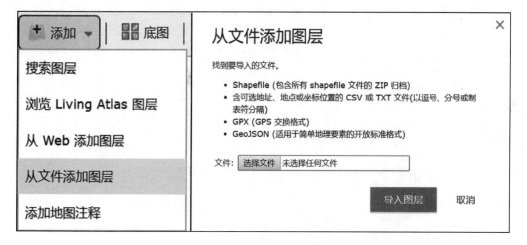

图 1.19 导入 CSV 图层

（6）在"保存地图"窗口，输入标题、标签和地图摘要，然后单击"保存地图"。

提示:在作业中，标题要包含自己的名字，这样老师可以更轻松地找到每个人的 Web 地图。标签中 WebGISPT 代表本书英文书名 *Web GIS Principles and Technologies* 的缩写（图 1.20）。

至此，已经创建了一个简单的 Web 地图。通常情况下，还需要配置弹出窗口或者改变图层的符号，这些配置将在本书后面章节学习。对于本实习，Story Map Tour 应用程序会自动管理图层样式，所以在这里不需要改变它的样式。

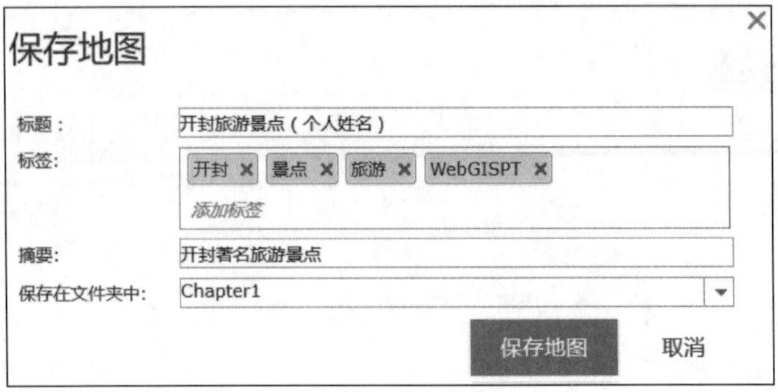

图 1.20   保存地图

1.2.4   使用应用程序模板创建 Web 应用

本节将利用 Story Map Tour 应用程序模板把上一步创建的 Web 地图转变成为一个 Web 应用程序。

（1）继续上一节或登录到 ArcGIS Online 或 Portal for ArcGIS，并打开上一步创建的 Web 地图。在地图查看器中，单击菜单栏中的"共享"按钮，打开"共享"窗口。

（2）在"共享"窗口中，选择所有人（公共）或想要共享的组织前的复选框。

注意：如果 Web 地图未共享，当公众访问该 Web 地图或 Web 应用程序时会被要求登录（图 1.21）。

图 1.21   共享地图

（3）单击"创建 WEB 应用程序"。

打开"创建 WEB 应用程序"，会显示模板库。模板分组排列，可以使用滚动条来查看全部模板，或者单击左边的组名来查看此组中的模板。

（4）单击左边的"构建故事地图"，找到并单击 Story Map Tour 应用程序，然后单击"创建 WEB 应用程序"（图 1.22）。

图 1.22 选择 Web 应用程序模板

(5) 输入适当的标题、标签和摘要信息,然后单击"完成"(图 1.23)。

图 1.23 新建 Web 应用程序

注意:"按照地图的共享方式共享此应用程序(公共)"旁边的复选框是默认选中的。

这样,就成功地创建了自己的第一个内容丰富并易于使用的 Web 应用程序!

(6) 花几分钟时间,了解新创建的这个 Web 应用。

可以通过单击缩略图,照片旁边的箭头和地图上的数字图标来浏览应用程序里的景点(图 1.24)。

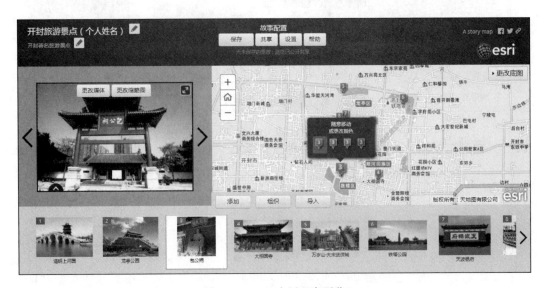

图 1.24   Web 应用程序预览

该 Web 应用程序已经创建并保存,将在下一节进一步配置。

1.2.5   配置 Web 应用程序

可以使用应用程序的编辑模式(应用程序配置)来改进应用程序。在此模式下,可以添加或导入新的景点,更新和删除现有的图像,设置或更新位置和描述,更新应用程序标题、副标题和标志,更改应用程序布局。

(1) 如果从上一节继续,请转到步骤(3);否则,请登录到 ArcGIS Online 或 Portal for ArcGIS。

(2) 在"内容"列表中,找到上一节创建的 Web 应用程序并单击,显示其项目详细信息页面,然后单击"配置应用程序"。

(3) 熟悉编辑模式的界面。

- 铅笔:用于更新文本,例如标题、子标题、图片标题和图片描述。
- 更改媒体和更改缩略图:可用于更改媒体和缩略图的 URL(图 1.25)。

图 1.25   更改媒体和更改缩略图

- 添加、组织、导入：允许以交互的方式添加更多位置，更改点的顺序，并通过 CSV 文件等途径导入媒体。

（4）单击"保存"以保存更改（图 1.26）。

在以下步骤中，应该定期保存以防止所做的更改丢失。

（5）在缩略图上方，请单击"组织"（图 1.27）。

图 1.26　保存配置

图 1.27　配置组织

在弹出的"组织浏览"窗口中，允许删除景点，或拖动图片来更改它们的顺序。

（6）选中"将第一个点作为入手点（不在转盘中显示）"的复选框。单击"应用"关闭"组织浏览"窗口（图 1.28）。

图 1.28　配置组织浏览

使用将第一个点作为入手点，能够通过引人入胜的图像和介绍性的标题来吸引用户。此记录的位置不在景点地图上显示。

如果需要添加额外的景点，可以单击"添加"按钮，并填写媒体、信息和位置。

（7）在页面中，单击"设置"（图 1.29）。

打开"故事设置"，窗口有以下选项：

- 布局：用户可以选择三面板布局或集成的布局。
- 颜色：选择预定义的颜色主题，或者自定义主题。

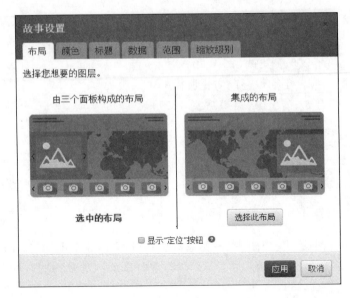

图 1.29   故事设置——布局

- 标题：设置页眉的徽标和链接。
- 数据：在本例中不需要进行任何配置（我们使用的 CSV 文件已经含有 Story Map Tour 所需的字段）。
- 范围：指定本应用程序的初始地图范围。
- 缩放级别：指定用户查看景点时地图的自动缩放级别（如果用户进行了手动放大或缩小，Story Map Tour 将遵从用户手动选择的缩放级别，不使用这里设置的自动缩放级别）。

（8）单击"缩放级别"选项卡，然后设置"比例尺/级：1∶5K（level 17）"（图 1.30）。

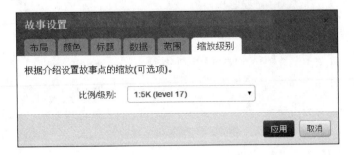

图 1.30   故事设置——缩放级别

（9）单击"标题"选项卡，根据需要更改徽标、文本和链接，并单击"应用"（图 1.31）。

例如，可以将个人名字添加到页眉中，老师可以很容易地判断出是谁创建了这个应用程序，也可以更换组织机构的图标。

检查是否还有其他需要配置的，如果有，可以进一步修改。

（10）在页面中，单击"保存"来保存工作。

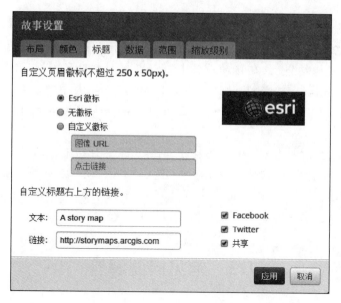

图 1.31　故事设置——标题

1.2.6　共享 Web 应用程序

上一步,我们已经创建了 Web 应用程序,并按照 Web 地图的共享方式共享了此应用程序(参见第 1.2.4 节)。现在将与公众共享这个 Web 应用程序的 URL,以便公众可以看到你创建的 Web 应用程序。

(1)单击页面中的"共享"。如果看到一条消息提示浏览还未共享,则需要共享浏览。

(2)在"共享您的浏览"窗口中,单击"打开"预览 Web 应用程序(图 1.32)。

(3)与公众共享浏览 URL(例如,通过复制和发送此 URL、通过电子邮件或在组织机构的主页上显示此 URL)。

图 1.32　共享浏览

（4）在移动设备上测试 Web 应用程序。

在移动设备的浏览器中打开应用程序。打开应用程序的简单方法就是通过电子邮件将该 URL 发送给自己，在移动设备上打开此邮件，然后单击 URL。我们创建的 Web 应用程序使用响应式 Web 设计，可以自动识别不同大小的屏幕和设备，并相应地调整布局，它可以很好地在 iOS、Android 和 Windows Phone 平板电脑或手机上运行。

通过本实习，我们创建了一个界面友好、内容丰富并且跨平台的 Web 应用程序。本应用程序满足本节前面列出的所有要求——它显示底图，显示景点的位置、描述、相关照片或视频，该应用程序使用方便，能在台式计算机、平板电脑和智能手机等设备上使用。此外，在创建 Web 应用程序的过程中没有进行任何编程。

1.3 常见问题解答

1）在将 CSV 文件上传到 ArcGIS Online 地图查看器后，更改了我的 CSV 文件，对 CSV 文件的这些更改会自动更新我的地图和 Web 应用程序吗？

不会。

一旦 CSV 文件被添加到地图中并保存为 Web 地图，它就已经上传到云中了。Web 地图和 Web 应用程序使用的是云中的数据，而不是本地数据。

若要使用新的 CSV 文件，需从 Web 地图中移除以前的 CSV 图层并加入新的 CSV 文件，然后保存 Web 地图就可以了。

还可以考虑以下选择：

（1）可以先将 CSV 文件上传到 Web 文件夹中，然后在 Web 地图中引用 CSV 的 URL。在 ArcGIS Online 地图查看器中，配置图层每分钟刷新一次。这样，当 Web 文件夹中的 CSV 更新时，Web 地图和 Web 应用程序也会自动更新。

（2）可以使用要素服务（在本书后面章节会更详细地讨论）。当有人编辑数据时（例如，收集新的景点或使用 Collector 移动应用程序添加新照片），只需在浏览器中刷新本应用程序，景点就会自动更新。

2）在 Story Map Tour 应用程序中，我想添加一个线状图层，以显示我旅途的路线，如何添加？

有以下几种添加线状图层的方法。

（1）如果你的数据是 Shapefile 格式，可将其拖拽到 Web 地图中，使用地图查看器配置其符号。

（2）如果你的数据是地理数据库，可以将它作为一个要素服务或地图服务发布，然后将该服务添加到 Web 地图中。

（3）如果没有旅游路线数据，你可以使用地图注释图层来创建。在 ArcGIS Online 或 Portal for ArcGIS 中打开 Web 地图，单击"添加"，单击"添加地图注释"，创建图层名称（如旅游路线），选择"娱乐"模板，然后单击"创建"（图 1.33）。从左边的要素模板中选择线状符号，然后通过光标移动在地图上绘制旅游路线（图 1.34）。

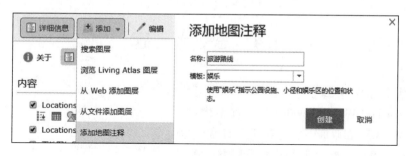

图 1.33　添加地图注释

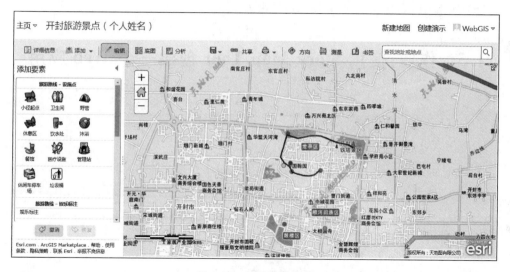

图 1.34　绘制旅游路线

3）Story Maps 最多允许添加多少景点？

托管版本是 99 个。也可以下载本模板的源代码，更改配置，解除这一限制，并把应用程序部署在个人的 Web 服务器上。

4）一个一个地手动查找经度和纬度进度缓慢，有没有更快的方式来确定点的位置？

有，可以使用地址匹配。

在 CSV 文件中为你的景点填写一个或多个地址字段（如地址、城市、省和邮编）。将此 CSV 文件添加到 ArcGIS Online 地图查看器时，ArcGIS Online 将使用地理编码自动找到它们的位置。注意,使用 ArcGIS Online 的地址匹配功能将花费你的 ArcGIS Online credit(信用点)。

如果你的景点是 Shapefile 文件或要素服务,可以直接向 Web 地图中添加 Shapefile 文件或服务。

1.4   思 考 题

(1) 什么是 Web GIS? 它是什么时候出现的?

(2) 与桌面 GIS 相比,Web GIS 有哪些优点?

(3) Web GIS 在政府、商业、科学和日常生活中有哪些作用?

(4) 目前 Web GIS 有哪些技术发展方向?

(5) 以 Esri 公司的 Web GIS 平台为例,Web GIS 有哪些部署模式?

(6) Web GIS 所使用的 Web 技术有哪些?

1.5   作业:使用 Story Map Tour 创建一个 Web 应用

基本要求:

创建一个 Web 应用,可以介绍下列主题之一:

- 自己的故事(出生的地方,去过哪里,在哪里上学或工作等)
- 自己城市的主要景点
- 自己校园里的地标、建筑和学院
- 自己过去或最近访问过的地方
- 自己城市的银行分支机构或超市
- 自己单位已经完成或正在研究的项目
- 主要景点的位置或历史名胜
- 其他感兴趣的主题

提交内容:

Web 应用程序的 URL。

参 考 资 料

高晓蓉,徐丹,雷瑛.2011.基于 Flex 和 REST 服务的 Web GIS 系统开发——以陇西县地理空间信息应用系统为例.遥感技术与应用,26(01):123-128.

林德根,梁勤欧.2012.云 GIS 的内涵与研究进展.地理科学进展,31(11):1519-1528.

彭义春,王云鹏.2014.云 GIS 及其关键技术.计算机系统应用,23(08):10-17.

屈春燕,叶洪,刘治.2001.Web GIS 基本原理及其在地学研究中的应用前景.地震地质,3:447-454.

尚武.2006.网络地理信息系统(Web GIS)的现状及前景.地质通报,4:533-537.

王凤领.2014.基于云计算的 Web GIS 分析构架研究.计算机技术与发展,24(03):113-116,129.

徐卓揆.2012.基于 HTML5、Ajax 和 Web Service 的 Web GIS 研究.测绘科学,37(01):145-147.

Esri.2017.快速制图.http://doc.arcgis.com/zh-cn/arcgis-online/[2018-1-23].

Esri.2017.GIS 提供通用可视化语言.http://learn.arcgis.com/zh-cn/arcgis-book/chapter1/[2018-1-23].

Esri.2017.Story Maps 入门.http://learn.arcgis.com/zh-cn/projects/get-started-with-story-maps/lessons/create-a-photo-map-tour.htm[2018-1-23].

Essinger R.2013.Make a Map Tour Story Map.http://www.esri.com/esri-news/arcwatch/0513/make-a-map-tour-story-map[2018-1-23].

Evans O.2015.Add Layers to Your Story Map Tour.http://blogs.esri.com/esri/arcgis/2015/07/28/add-layers-to-your-map-tour[2018-1-23].

第 2 章

要素服务和图层配置

Web 服务是现代 Web GIS 的技术核心和重要标志。Web 服务可以被理解为一个模块，可以在互联网上被重复利用和重新组合来创建更多的应用。Web 服务的理念深刻地改变了 Web GIS 产品开发和应用开发的模式。目前的 Web 服务模式就是在服务器端发布服务，在客户端把多个服务组合起来，中间加上一个门户网站，便于用户查询和管理这些服务。今天，Web 服务的使用如此普遍，以至于 ArcGIS Online 直接把"服务"这一专业名词用通俗易懂的"图层"来代替，例如，要素服务也被称为要素图层。

上一章的实习把数据直接拖到地图查看器中，这种方法创建单个应用是简易快捷的，但这种方法加载的数据有一些局限性，其中之一就是该数据被嵌入在该 Web 地图中，不能被其他的 Web 地图所直接重复调用。若要想在另外一个 Web 地图中利用这个数据，则需要重新加载该数据。本章介绍的 Web 服务技术是一种更具有扩展性、功能更强、便于重复利用重新组合的解决方案。

本章首先介绍 Web 服务的基础知识，包括 Web 服务的概念、优势、接口类别和开放标准，并以 ArcGIS Online 和 ArcGIS Enterprise 为例，介绍它们能提供的 Web 服务或 Web 图层类型和基于 Web 服务的应用开发模式。实习部分将演示如何利用 ArcGIS Online 发布 Web 要素服务，配置要素服务的图层风格和弹出窗口，创建 Web 应用程序（图 2.1）。

学习目标：
- 理解 Web 服务的概念和优势
- 了解 Web 服务的接口类别和开放标准
- 明确 ArcGIS Online 提供的 Web 服务种类
- 掌握基于 ArcGIS Online 发布 Web 要素服务的方法
- 掌握图层样式和弹出窗口的配置方法
- 掌握基于 ArcGIS Online 创建和配置 Web 应用的方法

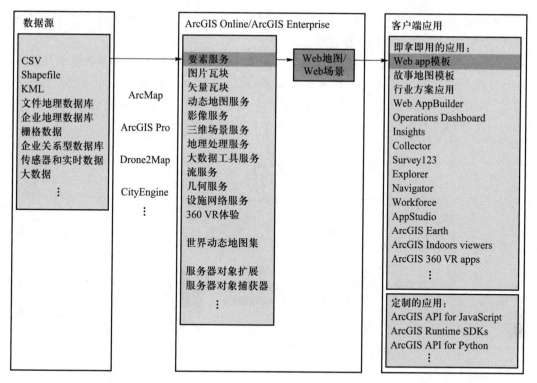

图 2.1　ArcGIS Web GIS 平台提供多种创建 Web app 的方法,图中箭头线显示了本章的技术路线

2.1　概念原理与技术介绍

2.1.1　Web 服务的概念和优势

Web GIS 在 20 世纪 90 年代初产生之后迅速发展,但早期的 Web 应用系统和软件,包括 Web GIS,大多是仅仅能独立使用的网站,每一个 Web GIS 是孤立的、封闭的系统,不同的系统之间无法互相调用对方的功能和共享信息。每个系统都是作为"独立解决方案"来开放的,系统中各个模块之间的接口是紧密的和局部的。当系统需要改进时,这种高度耦合的结构在源程序更改和系统维护上的代价比较高,不够灵活。

随着信息社会的发展,越来越多的现实应用需要调用、组合或嵌套其他 Web GIS 系统所提供的功能和信息,因此,如何使 Web GIS 变得开放,使不同的系统之间能够进行互相调用就变得非常重要。在 90 年代后期,这不仅是 Web GIS 领域面临的问题和需求,也是整个信息技术行业所面临的问题和需求,当时的 Sun、Microsoft、Oracle、IBM、万维网联盟(W3C)等机构都展开了对这方面的探索,找到的解决方案就是 Web 服务技术。

Web 服务是一种运行于 Web 服务器上的程序,它们具有可以被别的程序基于互联网协议(主要是 HTTP)调用的编程接口。

Web 服务技术代表了分布式计算的发展方向,它用远程服务器上的功能来代替本地计算机上的功能。可以这样理解 Web 服务:桌面软件由一系列共同运行的本地程序构成,假定这些程序分布和运行于不同的 Web 服务器中,但它们之间仍然能够通信,并作为一个整体进行工作——这就是 Web 服务的初衷和本质(图 2.2)。

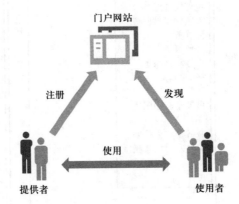

图 2.2　Web 服务体系的三个组成部分及相互关系

Web 服务继承了 Web 程序和开发接口这两者的特性,与传统计算方式相比,具有以下优势:

1)开放性

Web 服务可以与 Web 上的计算机软件交互,供其他系统调用,进行功能和信息的交换与共享,打破了早期 Web 应用孤立封闭的局限。

2)独立于编程语言和操作系统

Web 服务是以 Web 为平台,基于 HTTP 协议被远程调用的,它不与调用它的客户端程序一起编译。一个 Web 服务不管是使用什么编程语言开发的(如 Java、.Net 或 C++ 等)、部署在什么样的操作系统上(如 Windows、Mac OS 或 Linux 等)、运行在什么样的 Web 应用服务器里(如 IIS 或 Apache/Tomcat 等),都能一样地被客户机所调用。客户机在调用一个 Web 服务时也没有被绑定任何编程语言,开发者可以自由选择 JavaScript、Python、.Net 和 Java 等开发语言。

3)松散耦合式的可集成性

客户软件和它所调用的 Web 服务往往运行于不同的计算机上,两者不必一定依赖对方而存在。客户端的应用可以按需求来组合不同来源的服务,不必改写自身程序就可以替换相同服务接口和服务内容。服务器端的修改只要保持服务的接口不变,对调用者没有影响。这种松散耦合的特点便于进行灵活的组合和嵌套,能够满足用户的业务需求。

4) 发布和更新的统一性

当 Web 服务更新或发布新版本时,每个客户端程序调用到的自然是最新的 Web 服务,这样管理员就不必到每个客户端分别进行软件包的安装和更新。

2.1.2 地理 Web 服务的功能分类

Web 服务技术已经在 Web GIS 中广泛使用,成为 Web GIS 的核心技术。主流的 Web GIS 产品大都是围绕着 Web 服务来设计的,分别对应于 Web 服务的发布(publish)、发现(discovery)和使用(use)这些环节。例如,ArcGIS 的 ArcGIS Online 和 ArcGIS Enterprise 除了可以发布多种 Web 服务外,还可以查询、发现和组合 Web 服务,在客户端应用这些 Web 服务。表 2.1 列出了常见的地理 Web 服务功能分类及发布它们所需的 ArcGIS 软件产品,后面的章节将对这些服务类型进行详细的介绍。

表 2.1 常见的地理 Web 服务功能分类及其所需 ArcGIS 软件产品

类别	功能	ArcGIS Online	ArcGIS Enterprise
动态地图服务	服务器在客户端发出地图请求时实时制作地图,地图的格式是图片,如 JPG, PNG 或 GIF	✗	✓
栅格瓦块地图服务/图层	服务器事先把地图做成一系列的瓦块图片	✓	✓
矢量瓦块地图服务/图层	服务器事先把图层的矢量数据做成一系列切片数据包	✓	✓
要素服务/图层	• 只读要素服务:允许 Web 客户端对服务器端地理数据库中的矢量地理数据进行读取操作 • 可写要素服务:除具有只读要素服务的功能外,还支持客户端改写服务器端的数据,如对地理要素的坐标及其属性进行添加、编辑和删除操作	✓	✓
场景服务/图层	提供三维地图功能	✓	✓
影像服务/图层	提供栅格数据(如遥感图像和数字高程),并支持栅格数据的可视化和相关分析	○	✓
地理编码和反向编码	地理编码将地名和地址转换为坐标;反向地理编码是将地理坐标转换成相应的地址	○	✓

续表

类别	功能	ArcGIS Online	ArcGIS Enterprise
地理处理服务	提供地理处理诸如工作流和分析功能	○	✓
流服务	将服务器端的数据实时地推送给客户端	○	✓
几何服务	可以进行几何变换、缓冲区分析、制图综合（要素化简）、地理要素的合并、切割、计算面积和长度及坐标投影转换等	○	✓
网络分析服务	根据地理网络诸如道路和管线提供最佳路径查找、网络追踪、服务范围分析和资源分配等功能	○	✓

注：○ 表示该产品提供该类型的 Web 服务，但不允许用户自己发布此类型的 Web 服务；

　　✓ 表示该产品允许用户自己发布此类型的 Web 服务；

　　✗ 表示该产品暂不提供此类的服务和不允许用户自己发布此类型的服务。

Web GIS 应用开发的主要模式也是围绕着 Web 服务来进行的，主要流程包括在服务器端发布服务或查询已有的服务，在客户端把这些服务组合起来。

为了简化对 Web 服务的理解，ArcGIS Online 把那些用于图层的服务简称为"图层"，如表 2.1 中的要素服务也被称为"要素图层"。另外，发布者把服务发布到 ArcGIS Online 上之后，就相当于把这些服务交给了 Esri 公司及其云平台合作伙伴来负责这些服务的正常运行，所以发布到 ArcGIS Online 上的服务也称为"托管的服务"，发布到 Portal for ArcGIS 上的服务也沿袭了托管这种叫法。

提供 Web 服务是 Web GIS 服务器的重要功能。例如，ArcGIS Online 除了允许发布者发布服务外，还以 Web 服务的形式提供了世界动态地图集（Living Atlas of the World）（图 2.3）。这个地图集是由 Esri 公司及其合作伙伴所制作和维护的诸多基础底图和专题图层，涵盖了成千个图层、上万种属性和专题。该地图集具有权威性，是即拿即用型的。这些服务的类型包含栅格瓦块、矢量瓦块、要素服务、场景服务和影像服务等，便于用户在制图、分析和创建应用时使用。用户无须自己收集数据，或无须自己收集全部数据，可以对这些服务重复利用，任意组合，以创建出更具有创意和更具有实际价值的地图与应用。

世界动态地图集包含以下类别：

- 影像：详实的地物信息、多光谱和时间序列的影像能够反映地球的历史和现状。
- 基础底图：美观和权威的基础底图为制图和探究人类生活及其工作环境提供参考。
- 人口统计资料和生活方式：涵盖了美国和其他 120 多个国家的地图和数据，其能够揭示人口及其行为的规律。
- 边界和位置：边界数据有助于确定人类生活、工作的场所和位置，这些图层包括多种空间尺度的地理数据（从街坊到大陆尺度）。
- 景观数据：能够反映自然环境和人类活动所产生的地理格局，能够支撑土地利用、规划和管理。

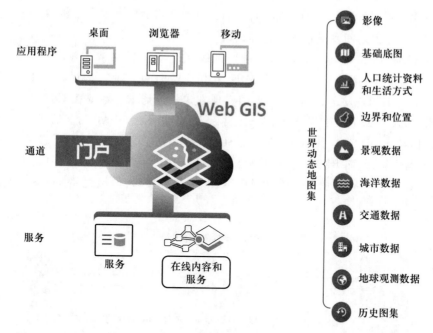

图 2.3 ArcGIS Online 以 Web 服务的形式(包含栅格瓦块、矢量瓦块、要素服务、场景服务和影像服务)提供世界动态地图集。这些服务支持地图显示、查询和空间分析,被广泛应用于众多的 Web 地图和应用中

- 海洋数据:能够反映海洋的地形、地貌、生态环境和人工设施等信息,为探究海洋资源环境信息提供参考。
- 交通数据:能够揭示人们在不同地方的移动方式。
- 城市数据:全球有一半以上的人口居住在城市,该数据集为分析人口对世界的影响提供数据基础。
- 地球观测数据:涵盖全球的极端事件和状况,包括恶劣天气、地震和火灾等。
- 历史图集:能够反映随着时间的推移,地球的物质、政治和文化等方面的不断变化。

用户可以使用和/或共享动态地图集。"动态地图集"中的"动态"一词表示该图集中的内容会以适当的频率更新,例如,实时的交通情况和地震灾害情况能够在几分钟或几小时内进行更新,遥感影像数据能够在几天或几周内进行更新,其他服务也在不定期进行更新。

2.1.3 REST 风格的 Web 服务

Web 服务主要有两种接口类型,即 SOAP 风格的 Web 服务和 REST 风格的 Web 服务,它们也被分别称为 SOAP API 和 REST API。

SOAP(Simple Object Access Protocol),即简单对象访问协议,它使用一种封装过的 XML 进行信息交换。因该全名容易让人误解而被万维网联盟在 2007 年弃用,现在人们只是沿用 SOAP 这个简称。SOAP 接口的 Web 服务采用 HTTP Post 和 SOAP 封装的 XML 在客户端与服务器之间发送请求和传递结果。

REST(REpresentational State Transfer),即表述性状态转移或表象状态转移,是 Roy Fielding 于 2000 年在其博士研究生学位论文中所提出的一种架构风格。REST 接口的 Web 服务通过 HTTP 发送数据,最常见的实现方式是把请求参数放在 URL 中,通过 URL 发送请求参数。REST 风格的 Web 服务经常以 JSON 和不经 SOAP 封装的 XML 等格式向客户端返回结果(图 2.4)。REST 接口比 SOAP 接口更加简洁而高效,更容易使用,更能利用 Web 的优势,因而 REST 接口也早已超越了 SOAP 接口,被广泛使用成为业界的主流。例如 ArcGIS 的 Web 服务提供 SOAP 和 REST 两种接口,但绝大部分的客户端使用这些服务的 REST 接口。

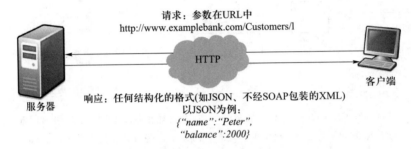

图 2.4 在最常见的 REST 实现方式中,所有的请求都是 URL,请求中参数的名称和值放在 URL 中,而不再采用 SOAP 封装的 XML

在 REST 风格的 Web 服务中,每一个资源都对应一个 URI(统一资源标识符),在不严格的情况下,URI 可以理解为 URL。这些 URL 往往符合一个层次结构。例如,一个 ArcGIS Enterprise 上发布有很多服务,它们所对应的 URI 可以是:

```
http://sampleserver6.arcgisonline.com/arcgis/rest/services
```

其中一个名叫"Census"的地图服务所对应的 URL 就是在上面这个 URL 的后面添加服务名和服务类别(MapServer),即

```
https://sampleserver6.arcgisonline.com/arcgis/rest/services/Census/MapServer
```

这个地图服务中的第一个数据层所对应的 URL 就是在上面这个 URL 的后面添加 0 (第一个图层从零开始计数),即

```
http://sampleserver6.arcgisonline.com/arcgis/rest/services/Census/MapServer/0
```

可以看出,这种目录式结构的 URL 层次直观、可预测且易于理解,不需要过多的文档,开发人员可以很容易地构建这些 URL,指向他们所需要的 Web 资源。

REST 服务中 Web 资源支持特定的操作,例如,一个地图服务可以进行制图和查询操作,地图服务中单个数据层可以进行查询操作。这些操作的结果可以 JSON 等格式返回

给客户端。例如,通过 REST 接口请求某 ArcGIS Server 地图服务制作一幅美国地图,要求返回 800 像素×500 像素的 JPEG 图像, URL 请求大致是:

```
https://sampleserver6.arcgisonline.com/arcgis/rest/services/Census/MapServer/export?
bbox = -185.33, 15.20, -9.53, 74.08
&size = 800, 500
&format = jpg
&dpi = 96
&f = image
```

利用 REST 来查询一个地图服务中美国加利福尼亚州的人口数量,要求返回 JSON 格式, URL 请求大致是:

```
http://sampleserver6.arcgisonline.com/arcgis/rest/services/Census/MapServer/3/query?
    where = STATE_NAME = 'California'
    &outFields = ASIAN
    &f = pjson
```

可以看出, REST 中基本上所有的请求都是一个 URL,比较容易理解。用户可以采用很多种编程语言,来产生这个 URL 字符串并发送这个 URL 请求。甚至可以不用编程,直接把这个 URL 放到 Web 浏览器中就可以看到想要的地图和查询结果,因此, REST 被认为是"Web 的命令行"。

2.1.4 Web 服务的互操作和开放标准

在大型项目或国家级信息平台中经常涉及互操作。互操作就是让不同厂家的产品包括开源产品能一起工作,而实现互操作的主要途径就是制定标准。Web 服务的标准实质上就是规定请求和响应的具体格式,例如,请求中包含哪几个参数,每个参数是什么类型,响应的返回信息中包含什么结果等。本节简单介绍开放地理空间(OGC)制定的 Web 服务标准,包括 WMS、WMTS、WFS、WCS 和 WPS。严格来说, KML 和 GeoRSS 是数据格式标准而不是 Web 服务的标准,但是在实际应用中,它们经常被作为一些 Web 服务返回结果的格式,所以也放在本节介绍。读者若需查阅这些规范的详细文档,查看哪些 Web GIS 软件经过了 OGC 认证及支持哪些标准,可以访问 OGC 官方网站[1]。

1) Web 地图服务(Web Map Service, WMS)

WMS 是 OGC 制定的一种在互联网上制作地图的 Web 服务规范, WMS 生产的地图一般以图像格式呈现,如 PNG、GIF 或 JPEG 等。一个符合 WMS 规范的 Web 服务都必须支持以下两个必要的请求:

---

[1] http://www.opengeospatial.org

- GetCapabitities：能向客户端返回该 Web 服务的描述信息。返回结果的格式是 XML，它描述该服务的名称、简介、关键词、覆盖范围、包含那些数据层、每层是什么坐标体系、具有哪些属性，以及是否能被查询。这个元数据还包括该服务所能产生的地图图片文件格式、能支持的操作、每个操作的URL 等。
- GetMap：能根据客户端的 GetMap 请求参数来制作一幅地图。GetMap 请求中需要的参数包括显示哪些图层、地图的长宽像素数和空间坐标体系等。有的 WMS 还支持风格层定义（Styled Layer Descriptor，SLD），允许用户在 URL 请求中动态地指定各个数据层的显示符号。返回结果一般是 PNG、GIF、JPEG 等栅格格式的图片。

WMS 规范还制定了几个可选请求，例如：

- GetFeatureInfo：查询地图上某一位置的信息，其典型的应用情况是用户在地图上单击一个点，服务器返回位于该点的地理要素的坐标信息和属性信息。
- GetLegendGraphic：能根据客户端指定的图层，制作和返回该图层的图例，返回格式一般是 PNG、GIF、JPEG 等图片。

ArcGIS Enterprise 发布的动态地图服务可以启用 WMS 标准接口。此标准的服务也可以被直接加到 ArcGIS 的 Web 地图和三维场景中。

2）Web 地图瓦块服务（Web Map Tile Service，WMTS）

WMTS 是 OGC 制定的一种发布瓦块地图的 Web 服务规范。WMTS 不同于 WMS，WMS 主要属于动态地图服务，即地图是服务器在每次接到客户请求时立刻生成的，特别适用于数据在不断被更新的地图服务。WMTS 的地图是服务器预先制作好的瓦块，这种方法可以提高 Web 服务的性能和伸缩性，特别适合于数据相对静态、不再更新或更新频率很低的数据。

WMTS 规范定义了 2 个必要操作和 1 个可选操作：

- GetCapabilities：获取服务的元数据。
- GetTile：获取瓦块。
- GetFeatureInfo：可选，获取点选的要素信息。

ArcGIS Online 和 ArcGIS Enterprise 发布的栅格瓦块地图服务可以启用 WMTS 标准接口。此标准的服务也可以直接被加载到 ArcGIS 的 Web 地图和三维场景中。

3）Web 要素服务（Web Feature Service，WFS）

WFS 是 OGC 制定的一种在互联网上对矢量地理要素集数据进行操作，包括检索、插入、更新、删除等 Web 服务规范。WFS 定义了以下主要操作：

- GetCapabilities：获取服务的元数据。
- DescribeFeatureType：获取 WFS 支持的要素类型的结构。
- GetFeature：获取与一个查询条件相匹配的地理要素及其属性。

- LockFeature：请求服务器在一个事务期间锁定一个或多个地理要素。
- Transaction：请求服务器创建、更新或删除地理要素。

以上操作有必要的，也有可选的。根据所支持的操作，WFS 主要可以分为两类：

- 基本型 WFS（Basic WFS）：只支持 GetCapabilities、DescribeFeatureType 和 GetFeature 操作，只能进行要素的查询和读取，所以又称为只读型 WFS。
- 事务型 WFS（Transaction WFS 或 WFS-T）：不仅能支持地理要素的读取，还支持地理要素的在线编辑和处理，也被称为读写型 WFS。

ArcGIS Online 和 ArcGIS Enterprise 发布的要素服务可以启用基本类型和事务型 WFS 标准接口。此标准的服务也可以被直接加到 ArcGIS 的 Web 地图和三维场景中。

4) Web 覆盖服务（Web Coverage Service，WCS）

WCS 是 OGC 制定的一种发布栅格地理数据的 Web 服务规范，它所返回的栅格数据是原始数据（raw data），如数字高程中地面的高程值、卫星影像中的光谱值等。WCS 与 WMS 不同，因为 WMS 所返回的是经过视觉化处理的、已经失去原始值的图片。WCS 与 WFS 也不同，因为 WFS 是针对矢量数据的，而 WCS 是针对栅格数据的。ArcGIS Online 和 ArcGIS Enterprise 发布的影像服务可以启用 WCS 标准接口。

WCS 规范规定了以下操作：

- GetCapabilities：返回该服务的元数据。
- DescribeCoverage：返回该服务中栅格数据层的详细描述信息，如时间信息、覆盖范围、坐标体系、所支持的输出格式等。
- GetCoverage：服务器根据允许客户端所指定的数据层、时空范围、坐标体系、输出格式、内插方式，以及对数据进行切割转换等操作，返回 GeoTIFF、HDF-EOS 或 NIT 等格式的数据。

5) Web 处理服务（Web Processing Service，WPS）

WPS 是 OGC 为在互联网上进行地理分析而提供的一种 Web 服务规范。它制定了地理分析服务的输入和输出（即请求和响应）格式，还制定了客户端如何请求地理分析的执行。WPS 所需要的地理数据可以通过互联网传输过去，也可以是服务器上已有的数据。WPS 定义的主要操作有 GetCapabilities、DescribeProcess 和 Execute。ArcGIS Enterprise 发布的地理要素服务可以支持 WPS 标准接口。

6) 钥匙孔标记语言（Keyhole Markup Language，KML）

KML 是 Google 公司和 OGC 的一个基于 XML 的描述地理要素及其可视化的文件格式。一个 KML 文件可以描述一些地理要素，如点、线、多边形、图像、3D 模型等，并可以定义它们的显示符号、相机位置（即观察者所在的地点和高度、视线的方向、俯视或仰视的角度）。KMZ 文件是压缩过的 KML 文件，这样一方面可以减小文件的大小，另一方面可以包含其他类型的文件如 KML 中符号和链接所需要的图片。KML 经常被用于公共信息发布。例如，美国地质调查局用 KML 发布接近实时的地震信息，美国国家海洋和大气管理局利用 KML 发布天气预报，包括恶劣天气警报、雷达影像、传感器观测数据等。

ArcGIS Enterprise 发布的地图服务和影像服务可以返回 KML 格式，地址匹配服务和地理处理服务的结果也可以以地图服务的形式返回 KML 格式。KML 格式的文件可以被加到 ArcGIS Web 地图中。

7）GeoRSS

RSS（Really Simple Syndication）是简易信息聚合的简称，也被称为丰富站点摘要（Rich Site Summary）、RDF 站点摘要（Resource Description Framework Site Summary）。它是互联网上发布信息，特别是具有实效性的信息（如新闻、火灾简讯等）的一种主要格式。RSS 家族包括 RSS 和 ATOM 格式，前者出现于 1999 年，后者出现于 2003 年。它们都是简单的 XML 格式，只有几个为数不多的标签，来描述每一条信息的名称、摘要、全文链接、发布时间等，非常容易理解和使用，得到了广泛的应用，被很多新闻媒体、社交网站以及政府官方网站作为一种发布新消息的方法。

随着 RSS 的流行，人们希望不仅能看到发生了什么，而且希望能看到事件是在哪里发生的。GeoRSS 是一个在 RSS 和其他 XML 中添加位置信息的标准。GeoRSS 有三种格式：W3C Geo、OGC GeoRSS-Simple 和 GeoRSS-GML。

- W3C Geo：只能描述点状要素，采用 WGS 84 经纬度坐标。这个标准已经过时，不推荐使用。
- OGC GeoRSS-Simple：能够描述基本的几何形状（包括点、线、矩形和多边形）及其属性（包括要素类型、要素名称、关系标签、高程以及半径）。名副其实，GeoRSS-Simple 的设计简洁明了，其坐标参考系通常是 WGS 84 经纬度。
- OGC GeoRSS-GML：比 GeoRSS-Simple 支持更多的地理要素。如果不表明坐标参考系，其坐标缺省是 WGS 84 经纬度，此规范允许定义和采用其他坐标体系。

GeoRSS 格式的数据可以直接被加到 ArcGIS 的 Web 地图中。

2.1.5　Web 应用程序的基本组成

如何在客户端与服务器间进行功能分配？这是在设计客户端/服务器架构产品或项目时必须考虑的一个问题。根据不同的功能分配模式，Web GIS 系统曾被划分为瘦客户端和胖客户端两种架构。简单地说，瘦客户端只使用 HTML/JavaScript/CSS 而不使用浏览器插件，绝大部分的地理操作包括制图都由服务器端完成。与瘦客户端不同，胖客户端把制图和部分分析操作分配给了客户端，往往依赖于浏览器插件如 Java Applet、Flash 和 Silverlight。现在 HTML5 被广泛支持和采用，HTML5 已经能够轻松实现以前插件技术才能完成的工作,例如,动态绘制二维和三维图层、进行比较复杂的几何计算,插件技术逐渐被淘汰,胖瘦客户端的名称和区别也随之淡化。

目前,广泛应用的最佳模式是把一个 Web 应用中的功能划分为基础底图、可操作图层和工具三大组成部分(图 2.5)。这三大组成部分的简介、常用的服务类型以及在 ArcGIS 中的支持类型介绍如下。

图 2.5　Web GIS 应用程序的基本组件

1)基础底图

基础底图展示一个 Web 应用的位置范围和环境。基础底图往往是相对静态的、低更新频率的图层,所以主要采用栅格瓦块地图技术,以支持高速的地图浏览(图 2.6)。

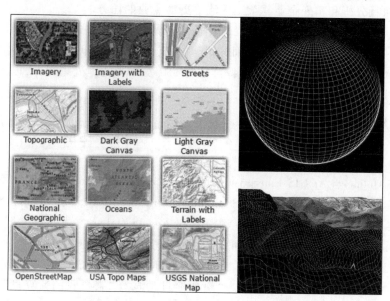

图 2.6　ArcGIS 提供的基础地图集和高程服务

- ArcGIS 提供一系列覆盖全球的多种空间尺度的基础底图,包括图片瓦块底图和矢量瓦块底图,矢量瓦块底图显示效果更精细,使用越来越广泛。
- 用户可以使用自己的地图服务作为基础底图。做法是在地图查看器中,单击"添加",选择"从 Web 添加图层",输入地图服务的 URL,选择"用作底图"。
- ArcGIS 提供全球高程服务,其上可叠加基础地图,这些三维底图可以呈现地表的高低起伏,并叠加显示三维场景等图层。

2）可操作图层

可操作图层显示在基础底图之上，是最终用户浏览、查询或编辑操作的主题图层。可操作图层主要采用要素地图服务图层，也可以采用动态地图服务甚至瓦片地图服务，格式包括 ArcGIS Web 地图支持的诸多格式，如 CSV、TXT、GPX（GPS 交换文件）、Shapefile、要素服务、影像服务、GeoRSS、KML、WMS、WFS、WCS 等。

- 可操作图层通常是开发者自己的数据图层。例如，第 1 章实习中的故事地图，旅游点或兴趣点就是一个可操作图层。
- 可操作图层也可以是其他用户共享的数据，例如，来自 ArcGIS 世界动态地图集的图层，ArcGIS 开放数据[①]中全球用户共享的服务图层。这些图层几乎涵盖所有的专题，用户可以搜索并挑选符合自己需求的图层。

3）工具

Web GIS 应用通常提供多种工具，如弹出窗口、查询、地理编码、路径选择等通用的工具，也可是执行分析和实现企业复杂工作流等更加专业的任务。

- ArcGIS Online 提供灵活的图层弹出窗口及其配置方式。
- ArcGIS Online 提供丰富的空间分析功能，支持用户提出问题并解决问题。
- ArcGIS Enterprise 允许使用者将自己的工具发布为地理处理服务，以支持定制的在线空间分析。

2.1.6　在 ArcGIS Online 中发布和使用托管要素图层

ArcGIS Online 与 ArcGIS Enterprise 中的 ArcGIS Server 和 Portal for ArcGIS 都可以发布要素服务。正如前面提到的，ArcGIS Online 和 Portal for ArcGIS 发布的服务也被称为托管要素图层。本节介绍如何利用 Web 浏览器和 ArcGIS Online 来发布要素服务（即托管要素图层），这个路线方式简单易行，可以选用以下三种方式中的一种：

- 基于自己已有的数据（如 CSV 文件、Shapefile 文件、GeoJSON 和地理数据库）创建要素图层：在"内容"页面，单击"添加项目"，选择"来自我的计算机"，选择你的数据，选择"将此文件发布为托管图层"。
- 基于已有模板或图层：在"内容"页面，单击"创建"，选择"要素图层"，从"来自模板"、"来自现有图层"或"来自 URL"选择或导入要素图层模板（图 2.7）。该方式通过复制已有图层或模板来创建新的相同的空图层，该空图层将包含与其所复制的图层相同的属性字段。这种方式适用于那种能找到满足需求的现有模板图层的情况。

---

① opendata. arcgis. com

图 2.7 创建托管要素图层

- 交互式地定义一个空要素图层：访问 http://developers.arcgis.com，使用 ArcGIS Online 账户登录，选择仪表盘（Dashboard），选择创建一个新的图层，并以交互方式定义自己的字段和要素类型。

ArcGIS Online 发布的要素图层可以是只读的，也可以是可读写的。本章介绍只读的，后面的章节将介绍可写的要素图层。要素服务可以通过多种方式加载到 Web 地图中。例如，在托管图层的详细信息页面，单击在地图查看器中打开。如果已知一个要素服务的 REST URL，那么就可以在地图查看器中，选择"添加"，选择"从 Web 添加图层"，选择"ArcGIS Server Web 服务"，输入该要素图层的 REST URL。

ArcGIS Online 支持 OGC WFS 开发规范。ArcGIS Online 中的要素图层可以启用 WFS 接口：在一个要素图层的详细信息页面，单击"发布"，选择"WFS"。其他产品或其他单位发布的符合 OGC WFS 规范的图层也可以加到 Web 地图中：在地图查看器中，选择"添加"，选择"从 Web 添加图层"，选择"WFS OGC Web 服务"，输入该 WFS 的 URL。

2.1.7 智能制图和弹出窗口

为了便于用户理解所创建的图层，制图者需要以合适的符号或风格来显示该图层。如果某个要素图层还没有配置符号，或者对其现有的符号不满意，可以进行重新配置。ArcGIS Online 地图查看器提供的智能制图（Smart Mapping）工具能够帮助制图者简易、快速、直观地配置图层符号，而不需要具有专业的制图知识和软件技能。智能制图涵盖如下功能：① 自动分析数据并推荐最优的可视化方式；② 自动推荐图层显示或隐去的比例尺范围；③ 根据图层属性值的分布直方图来智能地推荐默认值；④ 预览所选取的样式；⑤ 根据底图的类型自动微调要素图层的颜色等样式，避免底图喧宾夺主。

传统的制图软件要么不为图层推荐符号类别和缺省值，要么为所有的图层推荐同样的缺省值。ArcGIS Online 的智能制图通过对数据类型、属性字段、属性数值分布的自动分析,有针对性地推荐符号类别和缺省值。智能制图以简单的用户界面隐藏了背后这些复杂的分析过程,但没有绑架或剥夺制图者的选择能力。如果制图者对这些自动的缺省值不满意,仍然可以按自己的想法来手动指定具体的参数①。

弹出窗口用于显示地理要素更详细的信息。今天的用户主要通过此工具与可操作图层进行交互,他们已经习惯了单击地图上的一个位置或要素,期待一个弹出窗口。图层默认的弹出窗口一般是图层属性和数据的简单列表。配置弹出窗口可以把图层的属性以更加直观的、交互的和有效的方式表达出来,例如,在弹出窗口中可以把数据以图片、图表、声音、录像、链接和其他自定义的格式生动地展示出来。

2.2 实习教程:基于 ArcGIS Online 发布、配置和使用托管要素图层

本节创建一个展示中国省会城市人口增长时空格局的 Web GIS 应用程序,以此来学习如何发布、配置和使用托管要素图层,探究中国省会城市人口变化时空格局背后的驱动因素。

数据来源:

CN_34Capital_Population. csv,该数据包含 2001—2015 年中国 34 个省会城市年平均人口的增长情况。读者还可以从 ArcGIS Online 动态地图集中找到更多的可操作图层。

基本要求:

(1) 最终的应用程序应能显示中国省会城市年平均人口变化的时空格局。所采用的地图符号应便于理解。

(2) 当单击一个城市或区域时,应用程序应能以直观的形式显示其相应的详细信息。

系统要求:

(1) ArcGIS Online 或 Portal for ArcGIS 账号(至少是发布者级别),可以用第 1 章中创建的试用账号或你们单位的账号。

(2) 网络浏览器。

(3) Microsoft Excel 和 Text 编辑器。

---

① 更多关于智能制图的信息,请参考 http://www.esri.com/landing-pages/arcgis-online/smart-mapping。

2.2.1　将 CSV 数据发布为托管要素图层

本节将基于 CSV 文件,创建一个托管要素图层,也即一个要素服务。

(1)在 Microsoft Excel 中,打开"C:\WebGISData\chapter2\CN_34Capital_Population.csv"文件,查看该文件中的数据字段(表 2.2)。

表 2.2　2011—2015 年中国省会城市年平均人口数据

(单位:万人)

Rank	Capital	Province	Lon	Lat	Census 2011	Census 2012	Census 2013	Census 2014	Census 2015
1	重庆市	重庆市	106.553	29.5628	3289.53	3316.6	3336.6	3350.9	3366.8
2	台北	台湾省	121.564	25.0374	2322.5	2331.6	2337.4	2343.4	2349.2
3	上海市	上海市	121.458	31.2222	1406.51	1415.8	1423.2	1429.6	1435.5
4	北京市	北京市	116.397	39.9075	1251.81	12.67	1287.7	1306.9	1324.9
5	成都市	四川省	104.067	30.6667	1144.35	1156.2	1168.3	1180.7	1199.4
6	石家庄市	河北省	114.479	38.0414	983.29	993.2	1001.3	1004.2	1020.1
7	天津市	天津市	117.177	39.1422	982.35	990.7	994.8	998.6	1010.3
8	哈尔滨市	黑龙江省	126.65	45.75	991.81	992.6	993.4	994.4	991.3
9	广州市	广东省	113.25	23.1167	800.38	810.4	818.4	827.3	837.4
10	武汉市	湖北省	114.267	30.5833	836.14	832	824.5	821.9	824.7
11	西安市	陕西省	108.929	34.2583	782.2	787.3	793.9	801.5	811.1
12	郑州市	河南省	113.649	34.7578	738	752.4	762.8	775.1	780.2
13	长春市	吉林省	125.772	44.3847	757.7	760.3	759.3	754.8	753.6
14	香港	香港特别行政区	114.159	22.2833	707.2	715.5	718.8	724.2	730.6
15	沈阳市	辽宁省	123.433	41.7922	718.08	721.2	723.7	726	729
16	南宁市	广西壮族自治区	108.317	22.8167	702.63	709.4	712.5	719	727
17	合肥市	安徽省	117.281	31.8639	439.19	705.6	708.3	711	712.2
18	杭州市	浙江省	120.162	30.2937	686.25	692.4	698.1	703.6	711.2
19	福州市	福建省	119.306	26.0614	641.91	647.7	652.3	655.4	670.2

续表

Rank	Capital	Province	Lon	Lat	Census 2011	Census 2012	Census 2013	Census 2014	Census 2015
20	长沙市	湖南省	112.967	28.2	652	653.4	658.6	661.7	667.1
21	南京市	江苏省	118.847	31.9249	631.1	634.4	637.4	640.8	645.9
22	济南市	山东省	116.997	36.6683	603.68	605.4	607.9	611.2	617.4
23	昆明市	云南省	102.718	25.0389	579.56	540.2	543.8	545.1	548.7
24	南昌市	江西省	115.883	28.6833	499.79	503.6	511	509	513.9
25	贵阳市	贵州省	106.717	26.5833	370.12	374.6	375.3	376.8	381
26	太原市	山西省	112.560	37.8694	365.31	365.3	365.4	366.7	368.6
27	兰州市	甘肃省	103.792	36.0564	323.56	323.4	322.4	321.5	321.5
28	乌鲁木齐市	新疆维吾尔自治区	87.6005	43.801	242.11	246.2	253.6	260.4	264.9
29	呼和浩特市	内蒙古自治区	111.652	40.8106	228.47	230.9	229.1	232.1	236
30	西宁市	青海省	101.767	36.6167	220.69	221.8	197.9	225.8	201.5
31	银川市	宁夏回族自治区	106.273	38.4681	157.18	160.5	164.7	169.9	174.3
32	海口市	海南省	110.342	20.0458	159.34	161.4	162	162.4	164.3
33	澳门	澳门特别行政区	113.549	22.1932	55	56.8	59.2	62.2	64.3
34	拉萨市	西藏自治区	91.1	29.65	40	49	57.9	59	61.4

注:CSV 文件包含以下字段:

Rank_2015:根据 2015 年年平均人口降序排列的城市顺序;

Capital:省会城市名字;

Province:该城市所在省份的名称;

Lon:经度;

Lat:纬度;

Census_2011:2011 年年平均人口(万人);

Census_2012:2012 年年平均人口(万人);

Census_2013:2013 年年平均人口(万人);

Census_2014:2014 年年平均人口(万人);

Census_2015:2015 年年平均人口(万人);

Wikipedia_URL(Baidu_Bike):导航到维基百科(百度百科)的网址;

Picture_URL:导航到城市标志的网址。

(2) 打开网络浏览器,登录 ArcGIS Online(www. arcgis. com)或 Portal for ArcGIS。

(3) 单击"内容",在"我的内容"中,单击"添加项目">"来自我的计算机",选取"CN_34Capital_Population. csv"文件;在标签栏填写标签,选中"将此文件发布为托管图层"前的复选框;选中"使用以下方式定位要素"中的"坐标";这时在"查看字段类型和位置"字段,单击某个单元格可进行更改。"位置字段"下的 Lon 和 Lat 自动对应经度和纬度,其他均选择"未利用",最后单击"添加项目",创建一个新的图层(图 2.8)。

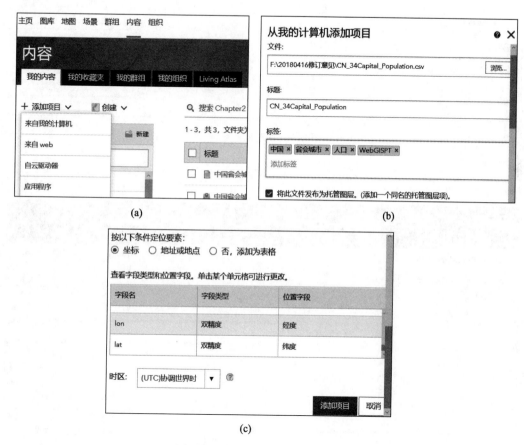

图 2.8 基于 CSV 文件生成托管图层操作步骤

(4) 完成"添加项目"后,将被导航至该要素图层的详细信息页面(图 2.9)。

(5) 浏览要素图层的详细信息页面,了解上面的内容和功能。该详细信息页面包括概览、数据、可视化、使用情况和设置五部分。

- 概览:包括标题、缩略图、描述、使用条款、评论次数、详细信息、所有者、文件夹、标签、制作者名单(属性)、URL、最后修改日期等。
- 数据:显示托管要素图层对应的原始数据,可以双击表格中的值以对其进行更改(图 2.10)。
- 可视化:以地图的形式显示托管要素图层。

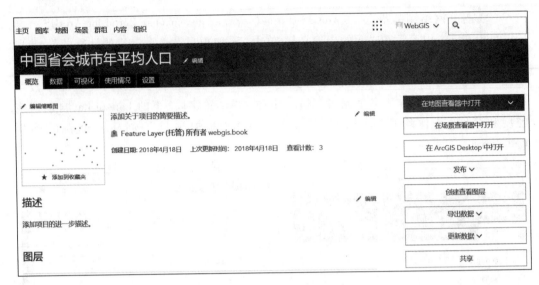

图 2.9　查看地址窗口

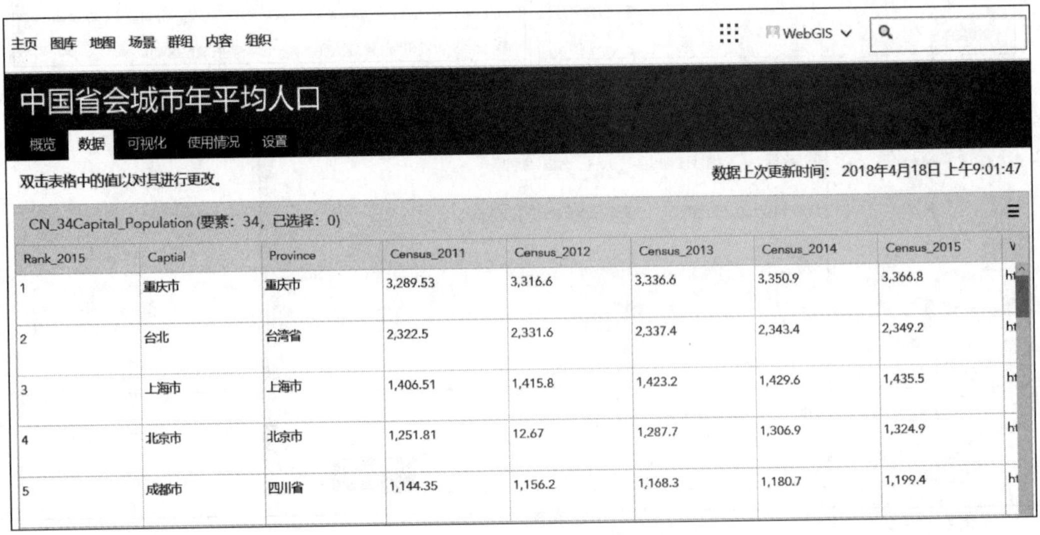

图 2.10　项目详细信息页的数据界面

- 使用情况：显示在某一时间内该图层被使用情况的详细信息（此阶段的请求次数和每天平均请求次数），有助于评估其受欢迎程度，并报告数据的使用情况数据（图 2.11）。
- 设置：包括常规、删除保护、范围和托管要素图层的编辑、管理空间索引和导出数据（图 2.12）。

（6）单击"共享"把本服务分享给所有人（图 2.13）。

浏览本页面上的其他按钮，其中"发布"按钮可以为本要素图层增添 WFS 接口，进而可以让其他 OGC WFS 客户端来调用本服务。

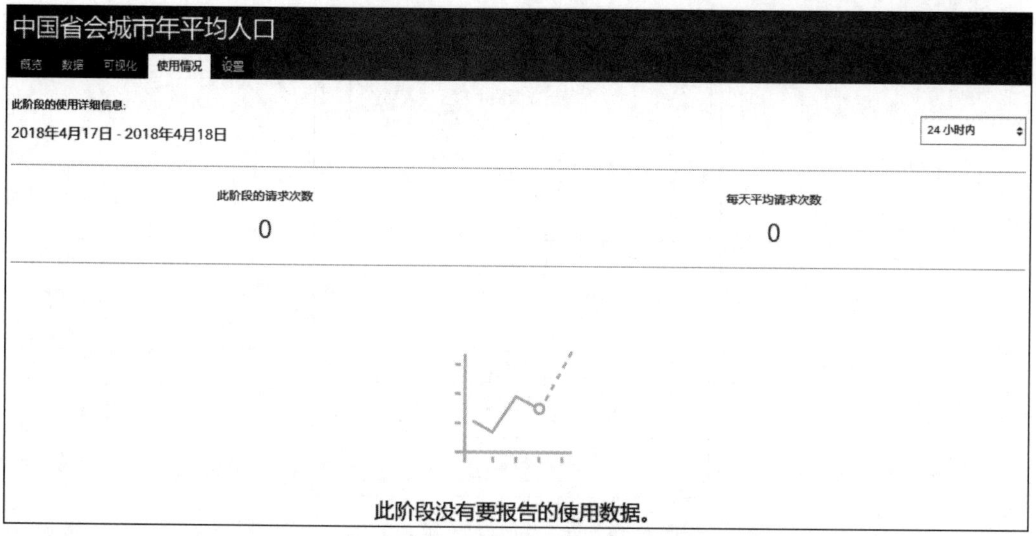

图 2.11　项目详细信息页的使用情况界面

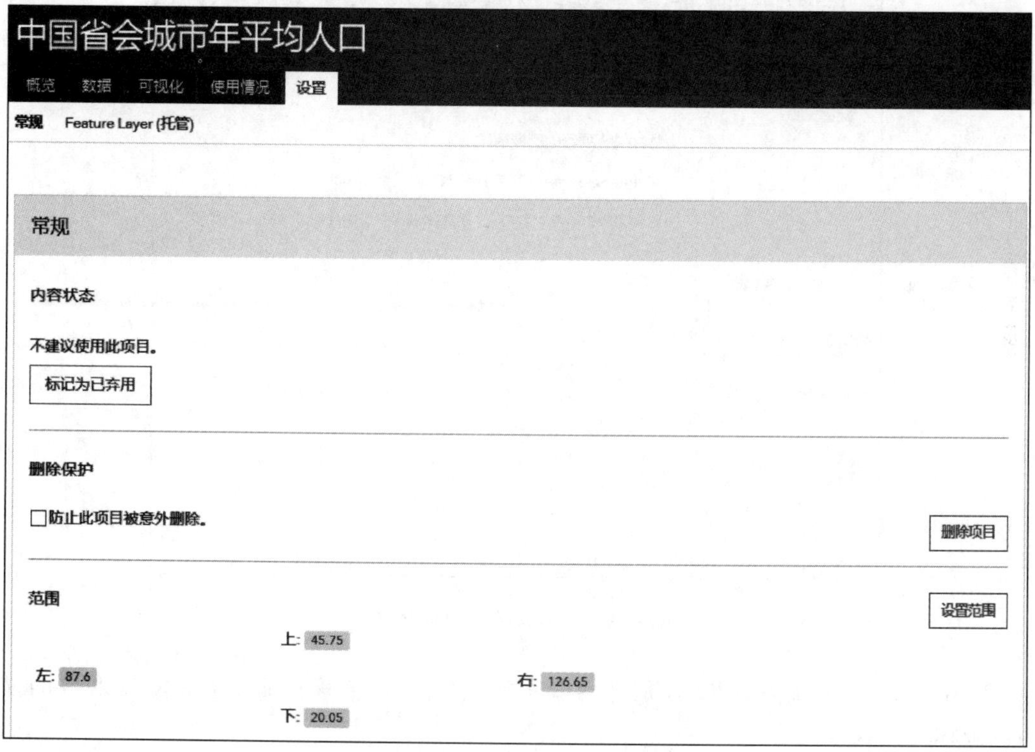

图 2.12　项目详细信息页的设置界面

　　(7) 单击"图层"下的"服务 URL"(图 2.14),将被导航至此要素服务的 REST 服务目录界面。

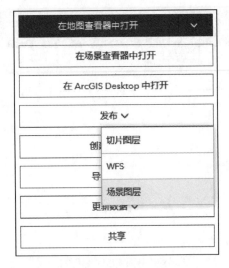

图 2.13　共享和发布本服务工具

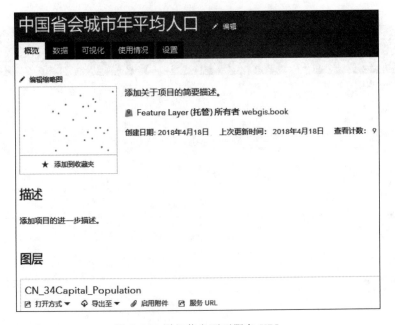

图 2.14　详细信息页下服务 URL

（8）浏览要素服务的 REST 服务目录页面（图 2.15）。该页面主要是对本服务的描述，或称为元数据。

网页上的网址就是要素服务的 REST URL。实际上，将创建的 Web 地图和 Web 应用就是通过这个 URL 来调用这个要素服务的。别的用户也可以通过查询的方式，或者直接用这个 URL 把这个图层添加到他们的 Web 地图中。也可以把这个要素服务加到任意多个 Web 地图中，进而被用到任意多个 Web 应用中，这就展示了 Web 服务的重要优点之一：可被重复利用。

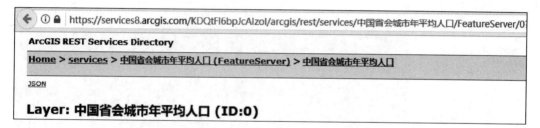

图 2.15　REST 服务目录页面

2.2.2　配置图层样式

本节将介绍智能制图和图层样式的配置。

（1）在上节发布的那个要素服务的详细信息页面，单击"在地图查看器中"打开，以便把本服务加到一个 Web 地图中。

（2）在地图浏览器中的"内容"窗口，移动鼠标至"中国省会城市年平均人口"图层，图层名下将出现功能图标，单击其中的"更改样式"按钮 🖼（图 2.16）。

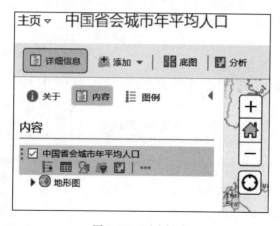

图 2.16　更改样式

（3）在"更改样式"窗口，选取"热点图"，然后缩小图层以显示所有城市。

这里可以看到"热点图"右边的复选框已被选中（图 2.17）。单击"选项"按钮，可以进行该图层样式的其他配置。

热点图适用于图层上点较多、点与点之间距离较近且不容易把这些点区分的情况。热点图通过计算所有点的相对密度，以渐进的色标来显示点密度，例如，图 2.17 中用冷色调代表低密度点，暖色调代表高密度点。

本节的例子中只有 34 个点，因此热点图并不是表达该数据的最优方式。然而，该热点图仍然清晰地显示广州市、北京市和上海市附近省会城市密度较大，在图中呈现热度比较高的颜色。

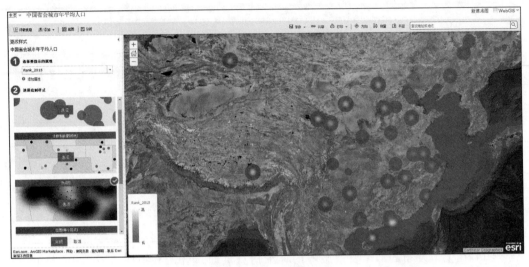

图 2.17　热点图的生成

（4）在"更改样式"窗口中（图 2.18），尝试其他选项并理解它们的效果：① 调整色带左侧的两个手柄，主要观察热点图中点热度颜色的变化情况。② 调整"影响区域"滑块的把手，可以看到点集群变得更大更平滑或更小更清晰。③ 单击"符号"可以选取不同的色带。④ 单击"确定"来退出"选项"模式。

下面，将利用智能制图来表达中国省会城市年平均人口及其变化。

（5）在"更改样式"窗口的"选择要显示的属性"文本框中，选取"Census_2015"字段（图 2.19）。

智能制图默认"计数和数量（大小）"作为缺省的样式。该样式通过符号大小的排序来表达相应的数值大小或不同类别的等级。

（6）单击"计数和数量（大小）"样式中的"选项"，选择除以"Census_2011"。

图 2.20 显示了 2015 年和 2011 年人口的比率，该指标能够较好地反映过去 4 年人口的增长情况。较大的圆圈表示较高的人口增长率，较小的圆圈表示较低的人口增长率，甚至负增长率。当比率为 1 时，表示人口没有变化；当比率大于 1 时，表示人口增加；当比率小于 1 时，表示人口减少。该比率较好地反映了人口随时间的变化情况，而不用创建多个图层。这种方法不仅适用于人口数据，还适用于其他包含两个数值字段的图层。

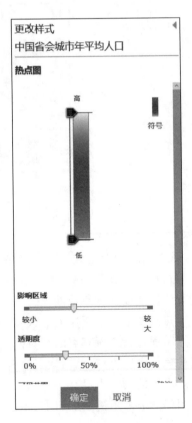

图 2.18　热点图选项的配置

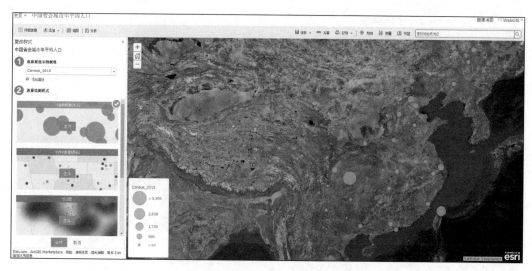

图 2.19　更改样式的显示属性

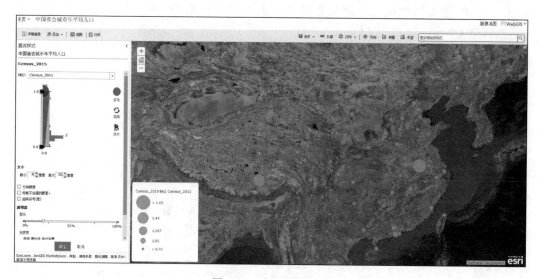

图 2.20　人口增长比率

　　通过调整直方图滑块两端的两个把手来改变最大和最小人口增长比率符号的大小，进而增强最大和最小人口增长率。智能制图能够通过调整数据的范围来凸显隐含的微小信息。

　　智能制图默认使用连续的形状和颜色，也可以类似传统制图方法把要素分成一系列的类别，并以不同的大小和颜色来表示。

　　下面将学习如何根据城市分类手动地给这些类配置符号。

　　(7) 在"更改样式"窗口中向下滑动，然后选中"分类数据"旁边的复选框。选取"手动间隔"，并把它分成 4 类，每类保留小数点后两位(也就是说，分割类的数值保留两位小数)(图 2.21)。

图 2.21　手动分类

（8）从底部开始将类的中断值分别设为 1、1.06 和 1.17。也可以直接单击已有的中断值、键入新值或通过拖动色带的手柄来实现（图 2.22）。

注意：图中的"符号"和"图例"这两个图标，单击前者可以为所有类设置统一的符号，单击后者可以为每类设置一个单独的符号。

以上所有的级别都使用尺寸渐变的同类符号。接下来将学习为每一类配置不同的符号。

（9）单击"图例"。

（10）单击最大的圆（>1.17 到 1.6 旁边的圆）。弹出窗口中显示可用的点符号。单击列表选择"箭头"，单击实心暗红色圆圈内向上的白色箭头，将其大小设置为 36 个像素，然后单击"确定"（图 2.23）。

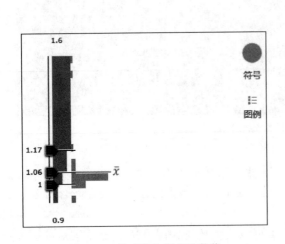

图 2.22　修改类中断点的数值

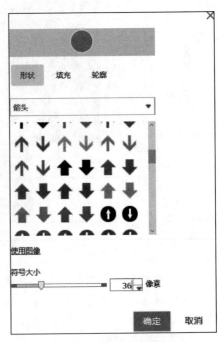

图 2.23　修改图例符号

地图查看器提供了一系列符号来表达不同的类别（图 2.24），包括交通、人员位置、兴趣点、制图、商业、基础设施、安全健康、户外娱乐、损失、数字、灾害、箭头、公园管理等，制图者可以浏览每一类符号。地图查看器还允许制图者使用自定义图片作为符号。

(11)同样,将 1.06 到 1.17 类的符号更改为箭头组中的黑色圆圈内白色箭头,将其大小设置为 28,然后单击"确定"。

除了符号集外,地图查看器允许使用自定义图像作为符号,接下来将演示如何使用自定义符号。

(12)单击>1 到 1.06 类的符号,单击"使用图像"指定 http://www.learnwebgis.com/WebGISPT chapter2/red_up.gif 网址,单击加号图标添加蓝色圆圈内白色箭头,设置其大小为 22,然后单击"确定"(图 2.25)。

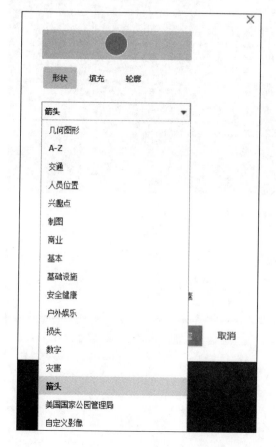

图 2.24 符号集类别

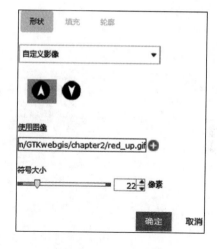

图 2.25 使用自定义图像

(13)同样,改变 0.91 至 1 级符号为暗红圆圈内白色向下箭头:指定 http://learnwebgis.com/WebGISPT/chapter2/blue_down.gif 网址,并设置其大小为 16。

最后一类的城市人口从 2011 到 2015 年呈现减少趋势,因此,这一类用一个实心的向下箭头来表示(图 2.26)。

(14)单击"确定",然后单击"完成"以退出"更改样式"窗口。

(15)单击地图查看器工具栏中"底图"按钮,选取"地形图"底图。该底图采用淡化的底图和标注,能更好地凸显可操作数据层(图 2.27)。

(16)保存 Web 地图(图 2.28)。

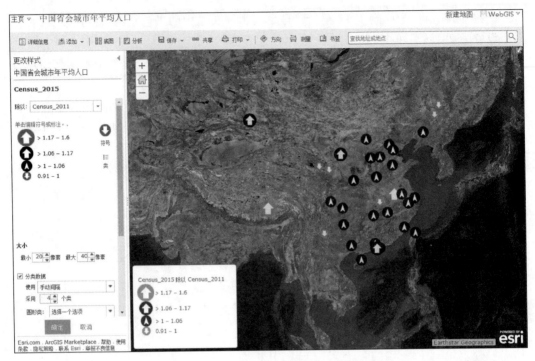

图 2.26　自定义图标表达人口变化格局

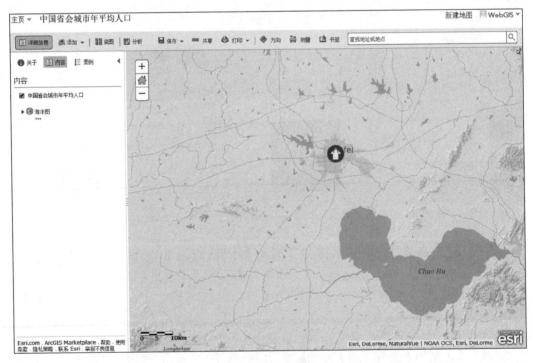

图 2.27　替换为中性底图

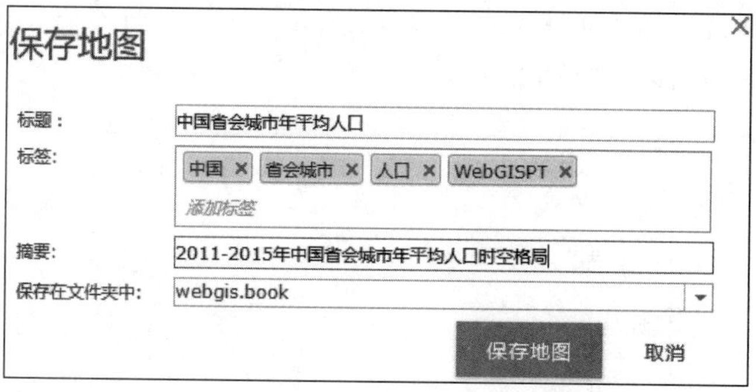

图 2.28　保存 Web 地图

　　保存地图后，目前浏览器上的网址就是已创建 Web 地图的 URL，其中有 webmap＝地图 id 号。

　　现在，已经修改了要素图层的显示风格，但这个风格被保存在该 Web 地图中。如果要把这个图层加到别的 Web 地图中，将不能看到这个风格的，下一步要把这个风格保存到该要素图层本身。

　　（17）移动鼠标至中国省会城市年平均人口图层，单击"更多选项"，选择"保存图层"（图 2.29）。

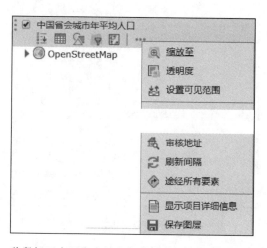

图 2.29　移鼠标至中国省会城市年平均人口图层显示各个功能选项

　　本节配置了可操作图层的样式，让用户可以一目了然地看出哪些城市人口呈现增加或减少的趋势。而且该样式被保存在该要素图层中，这样在制图者或别人重复利用该图层时，也将能重复利用以上配置的风格。

2.2.3　配置弹出窗口

　　本节将介绍如何在弹出窗口中显示所单击城市的信息。

　　（1）在地图查看器中打开 Web 地图，在 34 个城市中随机单击一个查看默认弹出窗口。

（2）在内容窗口中，把鼠标移至"中国省会城市年平均人口"图层，单击"更多选项"按钮，并选择"配置弹出窗口"（图2.30）。

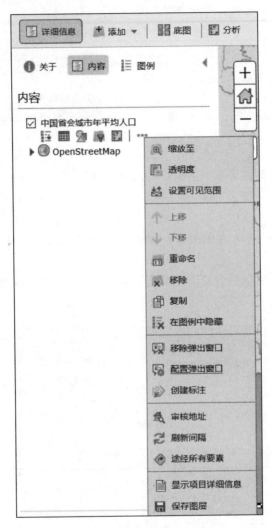

图2.30　配置弹出窗口选项

在"配置弹出窗口"中，可以配置弹出窗口的标题、内容、多媒体和属性表达式。

接下来将学习如何配置弹出窗口的标题，制图者可以使用静态文本、属性字段值或两者的组合。

（3）单击"弹出窗口标题"下的"+"按钮选择"Province"字段。请键入逗号和空格，然后单击"+"按钮以选择"Capital"字段（图2.31）。

接下来，将配置弹出内容，它可以是一系列属性字段或者基于属性值的自定义描述。

（4）在弹出窗口菜单的显示项，单击"配置属性"链接。

在"配置属性"窗口选择要显示或隐藏的字段，定义它们的别名、顺序和格式。

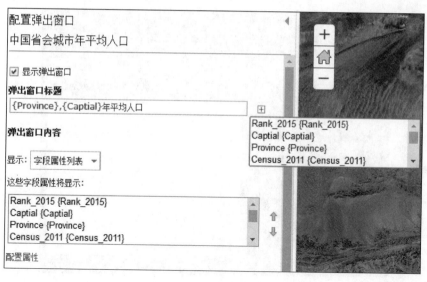

图 2.31 配置弹出标题

（5）在"配置属性"窗口中，进行如下设置：① 选择{Rank_2015}，并设置其别名为 Rank2015。② 取消清除{Capital}和{Province}的复选框。因为它们已经出现在标题中，所以不需要重复显示。③ 保留{Census_2011}，{Census_2012}，{Census_2013}，{Census_2014}和{Census_2015}，并将它们的别名分别修改为 2011（Census）、2012（Census）、2013（Census）、2014（Census）和 2015（Census）。④ 取消剩余字段的复选框。⑤ 单击"确定"关闭"配置属性"窗口（图 2.32）。

图 2.32 配置弹出内容

（6）在"配置弹出面板"中，单击"保存弹出"以保存弹出窗口的配置。

（7）单击地图上的任何城市查看新的弹出窗口。将会看到更简单，更容易阅读的弹出窗口（图 2.33）。

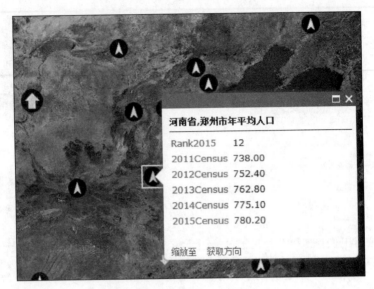

图 2.33　配置弹出窗口后效果

（8）在"地图查看器"菜单栏上，单击"保存"来保存 Web 地图。

2.2.4　为弹出窗口添加图像和图表

多媒体（如图像和图表）比文本更能吸引用户，同时能加深用户对所表达内容的认识。

本章的 CSV 文件包含两个 URL 字段（Picture_URL 和 Wikipedia_URL）。下面将用 Picture_URL 为弹出窗口添加图片，当用户单击图片时，将链接到 Wikipedia_URL 来显示该城市的百度百科网页①，以便用户查看该城市年平均人口变化的辅助信息。

图表的有效显示需要多个属性字段，"中国省会城市年平均人口"图层包含多个属性字段，下面将用适当的图表来显示城市年平均人口的变化趋势。

（1）在"内容"窗口中，指向"中国省会城市年平均人口"图层，单击"更多选项"按钮，然后单击"配置弹出"按钮。

（2）在"弹出窗口媒体"下，单击"添加"，然后单击"图像"（图 2.34）。

（3）在"配置图像"窗口中，进行下列更改（图 2.35）：① 在标题中添加如图所示的标题。② 在说明文字中填写"单位（万人）"。③ 在"URL"中，单击加号按钮，单击 Picture_URL 字段。④ 在"链接（可选）"中，单击加号按钮，单击 Wikipedia_URL 字段。⑤ 单击"确定"，关闭配置图像窗口。

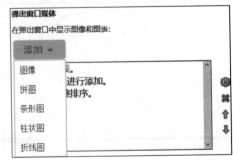

图 2.34　配置弹出图像

---

① 由于维基百科网页有时不易访问，这里以百度百科网页为例，本章下文中各处与此类似。

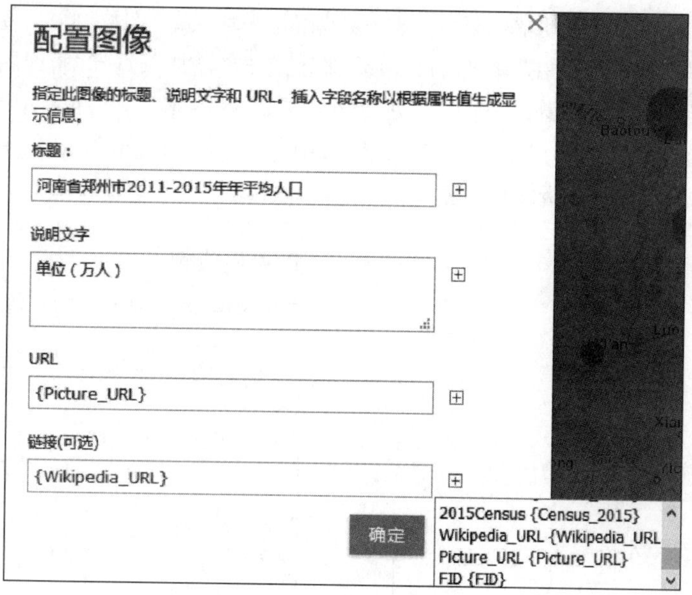

配置图像
指定此图像的标题、说明文字和 URL。插入字段名称以根据属性值生成显示信息。
标题：
河南省郑州市2011-2015年年平均人口
说明文字
单位（万人）
URL
{Picture_URL}
链接(可选)
{Wikipedia_URL}
确定
2015Census {Census_2015}
Wikipedia_URL {Wikipedia_URL
Picture_URL {Picture_URL}
FID {FID}

图 2.35 配置图像

图像的标题、说明文字、URL 和链接(可选)都可以采取静态文本、属性字段值或两者的组合。如果所选数据缺少图像 URL 和链接字段,那么可以在本步指定某一个图片的 URL 和某一个网页的链接,这样,弹出窗口中将有图片和链接,尽管所有城市的弹出窗口显示的是相同的图像和链接。

(4) 在“配置弹出”窗口中,单击“保存弹出”以保存对弹出窗口的配置。

(5) 单击地图上任意城市查看配置后弹出窗口。

弹出窗口显示城市的市标。如果单击图片,将弹出该市的百度百科页面(图 2.36)。

河南省,郑州市年平均人口
Rank2015 12
2011Census 738.00
2012Census 752.40
2013Census 762.80
2014Census 775.10
2015Census 780.20
图像 1
缩放至 获取方向
Bai百科
郑州
进入词条
全站搜索
首页
分类
特色百科
用户
权威合作
手机百科
个人中心
秒懂百科
郑州

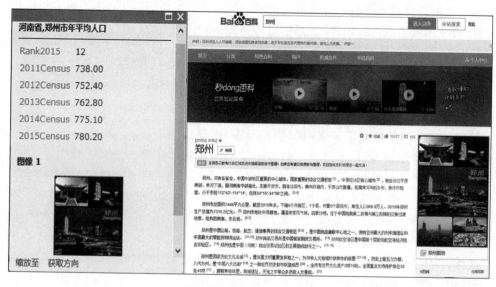

图 2.36 配置 URL 和链接

（6）在"内容"窗口，移动鼠标至"中国省会城市年平均人口"图层，单击"更多选项"按钮，然后单击"配置弹出窗口"。在"弹出窗口媒体"部分，单击"添加"，选择"折线图"（图 2.37）。

（7）在"配置折线图"窗口，进行下列更改（图 2.38）：① 如图所示填写标题。② 对于图表字段，选择 2011 年、2012 年、2013 年、2014 年和 2015 年城市年平均人口字段。③ 单击"确定"关闭"配置折线图"窗口。

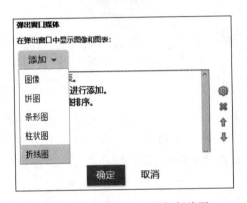

图 2.37　弹出窗口添加折线图

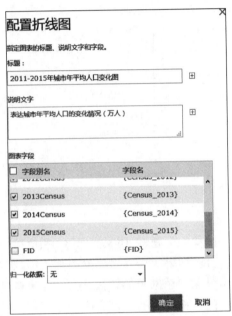

图 2.38　配置折线图

（8）单击"确定"进行保存。

（9）单击任意城市，例如，吉林省长春市，将显示配置后的弹出窗口（如不知道长春市位置，可使用搜索框进行查找）。单击城市市标图像右侧的右箭头可以查看配置的折线图（图 2.39）。

（10）保存 Web 地图。

新配置的弹出窗口具有图像和折线图图标，所显示的信息比原始属性值更直观。

（11）现在，已经修改了要素图层的弹出窗口，但这个配置是被保存在该 Web 地图中。如果把这个图层加到别的 Web 地图中，是看不到这个弹出窗口的，下一步要把这个弹出窗口保存到该要素图层本身。

（12）移鼠标至"中国省会城市年平均人口"图层，单击"更多选项"，选择"保存图层"。

这样，以上配置的弹出窗口就被保存在该要素图层中，当其他人把这个图层加到一个新的 Web 地图中时，将能重复利用以上配置的弹出窗口。

图 2.39　2001—2015 年长春市
年平均人口逐渐减少

2.2.5 创建和配置 Web 应用程序

接上节,进行以下操作:

(1) 在"地图查看器"菜单栏上,单击"共享"按钮(图 2.40)。

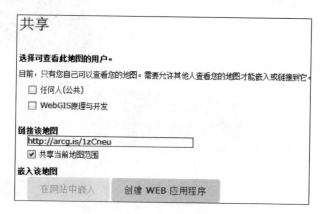

图 2.40 共享

(2) 在"共享"窗口中的"选择可查看此地图的用户",选取"任何人(公共)",共享该 Web 地图。

在"嵌入该地图"下的"在网站中嵌入"按钮,提供了几行简单的 HTML 源代码,如果要把这几行源代码加入现有的网站、个人博客中,就可以把该 Web 地图嵌入其中。这种嵌入方法通常应用于简单的应用程序。下面将利用"创建 WEB 应用程序"按钮,来创建一个更完整的 Web 应用程序。

(3) 单击"创建 WEB 应用程序"。

如果还没有共享已创建的要素图层,那么将看到一个"更新共享"窗口,它提示该要素图层还没有共享,如果需要像已创建的 Web 地图一样共享给其他用户,单击"更新共享"按钮。

(4) 在应用程序模板中,查找并单击"基本查看器",然后单击"创建 WEB 应用程序"(图 2.41)。可以在发布前单击预览,查看该应用程序是否满足自己的需求。

(5) 为"新建 Web 应用程序"指定标题、标签、摘要和保存的文件夹,然后单击"完成"。

导航至本项目的详细信息页。本页上的菜单栏、工具和其他类内容等的详细信息页面类似,但包括以下按钮:

- 查看应用程序:将导航至所创建的应用程序,浏览该应用程序。你需要把这个链接告知你的用户,如利用邮件等形式。
- 配置应用程序:将进入该 Web 应用程序的配置模式。

(6) 浏览"常规、主题、选项和搜索"等设置功能。

一些常规设置需要 Web 地图中特定类型的图层。例如,编辑器工具需要要素服务图层。搜索设置允许用户使用自己 Web 地图中默认的地理编码或配置的图层来检索地图中的某个位置。

图 2.41   新建 Web 应用程序

注意：如果地图中包含订阅者内容，例如，来自 ArcGIS 世界动态地图集的图层，这些图层需要使用制图者或用户的 ArcGIS 配额。如果制图者想让用户使用这些订阅者图层（将使用制图者的配额），就需要选中该图层前的复选框。否则，用户将被提示登录自己的 ArcGIS Online 订阅账户，并消费自己的配额。

（7）在"选项"下的打印工具部分，选中打印工具，选择显示所有布局选项，选择添加图例到输出框中。

（8）单击"保存"按钮，单击"启动"来预览已创建的应用程序。如果需要，可重新调整设置，保存和预览应用程序。

（9）单击"关闭"。此操作将退出应用程序配置模式，并转到应用程序项目详情信息页。

（10）熟悉这个 Web 应用的详细信息页。这个页面和图层、Web 地图的详细页面大致类似，但有些不同。

接下来，将学习如何将应用程序的缩略图变为有意义的图标。项目所有者可以更新缩略图，下面将改变本应用程序的缩略图。

（11）单击"编辑缩略图"：① 在上传缩略图窗口，单击"选择文件"，选择"C:\WebGISData\Chapter2\images\thumbnail. png"。② 单击"确定"。③ 单击"保存"。

新的缩略图能够帮助搜索 Web 应用程序的用户迅速地了解该 Web 应用程序的信息，例如，了解该应用程序是关于哪方面的内容。

（12）在"项目详细信息"页，单击"缩略图"图像，单击"查看应用程序"（图 2.42）。

图 2.42　查看应用程序缩略图

该 Web 应用程序将出现在新窗口。也可以在平板电脑和智能手机查看此应用程序。

（13）了解基本 Web 应用程序模板的功能。

可以试用地图导航，查看弹出窗口，打开和关闭图层，通过打印功能创建 PDF 文件，检查图例，研究中国省会年平均人口变化的时空格局，并思考该格局变化的原因。

目前浏览器上的网址就是已制作 Web 应用的 URL。这时需要把这个网址告诉给用户。

（14）用电子邮件、微博、微信等方式告知用户该应用程序的网址，让其他人使用该 Web 应用程序。

本教程利用 ArcGIS Online，将一个包含经纬度信息的 CSV 文件发布成一个托管要素图层，也即一个要素服务。随后利用智能制图为该要素图层配置了符号，并为该图层配置了包含属性内容、图片、链接和折线图的弹出窗口。最后，通过一个基本模板，创建了一个具有底图、操作层和一些工具（如弹出窗口和打印工具）的 Web 应用程序。作为一个 Web 服务，本教程发布的要素图层可以被加载到其他任意多 Web 地图和 Web 应用中，可以被重复利用，这就是 Web 服务的重要优点。

2.3　常见问题解答

1）基于 Web 地图，可以创建自己的 Web 应用程序。如果我更新了 Web 地图的图层样式和弹出式窗口后，这些变化会自动同步到引用它的 Web 应用程序吗？

会的。Web 应用程序与其 Web 地图保持动态链接，Web 地图内容的变化，如添加或删除图层、改变符号或配置弹出窗口，将会自动同步到 Web 应用程序中。

2）本教程中的 CSV 文件可以支持点要素,但如果我想发布一个线或面的要素服务,如何做?

有多种方法:

（1）使用 Shapefile 文件或 File Geodatabase。Shapefile 文件是 Esri 的一种矢量数据存储格式,它包含 .shp、.shx、.dbf 和 .prj 文件,可以存储点、线、面要素。File Geodatabase 是一个目录,也可以存储点、线、面等要素类型。把 Shapefile 文件或 File Geodatabase 这些文件压缩到一个 zip 文件,然后按照本教程第 2.2.1 节的基本步骤(例如,单击"内容",单击"添加项目",选择"来自我的计算机",选择你的 zip 文件,就可以把该文件发布为一个要素服务)。

（2）你也可以利用 ArcMap 和 ArcGIS Pro 来发布要素服务。

3）完成创建 Web 地图后,发现我原来的 CSV 文件或 Shapefile 文件中存在问题或错误。我需要先修改原始数据,然后再重新发布我的要素服务和创建我的 Web 地图吗?

不必。你可在地图查看器窗口中直接编辑并修改数据,而不需要先修改原始数据,从头再来。例如,你可以添加一个遗漏的城市或修改错误的属性字段的值。

4）如果一个要素图层有数万甚至数十万的地理要素,采用要素图层来显示的话,会不会特别慢?

要素图层是在客户端渲染制图的。传统的渲染过程是基于 SVG(可缩放矢量图形)技术的。由于 SVG 技术的限制,当有数千个点、线或多边形要素需要同时显示时,地图显示和浏览的速度就变得比较慢,影响用户体验。传统的解决方法是采用比例尺依赖来避免同时显示数千个以上的要素。近年来,随着 HTML5 的推广,WebGL(Web 图形库)技术被大部分浏览器广泛支持。ArcGIS Online 和 ArcGIS Enterprise 推出了 WebGL 要素图层,采用 WebGL 技术来渲染和显示要素,可以在浏览器中同时显示超过数十万甚至上百万个要素,并能保持流畅的地图放缩和漫游速度,极大地提高了要素图层的性能和适用范围[①]。

2.4   思   考   题

（1）什么是 Web 服务,它有哪些优势?

（2）Web 服务的类别包含哪些?

---

① 详情参见 http://bit.ly/2g4v9kz,即 https://blogs.esri.com/esri/arcgis/2017/09/29/featurelayer-taking-advantage-of-webgl-2d/。

（3）Web 服务有哪些接口类别和开放标准？

（4）什么是 REST 风格的 Web 服务？

（5）如何基于 ArcGIS Online 发布要素服务？

（6）如何基于 ArcGIS Online 创建和配置 Web 应用程序？

2.5　作业:发布、配置和使用要素图层创建 Web 应用

选择下列案例之一:

- 展示不同城市的气候变化(包括气温和降水)情况
- 展示不同城市的汽车拥有量情况
- 展示世界各地最近的地震情况
- 不同省份粮食产量的变化情况
- "一带一路"上各个国家的 GDP 变化
- 你所拥有或可以收集的其他数据

数据来源:

（1）如果你选择上面的第三个案例,可以从美国地质调查局(USGS)的网站获得相应数据。美国地质调查局以 CSV 和其他格式的文件提供世界各地的地震数据。你可以选择感兴趣时间段的震级数据。

（2）对于其他问题,可以使用 Microsoft Excel 或其他一些电子表格工具自己收集数据。

基本要求:

（1）配置适当的图层样式。

（2）配置适当的弹出窗口。在弹出窗口中至少包括一个图表或图像链接(如果没有图像 URL,可以采用图像搜索来查找 URL)。

（3）选择适当应用程序模板,将 Web 地图转化为 Web 应用程序。

（4）分享所创建的 Web 地图和应用程序。

提示:

上述第三个案例,可以用这个模式 http://earthquake. usgs. gov/earthquakes/eventpage/{id}(例如,http://earthquake. usgs. gov/earthquakes/eventpage/ak10796120)来配置地震的弹出窗口,单击该链接,用户就可以看到该地震的详细信息。

提交内容：

（1）你的要素图层的服务 URL；

（2）你的 Web 地图的 URL；

（3）你的 Web 应用程序的 URL。

参 考 资 料

Esri. 2015. Smart Mapping—A Closer Look. http://video. esri. com/watch/4618/smart-mapping-a-closer-look ［2018-3-16］.

Esri. 2017.更改样式. https://doc.arcgis.com/zh-cn/arcgis-online/create-maps/change-style.htm ［2018-3-16］.

Esri. 2017.配置弹出窗口. https://doc. arcgis. com/zh-cn/arcgis-online/create-maps/configure-pop-ups. htm ［2018-3-16］.

Esri. 2017.通过地图创建应用程序. https://doc. arcgis. com/zh-cn/arcgis-online/create-maps/create-map-apps.htm ［2018-3-16］.

Esri. 2017.添加图层. https://doc.arcgis.com/zh-cn/arcgis-online/create-maps/add-layers.htm ［2018-3-16］.

Esri. 2017. ArcGIS Online 简介. http://resources. arcgis. com/zh-CN/help/getting-started/articles/026n0000000v000000.htm ［2018-3-16］.

Esri. 2017. ArcGIS Online 入门. http://learn. arcgis. com/zh-cn/projects/get-started-with-arcgis-online/ ［2018-3-16］.

Esri. 2017. ArcGIS Living Atlas of the World. https://livingatlas.arcgis.com/en/［2018-3-16］.

Harrower M. 2015. Introducing Smart Mapping. http://blogs. esri. com/esri/arcgis/2015/03/02/introducing-smart-mapping ［2017-10-16］.

Harrower M. 2015. Smart Mapping Part 2：Making Better Size and Color Maps. http://blogs. esri.com/esri/arcgis/2015/03/17/smart-mapping-part-2-making-better-size-and-color-maps ［2018-3-16］.

Harrower M. 2015. Smart Mapping Part 3：Rounding classes for Color and Size Drawing Styles. http://blogs. esri.com/esri/arcgis/2015/03/20/smart-mapping-part-3-rounding-classes-for-color-and-size-drawing-styles ［2018-3-16］.

Harrower M. 2015. Smart Mapping Part 4：Pairing Data with Maps. http://blogs. esri. com/esri/arcgis/2015/05/12/smart-mapping-part-4-pairing-data-with-maps ［2018-3-16］.

Harrower M. 2015. Smart Mapping Part 5：Tips and Tricks. http://blogs. esri.com/esri/arcgis/2015/06/16/smart-mapping-part-5-tips-and-tricks ［2018-3-16］.

Herries J and Harrower M. 2015. Smart Mapping—Make Brilliant Maps Quickly and with Confidence. http://video. esri. com/watch/4720/arcgis-online-smart-mapping-make-brilliant-maps-quickly-and-with-confidence ［2018-3-16］.

Matthews S. 2015. Maps and More：Discover the Living Atlas of the World. http://blogs.esri.com/esri/arcgis/2015/09/14/maps-and-more-discover-the-living-atlas-of-the-world ［2018-3-16］.

Szukalski B and Archer J. 2015. ArcGIS Online Steps for Success—A Best Practices Approach. http://video. esri.com/watch/4718/arcgis-online-steps-for-success-dash-a-best-practices-approach ［2018-3-16］.

第 3 章

志愿式地理信息和基于
Web 的数据编辑

21 世纪以来,用户通过网络创建和发布内容成为一个越来越流行的现象,数以亿计的用户为万维网贡献了海量的数据,使得许多像百度百科、维基百科、微博、推特、优酷、YouTube、脸书(Facebook)、微信朋友圈这样的互联网应用以此为基础得以广泛应用。

地理信息领域也出现了大量用户创建的内容,如早期的 WikiMapia 和 OpenStreetMap,现在流行的社交媒体如微博和微信朋友圈也都可以指定地理位置。在 2007 年,地理信息科学之父 Michael Goodchild 教授提出了志愿式地理信息(volunteered geographic information,VGI)这一概念,也称为自发式地理信息,特指那些由公众自愿创建的,而不是由专业数据生产部门创建的地理空间数据。志愿式地理信息提供了一种众包的生产方式,目前已经在全球观测、国家空间基础设施建设、公众参与 GIS、应急管理乃至 GIS 商业化方面发挥了重要作用。

VGI 的技术基础就是让客户端能够添加、更新和删除服务器端的地理数据,包括空间数据和属性数据,这其实就是可写的 Web 要素服务(web feature service,WFS),它是一种常用的 Web 服务。第 2 章已经介绍了 Web 服务,但那是只读的,还不能支持 VGI。本章将首先介绍志愿式地理信息及众包的概念和意义,然后介绍可写的 Web 要素服务或要素图层,包括要素模板、编辑追踪、基于所有权的编辑等(图 3.1)。实习部分展示如何发布可写的托管要素图层,如何定义要素模板,如何创建要素图层视图和能采集 VGI 的 Web GIS 应用。本章的技术路线如图 3.1 所示。ArcGIS 提供了构建 Web 应用的多种方法,图 3.1 中箭头连接的部分即为本章将要介绍的构建方法。这个技术路线与第 2 章类似,但本章的要素服务是可写的。

学习目标:
- 利用 ArcGIS Online 或 Portal for ArcGIS 创建可写的托管要素图层
- 修改托管要素图层属性
- 定义要素模板

- 创建托管要素图层视图
- 创建可采集数据的 Web 应用

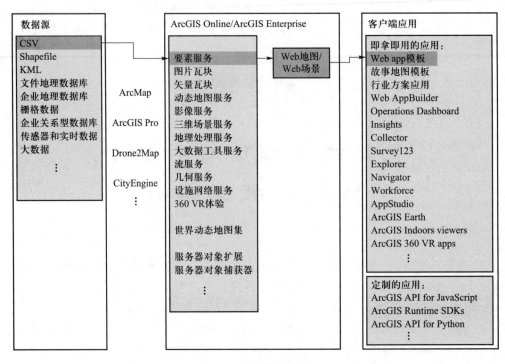

图 3.1   本章技术路线

3.1   概念原理与技术介绍

3.1.1   志愿式地理信息及众包的概念和意义

随着手机定位技术和移动终端技术的发展,地理信息传递和服务的模式经历了深刻的变革,面向公众的地理信息服务得以迅猛发展,地理信息公众应用的规模化也已成为地理信息产业发展的必然趋势。在此背景下,用户的参与成为 Web 应用流行的最大推动力,用户通过 Web 应用被动消费信息的同时,也可以主动创建或编辑网页的内容,提供网络信息,微博、社交网络的风靡就是最好的例证。由用户贡献的这些内容被称为用户生成内容(user generated content,UGC),其中,与地理有关的 UGC 常被称为志愿式地理信息(volunteered geographic information,VGI)。

Michael Goodchild 指出,志愿式地理信息是那些由公众自愿创建的,而不是由专业数据生产部门创建的地理空间数据。手持智能设备(智能手机、平板电脑)的普及、移动互联网的迅猛发展,让用户可以随时随地接入互联网应用,这使得提供信息变得简单易行,其结果就是志愿式地理信息的大量涌现,对数据采集、信息共享等领域产生了深远的影响。志愿式地理信息使公众间的信息共享成为一个新的发展趋势,公众在浏览地图、查询要素的同时,还能通过网络应用参与地理信息数据的创建,这将激发用户热情,最终推动互联网应用的普及。导航应用 Waze 利用用户手机的 GPS 信息来获取道路交通车速信息、并鼓励用户报告哪里发生了交通事故、哪里有警察等信息,从而向汽车驾驶员提供更好的行车路线。目前,该应用已在全球 190 多个国家流行。Survey123 是一款数据采集 GIS 应用程序,用户可利用表单采集数据,并可离线使用该应用,这一特性进一步提升了数据采集的便捷性。目前,这种众包和共享的模式继续扩展,全球最大的出租车公司 Uber 没有自己的出租车而是靠众多的私家车提供服务,国内外最热门的媒体如微博和 Facebook 主要依赖用户来发布信息,全球最大的网上贸易市场阿里巴巴主要依靠其会员来提供商品,全球最大的住宿服务提供商 Airbnb 主要靠参与者提供住房。

志愿式地理信息推动网络应用规模化的同时,也使"众包"(crowdsourcing)技术逐渐成为一种新的信息交互模式,它是一种公开面向互联网大众的分布式问题解决机制,通过计算机和互联网上的大众来完成个人或一个机构难以单独完成的任务。众包技术将任务通过网络外包给公众,改变了信息传输的方式,其基本特征包括:① 采用公开的方式吸引互联网大众;② 众包任务通常是个人或一个单独的机构很难处理的问题;③ 大众通过协作或独立的方式完成任务;④ 是一种分布式的问题解决机制。WikiMapia、OpenStreetMap、Waze 等网站采用基于 Web 的众包技术,将这些传统的数据采集和城市设施监控等任务外包给公众,由他们自愿地采集和上传数据,报告所发现的问题。表 3.1 列举了一些流行的志愿式地理信息的案例,包括它们所提出的地理问题、用户使用模式和收集到的地理信息。

表 3.1 志愿式地理信息网站及其所收集的地理信息

网站名称及其隐含的地理问题	用户使用模式	收集到的地理信息
推特、微博、微信:你那里在发生什么事情?	用户报告他们的活动、所在地区的状况或突发性事件	实时监测和汇报个人和社区活动
WikiMapia(维基地图百科):你知道哪些地方?	用户在地图上画一个区域,简单描述该地区	创建了世界上最大的地名数据库
Waze:道路的交通状况如何?事故、摄像头的分布情况如何?	用户提供道路交通状况,如事故的分布情况等,驾驶员可得到更好的行车路线	全球最大的社区化交通导航应用程序
Facebook、Instgram、SnapChat、YY、花椒、陌陌直播:你的身边正在发生什么?	让用户分享图片和事件,并具有直播功能	用照片或直播的方式实现实时信息的传播
YouTube、Flickr 等带有地理标签功能的在线影集和视频网站:你能共享哪些地方的照片和视频?	用户上传自己的照片和视频,并为它们定位	用照片记录和报告某地、某事件的过去或现在的情况
OpenStreetMap:你有哪些地理数据可以上传?	用户在步行、骑车或开车时,用 GPS 采集道路的坐标,上传和集成到 OpenStreetMap 网站中	创建了覆盖欧洲和许多地区的街道、高速公路等地理数据

志愿式地理信息为全球观测、国家空间基础设施建设、公众参与 GIS 的发展以及公共事务提供了独特的信息和视角：

把公众作为传感器：如今，在全世界 72 亿人中，占很大比例的一部分人拥有手机或相机，可以随时收集并共享地理信息。这些志愿式地理信息提供了一个航空航天遥感监测系统所不能提供的独特尺度。从空间分辨率上讲，人们能够发现遥感所不能发现的细节信息，因为人们可以近距离观察地面事务。从时间分辨率上讲，人们可以经常性地访问某些地点，而人造卫星只是周期性地访问。地震等灾害发生后，微博上会出现用户提供的大量灾情信息，如人员伤亡情况、道路损毁状况等。尽管这些信息是碎片化的，但它们从另外一个角度为灾后重建和应急管理提供了有力的支撑。由此可见，公众作为传感器提供的志愿式地理信息将成为实时灾害监测、早期预警等多种 Web GIS 应用的重要信息源。

为建设空间数据基础设施提供了辅助手段：传统的数据生产需要专业人员参与，并需要专门的数据传播与推广渠道。在许多国家政府部门提供的专业地理信息数量不足的当下，公众的参与热情越来越高，提供了大量免费的准确详尽的志愿式地理信息，弥补了基础测绘数据库更新速度慢、社会经济属性缺少的缺陷。目前，美国地质调查局和统计局通过公众收集数据，如果能做好质量控制，这将为空间数据基础设施的发展提供一个有力的辅助手段。此外，志愿式地理信息的出现还改变了公共数据集的生产模式，将测绘专业人员从"作者"变为"编辑"——从以数据生产为主，转变为以地理信息的汇总、审核、挖掘工作为主。

促进公众参与 GIS 的发展：公众参与 GIS（public participation GIS，PPGIS）是指公众利用 GIS 来提供数据和参与决策。这一概念于 1996 年的美国国家地理信息与分析中心（NCGIA）会议上被提出，但研究发现，大部分的公众参与 GIS 项目还仅限于研究试验，没能得到广泛的实际应用。近年来流行的志愿式地理信息，尽管大部分还没有达到让公众利用 GIS 参与决策的程度，但已经可以被认为是一种公众参与 GIS。分析其流行的原因，不难看出主要是由于：① 内容与公众有关，能激起公众的兴趣；② 用户体验良好，简单易用，公众乐意使用；③ 使用平台与手机结合紧密，公众可以随时使用；④ 与社交网络结合，用户群体庞大。如果把这些方法融入系统设计之中，将有利于进一步推动公众参与 GIS 的发展。

为公共事务提供数据基础：随着志愿式地理信息的快速增长，基于这些海量信息的应用平台应运而生。例如，新浪公司在微博大数据的基础上做舆情监测，具备强大的数据抓取与深度分析的能力，并可提供专业的舆情报告定制服务，帮助政府和企事业单位全面了解舆情动向。此外，志愿式地理信息还可用于监控用户对产品的评价和提高客户服务，预测总统和其他级别官员竞选结果等，这为公共事务提供了强有力的数据支撑。

尽管志愿式地理信息已得到广泛应用，但志愿式地理信息当前还存在无序性、非规范性、冗余性等缺点，在质量、完整性和个人隐私方面存在一些争议，但不可否认，大部分的志愿式地理信息是正确的，具有独特和重要的用途，是一个重要的研究和应用领域。

3.1.2 技术基础:可写的 Web 要素服务或要素图层

从技术角度来看,志愿式地理信息是通过可写的要素服务来收集的。万维网联盟(World Wide Web Consortium,W3C)发布了一系列关于地理的规范,其中就包括可写的Web 要素服务,又称为事务性 WFS(transaction WFS 或 WFS-T)。与第 2 章学习的只读型WFS 不同,WFS-T 除了能进行要素的查询和读取外,还支持事务性(transaction) 操作,能支持地理要素的在线编辑,包括对要素的添加、删除和更新,如图 3.2 所示。

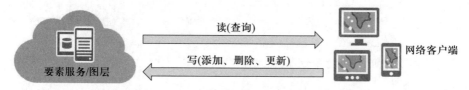

图 3.2 要素服务或要素图层为网络客户端提供了读取和写入服务器数据库的访问功能

用户可通过 ArcGIS Online、ArcMap 或者 ArcGIS Pro 发布要素服务,并可以启用 W3C发布 WFS 接口规范。通过以上这些平台发布的要素服务或要素图层使用户能够修改地理数据,编辑地理要素的属性数据,上载 PDF、照片和视频等附件。要素服务允许用户快速地在数字地图中勾勒出设计草图,分享并允许其他用户对他们的方案进行修改,这种做法为协同式地理设计提供了有效支持。要素服务还便于公众在 Web 地图上进行标注,分享他们的所见所闻,促进公众参与 GIS 和志愿式地理信息的发展。

ArcGIS 要素服务和要素图层提供了编辑功能,允许用户添加、删除和更新几何要素及其属性,并提供了多种收集志愿式地理信息及权威数据的方式,如以下示例:

- 公共事业单位工作人员可以在现场采集和编辑数据;
- 城市治安管理部门可以请市民报告紧急或非紧急事件;
- 规划部门可以邀请公共汽车乘客为新线路和新车站的选址提供建议;
- 执法部门可以鼓励市民上报犯罪嫌疑人出现的地点和时间,甚至上传嫌疑人的照片或视频。

注意:ArcGIS Online 和 ArcGIS Enterprise 提供了较为简单的编辑功能,而更复杂的编辑操作,如拓扑和几何网络的编辑,需要使用桌面软件如 ArcGIS Pro 和 ArcMap 来完成。

3.1.3 要素模板

为了方便用户操作,要素服务通常包含一个或多个要素模板,要素的创建可借助这些要素模板来完成。一个图层可关联多个要素模板,每个模板具有不同的默认设置。例如,某学校图层包含小学、初级中学和高级中学三个类别,则可以采用三个不同的要素模板,一个模板对应一种学校类别。这样,用户就可以轻松地新建指定类型的学校。例如,要在地图上创建一个高级中学,只需选择高级中学模板,就可以在地图上创建一个新的高级中学要素。该新建要素具有高级中学要素模板提供的默认属性和预设符号(图 3.3)。要素模板定义新建要素所需的全部信息:存储要素的图层、要素的属性以及创建要素所使用的默认工具。用户可以在 ArcMap、ArcGIS Pro、ArcGIS Online 或 Portal for ArcGIS 中定义要素模板。

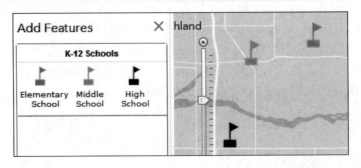

图 3.3　K-12 学校的要素模板定义了用户可以添加的学校类型

要素模板定义了用户可以添加到图层的数据类型,具有确保数据完整性和便于最终用户编辑等优点。

- 保证数据完整性:例如,学校图层的要素模板可以将学校的类别限定为小学、初中或高中。这种做法一方面便于用户指定学校类型,另一方面可以防止用户输入无效的学校类别。
- 易于编辑:要素模板具有一个或多个字段的预设符号和默认值。预设符号便于用户识别要添加的要素类型。使用默认属性值,用户不必手动键入这些值,尤其方便移动用户操作。

3.1.4　编辑追踪和基于所有权的编辑

ArcGIS 发布的要素服务具有多个访问控制级别和编辑追踪功能。当用户构建协同编辑类型的应用程序时,以下功能将非常有用。

- 编辑者权限:要素服务允许管理者控制用户的编辑权限,即用户可对服务执行哪些类型的编辑,是否可以添加、删除或修改服务中的要素等。例如,管理者可能会允许编辑者添加新的要素,但不允许他们修改或删除已有要素。
- 编辑者追踪:用于记录编辑者及其编辑的时间,这可帮助管理员进行数据的质量控制。通过编辑追踪,用户可获取数据编辑的全部历史记录,例如,要素的创建者、上一个编辑者或者最后一次编辑日期等。这些记录便于用户追踪要素编辑的负责人和数据随时间的变动状况。
- 基于所有权的访问控制:对要素服务进行设置,记录每个要素创建者的相关信息,在此基础上设定创建者及其他用户对要素的访问权限,这被称为基于所有权的访问控制。例如,用户可以创建和编辑个人数据,但只能查询其他用户所创建的数据。

创建要素服务及其对应的应用程序时,用户可以使用以上任意或全部功能。以一个Web 应用为例,用户可在此应用程序中报告其所在社区的犯罪情况。首先,编辑者追踪会记录犯罪事件的报告人和报告事件。其次,基于所有权的访问控制,可确保某一居民报告的犯罪事件不会被另一居民(如罪犯)删除。最后,编辑者权限可确保用户只能添加事件,而不能修改或删除。

3.2 实习教程:创建可以采集志愿式地理信息的 Web 应用

你所在的城市希望创建一个 Web 应用,用来帮助市民报告非紧急事件,如坑洼和涂鸦等,便于相关部门做出应对。此 Web 应用允许市民描述事件,报告其位置,并上传照片、视频和其他文档,以帮助工作人员更好地了解事件的详细信息。

数据来源:

311Incidents.csv,已包含了要收集的属性字段。

基本要求:

该 Web 应用需具备如下功能:
(1)根据预定义的分类报告事件;
(2)上传附加照片、视频和其他类型的文档;
(3)可以在计算机和智能手机上使用该应用程序。

系统要求:

(1)ArcGIS Online for Organizations 或 ArcGIS Enterprise;
(2)发布者或管理员账户。

3.2.1 数据准备

ArcGIS Online 或 ArcGIS Enterprise 可为多种数据格式发布托管服务,本节将使用较为简单的 CSV 数据。

注意:CSV 文件一般只能存储点要素。要发布线要素或多边形要素,需要使用其他格式,如 Shapefile 或文件地理数据库。此时,就需要将 Shapefile 文件或文件地理数据库压缩到 ZIP 文件中①。

(1)在 Microsoft Excel 中打开"311Incidents.csv"文件,并研究其数据字段(图 3.4)。

---

① 相关示例请参阅 C:\WebGISData\Chapter3\Assignments_data 下的两个 ZIP 文件。

	A	B	C	D	E	F	G	H	I
1	Incident_Type	Incident_Desc	Incident_Address	Long	Lat	Report_Date	Reported_By	User_Contact	Incident_Status
2	Pothole	test	test	109.14	34.22	10/21/2013	Peter	909-1234567	Open
3	Street Sign	test	test	109.23	34.38	10/22/2013	Peter	909-1234568	Open
4	Street Light	test	test	109.42	34.27	10/23/2013	Peter	909-1234569	Open
5	Manhole Cover	test	test	109.38	34.31	10/24/2013	Peter	909-1234570	Open
6	Dead Animal	test	test	109.05	34.36	10/25/2013	Peter	909-1234571	Open

图 3.4　CSV 文件中包含的字段及数据

如果已有现成的点要素文件,则可以按照图 3.4 的格式将它们存储在 CSV 文件中。如果没有现成文件,也请在这个 CSV 文件中添加一些记录,原因如下:① 已有事件帮助定义属性字段类型。数据库和 Shapefile 文件是显式定义属性字段类型,CSV 文件则不同。ArcGIS 需要根据 CSV 文件中的属性值确定每个字段的类型。例如,如果一个字段包含的值为"10/21/2013",则 ArcGIS 会将该字段识别为日期类型。② 已有事件帮助定义属性域值。对于 "Incident_Type" 字段,其包含的属性值限于以下几类:Pothole、Street Sign、Street Light、Manhole Cover、Dead Animal,这些域值为要素模板的创建提供依据。事实上,ArcGIS Online 或 Portal for ArcGIS 也提供了定义要素模板并添加新属性值的功能,但是,先在 CSV 文件中输入所有可能的属性值,然后一次性创建所有的要素模板,这种做法更为简单。

(2) 关闭 Excel,如果没有添加新的记录,请不要保存对"311Incidents.csv"文件做的任何更改。

3.2.2　发布托管要素图层

(1) 打开网络浏览器,转到 ArcGIS Online 或 Portal for ArcGIS,使用发布者或管理员账户登录。注意,本书第 1 章中创建的试用账户是管理员账户,具有创建托管要素图层的权限。

(2) 单击主菜单栏上的"内容",在"我的内容"中,单击"添加项目",选择"来自我的计算机"(图 3.5)。

(3) 在"从我的计算机添加项目"窗口中,做如下设置(图 3.6):

* 对于"选择文件",找到 C:\WebGISData\Chapter3\311Incidents.csv,然后单击它。如果之前已将相同名称的文件发布到 "我的内容",请将"311Incidents.csv"文件重命名为与其他已发布文件不同的名称,然后单击该文件。

* 对于"标题",请使用默认值,或重新定义标题。

* 对于"标签",指定关键字,如 311、VGI、WebGISPT、所在机构的名称等,请使用逗号将关键字隔开。

* 确保选中"将此文件发布为托管图层",如果未选中该复选框,系统则会将数据文件添加到"我的内容",而不发布任何托管图层。

图 3.5　从计算机添加项目数据

- 选中"坐标"选项,默认情况下,ArcGIS Online 将基于组织所在区域对地址进行定位。
- 检查字段类型和位置字段,可以根据需要进行更改。

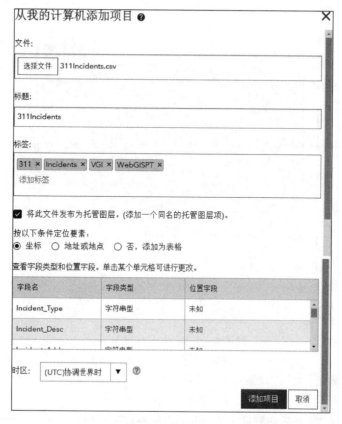

图 3.6　添加项目

单击"添加项目"之后,该 CSV 文件将作为托管要素图层发布,浏览器会自动跳转到该图层的"项目详细信息"页面。

(4) 在"项目详细信息"页面上,查找"图层"部分,然后单击"启用附件"。

此设置允许用户添加照片、视频、其他文件到用户事件报告中,一个事件可以附加多个文件,每个文件不可以超过 10 MB。

(5) 在该图层页面,进入"设置"选项卡,单击"设置范围"按钮(图 3.7)。

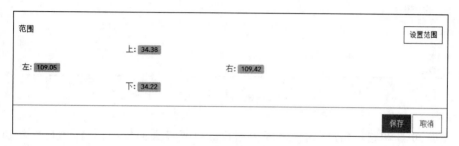

图 3.7　设置项目的区域范围

（6）在"设置范围"窗口中,定义数据的区域范围。通过"查找地址或地点"来确定范围,然后在地图上绘制范围,或者输入"左/右"经度和"上/下"纬度来定义区域(图 3.8)。

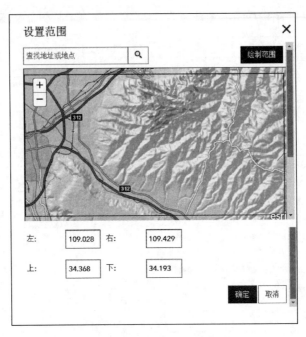

图 3.8　绘制或键入区域范围

（7）单击"确定"关闭"设置范围"窗口,并"保存"相关设置。

（8）在"设置"页面上选中"启用编辑"复选框。

（9）保留"添加、更新和删除要素"为选中状态(图 3.9)。

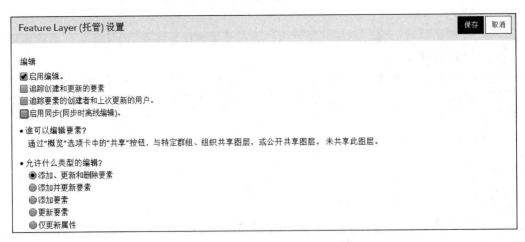

图 3.9　选中"启用编辑"和"添加、更新和删除要素"

"添加、更新和删除要素"这一选项为用户提供了最大的权限,允许用户更新和删除其他人提交的事件。其他选择中,用户的操作权限受到了不同程度的限制。"添加并更新要素"这一选项为用户提供了新增和更新要素的权限,但不允许用户删除已有的要素。"添加要素"允许用户报告新内容,但不能删除或更新现有内容。"更新要素"这一选项仅允许用户更改几何要素或属性,却没有添加或删除要素的权限。"仅更新属性"这一选项只允许用户输入属性信息,但不允许用户更改几何要素。例如,用户发布了灯塔图层后,不希望其他用户编辑灯塔的位置,但允许他们更新其他属性,这种情况就可以选择"仅更新属性"。

（10）选中"启用同步"和"允许其他人导出为不同格式"。

"启用同步"选项支持离线编辑,即编辑者在断开网络时对要素所做的任何编辑,在重新连入网络时将会同步到托管要素图层。"允许其他人导出为不同格式"选项允许其他人将托管要素图层导出为 CSV、Shapefile 文件、地理数据库或 GeoJSON 格式等。

（11）查看并取消选中以下两个选项（图 3.10）。

需要跟踪和限制用户编辑的情况下,可以选中这两项。如果选中这些选项,应用程序将要求所有用户登录,以便追踪应用程序的使用情况。出于教学目的,这里允许所有用户报告事件而不用登录。

（12）单击"保存",返回到"项目详细信息"页面。

（13）在"项目详细信息"页面,单击"共享",并与"所有人（公共）"共享该图层（图 3.11）。这样,Web 用户可以使用要素图层,而无须登录。

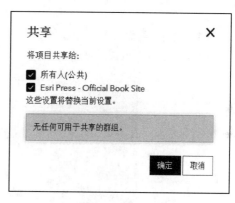

图 3.10 取消编辑追踪功能　　　　　　图 3.11 向所有人共享该项目

3.2.3 定义要素模板

本节将定义要素模板以改善最终用户的编辑体验。

（1）在项目"详细信息"页面上,单击"在地图查看器中打开"右侧的箭头,单击"使用完全编辑控制权限添加到新地图",地图将在地图查看器中打开（图 3.12）。

（2）在"内容"窗格中,鼠标指向"311Incidents"图层,然后单击"更改样式"按钮。

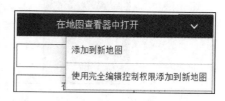

图 3.12 在地图查看器中打开地图

（3）在"更改样式"窗格中，选择要显示的属性"Incident_Type"，系统会自动为该属性匹配样式（图 3.13）。

图 3.13　选择字段并更改字段样式

（4）对于"类型（唯一符号）"，单击"选项"。

（5）单击每个事件类型的符号，将其大小设置为 24，并更改为更为直观的符号（图 3.14）。

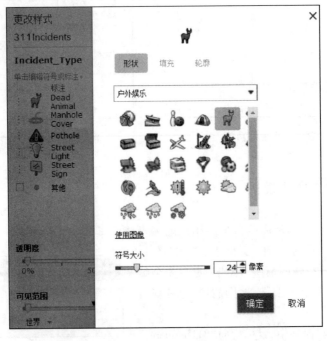

图 3.14　设置字段符号

（6）参考上一步的插图，为这些事件类型选择以下列表中的符号：

- Dead Animal 来自"户外娱乐"集合；
- Manhole Cover 来自"制图"集合；
- Pothole 来自"交通"集合；
- Street Light 来自"人员位置"集合；
- Street Sign 来自"交通"集合。

对于实际项目，可创建自定义符号以更好地匹配事件类型。创建自定义符号时，请选择图中所示的"使用图像"选项。

（7）请注意，"可见范围"由智能制图功能自动设置，用户也可进行适当调整，否则可能会出现放大地图而没有看到事件图层的情况（图 3.15）。

（8）依次单击"确定"和"完成"，退出"更改样式"面板。新的符号样式将出现在地图上。

（9）在"内容"窗格中，指向"311Incidents"图层，单击"更多选项"按钮，并"保存图层"（图 3.16）。

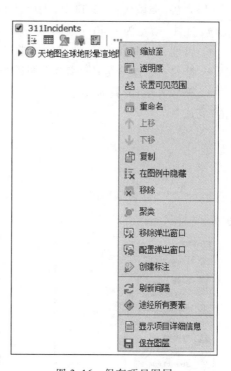

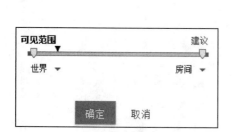

图 3.15　设置可见范围

图 3.16　保存项目图层

此步骤将刚刚定义的符号样式保存到该要素图层。要将此图层添加到另一个 Web 地图时，不需要重复上述步骤来重新定义其样式。

（10）在地图查看器中，单击"编辑"按钮，在"添加要素"窗格中查看要素模板（图 3.17）。

要素模板实际上是之前已经定义的事件类型和符号。如果"311Incidents.csv"文件中已经包含了"Incident_Type"字段的所有可能值，那么该项目的要素模板已经完成。如果需要添加新的事件类型，则可以在此处定义。下面将说明如何添加一个新类型事件 Graffiti。

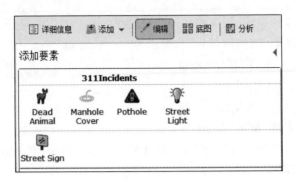

图 3.17 查看要素模板

（11）在要素模板下，单击"管理"，以便管理要素模板（例如，添加新的事件类型）。注意：只有服务发布者或管理员可以看到"管理"按钮。

（12）在"管理新要素"窗格中，单击"添加新要素类型"（图 3.18）。

（13）在"类型属性"窗口中，执行以下任务（图 3.19）：

- 标注：指定为 Graffiti。
- 属性：Incident_Type 的值仍然指定为 Graffiti。
- 符号：从"安全健康"集合选择适当的符号。
- 符号大小：设置为 24。

单击"完成"。

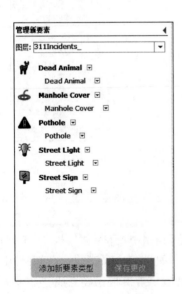

图 3.18 添加新要素类型

图 3.19 设置要素模板的标注和符号等

（14）单击"保存更改"。

此步骤将新的要素模板保存到要素图层中。接下来，请删除纬度和经度字段。在项目初期需要这些字段来创建要素图层，但之后不再需要，而且最终用户也不需要输入纬度和经度字段，因此可以将其删除。

（15）单击"详细信息"按钮。

（16）在"内容"窗格中，指向"311Incidents"，然后单击"显示表格"按钮。

（17）在表头中，单击"Long"字段，然后删除字段（图 3.20）。

（18）重复上一步骤删除"Lat"字段。

（19）单击表格右上角，关闭表格。

此时要素图层和要素模板已经创建完成，不再需要从"311Incidents.csv"文件中导入的示例事件，因此下一步将删除这些示例事件。

（20）单击地图查看器中的"编辑"按钮。单击地图上的那些示例事件，将出现弹出窗口，并单击"删除"（图 3.21）。重复本步骤，把所有的示例事件删除。

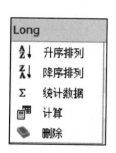

图 3.20　删除字段

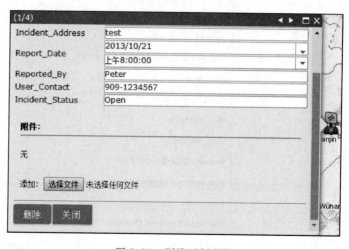

图 3.21　删除示例事件

（21）在页面的左上角，单击"主页"，然后单击"内容"。

（22）在"内容"页面上，找到并单击刚刚创建的要素图层以查看其详细信息。

（23）在"项目详细信息"页面上，找到"图层"部分，单击"服务 URL"（图 3.22）。

图 3.22　查看图层的 URL

（24）此选项将引导用户到服务 URL 或图层的 REST URL 页面，该页面列出了托管在 GIS 服务器上的 Web 服务，并显示这些 Web 服务的元数据，如图层的样式、要素模

板、属性字段等详细信息(图 3.23)。查看"311Incidents"图层的详细信息,并找到以下部分:

- 对于绘图信息(Drawing Info),唯一值的渲染字段是 Incident_Type。
- 对于附件(Has Attachments),其值为 true。
- 对于字段(Fields),该部分包含"311Incidents.csv"文件中的所有字段,先前删除的经纬度字段除外。
- 对于类型(Types),此部分包含之前定义的所有要素模板。

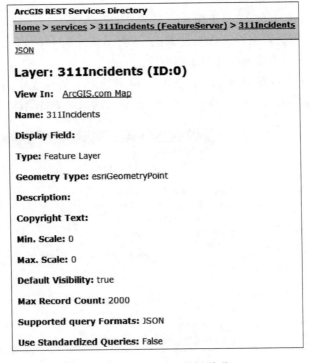

图 3.23　图层的元数据说明

3.2.4　在 Web 地图中使用要素图层并定义可编辑字段

(1) 转到"311Incidents"要素图层的项目详细信息页面。如果从上一部分继续,则应在 Web 浏览器的选项卡中打开项目"详细信息"页面。此外,也可以登录到 ArcGIS Online 或 Portal for ArcGIS,在内容列表中找到并单击之前发布的要素图层。

(2) 单击"在地图查看器中打开"右侧箭头,选择单击"使用完全编辑权限添加到新地图"。

(3) 在"内容"窗格中,指向"311Incidents"图层,单击"更多选项"按钮,然后选择"配置弹出窗口"。

(4) 在"配置弹出窗口"中,单击"配置属性"以打开窗口(图 3.24)。

接下来将配置属性字段的别名以及允许用户编辑的字段。

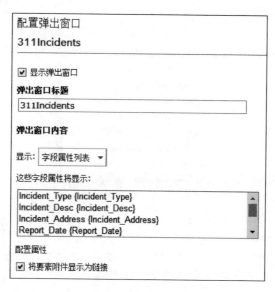

图 3.24　弹出窗口的设置

（5）在 Incident_Status 字段中，清除"编辑"复选框。

该字段仅限于内部使用，例如，用户可以创建另外一个 Web 地图和 Web 应用，仅允许内部人员编辑该字段的值来更新事件状态。本实习教程创建的 Web 应用仅允许最终用户查看而无法更改事件的状态，所以这里把它设置为不可编辑。

（6）取消选取 FID 字段的"显示"复选框。这个字段将被隐藏，用户无法查看或编辑它。为以下属性字段指定别名（图 3.25）：

- Incident_Type：Type；
- Incident_Desc：Brief Description；
- Incident_Address：Incident Address；
- Report_Date：Report Date；
- Reported_By：Reported By；
- User_Contact：Email or Phone；
- Incident_Status：Status。

（7）单击"确定"关闭"配置属性"窗口，在"配置弹出窗口"中，单击"确定"以保存弹出窗口配置。

（8）缩放和平移地图范围到目标区域。

（9）在菜单栏上，单击"保存"，以保存 Web 地图，并将目前的地图范围保存为 Web 应用的初始范围。

（10）使用以下信息配置"保存地图"窗口，并单击"保存地图"（图 3.26）：

- 标题：Report 311 Incidents；
- 标签：311，Incidents，VGI，WebGISPT；
- 摘要：Report non-emergency incidents；
- 保存在文件夹中：保留为默认值，或选择一个文件夹。

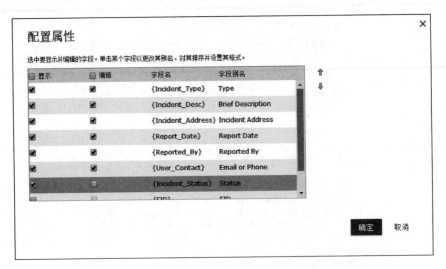

图 3.25　配置属性字段的别名以及可编辑字段

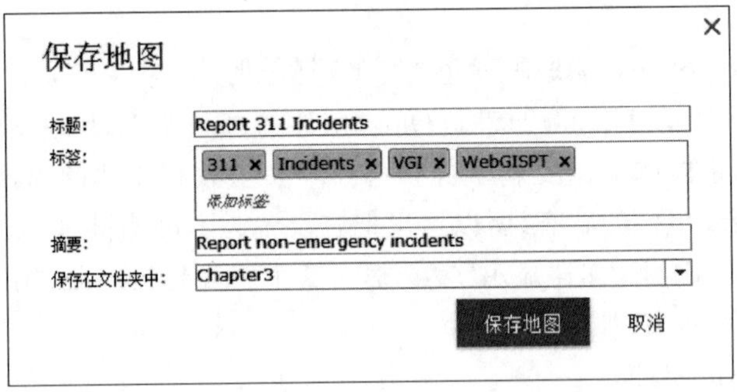

图 3.26　保存创建的地图

　　注意:刚刚创建的 Web 地图是公开的。如果需要,用户也可以创建一个单独的 Web 地图,仅供内部或管理员用户使用。此内部 Web 地图允许内部用户编辑 Incident_Status 字段。

3.2.5　创建托管要素图层视图

　　发布托管要素图层后,发布者希望所有字段对组织内部成员公开,而对非组织成员只显示部分字段,这可以通过创建托管要素图层的查看图层,亦称为视图,来实现。创建托管要素图层的查看图层后,内容列表会出现一个新的要素图层,它是托管要素图层数据的一个视图,这意味着对托管要素图层所做的更新会显示在该视图中。但是,该视图是一个单独的图层,可以独立于其源图层更改属性和设置。

　　例如,在图层 311Incidents 的全部字段对组织成员可见的情况下,创建并共享该图层的视图,并在视图文件中将 Reported_By 和 User_Contact 两个字段对公众隐藏,这样可以起到保护报告人个人信息的作用。因此,本小节将说明如何创建 311Incidents 图层的视图,以及该视图中不可见字段的定义。

（1）转到 ArcGIS Online 或 Portal for ArcGIS，使用发布者或管理员账户登录。

注意，登录者必须具有创建内容的权限，且必须是要创建视图的源图层所有者。

（2）打开"内容"，从"我的内容"中找到作为视图源的托管要素图层 311Incidents，单击进入该图层的项目页面。

注意，该图层必须是托管要素图层，而不是从 Web 或要素集合添加的要素图层。

（3）单击项目页面"概览"选项卡上的
"创建查看图层"按钮（图 3.27）。

（4）在"创建查看图层"页面，分别输入托管要素图层视图的标题、标签和摘要，并选择要存储托管要素图层视图的文件夹，然后单击"确定"，即完成了视图的创建（图 3.28）。之后浏览器会自动跳转到视图 311Incidents_1 的项目页面。

图 3.27 为托管要素图层创建查看图层

图 3.28 设置托管要素图层视图的标题等

（5）在视图 311Incidents_1 的项目页面，进入"可视化"选项卡，单击"更多选项"按钮，选择"设置视图定义"中的"定义字段"（图 3.29）。

（6）进入"定义字段"窗口后，将字段 Reported_By、User_Contact 设置为未选中状态，由此它们将会对公众隐藏，然后单击"应用"并"保存地图"（图 3.30）。

（7）返回到 311Incidents_1 视图的"项目详细信息"页面，单击"共享"，向所有人共享该视图。此时公众在浏览该视图时，将看不到 Reported_By、User_Contact 字段，即事件的报告人及其联系方式不可见。

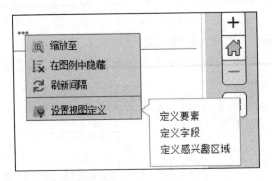

图 3.29   定义视图中的字段

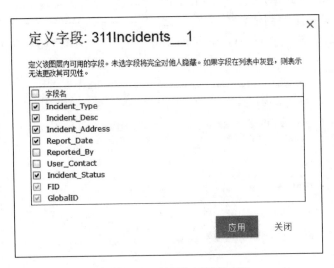

图 3.30   定义视图中可用的字段

3.2.6   创建可采集数据的 Web 应用

　　本章在第 3.2.2 节和第 3.2.5 节分别说明了托管要素图层及其视图(查看图层)的发布,用户可以分别基于这两个图层创建 Web 应用。基于托管要素图层的 Web 应用仅供组织内部人员使用,可以看到图层的全部字段。基于视图的 Web 应用共享给所有人,只能看到图层的部分属性数据。本小节将说明如何基于托管要素图层创建 Web 应用,如果需要,可以参考以下步骤创建基于视图的 Web 应用。此外,并非所有应用程序都支持编辑功能和可编辑字段,本小节将使用 Edit 应用程序学习可编辑字段的定义。

　　(1)在"我的内容"列表中打开之前创建的 Report 311 Incidents 地图,进入项目页面后,单击"共享"按钮,在共享窗口中,与所有人共享该 Web 地图。

　　(2)回到项目页面,选择"创建 Web 应用程序"中的"使用模板"。

　　(3)进入"新建 Web 应用程序"窗口后,在左侧的类别列表中,单击"采集/编辑数据",然后查找支持编辑的模板(图 3.31)。

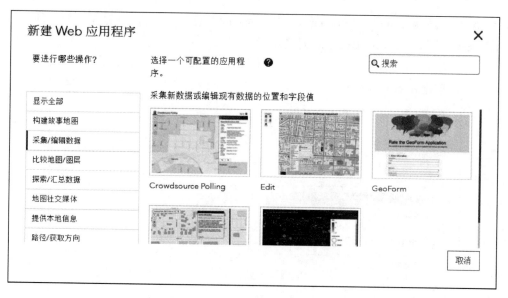

图 3.31　选择并创建 Web 应用

单击每个应用程序模板,阅读它们的说明,然后单击"预览"以进一步了解该模板:

- 基本查看器:提供包括编辑的常规功能。
- 信息查找:提供关于某位置的信息。如果在此位置未找到要素,则会显示一条常规消息。此外,输入的位置可存储在点图层中。
- GeoForm:提供基于表单的编辑体验(仅适用于点要素类型)。
- Edit:提供基础编辑功能
- Crowdsource Polling:允许用户针对一系列提议、计划或事件收集反馈并评估公众观点。

(4) 单击"Edit",然后单击"创建 WEB 应用程序"(图 3.32)。

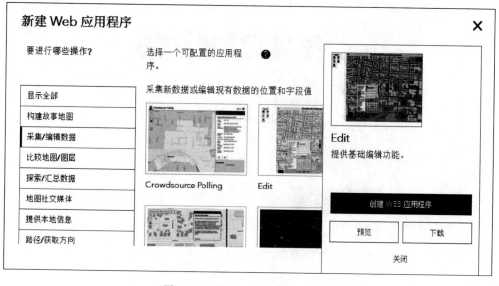

图 3.32　基于 Edit 创建 Web 应用

（5）填写标题"Report a non emergency incident"、标签、摘要信息和存储的文件夹后，单击"完成"，进入 Web 应用程序的创建页面中（图 3.33）。

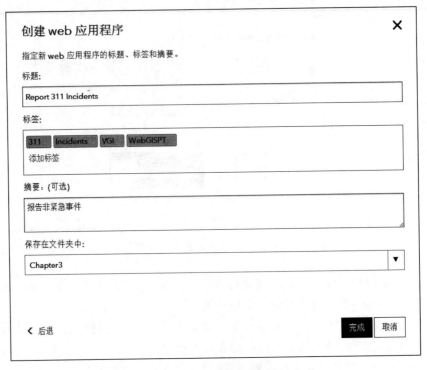

图 3.33　指定 Web 应用的标题、标签和摘要

（6）创建页面的左侧显示了四个选项卡，分别是 General，Theme，Options，Search。"General"选项卡可以选择创建应用程序的 Web 地图，并设定地图的"Title"（标题），默认情况下与地图同名，此处将其设置为"Report a non-emergency incident"（图 3.34）。

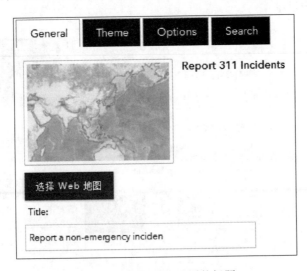

图 3.34　配置 Web 地图的标题

（7）"Theme"选项卡用来设置 Web 应用的外观,其中,"Custom css"提供了自定义 Web 应用外观的方法,在其下面空白窗口中粘贴 CSS 代码即可。

（8）在"Options"选项卡中,勾选"Display Edit Toolbar"在 Web 应用中显示编辑工具栏,勾选"Home Button"在地图中显示默认范围按钮,勾选"Scalebar"在地图中显示比例尺,勾选"Basemap Toggle"在地图中显示切换底图按钮(图 3.35)。

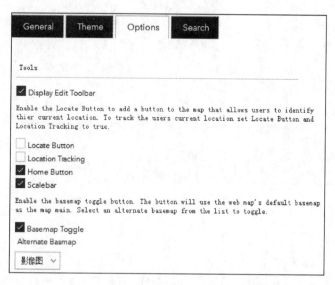

图 3.35　在 Web 应用中显示工具栏、比例尺、切换底图等按钮

（9）"Search"选项卡对用户在地图中查找位置的图层进行设置。此处勾选"Enable search tool"选项,在地图中显示搜索框,并将默认值设置为所有图层(图 3.36)。

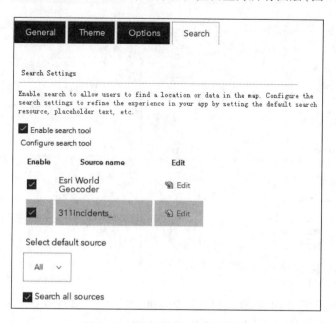

图 3.36　设置可查找位置的图层

（10）完成了 Web 应用的配置后，单击"保存"并"启动"应用程序，Web 应用会在新的浏览器页面打开（图 3.37）。

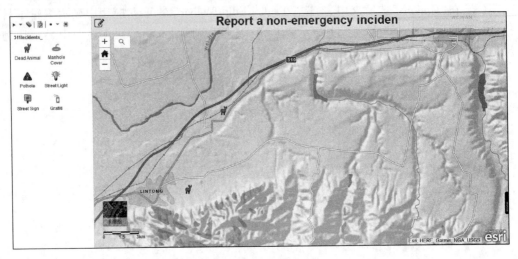

图 3.37　Web 应用的界面

（11）Web 应用中，地图左侧显示要素模板，可选中某一个要素模板，然后在右侧地图上单击相应位置，该事件就会被标注在地图上，并弹出该事件的属性窗口（图 3.38）。

（12）单击弹出窗口底部的"编辑"按钮，在弹出窗口中写入事件详细信息，然后关闭窗口，此时事件的信息已保存下来。需要再次查看事件的详细信息，只需要在地图上单击事件即可（图 3.39）。

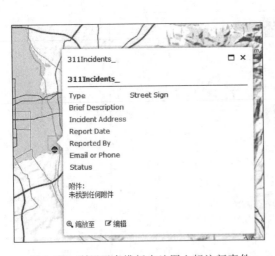

图 3.38　利用要素模板在地图上标注新事件

图 3.39　输入新事件的详细信息

现在 Web 应用已经创建完成，可以被用来收集非紧急事件数据。对于实际项目，可通过社交网络或组织的主页分享该 Web 应用的 URL。

3.3 常见问题解答

1）地图注释图层与托管要素图层有何不同？

注释图层存储在其所在的 Web 地图中，用户无法将该注释图层添加到其他 Web 地图上。该 Web 地图所分享给的任何人都可以查看该图层，但只有所有者可以编辑图层。如果你不是该 Web 地图的所有者但编辑了数据，则需要把 Web 地图保存为一个新的副本。相反，托管要素的所有者可以将托管要素图层配置为只读或可编辑。任何已获得所有者授予编辑权限的人都可以编辑这同一个图层。这些编辑会保存到这个要素图层本身，而不是 Web 地图中。

2）创建了要素图层后，需要删除现有字段，并添加新字段，需要修改 CSV 文件吗？

不需要重新修改 CSV 文件。你可以在地图查看器中直接修改该要素图层。要删除字段，请参阅第 3.2.3 节步骤（17）。要添加新字段，首先打开要素图层的属性表，然后单击属性表右上角的"选项"按钮，选择"添加字段"即可，如图 3.40 所示。

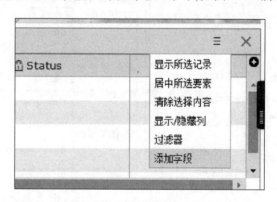

图 3.40 添加要素图层字段

3）ArcGIS Web 应用对于线要素和多边形要素可以执行什么类型的编辑？

ArcGIS Web 应用模板、ArcGIS API for JavaScript 和 Web App Builder for ArcGIS 提供了灵活的线和多边形编辑功能，包括用鼠标单击或徒手绘制多边形；移动、旋转、缩放、切割几何要素；添加、删除、移动顶点；要素捕捉。

4）对于由托管要素图层收集的数据，数据存储在哪里？可以将数据导出到自己的计算机吗？

ArcGIS Online 的托管要素图层数据存储在云中，而 Portal for ArcGIS 的托管要素图层数据存储在 ArcGIS Data Store 中。ArcGIS Data Store 是 Portal for ArcGIS 的一个补充组件。如果希望 Portal for ArcGIS 能够托管要素图层，则需要此组件。

你可以将托管要素图层导出为 CSV 文件、Shapefile 文件、地理数据库、GeoJSON 文件或者要素集合，但必须满足以下的某一项条件：
- 你是要素图层的所有者；
- 你是 ArcGIS Online 组织用户或 Portal for ArcGIS 的管理员；
- 你不是托管要素图层所有者或管理员，但所有者或管理员已将该托管要素图层配置为允许他人导出数据。

通过托管要素图层"项目详细信息"页面右侧的"导出数据"按钮（图 3.41a），或者在"图层"板块单击"导出至"按钮（图 3.41b）实现数据的导出和保存。

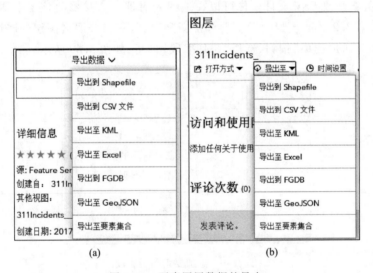

图 3.41　要素图层数据的导出

3.4　思　考　题

（1）什么是志愿式地理信息和众包技术？它们有哪些价值？举一些 VGI 的例子。

（2）什么是事务型地理要素图层或地理要素服务？

（3）要素模板的功能是什么？如何自定义要素模板？

（4）什么是编辑追踪？其功能是什么？

3.5　作业:创建能够收集 VGI 的 Web 应用

请在下面两个作业中选择一个。

3.5.1　作业 A:创建一个允许公众报告嫌犯信息的 Web 应用

执法部门通常会鼓励公众举报嫌疑犯,为了扩大举报途径,他们希望搭建一个 GIS 应用,市民可以通过该应用报告四名极为危险的嫌疑犯,并上传这些嫌犯的照片或视频。

数据来源:

本书没有提供数据。你可以创建一个 CSV 文件,包含以下字段:
- Suspect_Name 或 Suspect_Number;
- Description:描述嫌犯在做什么以及看到嫌犯的地点;
- Long;
- Lat;
- Date_Saw_Suspect;
- Report_Date;
- Reported_By;
- User_Phone。

基本要求:

该应用程序可在智能手机上运行,允许公民上传照片和视频。此外,该应用需要包含要素模板,每个模板代表一个嫌犯,便于公众举报。

提交内容:

(1)要素图层的 REST URL;
(2)Web 应用的 URL。
提示:
(1)使用四个嫌犯的名字或编号(例如,嫌犯#1)作为域值。
(2)实际项目中,通常会使用突出嫌犯外观特征的照片或图片作为符号样式。本作业中,只需使用不同的图标即可。

3.5.2　作业 B：创建一个收集非紧急事件的 Web 应用

此处不再使用 CSV 文件，使用 Shapefile 文件或地理数据库。

数据来源：

将"C：\ WebGISData \ Chapter3 \ Assignments _ data"目录下的"Incidents _ gdb. zip"或 "Incidents.zip"文件作为本作业的数据文件。Incidents_gdb.zip 文件包含一个地理数据库，其中包含三个要素类：Incidents_Points，Incidents_Lines 和 Incidents_Polygons。Incidents.zip 文件包含三个 Shapefile 文件，与 Incidents_gdb.zip 文件中的要素类相同。以上两个文件的地域范围可能与你所在区域不同，可参考第 3.2.2 节的步骤（6），将要素图层的范围重新设置为你所在的区域。

基本要求：

（1）公民可通过该应用报告非紧急事件，事件可以是点、线、面等多种类型；
（2）要素图层应具有要素模板，一个模板对应一种事件类型；
（3）应用程序应允许公民上传附件，如照片、图片和视频等。

提交内容：

（1）要素图层的 REST URL；
（2）Web 应用的 URL。

参 考 资 料

冯剑红,李国良,冯建华.2015.众包技术研究综述.计算机学报,(9):1713-1726.

黄玉霖.2015.自发地理信息在天地图中的应用研究.价值工程,(5):201-202.

李德仁,钱新林.2010.浅论自发地理信息的数据管理.武汉大学学报(信息科学版),35(4):379-383.

梁发宏,杨帆.2015.自发地理信息研究进展综述.测绘通报,(s2):74-78.

廖明,廖明伟,钱新林.2012.基于天地图的多尺度 Web 要素服务研究.测绘通报,(s1):613-616.

罗显刚,谢忠,吴亮,刘丹.2006.基于 GML 的 WFS 研究与实现.地球科学-中国地质大学学报,31(5): 639-644.

马超,孙群,徐青,王志坚.2016.自发地理信息可信度及其评价.地球信息科学学报,18(10):1305-1311.

马京振,孙群,肖强,刘超.2016.基于自发地理信息的空间信息传输研究.地理空间信息,14(7):9-11.

史秀保,马磊,李滨,赵三军.2017.兼容 VGI 与众包的灾害信息管理系统研究.测绘科学,(03):191-195.

孙贵博.2011.移动民众地理信息获取研究.阜新:辽宁工程技术大学硕士研究生学位论文.

尹健,李光强,职露等.2016.自发地理信息研究综述.计算机应用研究,33(5):1281-1284.

曾兴国,任福,杜清运,唐岭军.2013.公众参与式地图制图服务的设计与实现.武汉大学学报(信息科学版),38(8):950-953.

Esri.2017.发布托管要素图层.http://doc.arcgis.com/zh-cn/arcgis-online/share-maps/publish-features.htm. [2018-1-18].

Esri.2017.管理托管图层.http://doc.arcgis.com/zh-cn/arcgis-online/share-maps/manage-hosted-layers.htm. [2018-1-20].

Esri.2017.管理要素模板.http://doc.arcgis.com/zh-cn/arcgis-online/share-maps/manage-feature-templates.htm.[2018-1-20].

第 4 章

故事地图与 Web GIS 应用
和开发的大众化

Web GIS 是 GIS 技术和万维网(WWW)技术的有机结合,它使 GIS 各项功能的实现不再局限于局部计算机网络,而是扩展到互联网所能到达的各个角落。Web GIS 应用是网络地理信息系统的重要载体,它们使地理信息系统在生活中得以广泛应用,成为一种大众使用的工具。本书在前面的章节中已介绍了多个 ArcGIS 应用程序,事实上 ArcGIS 作为一个平台为公众提供了更多的应用程序模板,包括 ArcGIS Online 和 Portal for ArcGIS 的应用模板、故事地图(Story Map)和手机应用软件(app)等,这些应用促进了 Web GIS 开发和应用的大众化。

故事地图提供了很多便于使用的网络应用程序。它们使用地理位置来组织和呈现信息,结合了交互式地图、多媒体内容(文本、照片、视频、音频)和直观的用户体验,直观形象地讲述各个领域的故事。当前故事地图已在社会、经济、环境、教育、科技、生活等多个领域得到广泛应用。包括世界卫生组织、世界银行、美国斯坦福大学等众多机构和个人通过故事地图构建自己的 Web 应用,共享和传播了从严肃到娱乐、从历史到实时的丰富的地理信息。

因此,本章首先介绍 Web GIS 的大众化及其数据基础,然后介绍故事地图和 Web GIS 应用的设计原则,最后通过实习部分,展示如何使用故事地图的模板创建 Web 应用。本章的技术路线如图 4.1 所示,图中箭头连接的部分即为本章将要介绍的 Web 应用构建方法。

学习目标:
- 了解 ArcGIS 可配置应用程序
- 使用智能制图功能符号化多个属性字段
- 使用故事地图的对比分析模板创建 Web 应用
- 使用故事地图的卷帘/望远镜模板创建 Web 应用
- 使用 Story Map Journal 创建 Web 应用

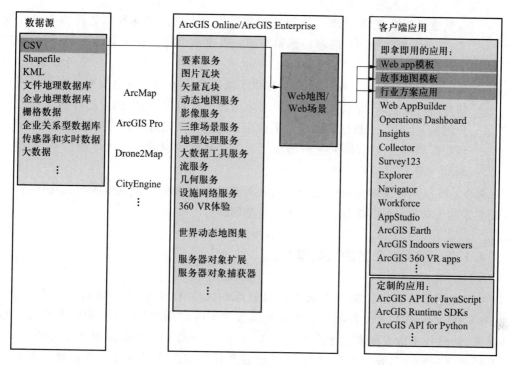

图 4.1　本章技术路线

4.1　概念原理与技术介绍

4.1.1　Web GIS 应用和开发的大众化

Web GIS 是 GIS 在互联网上的延伸和发展,它促进了 GIS 的真正大众化。以往的 GIS 主要面向少数专业人士,使用专业工具,操作难度大,对硬件平台要求高,很难推广。Web GIS 则给广大用户提供了使用 GIS 的机会。用户通过浏览器和手机即可使用 Web GIS 提供的各项功能,浏览 Web GIS 站点中的空间数据、在鼠标的点击之间就可以制作专业的地图,进行各种空间检索和空间分析。Web GIS 还具有良好的可扩展性,可以与互联网中的其他信息服务进行无缝集成,建立灵活多变的 GIS 应用。

Web GIS app 是那些可以在移动设备或者桌面计算机上使用的具备地图服务功能的轻型应用。Web GIS 的后台数据、服务和计算能力通过 Web GIS app 得以展现,所以 Web GIS app 可以称为 Web GIS 的门面。

以 ArcGIS 产品为例,其 Web GIS 平台提供了很多可配置的 app 模板,让那些没有编程经验的大众用户也能配置出有用有趣、引人入胜的 Web GIS 应用。ArcGIS 平台提供以下的可配置应用程序模板:

- ArcGIS Online 和 Portal for ArcGIS 可配置应用程序模板:前几章已经介绍和说明了多个此类应用程序,本章和后续章节将会有更多关于此类 Web 应用的介绍。

- 故事地图模板:故事地图应用将地图和数据与丰富的叙述和多媒体内容结合起来,能极大地激发用户的参与感和兴趣。通过故事地图在线制图平台,用户通过空间视角来记录身边发生的故事,例如,真实的社会故事,难忘的旅行故事,甚至是浪漫的爱情故事。ArcGIS 平台提供了诸多的故事地图应用模板。这些模板很快被用户接受,成为最受用户欢迎的应用模板。目前,众多用户已在故事地图门户网站[①]上分享了自己的故事地图应用。这些应用选题广泛,从重大国际政治经济议题到个人旅行休闲,充分展示了专业深奥的地理信息系统生动活泼、贴近生活的一面。

Web GIS 应用开发的大众化得益于近些年来地理数据格式和数据源的大众化,以及开发方式的大众化,例如,应用模板的流行等基础。

4.1.2　GIS 大众化的数据基础

GIS 应用的大众化需要基于地理信息数据的大众化,包括数据格式的大众化(例如,有 CSV 文件和 TXT 文件都可被很方便地加到 GIS 应用中)和数据源的大众化。近些年来,信息技术的发展产生了海量的数据,面向大众的开放地理数据大量涌现,地理信息的共享平台也日趋增多,这些共享平台和开放数据促进了地理信息资源的共享和高效利用,为社会公众的工作和生活提供方便。一些常见的共享平台和开放数据源如下:

- 基础底图:谷歌、苹果、ArcGIS Online、百度、天地图等大众化网站提供了丰富多样的基础底图,基本上是免费使用。
- 地理信息共享平台:Esri 提供的 Open Data 网站,我国的地球系统科学数据共享平台、美国政府的开放数据平台[②],众多单位如美国地质调查局、美国人口普查局在自己网站上提供的开放数据等。
- 众多的 VGI 数据平台:脸书、微博等社交软件的出台使每个人都可以通过手机提交包含地理信息的数据,且提供简易的开发接口,数据格式灵活简单,便于融入地理信息应用中。

前面的章节中使用了用户自己上传的数据、来自世界动态地图集的图层以及 ArcGIS Online 中发现的其他内容。用户还可以使用 ArcGIS Open Data 这一信息共享平台提供的丰富权威数据(图 4.2)。目前,已有 4 500 多个组织机构基于该信息平台在全球范围内共享开放数据,公众可以查询到的数据集已达 78 000 多个。基于组织机构的 ArcGIS Online,每个组织可以定制自己的 Open Data 网站,指定自己的哪些数据可以对外共享,为公众提供权威数据,这便于地理数据资源的重复利用和再创造。ArcGIS Open Data 对用户是开放的,用户可以按主题或位置在 ArcGIS Open Data 网站搜索数据,通过图表和地图了解数据。Open Data 网站上的大多数数据是以服务的形式提供的,用户不需要下载,可

---

① http://storymaps.arcgis.com/zh-cn/gallery

② http://www.data.gov

以直接加载到 Web 地图和 Web app 中。有些数据可以通过多种格式来下载,满足数据再加工或其他特殊需求。组织机构可以在 ArcGIS Online"我的组织"设置页面中启用 ArcGIS Open Data。有关如何启用 ArcGIS Open Data 的更多信息,请参阅本章第 4.3 节常见问题解答部分。

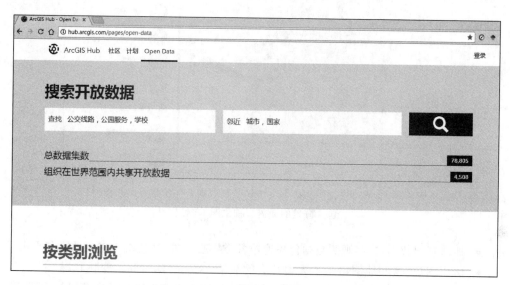

图 4.2　ArcGIS Open Data 信息共享平台

　　ArcGIS 世界动态地图集(Living Atlas of the World)包含了 Esri 公司及其数据合作伙伴提供的数千种地图、数据和影像,如图 4.3 所示。这个地图集基于 Web 服务,具有权威性和即用性。用户可以将动态地图集中的内容与自己的数据进行组合,以创建自己的地图和应用。用户还可以把这些数据用在 ArcGIS Online 的众多分析功能中,在不知不觉中实现地理 Web 服务的套嵌,即一个 Web 服务成为另外一个 Web 服务的数据输入。

　　世界动态地图集提供以下类别的数据内容:

- 基础底图:丰富的权威地图为 GIS 应用提供基础的地理参考。
- 影像:多光谱、多时间序列的影像数据,覆盖全球,可以呈现自然和社会现象的历史与现状。
- 人口统计资料和生活方式:全球 120 多个国家的地图和统计数据,能揭示全球和区域人口的发展趋势及其行为特征。
- 边界和位置:包含行政边界等图层,具有多比例尺级别。
- 景观数据:能够反映自然环境和人类活动的影响,能够支持土地利用的规划和管理等应用。
- 海洋数据:包括海洋表面温度、洋流、海底坡度等信息,为海洋航行、海洋环境监测等提供丰富的数据支持。
- 交通数据:包含地面、海上和空中等交通轨迹和出行方式。
- 城市数据:全球有一半以上的人口居住在城市,这些图层可以分析城市人口对世界的影响。

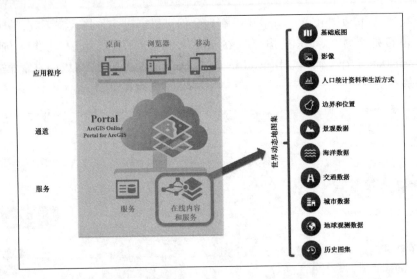

图 4.3　世界动态地图集由 Esri 公司及其数据合作伙伴贡献和维护，
包含海量的涵盖多种主题的图层

- 地球观测数据：这些观测数据包含地球各类极端事件，从极端天气到地震和火灾等。
- 历史图集：这些地图揭示了人类社会的政治、文化等随时间的变化状况。

"Living Atlas"中单词"Living"一词表示图集中的内容可以在不同的时间频率进行更新，例如，实时的交通情况和地震灾害情况可以在几分钟或几小时内进行更新，一些遥感影像数据可以在几天或几周内进行更新[1]。

4.1.3　大众化的应用程序模板

GIS 应用开发的大众化不仅需要大众化的数据基础，还需要有简易的开发方式。前面的章节中已经介绍了几个可配置的应用程序模板，ArcGIS 提供了更多的模板供用户选择。为了帮助用户选择出最合适的 Web 应用，ArcGIS 将这些应用程序按照用途进行了分类，类别如下：

- 构建故事地图：这些应用程序将地图与叙述文本、图像及其他多媒体内容相结合，充分利用地图和地理的强大功能来讲述故事。
- 收集和编辑数据：此类应用重点在于数据收集。数据源可以是专业人员或公众。这些应用程序分为两个子类：众包模式和常规编辑。
- 比较地图和图层：这些应用程序侧重于比较地理现象。
- 显示场景：此类应用程序主要用于显示三维场景，包含三维数据可视化、简单场景查看器、比较场景等模板。
- 探索和汇总数据：此类应用程序允许用户对属性进行统计等交互，以加强用户对地图内容更深层次的了解。

---

① 更多关于世界动态地图集的信息，可登录 https://livingatlas.arcgis.com/。

- 创建图库:这些应用程序可以基于群组的内容来创建应用,展示群组的地图图库和应用程序图库等。
- 地图社交媒体:这些应用程序可以根据当前用户感兴趣的地区和主题,从社交媒体网站取得相关内容,集成显示在地图之上。
- 提供本地信息:这些应用程序突出显示某个地理位置周边的兴趣点或其他地理信息。选项包括突出显示距某个地理位置一定距离内的所有要素,或者告知用户其地理位置位于某个特定区域内。
- 路线和获取方向:这些应用程序可以根据用户指定的出发点和目的地计算最佳行车路线等。
- 展示地图:此类应用程序提供了展示主题地图或一般地图的多个选项,包括图例、文字描述和其他基本工具以帮助用户理解地图内容。此类应用也提供图层搜索功能,大都可以用 URL 来打开,例如,在 URL 里指定地图打开时自动放大到某个地理要素的范围。

4.1.4　故事地图

每个故事都会包含一个地理位置。故事地图基于地理位置来组织和呈现信息,把交互式地图与多媒体内容(文本、照片、视频和音频)结合起来,更为直观地阐述故事内容,加强故事的叙述性(图 4.4)。ArcGIS 为用户提供了多种多样的故事地图应用模板,用户可以自己配置和选择这些应用。ArcGIS 故事地图应用是开源的,用户可以在 GitHub 上下载其源程序,进行修改和定制,或者部署在自己的服务器上。

地图　　　　故事　　　　多媒体　　　　故事地图

图 4.4　故事地图结合了交互式地图、多媒体内容和用户体验来讲故事

目前,地图故事已被用于社会、经济、环境、教育、科技、生活等诸多不同领域。例如,世界卫生组织利用故事地图展示了西非埃博拉病毒紧急委员会第九次会议的内容,通报了几内亚、利比里亚和塞拉利昂等地区的埃博拉病毒感染情况,并利用地图展示埃博拉病毒的感染人数。世界银行基于故事地图,对罗姆人在欧洲的分布及教育、工作、生活情况进行了展示说明。故事地图在课程教学上也取得了显著的成功,成为课堂教学与实践的沟通媒介。例如,美国斯坦福大学已将故事地图应用于全球变化等课程的讲授上,美国加利福尼亚州地理学会将故事地图选为课堂教学工具。在全球变化的课程学习上,如何理解全球变化的政策制定是学生学习的难点。故事地图基于地理位置展示文字、照片和音频等丰富内容,将学生熟悉的地方生态、文化和社会经济环境与全球变化结合起来,使学生建立全球变化的直观认识。此外,故事地图的使用将政策制定者设计的一系列书面声

明转化为广受欢迎的媒体产品。这不仅为学生提供了一个机会,让学生研究科学家如何将全球变化的科学技术转化为政策制定者的文件,而且通过详实的宣传方法,使学生成为全球变化科学研究和成果转化的积极参与者。故事地图平台高度直观,简单易用,用户体验愉悦,提升了学生的活跃度和积极性,促进了学生科学思维模式的形成。

　　ArcGIS 故事地图提供了诸多应用模板(表 4.1)。用户可以利用 ArcGIS Online 或故事地图网站来创建故事地图应用。

- ArcGIS Online:在 Map Viewer 中共享 Web 地图,单击创建 Web 应用程序,然后选择故事地图模板。
- 故事地图网站[①]:单击应用程序,选择故事地图模板,并按照向导配置应用程序。

表 4.1　故事地图提供的模板类型

故事地图模板		说　明
一系列启用位置的图片或视频	Story Map Tour 	配合链接到交互式地图的简短标题来呈现一系列图片或视频。对于徒步游览或希望用户按顺序游览的一系列位置来说,此应用程序是理想之选
一个丰富的多媒体故事	Story Map Journal 	在滚动的侧面板中创建以章节呈现的深度故事。当用户滚动浏览"Map Journal"中的章节时,可以查看与各章节相关联的内容,如地图、3D 场景、图像和视频等
	Story Map Cascade 	可以结合故事文本、地图、3D 场景、图像和视频等,为受众创建直观且引人入胜的全屏滚动体验。包含文字和内嵌多媒体在内的章节会点缀"拟真"章节,屏幕上可显示地图动画和过渡效果
显示一系列地图	Story Map Series(选项卡式布局) 	可通过一系列选项卡显示系列地图。有一个可选描述面板用来显示与每幅地图相关联的文本和其他内容
	Story Map Series(手风琴式布局) 	在可展开面板上显示一系列地图以及每幅地图的关联文本和其他内容。单击标题会选择地图并展开面板以显示文本

---

① http://storymaps.arcgis.com

续表

故事地图模板	说　明
显示一系列地图　Story Map Series（项目符号式布局）	通过已编号的项目符号显示一系列地图，每幅地图对应一个编号。如果您有许多地图或位置要显示，这是不错的选择。有一个可选描述面板用来显示与每幅地图相关联的文本和其他内容
众包图片的动态采集　Story Map Crowdsource	可用于发布和管理众包故事，任何人都可以向其添加配有简短标题的图片。可以使用众包（crowdsource）来吸引您的受众，并针对您选择的主题向他们收集图片、体验、想法或记忆，可以将这些内容链接到地图。审核功能允许您检查和批准添加的内容
感兴趣地点的管理列表　Story Map Shortlist	显示基于主题（例如，食物、酒店和景点）的以选项卡进行组织的大量地点。当用户在地图上进行导航时，选项卡会更新以向用户展示这些地点在他们地图范围中的位置
比较两幅地图　Story Map Swipe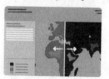	用户可以通过前后滑动卷帘工具来比较两个单独的 Web 地图或单个地图的两个图层
Story Map Spyglass	该应用程序与卷帘（Swipe）相似，但允许您的用户使用望远镜（Spyglass）工具通过某一地图查看另一地图
显示一幅地图　Story Map Basic	可以通过一个非常简单的用户界面来显示一幅地图。除标题栏和一个可选图例外，地图占据了整个屏幕。此应用程序可使地图内容一目了然
自定义 Story Map 设计	自定义故事地图是针对特定项目而开发，并有助于将原型设计转化为新应用程序

4.1.5   使用 ArcGIS 可配置应用程序的步骤

使用 ArcGIS 可配置应用程序模板,包括故事地图模板,通常包括三个步骤:选择、配置和部署,如图 4.5 所示。

图 4.5   使用 ArcGIS 可配置应用程序通常需要的步骤

1)选择

通过考虑以下几个方面的问题来明确构建应用程序所需要的数据、地图和模板类别。

- 目的:该应用想要展示和说明的关键信息是什么? 目标受众是谁? 这些受众将在哪里以何种方式使用该应用?
- 功能需求:支撑用户需求的关键功能是什么?
- 美学:应用程序的布局和颜色方案如何来支持和体现要传达的信息?

2)配置

使用自有数据或查询使用已有数据层,创建 Web 地图,在此基础之上配置应用模板的内容和界面。

3)部署

为终端用户部署应用程序。

- 那些基于 ArcGIS Online 和 ArcGIS 故事地图网站创建的应用程序自动由 Esri 公司托管。那些基于 Portal for ArcGIS 创建的应用程序自动托管在 Portal for ArcGIS 的网站上。
- 如果需要,可以下载这些应用程序的源代码,并在自己的网络服务器上托管应用程序。

4.1.6   Web GIS 应用的基本设计原则

用户体验是 Web GIS 应用在设计和实现过程中至关重要的一个方面。一个好的 Web GIS 应用在与用户交互的过程中,应该使用户产生快速、简单、有趣的体验。

- 快速：如今的用户总是说"不要让我等待"。Web GIS 应用通过使用缓存、数据库优化、适当的客户端/服务器任务分区和负载均衡来实现最佳性能，提升可扩展性和可获取性。例如，ArcGIS Online 可以利用 Esri 技术创建 Web 地图和应用程序，以此完成用户的大部分任务。
- 简单：如今的用户还说"不要让我考虑我需要单击哪个键"和"如果我不知道如何使用你的网站，这是你的问题，我将会快速地离开这个网站！"。Web GIS 应用程序应该专注于特定目标，构建直观的用户界面，不要提供给用户一些不必要的按钮和数据层。同时界面应该具有反馈功能，例如，视觉的提示，引导用户清晰地认识整个工作流程，并确保他们按正确的流程运行 Web 应用。
- 有趣：可以把图片、图表、视频和动画整合进 Web 应用。这些多媒体信息的正确使用可以吸引用户，传达关键信息，并提高用户的满意度。

ArcGIS 可配置的 Web 应用模板，尤其是故事地图等 Web 应用模板体现了快速、简单、有趣这些基本原则，促进 Web GIS 应用开发的大众化。这些模板的用户体验愉悦，让创建者在鼠标的点击之间就构建出内容和界面生动活泼的应用，让广大的互联网用户能够信手使用，直观的理解创建者要表达的信息，无须学习如何使用这些应用。

4.2　实习教程：创建用于多图时空比较和叙事的故事地图应用

本实习将讲解如何利用故事地图等 ArcGIS Online 可配置应用程序模板来创建 Web 应用。

基本要求：

（1）创建一个 Web 地图，使用智能制图功能符号化地图中的两个属性字段。

（2）使用 ArcGIS Online 的对比分析（Compare Analysis）应用模板创建 Web 应用。通过该应用，用户可以更为直观地评估分析河南省人均 GDP 的时空演变模式。

（3）创建一个 Story Map Swipe 或者 Story Map Spyglass 应用，比较分析中国东部地区的人口分布及其增长状况。

（4）用 Story Map Journal 模板创建 Web 应用，以展示在本书中学习到的部分 Web 应用。

系统要求：

（1）ArcGIS Online 的发布者或管理员账户。

（2）Web 浏览器：第 4.2.4 节的三维场景需要有支持 WebGL（Web 图形库）的计算机和浏览器。如果不满足这个条件，仍然可以进行第 4.2.4 节练习，只需跳过三维场景的相关步骤。

4.2.1 使用智能制图功能符号化两个属性字段

智能制图功能使地图更有吸引力,并有助于揭示数据背后的含义。前面的章节已经介绍了智能制图的基础知识,本节将进一步讲解智能制图。

(1) 在 Web 浏览器中打开 ArcGIS Online(http://www.arcgis.com)或 Portal for ArcGIS,并登录。

(2) 在主页右上角的搜索框中查找要素图层"河南省各市人均 GDP 与人口密度"(图层发布者:webgis.book),进入该要素图层的概览页面。单击页面右侧的"在地图查看器中打开",进入地图显示页面。

(3) 在地图左侧的"内容"栏中单击该图层下方的"更改样式"按钮(图 4.6)。

(4) 在"更改样式"窗口中选择要显示的属性"PGDP_2006",它表示 2006 年河南省各市的人均 GDP(图 4.7)。

图 4.6 单击更改样式按钮

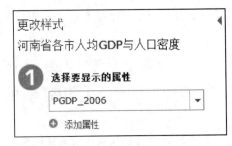

图 4.7 更改属性字段符号

(5) 接下来,单击"添加属性",并选择字段"PGDP_2015",即 2015 年河南省各市的人均 GDP(图 4.8)。

默认情况下,第一个字段"PGDP_2006"在地图上用颜色的渐变来表示,第二个字段"PGDP_2015"则用不同大小的圆圈来表示。

(6) 单击"颜色与大小"面板中的"选项"按钮。此操作会出现一个新的界面,可进一步设置以上两个字段的符号类型(图 4.9)。

(7) 单击字段"PGDP_2006"的"选项"按钮,然后单击面板右侧"符号"。在符号库中,单击"填充",选择不同的色带,然后单击"确定"(图 4.10)。

(8) 再次单击"确定"以退出"更改样式"面板,并单击"完成"。此时河南省各市2006 年和 2015 年的人均 GDP 已显示在地图上(图 4.11)。可以发现以下信息:

- 郑州、济源两市的人均 GDP 在 2006 年和 2015 年均保持较高水平;
- 洛阳、三门峡、焦作的人均 GDP 在 2006 年相对较高,至 2015 年呈现较为缓慢的增长势头。

(9) 在内容窗格中,指向"河南省各市人均 GDP 与人口密度"图层,单击"更多选项"按钮,并选择"重命名"。

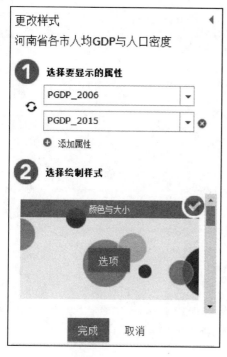

图 4.8　选择更改样式的属性字段

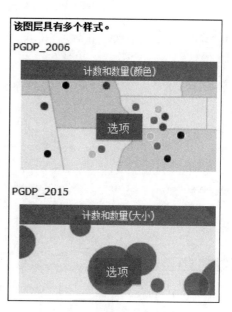

图 4.9　设置字段的符号类型

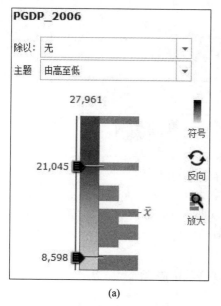

(a)

(b)

图 4.10　设置填充符号

　　(10) 将"图层名称"设置为"河南省人均 GDP2006 与 2015",然后单击"确定"。

　　(11) 在地图查看器工具栏上单击"保存",弹出"保存地图"窗口。在"保存地图"窗口中,输入相应内容后单击"保存地图"(图 4.12)。

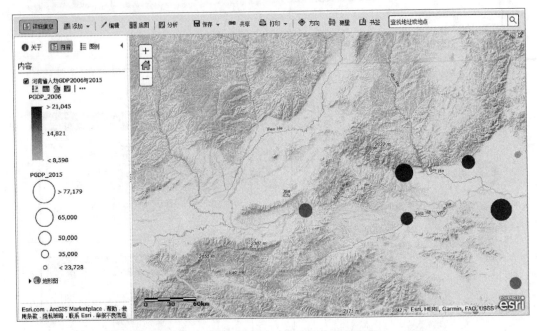

图 4.11　以颜色和大小显示两个属性字段

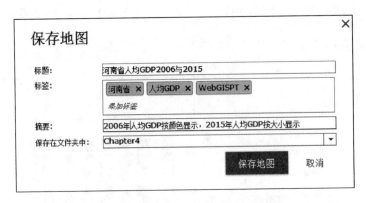

图 4.12　保存 Web 地图

　　本节简述了如何在一个图层中符号化了两个属性字段,下一节将利用对比分析(Compare Analysis)应用模板创建一个 Web 应用。

4.2.2　使用对比分析应用模板创建 Web 应用

　　本节将介绍如何使用对比分析(Compare Analysis)应用模板来创建 Web 应用,该应用可以同步显示多幅地图。基于该应用,用户可以同步浏览 4 幅地图,更为直观地了解河南省人均 GDP 的时空变化。

　　(1)继续上一节,在地图查看器菜单栏上,单击"共享"按钮,向"所有人(公共)"共享该地图,并单击"创建 WEB 应用程序"(图 4.13)。

图 4.13　共享 Web 地图

（2）在"新建 Web 应用程序"窗口左侧，单击"比较地图/图层"。在右侧的类别列表中，选择"Compare Analysis"模板，然后单击"创建 WEB 应用程序"（图 4.14）。

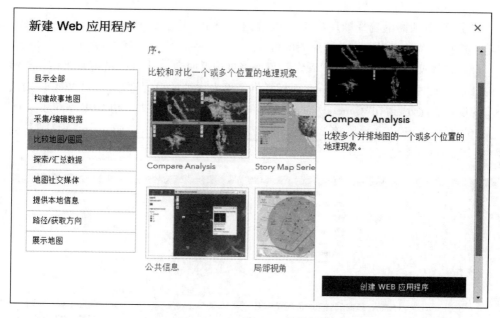

图 4.14　新建 Web 应用程序

（3）使用默认值或重新填写相应的标题、标签和摘要信息，然后单击"完成"，界面将自动跳转到该 Web 应用的配置界面。Compare Analysis 模板需要使用多幅 Web 地图，下面的步骤将选择创建该应用所需的多幅地图。

（4）在"配置"页面左侧的"General"面板中，单击"选择 Web 地图"。在弹出的"选择 Web 地图"窗口中搜索"河南省人均 GDP"，并依次选择 Web 地图（图层发布者：webgis. book）（图 4.15）。

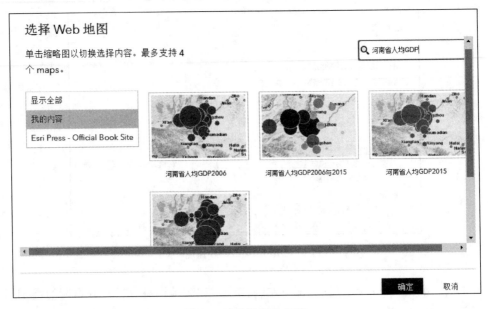

图 4.15　选择 Web 地图

　　注意：Web 地图的选择顺序将与 Web 地图在应用程序上的放置顺序相同。如果需要取消已选择的 Web 地图，单击该地图即可。

　　(5) 选择 Web 地图后，单击"确定"，界面将自动返回到 Web 应用的配置界面。界面左侧的"General"、"Theme"和"Options"面板提供了更为详细的设置选项，可对 Web 应用做进一步的设置。此处，请在"General"面板中的"Title"中键入"河南省人均 GDP2006 和 2015"。

　　(6) 单击"保存"并预览该 Web 应用，会看到 4 幅地图显示在同一个页面，平移或缩放左上角的第一幅地图，其他地图也会同步变化(图 4.16)。

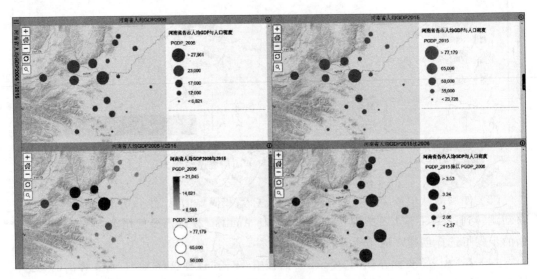

图 4.16　对比分析 Web 应用

（7）单击"关闭"，界面将自动跳转到 Web 应用的"详细信息"页面。在"详细信息"页面上，单击"共享"，向所有人（公共）共享该应用，单击缩略图可在新的浏览器页面中查看 Web 应用。

本节介绍了对比分析 Web 应用的创建。该应用便于用户更为直观地比较分析河南省人均 GDP 在时间和空间上的变化状况。基于该 Web 应用，可以发现：

- "河南省人均 GDP2006"和"河南省人均 GDP2015"两幅地图允许用户单独查看河南省这两年人均 GDP 的空间分布。整体来看，河南省北部和西部地区的人均 GDP 较高。此外，这两幅地图的并排放置也有利于对比分析人均 GDP 在时间上的变化趋势。
- "河南省人均 GDP2015 比 2006"这幅地图展示了河南省各市 2015 年人均 GDP 与 2006 年的比值，该比值反映了各市人均 GDP 的增长幅度。在地图上可以明显看出，河南省中部城市的人均 GDP 增幅较大。

4.2.3　使用故事地图创建卷帘/望远镜应用程序

本节将介绍如何用故事地图创建卷帘（Swipe）或望远镜（Spyglass）类型的 Web 应用。用户可以通过前后滑动卷帘或拖动望远镜来比较两个单独的 Web 地图或单个地图的两个图层，该类 Web 应用尤其适合于以下两类用途：

- 显示一个主题随时间的变化。例如，当前和预期海平面之间的差异，或者龙卷风发生前后，沿海城市景观的不同。
- 显示两个主题之间的相似性或差异。例如，糖尿病和肥胖症患者空间分布的相似性，或者失业率与房价变化之间的关联性。

本节将利用这个模板来展示我国东部城市已有的人口规模及其人口增长的趋势，这有利于评估城市人口的时空分布状况。本书利用已经创建的包含两个图层的 Web 地图"2014 年中国东部各市人口及其增长率"，来创建卷帘类型的 Web 应用。ArcGIS Online、Portal for ArcGIS 和故事地图网站都提供了创建卷帘 Web 应用的方法，此处将使用故事地图网站来创建该 Web 应用。

（1）启动 Web 浏览器，访问故事地图网站①，使用 ArcGIS Online 账户登录，然后单击顶部菜单中的"我的故事"。进入"我的故事"页面后，单击"创建故事"按钮，弹出"创建新故事"窗口。鼠标移动到"Swipe/Spyglass"缩略图上，可以看到该应用模板的简要说明：通过滑块或望远镜比较两个地图或图层（图 4.17）。

注意：用户也可以在页面单击顶部菜单中的"应用程序"，进入故事地图应用程序模板的详细介绍页面，找到"比较两个地图"下的"Story Map Swipe"，并单击"构建"按钮生成 Web 应用。

（2）在"创建新故事"窗口中，单击"Swipe/Spyglass"按钮，出现"欢迎访问卷帘/望远镜构建器"窗口，在窗口中单击搜索按钮，弹出"选择 Web 地图"窗口。

---

① http://storymaps.arcgis.com

图 4.17　创建新故事

（3）在"选择 Web 地图"窗口中搜索"中国东部各市"（图 4.18）。

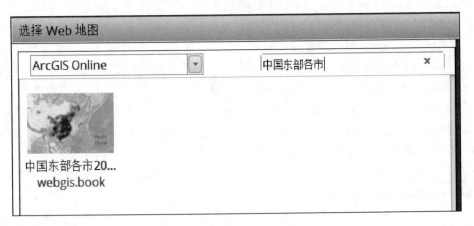

图 4.18　选择 Web 地图

　　（4）单击搜索到的 Web 地图，并在"欢迎访问卷帘/望远镜构建器"窗口中单击"下一步"，进入"欢迎访问卷帘/望远镜构建器"窗口。该构建器提供了一个生成向导，用来指导应用程序的创建。此处选用"垂直条块"布局。如果需要采用"望远镜"布局，可单击"选择此布局"按钮（图 4.19）。

　　（5）单击"下一步"进入"卷帘类型"的设置，选择"中国东部各市 2014 年人口规模"图层作为卷帘图层，单击"下一步"（图 4.20）。

　　注意：必须在 Web 地图中选择顶层图层。如果卷帘图层被其他图层覆盖，将不会有任何视觉效果。

图 4.19　选择卷帘样式

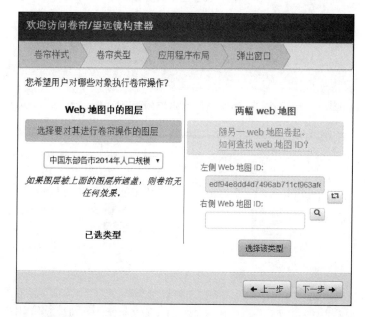

图 4.20　选择顶层的 Web 地图

(6) 在"应用程序布局"中,逐个启用图例、卷帘系列、弹出窗口和地址搜索工具,并选中"在受支持的浏览器中启用"定位"按钮,单击"下一步"(图 4.21)。

(7) 在"弹出窗口"设置中,输入"人口增长率"作为左侧地图的标题,输入"人口规模"作为右侧地图的标题(图 4.22)。

(8) 单击"打开应用程序",应用程序将在配置模式下打开。单击页面左上角的铅笔按钮可以更改该 Web 应用的标题和说明(图 4.23)。

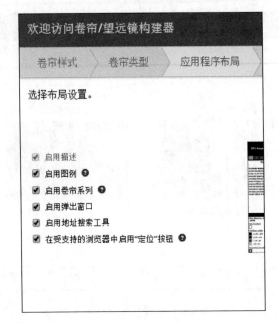

图 4.21　设置应用程序的布局

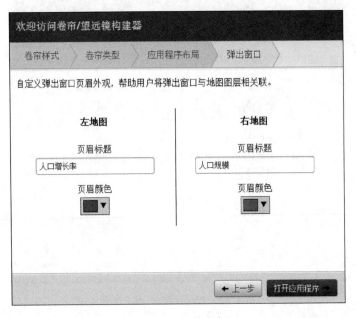

图 4.22　设置弹出窗口

（9）单击顶部菜单中的"设置"，可以进一步配置该应用的标题和范围。更改过后请单击"应用"按钮；否则，单击"取消"按钮。

（10）分别单击菜单中的"保存"和"共享"。在"共享您的故事"窗口中，单击"公开共享"。窗口会出现该故事地图的网址，可以分享此网址，便于其他用户访问该故事地图（图 4.24）。

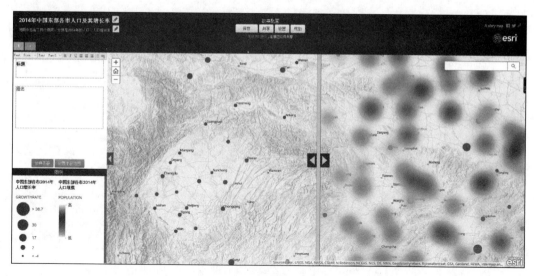

图 4.23 打开 Web 应用

图 4.24 共享卷帘类型的 Web 应用

（11）单击"打开"按钮,该 Web 应用会在浏览器新页面中开启,接下来就可以使用该应用了。

（12）在地图上单击感兴趣的位置,浏览弹出窗口中的内容。左右滑动垂直条以比较人口规模和人口增长率两个图层。当垂直条划过弹出式锚点时,请注意弹出窗口中的内容是在两个图层之间切换的。

如果需要将该 Web 应用由卷帘类型转换为望远镜类型,可执行以下步骤实现类型转换:

（13）在 Web 浏览器中,返回到应用程序配置界面。单击菜单中的"设置"按钮。

（14）在"故事设置"窗口的"卷帘样式"选项卡下,选择"望远镜"布局,单击"应用"。请注意,页面上会弹出一条消息,提示用户需要保存并重新加载故事。单击"确定",然后"保存"。通过刷新浏览器重新加载网页,此时故事地图会以"望远镜"模式重新加载（图 4.25）。在地图上拖动望远镜,以查看中国东部各城市的人口规模与人口增长率。

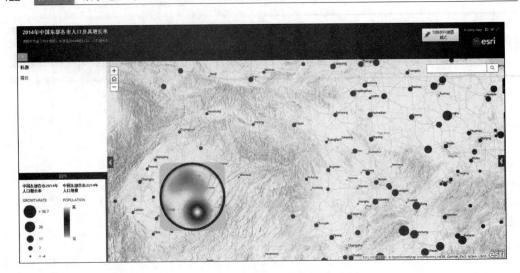

图 4.25　构建望远镜类型的 Web 应用

本节创建的应用程序可以让用户比较 2014 年中国东部主要城市的人口规模和人口增长率,便于用户了解这两个要素的空间分布状况并对比其关系。

4.2.4　使用 Story Map Journal 创建 Web 应用

本节将使用 Story Map Journal 创建应用程序,以展示前几章及本章涉及的 Web 应用和地图。Story Map Journal 在滚动的侧面板中呈现故事章节,当滚动浏览"Map Journal"的章节时,可以查看与各章节相关联的内容,这些内容的类型包括文本、视频、图像、地图和 URL。

(1) 在 Web 浏览器中,访问 Story Maps 网站①,使用 ArcGIS Online 账户登录,然后单击顶部菜单中的"应用程序"。找到"Story Map Journal"后,单击"构建"。另外,用户也可在"我的故事"页面中单击"创建故事"按钮,通过"创建新故事"窗口创建 Map Journal 应用。

(2) 在"欢迎使用 Map Journal Builder"窗口中,选择"侧面板",然后单击"开始",将进入 Map Journal Builder 向导(图 4.26)。

(3) 输入"跟着《Web GIS 原理与技术》学习创建 Web 地图和 Web 应用"作为标题,然后单击标题右侧的箭头按钮,将显示"添加主目录部分"窗口。

注意:Story Map Journal 应用程序由几个部分组成,主页部分将作为 Map Journal 的封面,每个部分均包含主舞台和侧面板两个部分。

(4) 在"添加主目录部分"窗口中,对于"步骤 1":主舞台内容,单击"Web 页面",然后输入网页链接(例如, https://pan.baidu.com/s/lqzu2lYVBqUKhnVaSAkI0Ug),并单击"配置"按钮,然后将"适应"作为位置选项,单击"下一步"(图 4.27)。

---

① http://storymaps.arcgis.com/

图 4.26　设置 Map Journal 布局

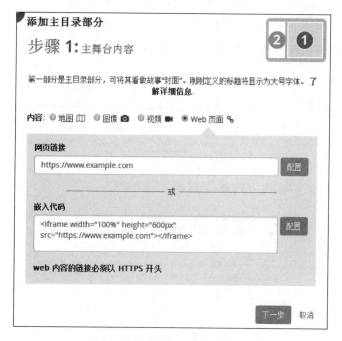

图 4.27　设置封面主舞台内容

（5）对于"步骤 2":侧面板内容,在文本框中输入"我已创建了几个 Web 地图和 Web 应用,能够集成视频等多媒体内容"。此处,还可以单击"插入图像、视频或网页"按钮在侧面板中添加内容,也可以单击源码按钮,直接在文本区域中写入 HTML 代码。

（6）单击"添加"以关闭"添加主目录部分"窗口。如果出现"分享你的故事"窗口，请关闭窗口。主页部分将在主舞台部分显示视频，在侧面板中显示指定的文本（图 4.28）。

图 4.28　Map Journal 的封面

（7）单击页面右上角"保存"按钮，保存应用程序。

注意：添加新的内容后请保存应用程序，以避免意外关闭窗口而丢失已经创建的内容。接下来在刚刚创建的应用程序中添加几个新的部分。

（8）在 Story Map Journal 应用的侧面板中，单击"添加节"按钮打开"添加节"窗口（图 4.29）。

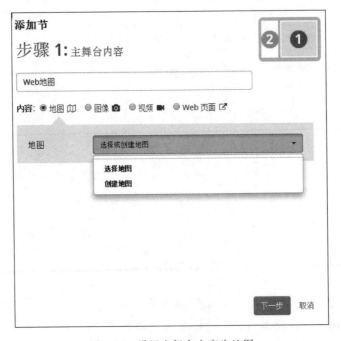

图 4.29　设置主舞台内容为地图

步骤 1：主舞台内容，请执行以下操作：

① 节标题：键入"Web 地图"。

② 内容：请选择"地图"类型，并单击"选择地图"。

③ 在"地图选择"窗口中，选择一个 Web 地图（例如，中国省会城市年平均人口）。如果没有，在 ArcGIS Online 中搜索并选择需要的 Web 地图。接下来，将配置 Web 地图的显示方式，包括位置、内容、弹出式窗口和附加功能。

- 位置：选择"默认地图"。如需修改，请单击"自定义配置"，然后平移和缩放地图以设置地图范围，最后单击"保存地图位置"（图 4.30）。

- 内容：选择"默认地图"。如需修改，请单击"自定义配置"，在"地图内容"弹出窗口中，选择要显示的图层，然后"保存地图内容"。

- 弹出窗口：选择"默认地图"。如需修改，请单击"自定义配置"，在页面右侧的地图上单击某个要素，显示弹出窗口，然后"保存弹出窗口配置"。

- 额外部分：勾选"鹰眼图"和"图例"，并单击"下一步"（图 4.31）。

图 4.30　保存地图位置

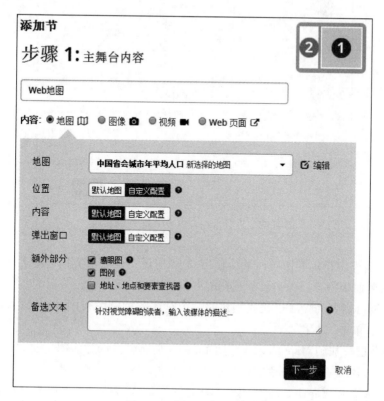

图 4.31　设置主舞台内容

步骤 2:侧面板内容,请执行以下操作:

在文本框中键入"我创建的一个 Web 地图:中国省会城市年平均人口",单击"添加"。

接下来将添加"对比分析 Web 应用"作为新的一节。

(9)在 Map Journal 应用的侧面板中,单击"添加节"按钮打开"添加节"窗口。

步骤 1:主舞台内容,请执行以下操作:

- 节标题:键入"对比分析 Web 应用"。
- 内容:选择"WEB 网页"。输入本章创建的对比分析应用程序网址(例如,https://esripressbooks.maps.arcgis.com/apps/CompareAnalysis/index.html?appid=2d207e241a5644ea8fe04d00097bf4c9)。
- 单击"配置",并将位置选项设置为"填充",单击"下一步"(图 4.32)。

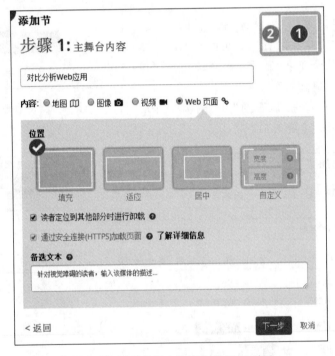

图 4.32　设置主舞台内容中的 Web 页面

注意:此步骤中指定的网页网址应使用 https 协议;否则,该应用可能无法加载。

步骤 2:侧面板内容,请执行以下操作:

在侧面板内容中,键入"这是我创建的一个对比分析应用程序:河南省人均 GDP2006 与 2015",然后单击"保存"。

此时该节已添加到 Map Journal 应用中,Web 页面会显示之前创建的对比分析应用程序。接下来,将添加一个新的章节以显示 Web 地图。

(10)如果要在 Map Journal 中添加 3D 地图的章节,请单击"添加节",弹出"添加节"窗口。

步骤 1：主舞台内容，请执行以下操作：

- 标题：键入"3D 应用程序"。
- 内容：选择"Web 页面"。如果页面中的 URL(例如，https://arcg.is/a4uPi)。输入完成后，单击"配置"。这个 URL 是一个 ArcGIS 三维场景的简短版，其展开的 URL 中包含"&ui＝min"以简化用户界面。有关如何创建场景的信息，请参阅 3D 场景章节。
- 位置选项，选择"填充"，然后单击"下一步"。

步骤 2：侧面板内容，请执行以下操作：

- 输入"我在本书后面章节还将学习 3D 应用程序和自定义应用程序"。
- 单击"添加"。此时 3D 场景已被添加到故事地图中(图 4.33)。

图 4.33　3D 应用程序

注意：如果无法在浏览器中打开场景或场景未显示，通常是因为浏览器不支持 WebGL。在这种情况下，需要删除此 3D 部分。请单击"组织"按钮，删除 3D 应用程序部分之后单击"应用"。

（11）如果可以看到 3D 场景，请执行以下操作以导航场景：① 使用鼠标滚轮放大和缩小。② 单击"平移"按钮，然后拖动地图。③ 单击"旋转"按钮，然后拖动地图进行旋转。

（12）单击右面右上角的"保存"按钮以保存 Map Journal。如果是第一次保存此应用程序，则会显示"分享"窗口。

（13）如果窗口没有出现，请单击顶部菜单栏中的"共享"按钮。在"共享"窗口中，单击"共用"后单击"显示故事内容"，会看到 Map Journal 的内容列表，包括地图和网页等（图 4.34）。

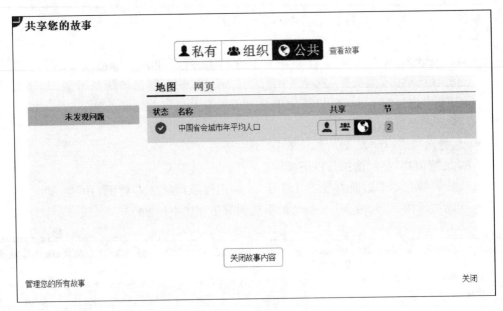

图 4.34　共享 Map Journal

（14）关闭"共享您的故事"窗口，单击"保存"。从头至尾浏览 Map Journal 应用程序。在每一节与主体内容进行交互，同时可以想象如何讲述该故事。

（15）与公众分享应用程序的网址（例如，http://arcg.is/0PDam5），将网址复制并通过电子邮件或社交媒体发送给公众。

4.3　常见问题解答

1）在 ArcGIS Open Data 中查找数据和在 ArcGIS Online 中查找数据之间有什么区别？

首先，ArcGIS Open Data 专注于数据的查找和下载；ArcGIS Online 专注于管理和共享各种格式的数据内容。其次，一般来说，ArcGIS Open Data 中的所有内容均可下载，数据更为权威，并具有更完整的元数据。最后，ArcGIS Open Data 内容有较少的重复，ArcGIS Online 内容则包含一些练习数据和不同发布者的重复数据。

2）如何通过 ArcGIS Online 账户共享数据到 ArcGIS Open Data 中？

ArcGIS Online for Organizations 账户的管理员需要在"我的组织""编辑设置"页面中启用 Open Data，然后管理员还需要为 Open Data 指定一个组。与此组共享的数据将显示在 ArcGIS Open Data 中。

3）可以直接在故事地图中编写 HTML 代码吗?

可以。配置 Story Map Journal 侧面板内容时,可以将文本编辑区域切换为 HTML 源代码编辑器,并在其中写入 HTML 代码。此功能为开发人员自定义应用程序提供了极大的自由。大多数故事地图应用程序以这样的方式支持 HTML 代码。

4）我想在故事地图添加一个 3D 场景,在哪里可以找到 3D 场景?

在浏览器中打开 ArcGIS Online 网站,不用登录。单击顶部菜单中的"场景",或者在 ArcGIS Online 的图库中搜索和选择场景。

4.4　思　考　题

（1）Web GIS 应用与开发的大众化的基础是什么?
（2）开放数据和大众化的数据基础有哪些?
（3）世界动态地图集包括哪些类别的数据内容?
（4）Web GIS 应用程序的基本设计原则是什么?
（5）什么是故事地图? 故事地图中包含哪些类型的应用程序?

4.5　作业:创建故事地图

创建故事地图,讲述以下主题的相关故事:
- 个人生活
- 国家或区域经济发展战略
- 病毒的传播
- 历史性战争或其他事件
- 社会影响因素的空间分布
- 其他主题

数据来源:

使用 ArcGIS 世界动态地图集、Open Data 或其他来源的数据,也可以自己创建数据。

基本要求：

创建的故事地图应该有以下特点：

（1）采用 Map Journal、Map Cascade、Map Series、Map Shortlist 中的任一种类型；

（2）具有五种类型的内容：文本、视频、图片、地图、网页；

（3）包含一个比较分析应用程序或卷帘/望远镜应用程序。

提交内容：

（1）数据源列表。例如，如果使用世界动态地图集，请提交图层名称。如果使用 Open Data 中的数据，请提交项目的 URL。

（2）Web 应用的 URL。

参 考 资 料

姜仁贵,解建仓,李建勋,贺挺.2011.基于数字地球的 WebGIS 开发及其应用.计算机工程,37(6):225-227.

赖彦斌.2010.数字故事地图的历史人文内涵.西北民族研究,(4):128-134.

李德仁.2016.展望大数据时代的地球空间信息学.测绘学报,45(4):379-384.

李宗志,吴中福,李华.2003.WebGIS 应用开发系统的进一步研究.计算机应用,23(s1):92-94.

刘吉夫,陈颙,陈棋福,黄静.2003.WebGIS 应用现状及发展趋势.地震,23(4):10-20.

刘瑜,康朝贵,王法辉.2014.大数据驱动的人类移动模式和模型研究.武汉大学学报:信息科学版,39(6): 660-666.

师俊峰.2009.基于 ArcGIS Server 的 WebGIS 研究与实现.长沙:中南大学硕士研究生学位论文.

吴成明.2003.浅析 WebGIS 应用系统的开发技术.测绘通报,(10):50-53.

吴旻.2012.开放数据在英、美政府中的应用及启示.图书与情报,(1):127-130.

徐波.2009.从 WebGIS 看 GIS 发展的大众化.林业科技情报,41(3):87-89.

张茹.2008.WebGIS 的应用与研究.大连:大连交通大学硕士研究生学位论文.

Esri.2012.ArcGIS 产品与技术专栏.http://blog.csdn.net/arcgis_all[2018-01-21].

Esri.2015.ArcGIS Online：Bridging Communities and Data with ArcGIS Open Data.http://video.esri.com/ watch/4730/arcgis-online-bridging-communities-and-data-with-arcgis-open-data.[2018-01-27].

Esri.2015.Getting the Most Out of ArcGIS Web App Templates.http://video.esri.com/watch/4709/getting-the-most-out-of-arcgis-web-app-templates.[2018-01-27].

Esri.2015.How to Tell Your Story Using Esri's Story Map Apps.http://video.esri.com/watch/4701/how-to-tell-your-story-using-esris-story-map-apps.[2018-01-27].

Esri.2018.从伦敦到东京.http://learn.arcgis.com/zh-cn/projects/from-london-to-tokyo/[2018-01-27].

Esri.2018.更改样式.https://doc.arcgis.com/zh-cn/arcgis-online/create-maps/change-style.htm.[2018-01-26].

Esri.2018.配置弹出窗口.https://doc.arcgis.com/zh-cn/arcgis-online/create-maps/configure-pop-ups.htm. [2018-01-27].

Esri.2018.使用地图讲述故事.https://learn.arcgis.com/zh-cn/arcgis-book/chapter3/[2018-01-27].

Esri.2018.添加图层.https://doc.arcgis.com/zh-cn/arcgis-online/create-maps/add-layers.htm.[2018-01-27].

Esri.2018.通过地图创建应用程序.https://doc.arcgis.com/zh-cn/arcgis-online/create-maps/create-map-apps.htm.[2018-01-27].

Esri.2018.通过人口分析查找贫困儿童 http://learn.arcgis.com/zh-cn/projects/fight-child-poverty-with-demographic-analysis/ [2018-01-27].

Esri.2018.图库.http://storymaps.arcgis.com/zh-cn/gallery/#s=0 [2018-01-27].

Esri.2018.A Living Atlas of the World.http://doc.arcgis.com/en/living-atlas/about/[2018-01-27].

Esri.2018.ArcGIS Arcade.https://developers.arcgis.com/arcade/[2018-01-27].

Esri.2018.ArcGIS Marketplace.https://marketplace.arcgis.com/[2018-01-27].

Esri.2018.ArcGIS Online 帮助.http://doc.arcgis.com/zh-cn/arcgis-online/[2018-01-26].

Esri.2018.ArcGIS Online 入门.http://learn.arcgis.com/zh-cn/projects/get-started-with-arcgis-online/ [2018-01-26].

Esri.2018.ArcGIS Open Data.http://www.esri.com/software/open/open-data [2018-01-27].

Esri.2018.ArcGIS Solutions.http://solutions.arcgis.com [2018-01-24].

Esri.2018.Configurable Apps.http://www.esri.com/software/configurable-apps [2018-01-21].

Esri.2018.Oso 镇泥石流 - 灾前和灾后 http://learn.arcgis.com/zh-cn/projects/oso-mudslide-before-and-after/ [2018-01-27].

Esri.2018.Story Maps Developers' Corner.https://medium.com/story-maps-developers-corner [2018-01-27].

Mychajliw A M, Kemp M E, Hadly E A.2015.Using the Anthropocene as a teaching, communication and community engagement opportunity.Anthropocene Review,2(3):267-278.

Szukalski B.2015.Enhance Your Story Map Journal Legend.https://www.esri.com/arcgis-blog/products/arcgis-online/uncategorized/enhance-your-story-map-journal-legend/? rmedium = redirect&rsource = blogs.esri.com%2Fesri%2Farcgis%2F2015%2F12%2F16%2Fenhance-legend-story-map-journal[2018-01-27].

Szukalski B.2018. Using 3D Web Scenes in Story Maps.https://www.esri.com/arcgis-blog/products/arcgis-enterprise/3d-gis/using-3d-web-scenes-in-story-maps/? rmedium = redirect&rsource = blogs.esri.com%2Fesri%2Farcgis%2F2018%2F01%2F02%2Fusing-web-scenes-in-story-maps[2018-01-27].

Szukalski B, Rupert Essinger.2016.Inform and Engage Your Audience with Esri Story Maps.https://www.esri.com/training/catalog/57d876188b3e1ff2376c1539/inform-and-engage-your-audience-with-esri-story-maps/ [2018-01-27].

Zurn M.2018.What's New in Story Maps.https://www.esri.com/arcgis-blog/products/product/announcements/whats-new-arcgis-blog/[2018-04-18].

第 5 章

地理信息的聚合与国家空间
数据基础设施

在 GIS 应用层面,人们经常需要使用他人或多个机构的 Web 资源,包括数据、地图和分析功能。早期的 Web GIS 是各自独立的网站,不利于跨应用和跨部门的信息共享。Web 服务和云 GIS 的迅速发展为多来源的信息共享,也就是聚合,提供了技术基础,极大地便利了跨应用和跨部门信息共享与协作。时至今天,绝大部分的 Web GIS 应用都属于聚合。

在宏观层面,国家空间数据基础设施(national spatial data infrastructure,NSDI),也称为国家空间信息基础设施(national spatial information infrastructure,NSII),涵盖了在一个国家用于生产、管理和共享地理空间信息的政策和技术,其重点之一是数据和信息的跨部门、开放、共享和协作。早期的共享是数据复制和数据转换,这些方法是低效的。近些年来的趋势是通过 Web 服务来共享数据,在信息的使用者和提供者之间建立直接和实时的联系,在使用时对这些服务按需聚合,这样就加快了共享的时效性。

Web 服务和云平台为信息聚合提供了后台支持,Web 地图和 Web 场景能把多来源、多格式的图层综合起来。在 Web 应用端,ArcGIS 的应用模板能够把这些聚合的图层和功能展示出来。Web AppBuilder for ArcGIS 在聚合方面更为灵活,它能展示 Web 地图和 Web 场景中的多源图层,并能够对这些多源图层进行细节的功能配置,还能够再加入更多来源的图层,把这些数据叠加显示或者串联起来。例如,把一个来源的图层作为输入,去调用另外一个服务器上的分析服务,用分析结果去查询另一个图层。Web AppBuilder 以直观的所见即所得式(what you see is what you get,WYSIWYG),让用户融合多元信息和功能,构建 2D 和 3D Web 应用程序,而无须编写一行代码。

本章主要介绍地理信息聚合以及如何创建一个基于地理信息聚合的 Web 应用程序,首先概述了地理信息聚合的基本概念及其对信息共享的意义,然后介绍了 NSDI 的起源发展以及基于 Web 服务和聚合的新方式,分析了其需要解决的问题和前景。实习部分以

Web AppBuilder 为例,演示如何聚合多源信息和创建一个聚合应用程序。图 5.1 中箭头所示为本章教程将讲授的技术路线。

学习目标:

- 了解聚合的概念和意义
- 理解 NSDI 与聚合的关系
- 熟悉微件的类型和 Web AppBuilder 的主题
- 使用 Web AppBuilder 创建 Web 应用程序的基本流程
- 配置和使用各种微件

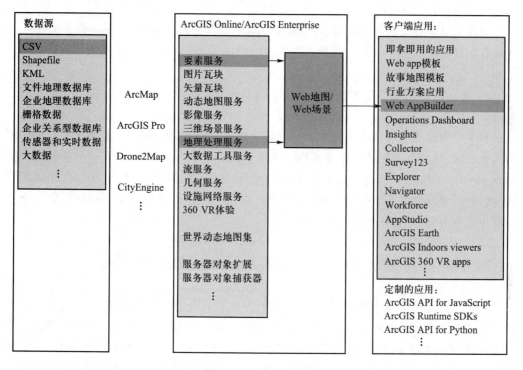

图 5.1 本章技术路线

5.1 概念原理与技术介绍

5.1.1 地理信息聚合的概念和意义

聚合(mashup)是动态地组合来自两个或两个以上的 Web 资源,从而创建新的应用,这是 Web 2.0 的重要标志之一。聚合的概念在 20 世纪 90 年代末 Web 服务出现时就已经存在,但到了 2005 年才开始流行,其原因是当时 Web 服务和浏览器端应用程序接口(API)的广泛使用,极大地降低了集成多个网站资源所需的技术门槛,使创建聚合变得容易。

早期聚合应用的案例：

- BizRate、PriceGrabber 等网站从多个零售网站提取商品的价格信息，并将其组织在一个页面上，从而使买家可以在一个网站找到最合算的商品，而不必分别访问多个网站。
- HousingMaps 网站①组合来自 Craigslist 网站的房屋出售信息和来自 Google 的地图，让用户能一目了然地了解哪里有房屋销售，了解房屋的地理位置和周边环境。
- Zillow 网站②估算房屋价值，并在微软必应地图上叠加显示房屋价格、面积、房产税、学区和其他相关信息。
- CrimeMapping 网站③在 ArcGIS Online 地图上显示犯罪数据，为公众提供社区犯罪活动信息。

地理信息聚合将具有相同地理区域的多源地理内容或功能通过 Web 技术而不是传统的数据复制转换整合起来。这种方法对 GIS 产生了重要的影响：

1）建立了一种良好的被普遍采用的 Web GIS 设计模式

众多的聚合应用表现出了一个共同的设计模式，即由基础地图、业务图层和任务构成的优化模式，这些部分通常用浏览器端的 API 集成起来。该模式提供了一个快速而简单的 Web GIS 应用建构方案。目前，绝大多数的 Web GIS 应用都是聚合，都是基于这种模式的，例如，地图来源于 ArcGIS Online、百度地图、谷歌地图，而业务层或操作层的数据来自其他的服务器，如自己机构的服务器。

2）推动了 Web GIS 应用开发的大众化

聚合方法是一个里程碑，它将 GIS 应用开发从专业人士扩展到更多人，对开发人员的技术要求很低。聚合的简单性鼓励了公众的积极参与，为他们提供了一个展现其创造力的平台，促进了"新地理学"和自发式地理信息的发展。聚合应用能将家庭照片、个人崇拜的明星、球赛、奥运火炬接力、拍卖、网络摄像头、微博和新闻事件等等显示在地图上。尽管许多聚合应用没有一个清晰的商业目的，纯粹是为了好玩才做的，但它们展示了 GIS 的广泛应用领域。

3）万维网作为个人的数据库和 GIS 服务器

Sun Microsystems 公司的 John Gage 于 1984 年就提出了"网络就是计算机"的名言，设想未来的单个计算机将能利用整个网络上分布的资源来扩展存储能力，来提高计算性能，

---

① http://www.housingmaps.com
② http://www.zillow.com
③ http://www.crimemapping.com

从而超越单个计算机的能力。聚合让我们离这个设想更近一步。很多单位或项目因为资金不足,没有自己的数据库和服务器,但它们可以使用聚合这种架构,从 Web 获得所需的数据、地图和分析模型。传统的 GIS 应用开发往往要从自己采集或购买数据开始,而今天的 GIS 应用基本上不必再采集或购买基础底图,而是采用互联网上免费的底图,即便是专题图层,在网上也能找到很多。

　　Web 资源,包括 Web 内容与功能,是构建聚合的基础。这些 Web 资源可划分为两大类,即有编程接口的资源和无编程接口的资源。有编程接口的资源主要包括 Web 服务和客户端的 API,特别是浏览器端的 API,这类资源比较容易被聚合。无编程接口的资源主要是 HTML 文档,因需要进行较为复杂的数据提取,所以这类资源比较难以直接聚合。近年来,聚合应用的数量爆炸式增长,这得益于日益丰富的 Web 服务和云 GIS,得益于近些年来浏览器端的编程接口的普及,它们降低了 Web GIS 开发的复杂性,更得益于 Web 应用模板和构建器的普及,它们让大众不需编程就能开发聚合应用。

5.1.2　NSDI 与聚合

　　聚合深刻地影响了地理信息科学和技术,包括信息共享的理论和方式、地理信息的挖掘与建模方法、地理空间信息互操作、下一代国家基础空间数据设施和云 GIS 等领域。聚合与云计算和云 GIS 相得益彰。有了云的支持,聚合有了强大的基础和信息源,聚合能利用云计算和云 GIS,包括互联网上他人的设施、平台、数据和服务(如他人的模型),来完成自己的工作和项目,向人们展现了云计算和云 GIS 的实用价值,为云 GIS 赢得了社会的信任和投资,推动了云 GIS 的发展。

　　NSDI 这个概念于 20 世纪 90 年代早期起源于美国,至今已有 20 多年。NSDI 建设的前十年,主要以政府为中心,依靠数据复制,如光盘和 FTP(file transfer protocol)等方法,来进行地理信息共享。这种方法往往要求接收方具有一定 GIS 软硬件才能载入和使用收到的数据,而且这种方法还造成时间延迟等问题,已经成为地理空间信息共享的低效方式,甚至是高效共享的潜在障碍。当前的万维网为信息共享与协作提供了新的理论和技术,包括 Web 服务、面向服务的架构(service oriented architecture,SOA)、云计算、聚合及自下而上的信息流。当代 NSDI 正越来越多地应用这些技术。这种方式具有时间上的高效性和使用上的灵活性,可以吸引政府、企业、科教以及个人的广泛参与,能更大限度地实现地理信息的重复利用,实现其价值的最大化,这些优点已经在很多成功项目中体现出来。

　　NSDI 被定义为获取、处理、存储、共享、分发和充分利用地理空间数据所必要的技术、政策、标准和人力资源的总称(图 5.2)。

　　NSDI 最重要的工作和目的之一就是促进地理空间信息在各级政府、企业、科教机构及公众等之间的共享。地理数据具有分布式、地区差异、采集费用较高等基本特性。人们往往不能在某一个单一数据库中或单一的数据格式下找到所需的所有信息。GIS 用户常需要其他机构所采集或拥有的数据资源,因此,"一次采集多次利用"成为 NSDI 倡导的主要原则之一。传统的地理数据共享方法是数据复制和地图打印,这种方法在许多情况下依然需要,但其局限性也越来越明显,人们越来越多地需要以 Web 服务为中心的共享方式(图 5.3)。

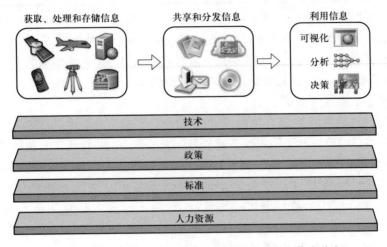

图 5.2　NSDI 各成分相互协作和促进地理空间的信息共享

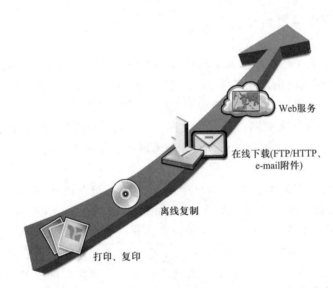

图 5.3　地理信息可以通过多种方式共享,其中基于 Web 服务的共享方式
具有很多优势并已盛行

　　根据面向服务的架构的宗旨,Web 服务应该与业务功能看齐,以建立具有实际需要的服务,支持最大程度的共享。一个单位在考虑发布什么样的 Web 服务时,不仅应当考虑到本单位内部的需求,往往也要考虑外部其他单位和公众的需求。表 5.1 介绍了一种评估这些需求的方式。通过创建这样一个表格,可以列出一个城市的不同部门和外部其他单位所需要的 Web 服务。这些 Web 服务可以分为通用、广泛需要和个别需要等级别。表中 Web 服务 A 和 B 被所有单位需要,属于通用级别。Web 服务 C、D 和 E 被大多单位需要,因此属于广泛需要级别。Web 服务 F、G 和 H 仅被部分单位需要,属于个别需要级别。这个需求评估可以帮助一个机构分析需要发布什么样的服务、这些服务的优先级别、由哪个部门创建、与哪些部门相关,甚至如何筹集资金或分摊费用。

表 5.1 基于内部和外部需要对 Web 服务进行分类(通用、广泛需要和个别需要级别)

部门	Web 服务							
	A	B	C	D	E	F	G	H
城市设施	×	×	×		×	×	×	
城市规划	×	×	×					
发改委	×	×		×	×			
公安部门	×	×			×			
消防部门	×	×	×	×	×			×
卫生部门	×	×						
城管部门	×	×	×	×				
私营企业	×	×			×	×		
公众	×	×			×			
其他单位或部门	×	×	×					
分类结果	通用		广泛需要		个别需要			

NSDI 涉及一个国家或地区的众多层数据,其中,框架数据是大多数机构和部门都需要使用和依赖的,因而是 NSDI 的基础。框架数据由几种基础数据集组成,它们代表了一个国家或地区的重要的地理要素,其他数据集需要以它们为位置参照而开发,或以它们为背景来叠加显示。框架数据需要覆盖整个国家而且要有足够的精度。框架数据层的选择应当以各国的情况和需要而定。在美国,框架数据目前涵盖了 7 个专题:大地控制、数字正射影像、高程、交通、水文、行政边界和地籍信息。近年来,人们也提议增加一些新的专题作为框架数据,如野生动物栖息地、城市三维高程、土地利用和土壤。框架数据的采集往往需要许多组织的参与,尤其是地方政府的测绘部门等。然后,这些采集的数据需要汇交到上一级部门,经过质量控制和拼接后,形成一整幅图。这些框架图层应当以 Web 服务的形式提供给全社会使用,从而避免数据的重复采集和浪费。

基于 Web 服务的 Web GIS 平台,如 ArcGIS Online 和 ArcGIS Enterprise,支持各个机构发布服务、托管服务和发现服务。ArcGIS 浏览器应用模板、手机 app 和应用构建器都能够组合服务、创建聚合应用。这些 Web GIS 技术便于打破信息孤岛,解决利益壁垒,建立统一的共享平台,推进技术融合、业务融合,实现跨部门的协同合作,建设新一代的 NSDI。

有的时候,出于安全等考虑,不同的机构之间不能或不宜直接进行基于 Web 服务的聚合。这些时候可以采用新一代 Web GIS 的分布式协作能力来实现跨门户内容的协同,详情可参见第 7 章相关内容。

5.1.3 信息共享和聚合的考虑因素

为了建设一个实用、内容正确、运行稳定的聚合项目,避免权益的纠纷,在项目开发和设计时需要注意以下事项:

1）Web 资源的质量和适用性

互联网上没有一个严格的管理员，任何人都可以在互联网上发布地理信息，这些 Web 资源的质量参差不齐。如果一些不完全正确或不适用的信息被用到聚合链条之中，这些错误和不确定性就会在互联网上扩散和放大，将导致错误的结论和决策。聚合应用中要选择合适的 Web 资源，注重信息源的权威性，并注意了解数据源是如何处理和更新的。

2）Web 资源的可扩展性

聚合与其 Web 资源是相互影响的：一方面其系统的稳定性依赖于其资源提供者的稳定性，另一方面它会给它的 Web 资源增加负载。例如，某服务 A 被 10 个聚合所调用，如果每一个聚合在 1 分钟内接受 50 次点击，那么网页 A 就有可能多承受（100×5 =）500 次点击，这可能超出 Web 服务 A 的设计容量，压垮服务 A，然后导致所有基于服务 A 的聚合不能正常运行。这要求开发者要尽可能地选择扩展性比较好的 Web 资源，例如，大型云 GIS 中心所提供的服务等资源。如果所选择的信息源系统的扩展性不强，开发者需要考虑降低对资源的使用压力，例如，减低调用频率。

3）Web 资源的版权与使用条款

尽管开放和免费依然是互联网精神的主流，但是一些网站和 GIS 云有一些不同程度的版权保护和使用限制或收费的条款。聚合的开发者一方面要尊重资源拥有者的条款，获得允许；另一方面要对这些条款对自己项目的影响（如费用）有一定的估计。

4）保密和安全

有些 Web 资源需要保密，共享和聚合应用需要考虑如何验证用户、如何与企业的用户管理系统结合起来，并使用 HTTPS 对数据传输进行加密等。

随着人们的共享观念将进一步改善，更多高质量 Web 资源也将涌现，空中的卫星、地面上和江河湖海里的众多传感器每天都在收集大量的地理数据，可以通过 Web 被读取和迅速地用于聚合。随着手机移动网络的普及，人们所贡献的照片、视频和微博等自发式地理信息也在爆炸式增长。搜索引擎和地理信息共享门户网的完善，也将使得人们可以更方便地查询和发现合适的 Web 资源。同时，语义网（semantic Web）的快速发展，会使 Web 资源的搜索更准确，聚合可以向智能化和自动化发展。随着这些 Web 资源的成倍增长，对它们进行重新组合的方式将会有指数级的增长。Web 用户和 GIS 专业人员将开发出更多的富有创意且具有价值的 Web GIS 应用，满足广泛的社会需求。

5.1.4　Web AppBuilder 的功能和对聚合的支持

本书前面已经介绍了如何发布要素服务,后面的章节将介绍更多类型的 Web 服务。本章的实习主要介绍 Web AppBuilder for ArcGIS 这一聚合应用构建器。Web AppBuilder 是 ArcGIS Online、Portal for ArcGIS 和 ArcGIS for Server 的 Web 客户端,可让用户通过灵活的配置,无须编程来创建 Web GIS 应用程序。Web AppBuilde 建立在 HTML5 和 ArcGIS API for JavaScript 技术之上,并包含以下主要功能:

- 使用纯 HTML 和 JavaScript 创建不需要任何插件的 Web 应用程序;
- 使用响应式 Web 设计技术,能很好地适应台式机、平板电脑和智能手机,在众多大小的屏幕上都可以顺利运行;
- 提供众多的微件,可以创建功能丰富的 Web 应用程序;
- 可以使用各种各样的主题,配置应用程序的外观和样式;
- 提供一个可扩展的开发框架,开发者可以创建自定义微件、主题和应用程序。

Web AppBuilder 支持多种数据类型及多种数据源,也就是说,Web AppBuilder 可以聚合源自不同机构、不同服务器上的要素服务、地图服务、瓦块服务、影像服务和地理处理服务等。这些数据可以是发布在 ArcGIS Online 上公共的、组织内共享的或未共享的服务,也可以是发布在私有云上的服务,还包括发布在其他 ArcGIS Server 服务器上的服务。这些数据可以是自己发布的,也可以是他人或者其他机构发布的。总而言之,Web AppBuilder 是创建地理信息聚合应用的最灵活的工具之一。图 5.4 展示了 Web AppBuilder 的用户界面。

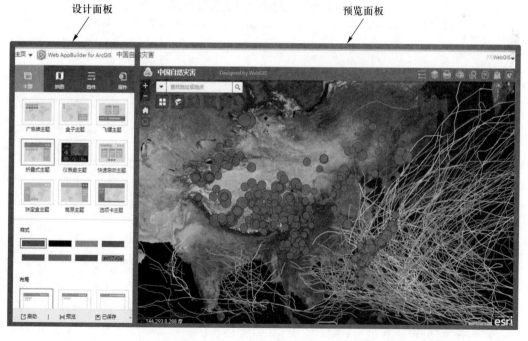

图 5.4　Web AppBuilder 用户界面

　　Web AppBuilder 允许用户选择用户界面主题、Web 地图和微件,可以立即看到更改配置后的应用程序。

　　Web AppBuilder 产品系列有三个版本:ArcGISOnline 嵌入版、Portal for ArcGIS 嵌入版和开发人员版。

　　前两个是嵌入式的版本。这三个版本之间的主要区别是开发人员版允许创建和使用自定义微件和主题,Portal for ArcGIS 的嵌入式版本能够部署和使用自定义微件,ArcGIS Online 的嵌入版目前还不支持自定义微件。除此之外,各版本具有类似的功能。例如,具有相同的设计用户体验,有类似的微件和主题。然而,三个版本的详细功能是不相同的。通常情况下,Web AppBuilder 的新增功能首先更新到 ArcGIS Online,再到开发人员版,最后才是 Portal for ArcGIS。因此,在不同阶段版本可能存在主题、工具和其他方面的不同。

　　本教程基于 ArcGIS Online 嵌入版,但可以学到能应用到三个版本的技能。对于嵌入式版本,可以通过地图查看器或内容等方式启用 Web AppBuilder。

- 如果选择使用地图查看器,单击"共享",单击"创建 WEB 应用程序",然后单击"Web AppBuilder"选项卡。
- 如果从内容方面开始,则需选择"内容">"创建">"应用程序",然后"使用 Web AppBuilder"(图 5.5)。

图 5.5　使用 Web AppBuilder 创建应用程序

　　使用 Web AppBuilder,可以通过以下步骤创建一个 Web 应用程序(图 5.6)。

　　(1) 选择样式:选择主题、选择应用程序的外观和样式。主题包括面板、风格、布局和预配置的微件集合。

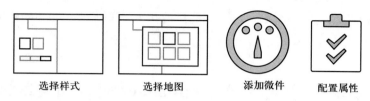

选择样式　　　　选择地图　　　　添加微件　　　　配置属性

图 5.6　创建 Web 应用程序步骤

（2）选择地图：选择自己创建或别人共享的 Web 地图。

（3）添加微件：增加应用程序的功能，如打印地图和查询的图层。每个主题有其自己的窗口微件预配置集。可以隐藏或显示现有的微件，还可以添加额外的。

（4）配置属性：属性允许自定义徽标、标题和超链接等。

Web AppBuilder 包括多种开箱即用的微件。这些微件提供用于轻松创建 Web 应用程序的基本功能。通常情况下，微件是封装了一组专门功能的 JavaScript/HTML 组件。大多数微件具有可视化的用户界面。

Web AppBuilder 不断地更新微件的版本并添加新的微件，还可以从 ArcGIS 解决方案微件栏目[①]、用户社区找到其他 Web AppBuilder 微件，下载并将这些微件部署到自己的 Web AppBuilder 或 Portal for ArcGIS 中。

一般情况下，微件被归类为两种类型：面板内微件和无面板微件。

- 面板内微件：例如，底图库、书签和图表微件等，每个面板内微件均需要面板进行用户交互；
- 无面板微件：例如，属性表和坐标等，它们可开启或关闭，它们不在面板内显示，位置独立而灵活。

基于与图层的关系，微件可以分为以下两类：

- 数据独立微件：例如，底图库、测量、绘制和书签等微件，不涉及业务数据层。这些微件不需要或者很少需要配置。从一个 Web 地图切换到另一个 Web 地图，它们不受影响。
- 数据依赖微件：例如，对特定的属性字段或特定图层进行查询或是图表显示的微件，他们需要详细的配置。当一个 Web 地图切换到另一个 Web 地图时，将需要重新配置这些微件。

Web AppBuilder 还为应用程序类型提供了多种多样的主题，例如：

- 折叠式主题：比较传统，也比较常用；
- 广告牌主题：为一些简单任务的应用程序设计；
- 仪表盘主题：在启动应用程序的同时打开面板中的所有微件；
- 盒子主题：突出了简洁这一特点，所有的微件都是默认关闭的。

Web AppBuilder 开发人员版提供了一个框架，用来创建新的微件、修改现有的微件、创建新的主题，对构建器进行扩展。用户开发的自定义微件和应用程序可以免费共享，或在 ArcGIS 商店出售。

---

① https://github.com/Esri/solutions-webappbuilder-widgets［2018-1-23］.

与嵌入版相比,开发人员版需要先下载,然后在 ArcGIS Online 或 Portal for ArcGIS 上注册,并在个人计算机上运行。

5.2　实习教程:利用 Web AppBuilder 聚合和共享地理信息

某单位想要向公众提供一个能够显示历史地震和台风数据的 Web 应用程序。

数据来源:

使用提供的 Web 地图。

基本要求:

(1) 设置地图初始范围;
(2) 提供书签,以便用户可以快速缩放到预定义区域;
(3) 允许用户打印地图为 PDF 文件;
(4) 允许用户添加多源数据;
(5) 允许用户进行空间分析;
(6) 允许用户用图表显示历年地震统计情况;
(7) 允许用户进行属性查询;
(8) 显示相应图标、标题、子标题和标题栏中的链接。

系统要求:

拥有一个 ArcGIS Online 发布或管理员账户。

5.2.1　浏览网络地图

构建应用程序之前,需要创建一个 Web 地图。本教程提供了一个做好的 Web 地图,在进行联系之前,需要熟悉它和它的图层。

(1) 登录 ArcGIS Online。

(2) 在搜索框中,输入"中国自然灾害 owner:webgis.book",单击搜索框,并从项目类型列表中单击"地图"。关闭左上角的"仅在组织中搜索"选项(图 5.7)。

(3) 单击打开 Web 地图。

(4) 在项目详细信息页面上,单击"中国自然灾害"的缩略图在地图查看器中打开 Web 地图。

(5) 在"图例"窗格中,单击"内容",可以看到地震图层和台风图层(图 5.8)。

图 5.7　搜索 Web 地图

（6）在地图查看器搜索框中,键入台风的名称(例如 HAIMA)并单击搜索按钮或按"回车"键(图 5.9)。

可以看到 HAIMA 台风高亮显示在地图中。

注意:本地图支持在查询框中直接使用台风名字搜索是因为 Web 地图配置了要素搜索。参阅第 5.3 节"常见问题解答"了解如何配置要素搜索。

（7）在"内容"面板中,指向地震层,单击"显示表格"按钮,查看图层的属性表,了解它有哪些字段。

在第 5.2.4 节中将使用属性表中的字段来配置"信息图表"和"查询"微件。

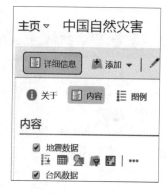

图 5.8　图层列表

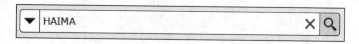

图 5.9　搜索台风数据

如果需要更改设置,例如,更改图层样式、启用弹出窗口、配置弹出窗口,可以立即修改,并保存。由于不是 Web 地图的所有者,需要将其保存为一个新的 Web 地图。

5.2.2　创建一个 Web 应用程序

（1）接上一节,单击"共享"按钮。

（2）在共享窗口中,单击"创建 WEB 应用程序"。

（3）在"新建 Web 应用程序"窗口中,单击"Web AppBuilder"选项卡(图 5.10)。

图 5.10　新建 Web 应用程序

（4）指定应用程序标题、标签和摘要，并单击"开始"，打开 Web AppBuilder（图 5.11）。

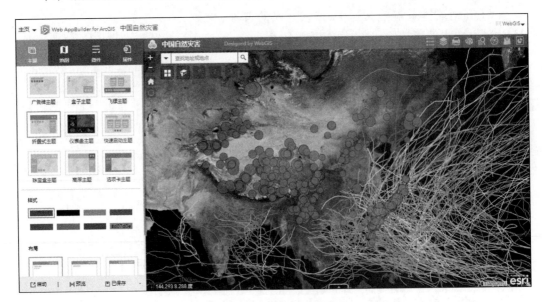

图 5.11　Web AppBuilder 界面

　　Web AppBuilder 有两个部分：左侧设计窗格和右侧预览窗格。设计窗格中有 4 个选项卡：主题、地图、微件和属性，对应于 4 个可用来配置 Web 应用程序的项。

　　（5）打开"主题"选项卡，单击"折叠式主题"，然后选择颜色样式和喜欢的布局（图 5.12）。也可以尝试使用其他的主题。更改时，可以直接在右边预览窗格中预览更改效果。

　　（6）单击"地图"选项卡。在"地图"选项卡中，可以选择想要使用的 Web 地图。

（7）在右边窗口中,平移或缩放地图使窗口包含所有地震和台风,然后单击"设置初始范围"下面的"使用当前地图视图",就可以设定应用程序的初始地图范围（图 5.13）。

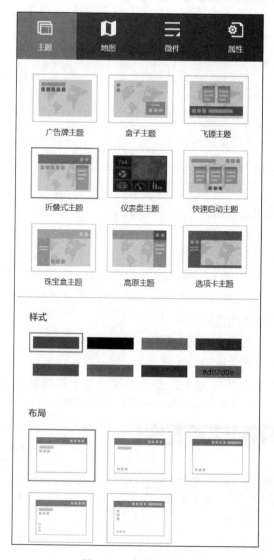

图 5.12　主题选项卡

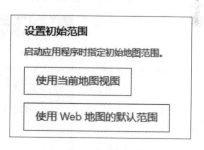

图 5.13　设置初始范围

（8）单击"属性"选项卡,设置应用程序的徽标、标题和子标题(图 5.14)。

（9）在设计窗格的底部,单击"保存"(图 5.15)。

提示:进行本实习时,应该经常保存配置,以防止因为意外而丢失当前的设置。

（10）浏览预览窗格中的默认微件。每个主题会加载一些常用的缺省微件。

● 单击"我的位置"微件,缩放到当前的位置。

● 缩放和平移地图时,"比例尺"微件和"坐标"微件会显示当前地图比例尺和当前的光标位置。

图 5.14　设置徽标、标题或子标题

图 5.15　保存应用程序

- "搜索"微件,地图会缩放到该位置,可以搜索一个地址或地名,如四川,或搜索台风,如 HAIMA 等。
- 单击"默认范围"微件,可以回到初始地图范围。
- 单击右下角"显示鹰眼图"按钮,可以展开或折叠鹰眼图。
- 单击"图例"按钮,可以在预览窗格中看到图例。
- 单击"图层"按钮,图层列表中显示当前 Web 地图的业务图层。每个图层都可以启用或禁用弹出窗口(图 5.16)。

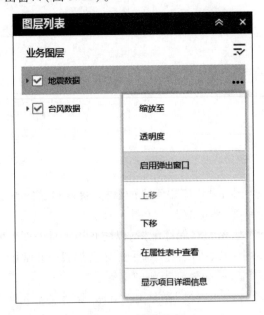

图 5.16　图层列表

- 单击页面底部中间的小箭头可以打开"属性表"微件。单击地震和台风选项卡，可以查看每个图层的属性表。表中列出的是当前视图中的数据属性，点击"选项"按钮可以过滤属性、显示或隐藏列，并导出 CSV 格式的数据（图5.17）。

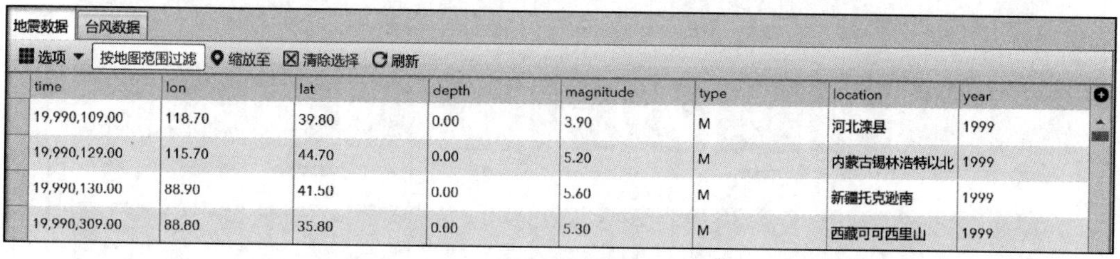

time	lon	lat	depth	magnitude	type	location	year
19,990,109.00	118.70	39.80	0.00	3.90	M	河北滦县	1999
19,990,129.00	115.70	44.70	0.00	5.20	M	内蒙古锡林浩特以北	1999
19,990,130.00	88.90	41.50	0.00	5.60	M	新疆托克逊南	1999
19,990,309.00	88.80	35.80	0.00	5.30	M	西藏可可西里山	1999

图 5.17　属性表

5.2.3　配置数据独立微件

数据独立微件往往不需要太多配置，或者不用配置。例如，"底图库"，"书签"和"绘图"都是这样的微件。

（1）单击"微件"选项卡。

"微件"选项卡中显示已添加到应用程序的一些微件，如"属性表"、"坐标"和"主页"等。显示为灰色的微件都是关闭状态，可以点击微件右上角按钮启用微件。

在列表的底部有 5 个微件占位符，在这里也可以添加微件。

（2）单击微件选项卡底部第一个空微件按钮。在"选择微件"窗口中，单击"底图库"，并单击"确定"（图 5.18）。

"配置底图库"窗口允许选择"始终与组织的底图库设置同步"或"配置自定义底图"。前者已经聚合了 ArcGIS Online 提供的诸多底图，包括天地图。后者允许从群组中导入底图或创建新的底图。

（3）在"配置底图库"窗口中，单击"配置自定义底图"，然后点击"新建"。

注意：只要有地图服务的 URL，就可以聚合自己的、他人的或者其他组织和部门发布的底图（图 5.19）。

（4）单击"取消"，选择"始终与组织的底图库设置同步"，单击"确定"。

（5）在预览窗格中，单击"底图库"，可以选择和切换不同的底图（图 5.20）。

接下来，将添加"书签"微件。

（6）单击当前第一个空微件按钮。在"选择微件"窗口中，单击"书签"，并单击"确定"。

（7）在"配置书签"窗口中，执行以下任务（图 5.21）：① 单击"单击以新增"按钮；② 指定"大连市"作为标题；③ 平移并缩放到大连市；④ 单击"缩略图"，可以为该书签指定一个图标；⑤ 单击"确定"添加此书签。

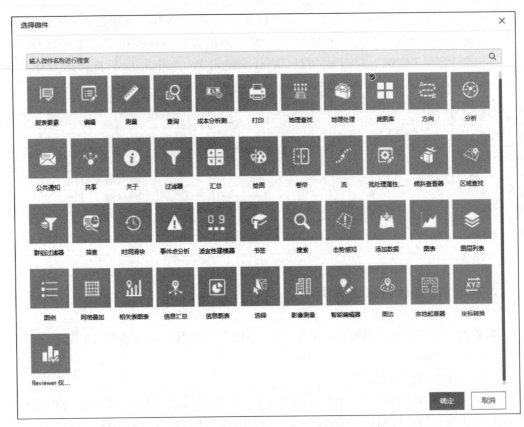

图 5.18 选择"底图库"微件

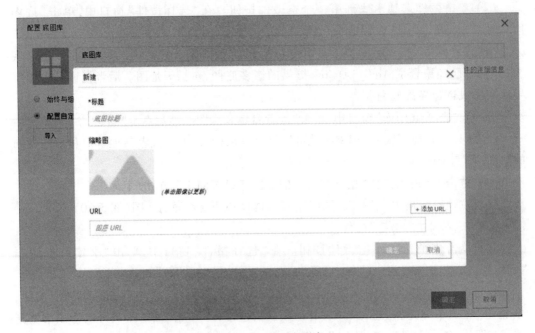

图 5.19 配置底图库

图 5.20　底图库

图 5.21　添加书签

（8）重复前面的步骤添加第二个书签，如广州市。

（9）单击"确定"，关闭配置书签窗口。

（10）在应用程序预览窗格中单击"书签"微件，然后单击定义过初始范围的书签。

注意：在配置模式中定义的书签保存在该应用程序的配置中，供该应用程序的所有用户使用。用户也可以在运行模式中添加书签，这类书签保存在用户的浏览器的缓存中，因此只供其本人使用。

接下来，将向页眉控制器添加微件。

（11）单击"在此控制器中设置微件"（图 5.22）。

图 5.22　页眉控制器

（12）注意：添加到页眉控制器的微件是面板微件。单击"添加"按钮（图 5.23）。

图 5.23　添加微件按钮

（13）在"选择微件"窗口中，单击"绘图"和"打印"，然后单击"确定"。

（14）如果需要更改微件顺序，单击一个微件按钮，将按钮拖动到所需的位置即可（图 5.24）。

这两个新添加的微件不依赖数据并且有默认配置，可以立即使用它们。

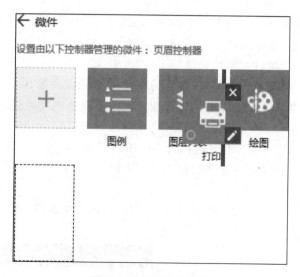

图 5.24　更改微件顺序

（15）在预览窗格右上角的应用程序工具栏上,单击"绘图"按钮。在"绘图"窗口中,
选择一种"绘制模式"(图 5.25)。

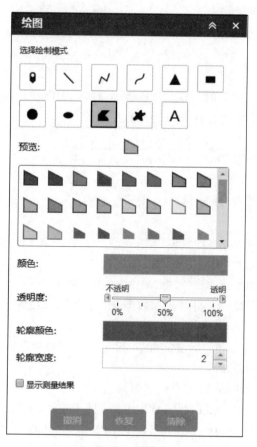

图 5.25　绘图微件

（16）选择一种符号，并在地图上绘制一些图形。

数据独立微件也可能需要配置。接下来，将配置"打印"微件。

（17）指向"打印"微件并单击铅笔图标（图 5.26）。

（18）在"配置打印"窗口，注意该服务的 URL 缺省指向的是 ArcGIS Online 存储的打印地理处理服务。也可以通过指定 URL 来聚合自己或其他机构的打印服务。

（19）指定"中国自然灾害"为默认标题，并单击"确定"。

注意：如果 Web 地图中含有机构内部 ArcGIS Enterprise 图层，需要将打印服务 URL 更改为一个能够连接到内部服务器的打印服务 URL（可参阅本章第 5.3 节"常见问题解答"中有关说明）。

（20）在应用程序工具栏上，单击"打印"微件，打印当前地图（图 5.27）。

图 5.26　配置打印微件

图 5.27　打印地图

（21）当打印作业完成后时，单击 PDF 链接，检查 PDF，然后关闭打印窗口。

（22）单击"保存"，保存当前 Web 应用程序的配置。

本节配置了几个常用的非数据依赖微件，可以看出，微件的配置中可以通过 URL 来加入自己或其他机构的底图和打印服务，实现跨部门共享。

5.2.4　配置数据依赖微件

在本节中，将通过添加"添加数据"、"分析"、"信息图表"和"查询"微件增强 Web 应用程序的功能，并配置这些与图层、字段相关的微件。

（1）继续上一节，在页眉控制器中，单击"添加"按钮。

（2）在"选择微件"窗口，选择"添加数据"、"分析"、"信息图表"和"查询"微件，并单击"确定"（图 5.28）。

添加了 4 个微件，但必须进行更多配置，然后才可以使用它们。

首先配置"添加数据"微件。

（3）指向"添加数据"微件，单击铅笔图标。

使用"添加数据"微件，可以在 ArcGIS Online 或 Portal for ArcGIS 内容中搜索图层、输入 URL 或上传本地文件（包括 Shapefile、CSV、GPX 和 GeoJSON），将自己或其他人和其他部门的数据添加到地图中，实现多源地理数据的聚合。

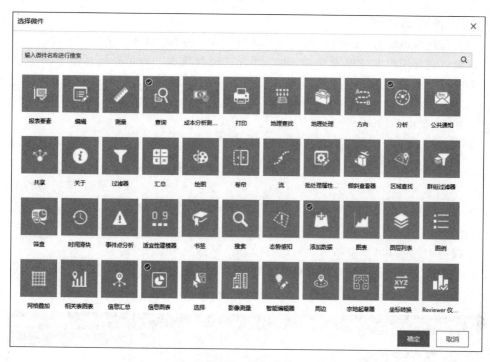

图 5.28　添加微件

（4）在"添加数据"窗口，使用默认设置，单击"确定"（图 5.29）。

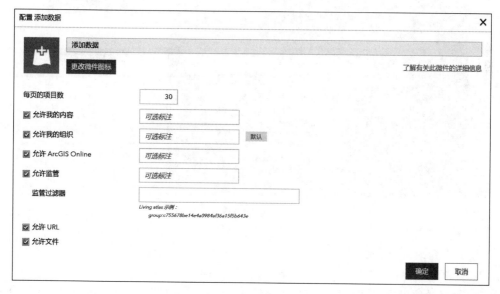

图 5.29　配置添加数据

　　默认设置为每页显示搜索结果项目的数量为 30 个（这个数量可以根据需要进行修改），允许用户在"我的内容"、"我的组织"、"ArcGIS Online"中搜索项目，允许用户通过 URL 或文件的方式添加 Web 服务或本地文件。

然后,将使用这个微件。

(5) 在预览窗格右上角的应用程序工具栏上,单击"添加数据"微件。

该微件允许用户通过搜索、URL 和文件方式添加数据。如果要通过搜索添加,可以选择要搜索的范围,然后在查询结果中特定项目下单击"添加"将图层添加到地图中。已添加的图层将显示在"图层列表"微件中。可以单击"移除"移除添加的图层;单击"详细信息"可获取该图层的相关信息。

- 如果要通过 URL 添加图层,需单击"URL"选项卡,选择图层类型并输入 URL,单击"添加"将图层添加到地图中。通过这个选项,用户可以聚合自己或其他机构的 ArcGIS Server Web 服务、WMS OGC Web 服务、KML、GeoRSS、CSV 等类型的图层。
- 如果要添加本地文件,单击"文件"选项卡,选择 Zip 格式的 shapefile 以及 CSV、KML、GPX 和 GeoJSON 文件,把它们和其他的图层共同显示。

下面将把美国 USGS 发布的最新地震信息添加到当前地图中。

(6) 单击"文件"选项卡,单击"浏览",找到"C:\WebGISData\Chapter5\earthquakes.csv",单击"打开"。USGS 地震数据被添加到地图中(图 5.30)。

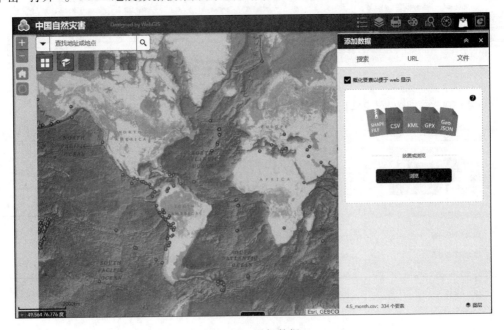

图 5.30   添加数据

接下来介绍"分析"微件。

(7) 单击配置窗口"分析"微件右下角的铅笔图标。

"分析"微件提供了在应用程序中使用 ArcGIS Online 或 ArcGIS Enterprise 空间分析工具的简单途径。该微件目前提供 20 多种分析工具,可以选择一种或多种工具。每个工具都可以配置如下选项:

- 工具显示名称:提供工具名称;
- 在微件中显示帮助链接:控制是否将帮助链接显示在微件中;

- 显示使用当前地图范围选项:控制是否显示只用当前地图范围内地要素来分析;
- 显示"显示配额"选项:控制是否显示该工具分析将花费多少配额的链接;
- 将结果保存在用户账户中:控制是否允许用户将结果保存在其账户内;
- 显示 ArcGIS Online Living Atlas of the World 中的即用型图层:控制是否显示 ArcGIS Online Living Atlas of the World 中的即用型图层;
- 允许导出结果:控制是否允许用户将结果导出为 CSV、要素集合或 GeoJSON 格式。

下面,将添加一个"创建缓冲区"分析工具。

(8)选中"创建缓冲区"工具,单击其后的设置图标,选中所有选项,单击"确定"(图 5.31)。

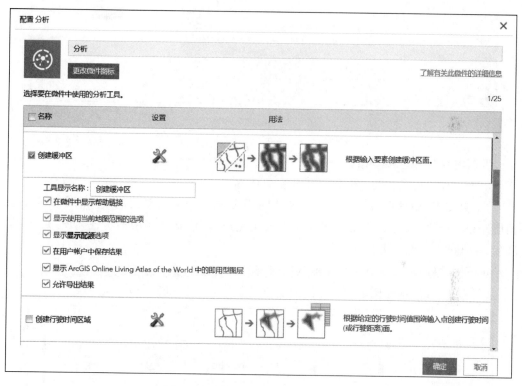

图 5.31 添加"创建缓冲区"分析工具

下面将测试该分析工具。

(9)在预览窗格右上角的应用程序工具栏上,单击"分析"微件图标。选取地震图层,设定缓冲距离为 100 km,单击"运行分析"。

任务完成后,创建的缓冲区会自动添加到当前地图中(图 5.32)。

如果配置了多个工具,用户需要每次选择一个工具来执行。如果仅有一种工具可用,则该工具会自动激活。用户可以单击帮助图标以获取该工具的相关信息。

跨部门的合作不仅限于地图和数据,还包括分析处理能力,这里调用了 ArcGIS Online 的分析功能,还可以通过 URL 等方式聚合别人发布的分析服务,具体内容可参见第 11 章相关内容。

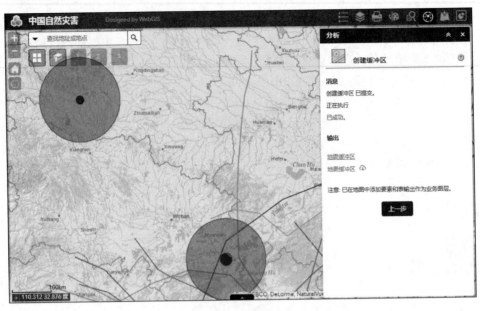

图 5.32　创建缓冲区

下面配置"信息图表"微件。

（10）指向"信息图表"微件，并单击铅笔图标。

"信息图表"微件提供多个图形模板，用于显示和监控地图和其他数据源中要素图层的属性和统计数据。在地图范围或数据源发生更改时，信息图表中的可视化图形将动态刷新，并且可以与地图进行交互。

接下来，将添加一个显示每年地震数的饼图。

（11）在"配置信息图表"窗口中，选择饼图模板，单击"确定"（图 5.33）。

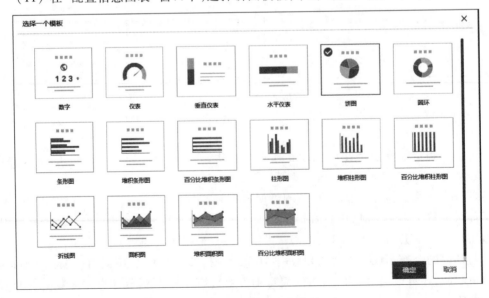

图 5.33　选择信息图表模板

　　(12)在"设置数据源"窗口中,选择"地图"选项卡,选择"地震数据",并单击"确定"(图 5.34)。

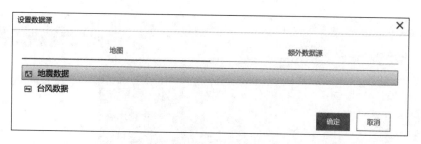

图 5.34　设置数据源

　　(13)在"配置信息图表"窗口中,在左侧布局预览窗口中进行设置(图 5.35):① 单击"信息图表标题",设定其为"历年地震";② 单击"数据",在显示模式选项中选择"按类别显示要素计数",在"类别字段"选项中选择"year";③ 单击"确定"来关闭"配置信息图表"窗口。

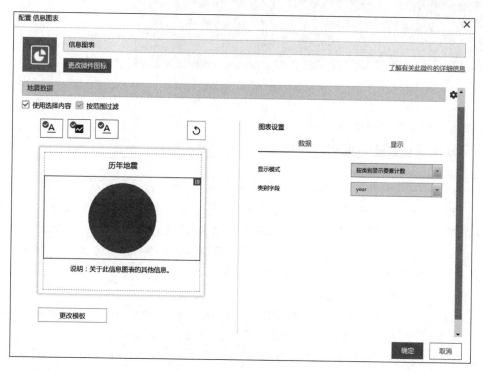

图 5.35　配置信息图表

　　接下来,将测试信息图表微件。

　　(14)在预览窗格右上角的应用程序工具栏上,单击"信息图表"按钮。

　　在"信息图表"窗口中,可以看到历年地震统计的饼图。可以点击窗口右上角的配置按钮来设置是否显示图例和数据标注。

（15）指向饼图的某一部分可以查看该年的地震数及其所占百分比,同时当年的地震会突出显示在地图上(图 5.36)。

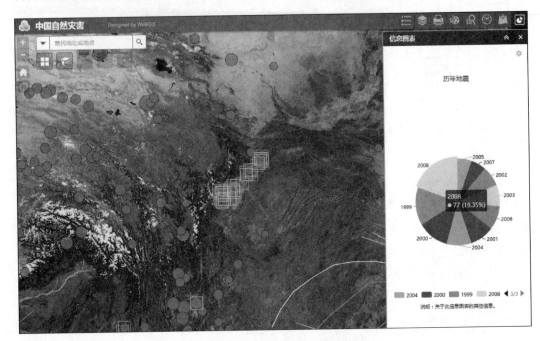

图 5.36　显示历年地震信息图表

最后将配置"查询"微件。

（16）在设计窗格中,指向"查询",然后单击铅笔图标。

（17）在"配置查询"窗口中,单击"新建查询"。

（18）在"设置数据源"窗口中,选择"地图",选择"地震数据",然后单击"确定"。

（19）在"配置查询"窗口中,执行以下任务(图 5.37):① 单击"过滤器"选项卡;② 单击"查询条件"后的设置按钮;③ 选择"添加表达式";④ 第一个表达式,选择"magnitude(数字)";⑤ 单击运算符下拉菜单,选择"最小为";⑥ 输入 4 作为默认值;⑦ 选择"请求值"复选框,更改提示:震级最小为 4。

下面,将添加两个新的表达式。

（20）再次单击"添加表达式"(图 5.38):① 把第二个表达式设为:location(字符串型)包含四川;② 选择"请求值",更改提示为"位置名称包含四川"。

（21）再次单击"添加表达式"按钮(图 5.39)。① 在新的表达式中,选择"year"字段,选择"唯一值",单击下拉菜单,在下拉列表中选择"2008";② 选择"请求值",修改提示为:year 等于 2008;③ 在列出值选项中选择"按上一表达式过滤的值"。

（22）单击"确定"。

该微件还允许为查询结果配置弹出窗口的字段内容,还可以配置使用什么样的符号来显示查询结果。

（23）单击"确定"来退出"配置查询"窗口。

图 5.37　添加表达式(1)

图 5.38　添加表达式(2)

图 5.39　添加表达式(3)

接下来,将使用这个微件。

(24) 在预览窗格右上角的应用程序工具栏上,单击"查询"按钮,可以看到定义过的查询。

(25) 可以保留默认值,或更改,然后单击"应用"(图 5.40)。

图 5.40　设置查询条件

选定的地震在地图上突出显示,并在"查询"窗口中列出(图 5.41)。

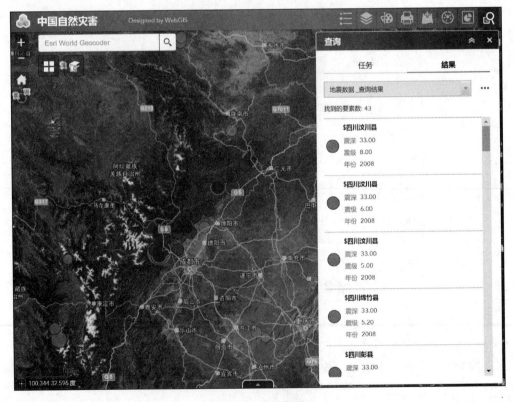

图 5.41　查询结果

（26）单击设计窗格中"保存"按钮，保存配置。

本节配置了几个常用的数据依赖微件，可以看出，不仅可以聚合数据，还可以聚合分析功能；聚合的数据不仅支持显示，而且支持查询、制作统计图和分析。

5.2.5　预览和分享应用程序

在前面的步骤中，已经在预览窗格中看到了配置效果。还可以预览该应用在各种移动设备中的运行效果（图 5.42）。

图 5.42　应用程序预览

（1）在设计窗格底部，单击"预览"。

（2）选择想要预览设备的类型或者是自定义的屏幕分辨率。

（3）在预览窗口中，点击几个手机或平板的图标，查看该应用程序在该移动设备上的运行情况。

（4）在浏览器的右上角，单击设备方向图标来更改设备的方向。也可以用手机或平板来扫描二维码，直接在移动设备上查看配置的应用程序。

（5）单击设计窗格中的"<配置"按钮,返回到配置模式。

（6）单击"启动",在一个独立的浏览器窗口中查看完整的应用程序。

（7）单击左上角的"主页",在选项中选择内容。

（8）在内容列表中找到刚创建的这个应用,选择它,单击"共享"按钮,选择要共享的组群或共享给所有人。

本实习,创建了一个 Web 应用程序,选择和配置了一些常用的微件,不通过编程就创建了一个功能比较完整的 Web 应用。本教程展示了 Web AppBuilder 可以聚合多源 Web 服务,包括数据图层和分析功能。

国家空间数据基础设施是地理信息在各项政务商务中应用的基础。目前,全国掀起了建设智慧城市的热潮,而智慧城市的建设更加迫切地需要建立跨区域、跨行业、跨城市的数据共享平台。Web 服务和云计算就是这个平台的基础,国家需要构建的这个平台需要支持 Web 服务的发布、注册、查询和使用。在应用方面,类似 Web AppBuilder for ArcGIS 这种应用构建器能够灵活地对 Web 服务按需重组和配置,把多源信息全面、准确、及时、动态地聚合起来,支持多种应用,尤其是事态感知、应急管理和综合决策。

5.3　常见问题解答

1）打印微件无法正常工作,显示错误消息,怎么办?

此错误消息的一个常见原因是 Web 地图包含一个来自机构内部 ArcGIS Enterprise 服务器的图层,它在防火墙内。而打印微件中默认配置的打印服务来自 ArcGIS Online。该打印服务位于防火墙以外,看不到内部服务器,因此不能请求到机构内部的服务。

若要修复此问题,需将默认打印服务 URL 替换为机构内的 ArcGIS Enterprise 打印服务的 URL。ArcGIS Enterprise 带有内置的打印服务,一些机构停止了该打印服务,可以联系 GIS 管理员来启动该服务。

2）本教程可以直接在地址搜索框和 Web AppBuilder 搜索微件中搜索台风。如何配置我的 Web 地图支持此搜索?

这种功能通常称为"要素搜索",允许用户在搜索框中以地址或地名搜索定位。例如,启用搜索的地块图层上,用户只需在搜索框中输入一个地块 ID 就可以查找到特定地块。

首先转到 Web 地图的项目详细信息页面,单击"设置"。在"Web Map 设置"—"应用程序设置"中,启用查找位置,选择按图层查找,指定允许用户搜索的图层和字段,并设定条件(图 5.43)。

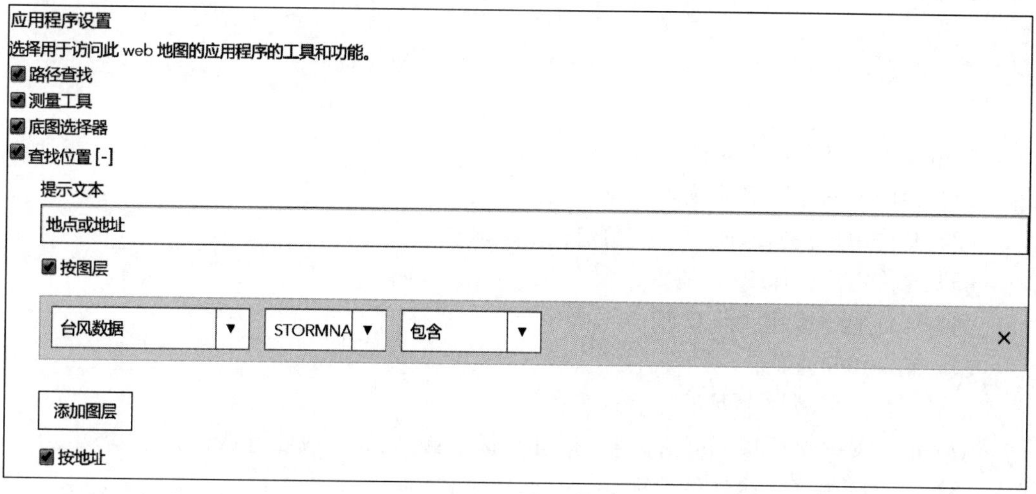

```
应用程序设置
选择用于访问此 web 地图的应用程序的工具和功能。
☑ 路径查找
☑ 测量工具
☑ 底图选择器
☑ 查找位置 [-]
    提示文本
    ┌──────────────────────────────────────────────────────────┐
    │ 地点或地址                                                 │
    └──────────────────────────────────────────────────────────┘
    ☑ 按图层
    ┌─────────────┐   ┌──────────┐   ┌──────────┐
    │ 台风数据   ▼│   │STORMNA ▼│   │ 包含    ▼│                        ✕
    └─────────────┘   └──────────┘   └──────────┘
    ┌─────────────┐
    │ 添加图层    │
    └─────────────┘
    ☑ 按地址
```

图 5.43　应用程序配置

3)为什么我的 Web 地图中有些图层不支持查询及图表功能?

查询和图表功能需要 Web 服务的数据源。那些直接加载到 Web 地图中的 CSV、Shapefile、KML、GeoRSS、CSS 图层不算是 Web 服务,因而不支持查询和图表。若想对它们进行查询和制作图表,需要把它们发布成 Web 服务,然后加载到 Web 地图中。

5.4　思　考　题

(1)什么是地理信息的聚合?聚合对跨部门合作有何启示?

(2)什么是 NSDI?比较基于数据复制和转化的共享方式与基于 Web 服务的共享方式的优缺点。

(3)你或你所在单位有什么地理信息和功能可能是其他组织需要的?怎么共享它们?你或你所在单位需要但缺乏哪些地理信息和功能?谁或哪些机构可能有这些信息或功能?你希望其以何种方式与你共享这些资源?

(4)当把不同数据源的地理空间 Web 服务综合在一起时,可能遇到哪些问题?

5.5　作业:使用 Web AppBuilder 构建一个 Web 应用

数据来源:

可以使用之前发布的图层或者在 ArcGIS Online、ArcGIS Open Data 中找到的图层。

基本要求：

应用程序应具有以下功能：
(1) 初始地图范围应缩放到作业区域；
(2) 允许用户快速缩放到一些预定义的区域；
(3) 允许用户打印 PDF 地图；
(4) 允许用户添加多源数据；
(5) 允许用户查询；
(6) 根据图层属性中展示为信息图表；
(7) 能够对多个图层同时进行空间分析（提示：考虑周边或筛查微件）；
(8) 在横幅中显示适当的图标、标题、副标题和链接。

提交内容：

Web 应用程序的 URL 和主要功能的截图。

参 考 资 料

陈静,向隆刚,龚健雅.2013.基于虚拟地球的网络地理信息集成共享服务方法.中国科学 D 辑(地球科学),43(11):1770-1784.

金祥文.2000.中国数字地球战略中的国家空间数据基础设施建设.测绘通报,1:1-2,7.

苗立志,焦东来,杨立君.2014.面向地理标记语言空间数据的地理信息聚合.计算机应用,34(06):1816-1818,1824.

修利,徐辉,张平.2013."天地图·吉林"多级多源地理信息服务聚合技术研究.测绘与空间地理信息,36(11):116-117,120.

许晖.2000.国家空间数据基础设施发展现状.中国测绘,1:14-15,19.

俞志强,司文才,李东阳,付仲良.2015.地理信息服务的智能化无缝聚合方法研究.测绘地理信息,40(06):70-72.

周偰.2009.数字地球及国家空间数据基础设施标准化建设.航天标准化,1:4-8.

周星,武文忠,章磊.2000.国家空间数据基础设施建设的若干问题.测绘通报,10:22-23.

Esri.2017.使用 Web AppBuilder 创建应用程序.http://learn.arcgis.com/zh-cn/projects/oso-mudslide-before-and-after/lessons/create-an-app-with-web-appbuilder.htm[2018-1-23].

Esri.2017.Web AppBuilder for ArcGIS.http://doc.arcgis.com/zh-cn/Web-appbuilder/[2018-1-23].

Esri.2018.Web AppBuilder for ArcGIS(Developer Edition).https://developers.arcgis.com/web-appbuilder/[2018-1-23].

第 6 章

移 动 GIS

无线通信和移动计算被列为 21 世纪的关键技术之一。随着移动智能设备的爆炸式增长,智能手机和平板电脑的用户数量已经远远超过了桌面计算机用户的数量。智能手机等移动设备与人们形影不离,已经深刻地融入人们的日常生活。人们对便携的不懈追求,带动了 GIS 在移动设备上的应用,即移动 GIS 的快速发展。

随着移动通信技术的发展,特别是 3G、4G 和 5G 网络的建设,移动 GIS 已经成为 Web GIS 的重要客户端。与 Web 连接的移动 GIS 可以调用 GIS 服务器中的地图和分析功能,也可以把室外采集到的数据及时更新到 Web 服务器端的地理数据库。

除专业领域以外,移动 GIS 还被广泛应用于社会大众生活,如手机地图等应用能够确定用户的位置,并提供基于位置的服务(location based service,LBS),使用户能够方便地查询周边的商业网点、事件和朋友,帮助他们顺利找到要去的地方。展望未来,移动 GIS 可以让任何人在任何时候、任何地方解决任何与位置有关的问题。

本章将首先介绍移动 GIS 的概念、优势和应用,其后第 6.1.2 节将介绍移动 GIS 的硬件和软件技术支撑,包括移动设备、无线通信和移动定位技术,以及它们对移动 GIS 应用开发带来的挑战。第 6.1.3 节介绍和对比构建移动 GIS 应用程序的三种策略,即基于移动浏览器方式、基于本地程序的方式和基于混合的方式。第 6.1.4 节介绍常用的移动 GIS 应用程序,第 6.1.5 节介绍移动 GIS 开发工具和 AppStudio。第 6.2 节是有关利用 Collector 和 Survey123 采集数据以及利用 AppStudio 开发移动应用程序的实习教程。本章的技术路线如图 6.1 所示。

学习目标:

- 理解移动 GIS 的概念和优势
- 了解移动 GIS 的支撑技术
- 理解构建移动 GIS 应用的三种方式
- 掌握利用 Collector for ArcGIS 收集数据
- 掌握利用 Survey123 for ArcGIS 设计问卷并收集调查数据
- 掌握利用 AppStudio for ArcGIS 创建自己的应用

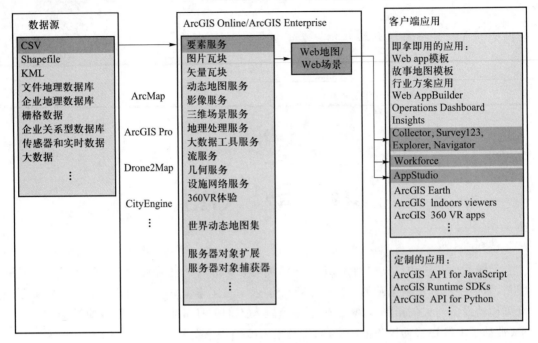

图 6.1   本章技术路线

6.1   概念原理与技术介绍

6.1.1   移动 GIS 的优势与应用

1) 移动 GIS 的优势

移动 GIS 是指基于移动设备的 GIS。与传统桌面 GIS 相比,它具有以下优点:

移动性和便携性:移动设备摆脱了电线电缆的牵绊,体积较小,可以拿在手中或放进口袋里,而较大的设备也可以装在背包或固定在汽车里,特制的设备还可以在恶劣或有危险的环境中工作。移动设备可以把 GIS 送到需要 GIS 但无条件布设电线电缆的地方,如太热、太湿或太远的地方等。

定位功能:移动设备的位置可以通过使用 GPS、蜂窝网络、Wi-Fi 网络、蓝牙技术和其他技术来精确定位移动设备的当前位置。这种定位能力是移动 GIS 的独特之处,也是移动 GIS 能够进行测绘、导航、应急和周边查询等位置服务的前提。还可以使用移动设备的罗盘、陀螺仪和运动传感器来确定设备的方向、倾斜角度和移动速度。

易于数据收集:移动 GIS 可以替代现有基于纸张的工作流程,避免因测量者回到室内绘制该区域地图和输入数据时容易出现的人工失误,因此降低了成本并提高了准确性。

实时性：人们往往在事件发生的时候或发生的过程中使用移动 GIS，使现场的情况能够以接近实时的效率发布出去或提交到 Web 服务器。这种能力极大地提高了GIS 的实时性，即时间维度，使我们能够实时或准实时地监测世界范围内事态的发展变化。

用户数量庞大：智能手机和平板电脑的用户数量已经远远超过了桌面计算机用户的数量。这个庞大的用户群正让移动设备成为一种普遍的、无所不在的 GIS 平台，让更多的用户能接触到 GIS，拓展了 GIS 的应用市场，为地理信息科学的发展和应用提供了巨大的潜力。

多种通信协同工作的方式：移动 GIS 能够通过音频、短信、照片、视频、电子邮件和网络等多种方式进行通信，从而便于室内和野外工作之间、专业人员与消费者之间的相互沟通，能提高工作效率。

2）移动 GIS 的应用

从应用的角度，移动 GIS 可以分为个人移动 GIS 和企业（即专业）移动 GIS：

个人移动 GIS 的应用：此类应用是面向个人用户的，一般需要回答一些大众问题："我在哪里"、"周围有什么"、"最近的饭店、银行、取款机、加油站、商店在哪里"和"我怎么到那里去"等。这些应用一般属于基于移动设备位置服务（LBS）的范畴。**LBS 是指基于移动设备的位置而向用户提供的有关该位置的信息服务**。个人移动 GIS 应用拥有一些相同点，例如，都需要底图和兴趣点、需要提供地图查询和导航功能。用户选择时往往要考虑哪个厂商的软件能够提供更丰富和更详细的地图和兴趣点、谁拥有更大的用户群、是否易用和谁的界面更时尚等。这些应用一般对个人用户免费，通过投放广告等方式实现盈利。

企业（或专业）移动 GIS 的应用：很多组织和机构都需要使用移动 GIS，特别是那些拥有从事维修、测绘、警察、消防、士兵、普查等职业的人员的组织，以及给排水公司、电力电信公司、公安、执法和应急等政府部门。它们的主要工作有：

- 室外制图、查询和决策支持：人们可以随时随地查看和查询地图、调用服务器的分析功能，从而为决策提供重要信息。
- 室外设备的检查和清点：移动地图和 GPS 能帮助外业人员准确记录如变电站、水表、交通标志、房屋改建工程等对象的位置和其他相关信息，这些数字信息还可以作为解决纠纷的法律依据。
- 野外测量：测绘人员可以通过移动设备中的 GPS 获取高精度的平面和高程坐标，以无线的方式及时汇交到服务器，使采集的数据能够尽快投入使用。
- 事故报告：记录和报告事故的位置和相关情况。
- 协同合作：办公室和外业工作人员相互通信和协作。
- 位置跟踪：实时跟踪移动车辆或移动用户位置并向指挥中心报告监测的信息。

企业应用的范围比个人应用更广，而且每个应用拥有特定的目的和相应的专业数据需求。例如，管线外业工人需要精确的管线地图和街道图，以便能准确地找到需要关掉的阀门以及需要挖掘和维修的准确地点。灾难发生后,保险公司的员工需要受保人的信息和位置,以便能够找到受保房屋,评估和收集资产损坏的情况。公安消防等应急人员需要突发事件地点的底图和重要基础设施的位置信息,甚至楼房的平面图,以便了解事发地的情况,从而有效地展开救援工作。

在企业应用中,每个机构根据自己的需要选择移动设备、收集 GIS 数据、购买和定制GIS 软件。他们关心的是:应用程序是否能够满足工作流程的需要,是否易于员工理解和使用,是否能够及时把数据上传到办公室的服务器,是否能够与单位的办公系统(包括电子邮件和日程安排)相集成,系统是否安全可靠等。而个人用户较为关注的系统界面是否时尚等特征则是相对次要的考虑。

移动 GIS 通常涉及四类盛行且前沿的应用:基于位置的服务、志愿式地理信息、虚拟现实和增强现实。

基于位置的服务(LBS): 是结合移动终端的位置为用户提供相应的信息服务。人们可以通过桌面版 GIS 应用程序点击某个兴趣点(POI)获取其相应信息。通过 LBS,手机用户就像是在真实世界,即一幅 1∶1 地图上的鼠标的光标。当手机用户进入一个区域或接近某一点时,其手机上的移动应用能够感应到该用户在哪里,并向该用户推送该区域或兴趣点的信息。

志愿式地理信息(VGI): 是特指那些由公众自愿创建的,而不是由专业数据生产部门的专业人员创建的地理空间数据。志愿式地理信息提供了一种众包的生产方式,目前已经在全球观测、国家空间基础设施建设、公众参与 GIS、应急管理乃至 GIS 商业化方面发挥了重要作用。有关详细信息,请参阅第 3 章志愿式地理信息和基于 Web 的数据编辑。

虚拟现实(VR): 是计算机模拟生成的三维地图或环境,使用特殊电子设备(如头盔显示器、数据衣或数据手套)与看似真实的虚拟世界进行交互,使用户沉浸其中。如今,智能手机和 VR 眼镜(如 Google Cardboard)提供了一个低价位的平台,让人们都能享受到虚拟现实的乐趣和身临其境的体验。有关详细信息,请参阅第 9 章三维 Web场景。

增强现实(AR): 主要是指把来自数据库中的信息叠加显示在手机等设备的摄像头所看到的图像上,以提高人类对现实的感知。AR 经常与移动 GIS 有关,因为移动设备可以基于用户所在的位置、面对的方向、移动设备的倾斜角度以及摄像头看到的场景,通过互联网来取得相关的信息,并叠加显示在移动设备摄像头获取的照片上。例如,将手机指向一个建筑物,基于 AR 的旅游向导应用程序可以提供给指向建筑物的信息,在现有照片上叠加显示该建筑的历史图片。又如,虽然我们的肉眼不能穿透地面,但是如果将手机向下,手机的 AR 应用程序可以获取地下管道的信息并在相机图片上叠加显示地下管道的地图,帮助看透地面。有关详细信息,请参阅第 9 章三维 Web 场景。

6.1.2　移动硬件与软件技术支撑

移动设备、无线通信和移动定位技术等是移动 GIS 的基础。

1）移动设备

移动设备主要表现为智能手机和平板电脑。

智能手机：是最常见的移动设备，包括手机（连接到蜂窝通信网络）和卫星手机（连接到卫星）。智能手机拥有比传统手机更强的配置，具有网页浏览、收发电子邮件、下载和安装软件应用、加载数据等功能。此外，移动电话已经普遍配置有蓝牙、拍照、摄像和 GPS 等附件。

平板电脑：苹果公司 iPad 的出现，以其时尚的外形和优良的用户体验，引领平板电脑的潮流，带动了多种平板产品的流行。平板电脑的屏幕比手机大，表现力丰富，是很具潜力的移动 GIS 平台。平板电脑大都可以通过 Wi-Fi 上网，有的还可以通过蜂窝通信网络来上网。

与桌面计算机一样，移动设备也有移动操作系统。移动操作系统决定了移动设备可提供的功能，并控制设备上的触屏、键盘和无线连接等。常见的移动操作系统包括：谷歌的 Android、苹果的 iOS 和微软的 Windows Phone 等。然而，这些系统之间并不兼容，这也给移动 GIS 的应用开发带来了挑战。这是由于一个操作系统上的本地应用往往不能在其他操作系统上运行。如果采用本地应用的开发方式，开发者通常需要根据所要针对的用户群，来确定所要针对的一个或多个操作系统，并针对每一操作系统分别采用不同的技术进行应用开发。

2）无线通信

不同的通信技术在数据传输速度、传送距离、建设成本和适用范围等方面都有所不同（图 6.2），每一种技术也有多种规范。为了便于讨论，本节讨论的内容主要是这些技术的典型性能参数。

图 6.2　无线通信技术及有效范围

蓝牙："蓝牙"的名称来源于丹麦国王 Harold Bluetooth，它是一种覆盖 10 m 左右范围的移动通信技术。蓝牙的应用主要包括移动设备之间及其附属设备之间的通信，如移动设备与 GPS 接收器、耳机和话筒之间的连接。

Wi-Fi：单个 Wi-Fi 路由器能够覆盖 100 m 左右的范围，数据传输速度为 10 至 54 MBps。Wi-Fi 一般用于构建无线局域网，适用于家庭、公司和大学校园。一些国家的图书馆、机场、火车站、咖啡馆等公共区域提供 Wi-Fi 网络，这些区域被称为"Wi-Fi 热点"。

蜂窝网络：蜂窝网络是一种由众多无线蜂窝组成的通信网络，每个蜂窝与至少一个基站（即手机信号收发塔）无线连接。众多的基站形成了覆盖广大区域的手机无线网络。不同的无线通信提供商和政府部门建设了不同的蜂窝通信网络。一个基站的通信距离可达 50 km，但在实际应用中，基站的密度和蜂窝信号的覆盖范围需要考虑无线通信所采用的频率、地形、用户的密度和动态变化等。蜂窝网络通信技术已经经历了多代演变：

- 1G：基于模拟信号的第一代无线通信技术，仅能够传输语音，不支持 GIS 应用。
- 2G 和 2.5G：基于数字蜂窝网络的第二代无线通信技术，能够支持语音和 10 KBps 左右的数据传输能力。2.5G 介于 2G 和 3G 之间，数据传输速度能够达到 384 KBps。在 2G 和 2.5G 网络上开发移动 GIS 则受到数据传输速率低下的限制。
- 3G：第三代移动通信技术，能提供高达 2 MBps 的数据传输速度以及一系列的高级服务，包括 Web 浏览、观看在线视频等。在 3G 技术的支持下，移动 GIS 应用能提供比较流畅的用户体验。
- 4G：第四代移动通信技术，理论上可以提供高达 100 MBps 的数据传输速度，促进了移动 GIS 的进一步蓬勃发展。4G 网络可以采用长期演进（Long-Term Evolution，LTE）、全球互通微波存取（Worldwide Interoperability for Microwave Access，WiMax），或超移动宽带（Ultra Mobile Broadband，UMB）等技术构建。
- 5G：第五代移动通信系统。目前还没有官方广泛接受的标准。根据下一代移动网络联盟（Next Generation Mobile Networks Alliance）的定义，5G 网络的数据传输速率可以达到 1 GBps。

3）移动定位技术

定位能力是移动 GIS 的基石，这一点对基于位置服务和应急处理等应用尤为重要。早在 1996 年美国联邦通信委员会就下达指示，要求移动运营商为移动电话用户提供 E-911（紧急救援）服务，这就要求对所有移动电话用户实现定位功能，以便政府急救部门接到求助电话时能够确定求助者的位置。此外，在欧洲也制定了类似的法令，这些法令促进了移动定位技术的发展。近几年，全球移动用户的数量猛增，也为商用位置服务提供了极其诱人的市场前景。今天的移动定位技术主要包括基于导航卫星、蜂窝通信网络、Wi-Fi 网络、IP 地址以及射频识别（radio frequency identification，RFID；即电子标签）等技术的定位方法。

基于导航卫星的方法：全球导航卫星系统（global navigation satellite system，GNSS）允许电子接收器通过卫星信号确定自己的位置。最常用的定位卫星系统是美国的 GPS，此外还有中国的北斗（BeiDou）、俄罗斯的格洛纳斯（GLONASS）和欧盟正在建设的伽利略（Galileo）系统。

卫星定位技术要求移动设备有内置或外置的卫星接收器。这种技术的优点是定位精度高。在晴空、没有遮挡和卫星分布良好的条件下，GPS 的水平定位精度可达 5 m 以下，通过实时差分修正可以精确到 1 m 以下。这种技术常用于对定位精度要求较高的场所，如室外测量、车辆导航和设备维护等。然而，这种技术要求移动设备和卫星能够直视，因此,在房间里、高楼林立或有其他地物遮挡的情况下,定位精度会降低,甚至根本不能定位。

基于蜂窝网络的定位方法:此类方法依据蜂窝基站和手机等移动设备的相对位置来定位。这种方法定位精度比卫星定位要低,但它不像 GPS 那样需要直视,即便是在房间里和高楼的遮挡下,依然能够定位。

基于蜂窝网络的定位方法有多种实现方式。最基本的是起源蜂窝小区(cell of origin,COO)方法,它把移动设备所在的蜂窝小区的基站接收塔的位置作为该移动设备的位置。这种方法投资低,但定位精度取决于蜂窝网络的范围,在基站密度较高的城市地区可达数百米,而在基站密度较低的偏僻山区可能为数千米。其他的方法包括信号到达时间(TOA)、到达时间差(TDOA)、到达角度(AOA)以及增强的到达时间差(E-OTD)等。这些技术采用蜂窝网络三角测量方法,使定位精度能够达到 100 m 以内,但往往需要定向天线和高精准的定时设备,因此投入较高。

辅助 GPS 定位方法:辅助 GPS 方法(A-GPS)结合了卫星和蜂窝两种定位技术,可以保持较高的定位精度,即便是在障碍物影响的区域内依然能够定位。

基于 Wi-Fi 的定位方法:当移动设备通过 Wi-Fi 连入互联网后,其位置可以通过 Wi-Fi 热点的位置估计出来。这种方法依赖于 Wi-Fi 热点数据库,并利用了 Wi-Fi 设备通常在热点 100 m 范围内的这一技术参数。室内以 Wi-Fi 定位为主的方案成为当前的主流,也是未来最具有发展潜力的室内定位技术手段。

基于 IP 地址的定位方法:移动设备连入互联网后,其网络地址(IP address)也可以被用来确定该设备的位置。但由于许多单位的计算机共用一个对外的 IP 地址,所以这种方法的定位精度相对比较低,一般能达到市级或区级的空间精度。

蓝牙技术:蓝牙技术是一种短距离低功耗的无线传输技术,可以用于室内定位,如苹果公司的 iBeacon 定位技术。这种方法是在室内安装适当的蓝牙基站网,智能手机的软件就能够根据信号强度找到它和基站的相对位置。

其他的室内定位方法有红外线定位技术、LED 可见光定位技术、地磁定位技术、超声波定位技术、惯性定位技术、射频识别技术和超宽带无线定位技术等。

4) 技术挑战

人们希望移动设备要尽量小而轻,以便于携带。但便携是有代价的,受体积和质量的限制,移动设备在 CPU 速度、数据存储空间、网络连接、屏幕大小、待机时间上等有所牺牲。因此,在设计移动 GIS 应用时,需要充分考虑以下因素的影响:移动设备具有有限的系统资源(CPU、内存、电池),因此,移动 GIS 软件需要尽可能地精简和提高运行效率。复杂的分析计算尽量分配在服务器端完成,需要预载的数据要尽可能地精简,移动设备采集的数据需要及时同步到服务器;有限的网络带宽和间断性的网络连接,无线通信服务会受到很多条件的影响,导致实际的无线网络速度会低于理论速度,在一些区域甚至会没有无线网络连接。移动 GIS 系统需要尽量减少网络数据的传输量。对要求在离线情况依然能工作的项目,移动 GIS 系统需要预先将数据加载到设备中。较小的屏幕和键盘、复杂的室外环境,对移动 GIS 应用的界面设计提出了挑战。人手指操作移动设备触摸屏的精度较低,移动 GIS 的用户界面需要根据室外的工作和工作流程进行精简。在白天强烈的阳光下,用户界面和地图的亮度和对比度要高;在夜间,用户界面的亮度要低。尽可能地利用移动设备中的当前位置来辅助地图导航和信息搜索。桌面地图的方向一般是固定的,大多采用上北下南,而对于导航等移动 GIS 应用,地图上方应该指向用户车辆的移动方向,并考虑 3D(或 2.5D)的地图显示方式。移动应用还可以考虑使用语音提示,以方便人机交互。

虽然移动平台对 GIS 的应用开发提出了一些挑战,但移动平台具有很多不可取代的优势,其发展日新月异、其多点触屏和语音控制性能自然方便,老幼皆宜,很多人对之爱不释手,将越来越流行和普及,也将成为 Web GIS 愈加重要的客户端。同时,移动计算正在融入人们的日常生活,下一代无线通信网络(5G)即将到来。随着 GIS 与众多的计算设备日益集成,并与速度更快的 5G 网络连接,GIS 将变得无处不在。

6.1.3　构建移动 GIS 应用程序的三种策略

移动应用开发策略取决于开发团队的技能、应用需要实现的功能、应用的目标平台和可用资金。移动应用的开发通常包括以下三种策略:

1) 基于浏览器的方法

这种方法是使用 HTML、JavaScript 和 CSS(层叠样式表)来构建应用程序。用户通过移动 Web 浏览器来访问这些应用。本方法的优点是跨平台性好,一套程序可以在苹果、安卓和微软的移动平台上运行,比基于本地应用的开发方法成本低。本方法的缺点是无法充分利用移动设备的底层功能,在用户体验方面通常不如基于本地应用的方法。

2) 基于本地应用的方法

本地应用是指那些需要安装在移动设备上并在移动设备上运行的应用。例如,从苹果应用商店和安卓应用商店中下载的应用就是本地应用。本方法的缺点是跨平台性差,对一个移动平台所开发的应用程序往往无法在其他平台上运行,对不同的移动平台要采用不同的开发语言进行单独开发,例如,对 iOS 平台要采用 Objective-C 或 Swift,对安卓平台要采用 Java,对微软平台要采用.NET。本方法的优点是能充分利用移动设备底层的硬件和每种平台特有的功能,可以实现更好的性能和更佳的用户体验。

3) 基于混合的方法

本方法集合基于浏览器和基于本地应用的开发方法。最简单的方法是把 Web 浏览器控件嵌入本地应用程序中以加载 HTML 和 JavaScript 的内容。更高级别的方法包括使用一些框架结构如 Adobe PhoneGap,把 HTML/JavaScript 程序编译成为不同平台的本地应用。

ArcGIS 支持这些开发方法,为支持基于浏览器的和基于混合的方法提供了 ArcGIS API for JavaScript,为开发本地应用提供了 ArcGIS Runtime SDK for iOS、Android、Windows Phone 和 Qt,其中 Qt 是一种跨平台的应用程序开发语言。这些开发接口和工具包提供类似的核心功能,包括显示地图、支持编辑、几何处理,以及通过 ArcGIS REST API 调用 ArcGIS 的多种 Web 服务来实现属性和空间查询、搜索和地理处理等功能。这些开发接口和工具包具有相似的理念,理解其中一个有助于学习另一个。

6.1.4 移动 GIS 应用程序产品介绍

ArcGIS 提供一系列本地应用程序,包括 Collector for ArcGIS、Survey123 for ArcGIS、Workforce for ArcGIS、Navigator for ArcGIS 和 Explorer for ArcGIS。

1) Collector for ArcGIS

Collector for ArcGIS(以下简称 Collector)是面向智能移动终端的一个地理数据采集解决方案。Collector 提供了一种直观的野外数据采集途径,能够极大地提升数据采集效率。外业人员能使用 Collector 来快速创建新的要素,更新现有要素,使用 GPS 或者地图选点的方式采集要素的地理位置,使用移动设备的相机采集图片和视频,并将这些信息与企业的其他 GIS 系统无缝集成。

Collector 是一个即拿即用的应用程序,用户无须投入额外的开发成本,就能实现户外地理数据的访问和采集。它主要提供以下具体功能:
- 基于地图和 GPS 进行数据收集和更新;
- 地图下载、要素同步、离线使用、轨迹记录;
- 收集点、线、面和相关的数据;
- 通过易于使用的、地图驱动的表单收集属性信息;
- 为要素添加照片;
- 使用专业级的 GPS 接收机;
- 搜索位置和要素;
- 未来版本将支持更智能的表单和高精度 3D 数据的收集。

对于线和面几何类型的图层,Collector 还支持使用流方式进行自动采集。这项功能特别适合于搭乘车辆或者船只采集大范围区域位置的采集场景。采集完毕后,可以在地图的同步按钮上查看变更的记录数目,在联网的情况下,再次单击同步就能把数据推送给平台,更新后的数据在平台中会重现。

作为专门面向数据采集人员的应用程序,Collector 除了支持智能设备自带的 GPS 定位外,还支持专业的定位设备,如 RTK GNSS 系统。通过蓝牙或者连接线,可以为

Collector 添加这类专业的位置接收器,同时支持不同的地区坐标系,例如,北斗系统所采用的中国 2000 坐标系统。

作为一款现成的地理数据采集程序,Collector 的用户交互界面设计和功能都十分实用。Collector 作为 ArcGIS Online 和 ArcGIS Enterprise 的一个移动端,完全体现出一图多端应用的理念。普通的业务人员经过简单的培训就能上手,能够有效地提高户外的工作效率。

2）Survey123 for ArcGIS

Survey123 for ArcGIS（以下简称 Survey123）是一款简单、直观的以表单为中心的数据收集解决方案。其具有操作界面简单、弹性分享、用户图表多样等特点。该应用程序利用可靠的数字解决方案代替不可靠的纸质数据收集,让外业数据收集准确无误,轻而易举,能够满足外业人员在不同环境中的需要。

Survey123 具有以下功能：

- 根据预定义的问题设计表单,支持域和功能模板、默认值、嵌入的音频和图像以及依赖性问题（例如,如果回答一个问题是真,将显示另一个相关的问题；否则,不显示另一个问题）。这些预定义问题将使用户更容易快速填写表单并确保数据质量。
- 使用直观且以表格为中心的数据收集方法来采集野外数据。
- 将调查结果存储于要素图层,与机构的其他用户共享。
- 支持在线和离线数据收集。

Survey123 的工作流程包括三步：

（1）提问：能够快速设计调查问卷,并将这些调查发布到 ArcGIS Online 或 ArcGIS Enterprise 中,把问卷分享给所有人或特定的组群。

（2）获取问题答案：通过为工作人员启用 Survey123 移动应用程序,使他们即使在外业也可以打开问卷、填写表单和收集数据。

（3）做出决策：决策者可以实时分析来自外业的数据,对这些数据进行统计和分析,做出决策（图 6.3）。

问卷的设计者需要有 ArcGIS 机构账号。如果设计者把问卷分享给所有人,那么使用者不必有任何 ArcGIS 账号,他们可以匿名使用 Survey123 移动应用来下载表单、采集和提交数据。Survey123 支持离线工作,在离线环境中它会将完整的表单保存于本地,在联网后再提交数据。

3）Workforce for ArcGIS

Workforce for ArcGIS（以下简称 Workforce）为室外和室内工作人员提供通用视图。安排适当的工作人员,前往适当的地点,使用适当的工具,进行适当的工作。Workforce 解决方案包括一个 Web 应用程序和一个移动应用程序。Workforce 通常包括工程所有者、调度员和移动工作人员三个层次工作人员。

图 6.3　Survey123 工作流程

- 工程所有者:创建和配置 Workforce 工程,定义任务类型和用户角色。
- 调度员:调度工作、创建任务并将任务分配给移动工作人员,同时追踪移动工作人员。
- 移动工作人员:通过移动设备上的待完成列表开展工作,完成任务并在新工作来临时收取通知。与其他 Esri 应用程序集成可提升效率,同时调度员可进行实时更新。

4) Explorer for ArcGIS 和 Navigator for ArcGIS

Explorer for ArcGIS 允许用户搜索和显示 Web 地图,以图像和链接方式与其他用户共享地图,并提供交互式地图演示。

Navigator for ArcGIS 不同于一般消费者级别的导航应用程序,它是面向企业和机构的一个导航解决方案。除了常见的功能,如搜索位置、计算最优路线、利用语音和地图导航,Navigator for ArcGIS 还允许企业和机构利用自己的路网数据和路线规则来计算最优路径,并允许用户使用下载的地图进行离线导航。

6.1.5　移动 GIS 开发工具和 AppStudio

AppStudio for ArcGIS(以下简称 AppStudio)提供了一种基于模板构建跨平台应用程序的方法,该方法不需要编程就可以实现。可以选择一个现成的模板,使用向导来配置它,将它链接到已有的 Web 地图/应用程序或要素图层,指定自己的图标,最后编译出适用可运行于一个或多个平台的应用程序(图 6.4)。这些平台包括 iOS、Android、Windows、OSX 和 Linux。AppStudio 能够使开发人员和组织机构快速地把现有的 Web 地图、应用程序和图层变成美观且便于消费者使用的跨平台的本地应用程序。

图 6.4　构建跨平台应用程序过程

除了模板外, AppStudio 也支持用户自定义代码 Qt/QML 来创建定制的应用。利用 AppStudio 构建应用程序的主要步骤如下:

(1) 通过模板或者自定义代码构建应用程序;

(2) 选择应用程序运行的平台(iOS、Android、Windows、Mac 和 Linux);

(3) 编译:项目将会被传送到云端进行编译;

(4) 编译完成后,将收到通知和下载安装文件的链接。

AppStudio 桌面版本包括 Qt Creator, 一个功能齐全的跨平台开发环境和代码示例。AppStudio 应用程序基于 ArcGIS Runtime SDK for Qt。这就意味着, AppStudio 拥有 ArcGIS Runtime 的核心组件, 如同 Collector for ArcGIS、Operations Dashboard for ArcGIS 和 ArcGIS Earth。Qt 的主要语言是 QML, 它是一种类似 HTML/5 和 JavaScript 的编程语言。如果已经有 Web 相关的开发经验, 就可以快速上手并构建 AppStudio 原生应用程序。

基于 AppStudio 构建的应用程序,可以通过多种方法来部署。

- Apple App Store 和 Google Play。
- AppStudio Player:AppStudio Player 是 AppStudio 提供的免费应用程序,用于下载、部署和测试应用程序。
- 移动设备管理(MDM)系统:许多组织机构选择使用移动设备管理系统在企业内部管理和部署应用程序。
- 直接提供安装文件:例如, AppStudio 创建的 Android 版的安装文件可以通过 Web 链接和 USB 驱动器来安装。

6.2　实习教程:利用 Collector 和 Survey123 采集数据以及利用 AppStudio 开发移动应用

系统要求:

(1) ArcGIS Online 发布者或管理员账户。

(2) Collector for ArcGIS。

（3）Survey123 for ArcGIS。

（4）AppStuido Player（可选）。

（5）iOS 或 Android 智能手机或平板电脑。

（6）一个安卓设备或桌面电脑：用于展示如何安装本地应用。发布应用程序到 iOS 设备比较复杂，发布到安卓设备相对容易。因此，这部分练习采用安卓设备或桌面电脑。

6.2.1 准备 Web 地图

Collector 需要一幅 Web 地图，该地图中需要有一个可写的要素层。第 2 章介绍了如何发布要素图层和创建 Web 地图。为加快本教程，本节只需复制并保存一个已有的 Web 地图，供第 6.2.2 节使用。

（1）打开浏览器，导航至 ArcGIS Online（http://www.arcgis.com，或机构的 ArcGIS Online），并用发布者或管理员账户进行登录。

（2）在搜索框中，搜索"311 incidents samples map owner：GTKWebGIS"，将会看到如下结果（图 6.5）。

图 6.5 基于搜索框的搜索结果

（3）在结果中直接单击"311 Incidents"图标，在地图查看器中打开该 Web 地图（图 6.6）。

该 Web 地图包含三个图层：点、线和面要素图层。下一节中将介绍如何收集点、线和多边形数据。

（4）在"详细信息"页面的"内容"窗格中，指向"Incidents（Points）"图层，单击更多选项按钮，然后移动鼠标至"刷新间隔"，将弹出刷新间隔。选中刷新间隔中的复选框后，可以设置图层刷新的时间间隔（图 6.7），这个设置可以刷新图层以查看图层的最新数据。本地图中其他两个要素图层（线和面图层）也设置有类似的刷新间隔。

图 6.6   打开 Incidents 图层

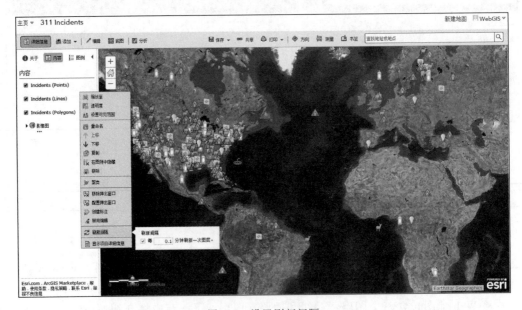

图 6.7   设置刷新间隔

（5）在地图浏览器的工具栏上，单击"保存-另存为"。

（6）在"保存地图"窗口中，输入地图的标题、标签和摘要（图 6.8）。

（7）单击"保存地图"。

（8）单击"分享"，与所有人或特定的群组分享地图，然后单击"完成"。

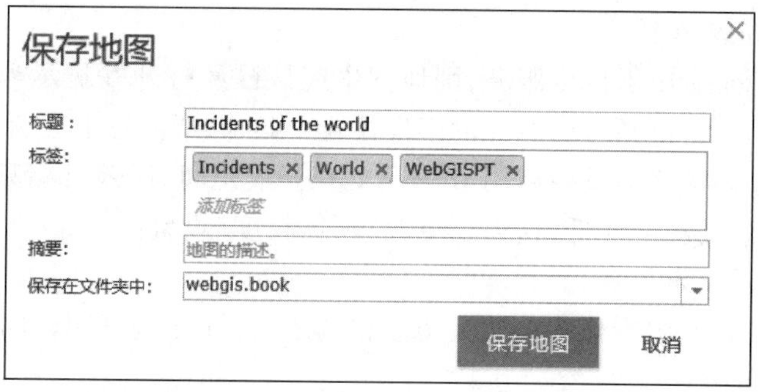

保存地图

标题:	Incidents of the world
标签:	Incidents × World × WebGISPT ×
	添加标签
摘要:	地图的描述。
保存在文件夹中:	webgis.book

保存地图   取消

图 6.8   保存地图

6.2.2   利用 Collector 收集数据

本节将利用 Collector 进行数据收集。在智能手机或平板电脑(iOS 或 Android 系统)的 App Store、Google Play 或应用宝等商店中搜索 Collector for ArcGIS,并安装此应用程序。本练习是在 Android 系统上进行操作的,其他平台与此类似。

(1)在智能手机或平板电脑上,单击 Collector 以启动该应用程序(图 6.9)。登录 http://www.arcgis.com,输入账户进行登录。(如果提示"允许 Collector for ArcGIS 访问你的位置",单击"允许"。)

(2)查找并单击上一节中创建的名为"Incidents of the world"的 Web 地图。

(3)熟悉各个按钮的功能。单击"更多"可查看其他附加按钮(图 6.10)。

Collector

图 6.9   Collector 图标

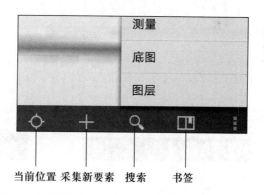

测量

底图

图层

当前位置 采集新要素 搜索 书签

图 6.10   Collector 中各按钮功能

(4)单击"采集新要素"按钮以创建新事件。在"采集新要素"窗格中,单击"Pothole",即道路上的坑洼,以选择这种类型的事件。

(5)在属性窗口中,事件的类型(TYPE)已设置为"Pothole",其符号是红色感叹号。填写其属性,例如,对于 DESCRIPTION(描述),填写"Big pothole";对于 DATE,选择"使用当前";对于 YOUR NAME,填写"Summer";对于 YOUR PHONE,填写"123-4567890"。

可以根据图 6.11 所示屏幕截图进行设置或自行填写。

（6）单击地图  按钮。

如果为 Collector 启用了位置服务，则地图中应该已经打开并显示当前位置。这便于位于事发地点的用户定位到自己所在的事发位置。此外，请注意带有圆圈的图标，其外圆圈指示当前误差。如果移动设备启用 GPS 且处在开放空间，误差可能只有几米。如果在室内，误差可能比所需精度要低，这需要更改"所需精度"设置。

接下来，将手动指定位置。

（7）用手指按住地图将会弹出放大镜。移动放大镜以便于其中的十字丝定位于要选择的位置，并松开手指。

这时在地图上将看到一个标记事件位置的符号。

（8）在工具栏上，单击添加附件图标 （图 6.12），即可将图库中的照片或用智能设备的相机的现场拍照并添加进来。如果满意此图片，单击使用该照片；否则，重新拍摄照片或重新选择照片。单击所需添加照片以完成添加附件。

图 6.11　采集 Pothole 类型点事件　　　　图 6.12　采集 Pothole 类型事件的工具栏

（9）单击工具栏上的  以提交和保存该事件。

这时已经收集了一个点，该点以相应的符号显示。接下来，将使用手动和流模式收集线要素。

（10）当处于地图模式时，单击"采集新要素"按钮创建一个新事件。选择线要素类型，如 Street to Resurface 事件类型。

（11）指定此事件的属性。例如，对于 DESCRIPTION，填写"大量裂缝"；对于 DATE，单击"使用当前"；对于 YOUR NAME，填写"Summer"；对于 YOUR PHONE，填写"123-4567890"（图 6.13）。

（12）单击地图图标切换到地图模式。

（13）通过单击地图来手动添加线的节点。

下面将通过流模式来收集移动设备所在 GPS 位置,这样可以方便快捷地采集线条或多边形(图 6.14)。下面首先要查看与"流"相关的设置。

图 6.13　采集 Pothole 类型线事件

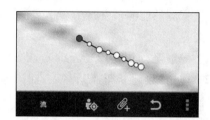

图 6.14　流工作模式

（14）单击"采集设置"按钮(图 6.15),根据需要设置"所需精度"和"流间隔"。

- 所需精度:用于设置满足 GPS 添加点的数据精度。
- 流间隔:用于设置将节点添加到所要创建要素的频率。流间隔越小,节点越多,形状越详细。

如果在室内,则"所需精度"通常设置为 20 m 或更大;如果在户外的开放空间,"所需精度"通常可以设置为 5 m 或更小。在行走时,通常可以将"流间隔"设置为 5 s。

如果对采集设置进行了更改,单击"确认"进行保存。否则,请单击"取消"。

（15）单击"流",并拿着手机沿着线状地物(如街道或小道)行走或开车收集数据。Collector 将会自动采集手机 GPS 位置,形成一个连续线状要素,并绘制在地图上。

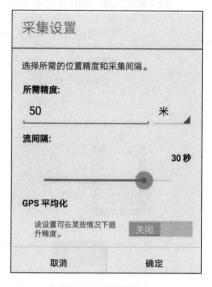

图 6.15　采集设置

（16）与前面添加点要素属性的方法类似，单击"添加附件"图标，添加与线要素相关的照片或视频。

（17）单击工具栏上的"提交"来保存线状要素。

至此，完成了点要素和线要素的收集。同样，也可以使用手动或流方式收集一个面要素。

现在已经熟悉了 Collector 应用程序，并且可以基于该应用程序收集点、线和多边形要素。收集的数据被保存到要素图层。如果在地图浏览器中打开了包含该要素图层的地图，就可以在 Web 地图中看到所收集的数据。

6.2.3　利用 Survey123 的 Web 设计器来设计智能调查表

本练习假设用户角色为居民能源消费行为的调查员。这些调查人员需要一种方法来调查家庭能源消费的习惯，并分类和报告调查的日期、位置以及被调查对象的住房类型、家庭月收入、家庭用能方式、家庭用能金额。同时，还需要填写住房的保温情况，然后才能开始评估家庭的能源消费行为。本节创建的调查表具有智能性，某些问题仅在上下文需要时才会显示。

（1）导航至"survey123.arcgis.com"，然后使用 ArcGIS 组织发布者账户登录。

（2）单击"创建新调查"，然后选择"使用 Web 设计器"（图 6.16）。创建名为"开封市居民能源消费行为调查"表单，输入标签（至少需要一个标签）和描述（图 6.17），然后单击"创建"。

页面进入 Survey123 Web 设计者。其页面左侧将显示一个空的调查表，其右侧为常见问题类型列表。

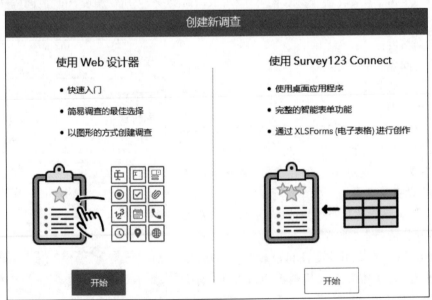

图 6.16　创建新调查的两种方式

图 6.17 创建新调查界面

(3)第一个问题是数据采集的日期。单击问题列表中的日期按钮并将其拖动到表单中。单击新放置的问题将打开编辑面板,可以在此处为采集日期输入合适的标注,例如,"数据采集日期"(图 6.18)。

(4)在编辑面板的默认值部分,单击提交日期选项(图 6.19)。这样就把日期的默认值设置为今天。

图 6.18 设置数据采集日期

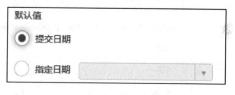

图 6.19 设置数据采集日期的默认值

左侧的调查表将自动刷新。下面一个问题是询问用户的住房类型。

(5)在设计面板中,单击添加按钮。在常见问题下,单击单一选项,把该问题的标注设置为"您的住房类型"。在选项下,添加 4 个选项:商品房、经济适用房、私人住宅和其他。

选项可以通过单击添加按钮(+)来实现,也可以通过单击批量编辑来添加。

下面一个问题是询问用户的家庭收入。

(6)执行与前一问题类似的操作,将问题的标注设置为"您家庭的月收入",提供"低于 3000 元、3000~6000 元、6000~9000 元、9000~12 000 元和 12 000 元以上"作为答案选项。在"验证"下,选中"这是必答问题"前的复选框(图 6.20)。

下一个问题将询问用户的用能方式。

图 6.20 构建问题的限定条件

（7）在设计面板中，单击添加按钮。在常见问题下，单击多个选项，把该问题的标注设置为"您家的用能方式"。在选项下，添加 5 个选项：电力、管道天然气、管道煤气、罐装煤气和其他。

下一个问题将询问用户的家庭用能金额。

（8）在设计面板中，单击添加按钮。在常见问题下，单击数量，把该问题的标注设置为"您家的用能金额（元）"。

数值问题仅允许用户输入数值和一个小数点，因此非常适用于金额。这里验证部分有 3 个复选项可选：这是必答题、必须是整数、设置最小或最大值。

下一个问题是图像问题，允许用户上传被调查房子的照片。

（9）在设计面板中，单击添加按钮。在常见问题下，单击图像，把该问题的标注设置为"图像"。

下一个问题将填写被调查者房子的保温情况。

（10）在设计面板中，单击添加按钮。在常见问题下，单击注释，把该问题的标注设置为"请填写您住房的保温情况"。

注释问题类型允许添加多行文本问题，很适用于较长的答案。

下面将设计一个规则，仅当被调查者的住房类型为"其他"时才显示住房保温情况这个问题。

（11）单击"您的住房类型"这个问题，然后单击随即显示的设置规则按钮（图 6.21）。将打开设计规则窗口。在"如果"下，选择"其他"选项，在"显示"下，选择"请填写您住房的保温情况"。单击确定按钮。

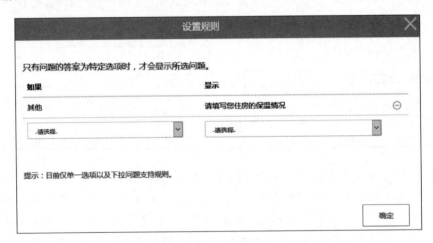

图 6.21　设置规则

下面一个问题将采集被调查的住房的位置。

（12）在设计面板中，单击添加按钮。在常见问题下，单击 GeoPoint。

（13）单击注释，把该问题的标注设置为"请填写您住房的保温情况"。把其标注设置为"地理位置"。

（14）最后，单击"发布"（图 6.22）。

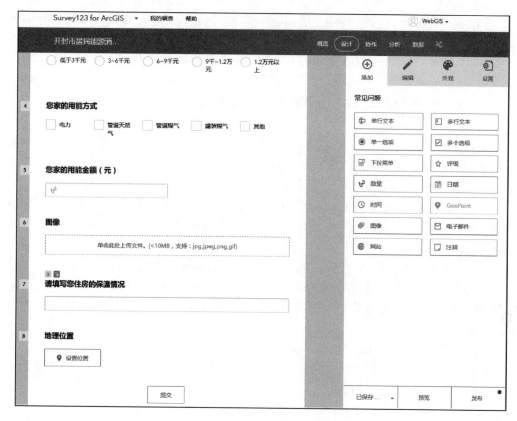

图 6.22 设计调查问卷的界面

(15)在页面的主菜单中,单击"协作",把此调查表分享给"所有人(公共)"。在打开调查链接的三种方式中,选最后一种"直接在 Survey123 外业应用程序中打开调查"(图 6.23)。

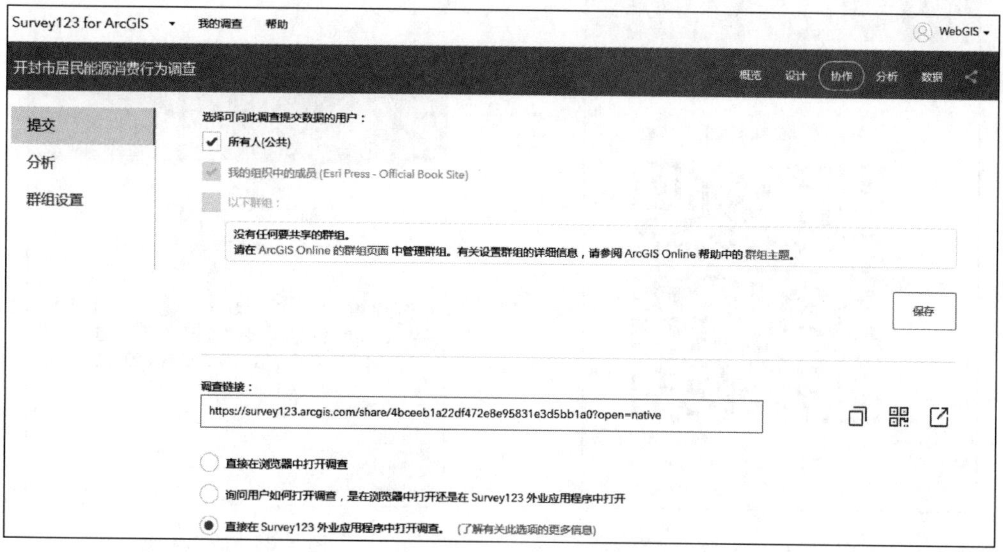

图 6.23 调查问卷的协作界面

将链接按钮显示的 URL（类似图中的 https://survey123.arcgis.com/share/4bceeb1a22df472e8e95831e3d5bb1a0? open = native），发送给外业工作用户。现在，外业用户可以在手机客户端的 Survey123 中打开和使用本节创建的调查表。

6.2.4　利用 Survey123 收集数据并查看收集到的数据

Survey123 拥有浏览器和本地应用程序两种版本，使用者可以在计算机、iOS 或 Android 平板电脑和智能手机上选择任意版本。本节使用 Android 系统的 OPPO 手机的 Survey123 应用程序，其他版本和此版本类似。

（1）如果手机中没有安装 Survey123 应用程序，可在 Android 手机的 Google Play 或 iPhone 手机中的 App Store 中（本例在 Oppo 手机的应用宝中）搜索"Survey123"，单击"Survey123"并安装。

（2）从上一节的协作部分继续，单击 QR 码 ，将显示 QR 码（图 6.24）。

如果已经从第 6.2.3 节的页面退出，可以重新登录网址 http://survey123.arcgis.com，单击"我的调查"，找到第 6.2.3 节创建的调查并单击打开，单击"协作"即可回到第 6.2.3 节协作部分。

（3）在手机上打开"QR 码扫描"并指向 QR 码。

如果手机上没有安装"QR 码扫描"，可在 App Store 或 Googe Play Store 中搜索"QR scanner"，下载并安装该应用程序。

（4）打开 Surver123 应用程序，然后根据手机提示下载上一步设计的调查问卷。

下面将基于调查问卷收集数据。

（5）在 Survey123 应用程序中，"我的调查"下，单击打开"开封市居民能源消费行为调查"（图 6.25）。

图 6.24　QR 码

图 6.25　收集数据

如果没有找到上节创建的调查，需按调查名称旁的下载  图标。

（6）单击"收集"。

（7）在表单上指定下列信息（图 6.26）：

- 数据采集日期：选取当前数据采集的日期。
- 您的住房类型：选取商品房、经济适用房、私人住宅或其他。
- 您家庭的收入：选取低于 3000 元、3000～6000 元、6000～9000 元、9000～12 000 元或 12 000 元以上。
- 您家的用能方式：选取电力、管道天然气、管道煤气、罐装煤气或其他。
- 您家的用能金额：填写数字。
- 图像：可以对调查现场拍照并上传。
- 位置属性：可以单击我的位置图标，获取当前位置。如果当前位置不是被调查者家庭的位置，可以通过移动、缩放地图，查找正确的位置进行标注，最后再回到表单。
- 单击提交并发送。

图 6.26　采集新要素图示

（8）重复上一步收集一份新的调查并发送该调查。

接下来可以在 Survey123 首页查看已经收集的调查记录。

（9）在电脑上打开一个网页浏览器，访问 http://survey123.arcgis.com 页面，用自己的账号登录，单击我的调查，查找并单击上一节创建的调查。

（10）在该调查的概览中，可以查看到记录总数、参与者总数、首次提交和最终提交时间。

（11）单击分析选项卡，查看住房类型、家庭收入、用能方式、用能金额和住房保温情况的图表和概要信息。

（12）单击数据选项卡，在地图上查看记录所在的位置和以表格形式统计的属性。单击地图和表格中单个记录，将显示该记录的信息（图 6.27）。

管理部门或调查的组织部门可以在 Survey123 中近实时地查看所采集到的数据。该数据可以在地图查看器中打开，也可以 CSV、Shapefile 和 File Geodatabase 的格式进行下载，还可加载到其他 Web 地图和应用中，例如，加载到 Web AppBuilder 中进行查询、制图和分析。

（13）单击导出下拉菜单，选择 CSV 数据下载格式。

（14）在 Excel 或其他合适的编辑器中打开下载的数据，以查看收集的数据。

图 6.27　数据选项卡中单条记录页面

6.2.5　利用 AppStudio for ArcGIS 创建本地应用程序

本节将介绍如何创建一个允许用户报告非紧急事件的本地应用程序。

（1）启动 Web 浏览器，导航至网址 http://appstudio.arcgis.com，利用已有账号登录。

（2）单击"我的应用程序"。

（3）单击"新建应用程序"。

这时将看到几个可用的模板，模板的数量将随着新版本的发布而增加。

（4）找到"Quick Report"模板，然后单击"从此模板开始"。

（5）在"应用程序信息"页面中，将标题设置为"事故报告"（图 6.28）。

这里也可以在元数据中更改"缩略图"，在启动画面中更改"启动图像"，在标识中设置"应用程序图标"和其他设置。

（6）单击"保存"以保存新建的应用程序。

（7）单击顶部的"Quick Report 设置"。

（8）单击"选择要素服务"。

（9）在"选择要素服务"窗口中，单击"公共"选项卡。

（10）在公共选项卡下搜索"311 incidents 3rd edition owner:GTKWebGIS"。

（11）单击搜索所得结果，然后单击"下一步"（图 6.29）。

（12）单击"Incidents"，然后从扩展列表中单击"Incidents_Point"，然后单击"确定"。

（13）单击"保存"。

接下来，可以预览经配置后的本地应用。

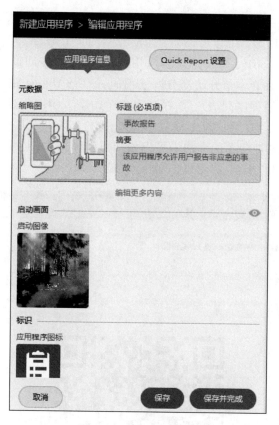

图 6.28 编辑应用程序

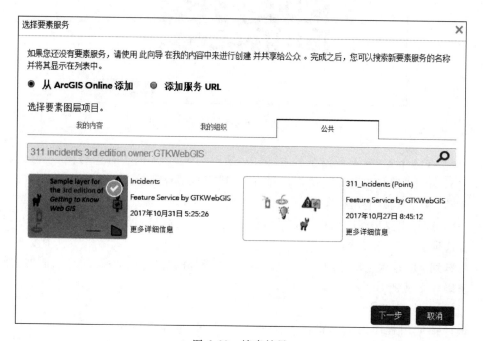

图 6.29 搜索结果

（14）在屏幕的右上角，单击"实时查看应用程序"（图 6.30），然后根据弹出窗口中的指令进行相应的操作。① 在移动设备上，转到 Google Play、App Store 或应用宝，搜索 AppStudio Player for ArcGIS，下载并安装应用程序。② 在移动设备上，运行 AppStudio Player for ArcGIS。利用在本节开始部分所使用的 ArcGIS Online 账户进行登录。登录后将会看到所创建的应用程序列表。③ 在列表中单击本节刚刚创建的应用程序"事故报告"，单击"立即下载"。④ 再次单击该应用程序，选择"打开应用程序"，并单击打开，用户单击"New"可以报告非应急的事故。可以添加或选择照片，也可以跳过这些选项。还可以指定位置，选择事件类型，指定事件属性，并提交事件报告。

图 6.30   实时查看应用程序弹出窗口

（15）在 AppStudio Web 浏览器中，单击"确定"，关闭"实时查看应用程序"窗口。

（16）单击"保存并完成"，这将打开"应用程序控制台"页面。

（17）单击"构建应用程序"。

（18）选择想要构建应用程序的平台（图 6.31）。没有移动设备的读者可选择一个桌面平台选项。

将看到 iOS 选项呈现禁用状态。该选项需要额外的文件，包括配置文件、证书文件和证书密码。本书将不涉及该部分内容。

（19）单击"构建"。

编译该应用程序的请求将进入队列等待处理，编译该应用程序可能需要几分钟时间。

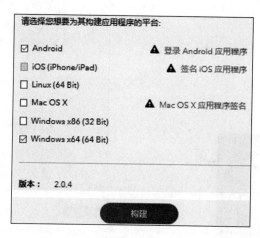

图 6.31 构建应用程序的平台

6.2.6 安装并测试创建的本地应用

创建应用程序将为选择的平台创建一个安装包。创建完成后,必须在设备上先装安装包,然后才能运行应用程序。将应用程序部署到安卓设备上相对容易,故本节将以安卓平台为例。如果没有安卓设备,可以使用桌面版测试 Quick Report 应用程序,其工作方式与移动版类似。

(1)如果使用电脑安装本地应用,请跳至步骤(4)。

(2)如果选择的是 Android 设备,需要完成下列操作:① 从上节继续,单击 QR 码图标,弹出 QR 码;② 使用 QR Reader 扫描 QR 码;③ 按安装说明下载 IncidentsReporter.apk。

(3)单击"应用程序",单击"下载",找到刚下载的文件,单击并运行文件,按照说明安装应用。

如果没有激活安卓设备兼容未知来源的功能,则无法安装 Play Store 之外的应用程序,安装时将提示安装受阻的消息。需要单击"设置",在"未知来源"窗口中,选择"仅允许初始安装",单击"确定",然后再重复本节第(3)步来安装应用。

(4)在安卓或其他操作系统的设备上,找到刚刚安装的"事故报告"应用(图 6.32),并运行该应用程序。将会看到初始启动图像,然后是启动页面的背景图像以及"新建"和"草稿"按钮。

(5)单击"新建"按钮。

(6)选择报告类型,这里选择"Pothole"。

(7)单击"下一个",添加位置(图 6.33),使用当前位置或手动在地图上选择一个位置并添加为事件的位置。在移动设备上,可以使用"我的当前位置"按钮来选择当前所在位置。

(8)单击"下一个",拍摄或选择一张照片。

(9)单击"下一个":添加详细信息。填写事件属性表格,包括事故的描述、大体的位置、日期、姓名和联系信息以及任何想要添加的其他详细信息。

图 6.32　事故报告图标

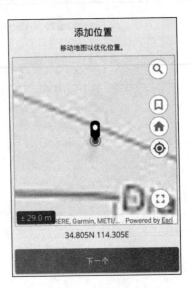

图 6.33　添加位置

（10）在表单底部，单击"提交"。

开发者安装和测试本地应用程序后，如果对其满意，通常会把它提交给 Google Play 和 App Store，供用户下载使用。开发者也可以通过企业级的安装方式来发布应用，无须通过 Google Play 和 App Store。关于如何发布应用程序的详细信息，请参阅 AppStudio for ArcGIS 网站。

本教程介绍了 Collector、Survey123 和 AppStudio 这三种技术。Collector 教程首先创建了一个包含可编辑要素图层的 Web 地图，然后在 Collector for ArcGIS 中利用该 Web 地图来收集点、线和面数据；Survey123 教程首先利用 Web 设计器创建了一个智能表单，然后使用 Survey123 手机应用来收集数据；AppStudio 教程首先介绍了如何使用 AppStudio 来配置模板和创建本地应用，然后介绍了如何在手机上安装和使用所开发的本地应用。

6.3　常见问题解答

1）Collector for ArcGIS 与 Survey123 for ArcGIS 之间的异同点？

Collector 和 Survey123 有以下主要区别和共同点（表 6.1）。两种产品都在继续发展改进中，下面列举这些异同点在以后的版本中可能会变化：

（1）地图为中心与表单为中心：Collector 的用户体验是以地图为中心的，而 Survey123 则是以表单为中心的。

（2）可以收集的要素类别：Collector 支持点线面要素的采集，Survey123 只支持点要素的采集，未来版本将会增加对线要素和面要素的支持。

（3）智能表单：Survey123 中支持智能表单，表单的界面可以更加丰富灵活，可以用 HTML 标签来展示问题，在问题中加入图片、视频、音频，这对诸如动植物类别鉴别之类的问题尤为有用。Survey123 表单中问题之间还可以有设置依赖性，例如，根据用户对某一问题的答案来决定下面显示或隐去哪些问题。Collector 虽然支持编辑属性，但目前的版本只提供比较简单的表单界面，未来的版本将增加对智能表单的支持。

（4）匿名访问：Survey123 和 Collector 都支持账户登录访问方式，这种方式对质量保证和质量管理非常有用，因为账户登录方式下这些 app 能够记录什么人、什么时候提交了什么内容。Survey123 的特别之处在于它支持匿名的方式，这就意味着人们不需要有 ArcGIS 账号也可以提交数据，这种方式对于数据众包的情况非常有用。

（5）数据编辑：Survey123 和 Collector 都支持编辑要素的功能。

（6）离线模式：两者都能够在离线模式下工作，并且在离线模式下的任何改动都可以在在线时进行同步更新。Collector 允许在设备上下载地图并可以使用缓存的底图在离线模式下收集数据，联网时可以在 ArcGIS Online 或 Portal for ArcGIS 中同步更新改动。Survey123 具有类似于电子邮件系统的处理方法，即通过一个发件箱文件夹临时存储你收集的数据，在联网时发送数据。

表 6.1　**Collector for ArcGIS 与 Survey123 for ArcGIS 之间的异同点** *

项目	Survey123 for ArcGIS	Collector for ArcGIS
数据收集形式	以表单为中心	以地图为中心
是否支持获取新数据	是	是
是否支持编辑数据	是	是
是否支持智能表单	是	否
是否支持离线模式	是	是
是否支持匿名访问	是	否

* 这些异同点在未来的版本中将会有所变化。

2）我能通过 Collector 连接自己的 ArcGIS Server 吗？

Collector 需要连接到一幅 Web 地图。只需将需要编辑或使用的数据通过 ArcGIS Server 发布成服务，如要素地图服务，然后在 ArcGIS Online 或 Portal for ArcGIS 的 Web 地图中引用，这时在 Collector 中就能通过 Web 地图打开和使用该 ArcGIS Server 服务，即连接了 ArcGIS Server。用户所有的数据采集和编辑都能直接存储在企业自己的 Geodatabase 中。

3）我能在 Collector for ArcGIS 中编辑线或面要素吗？

Collector 全面支持点、线、面要素的编辑，既可以编辑整体形状，也可以通过 GPS 捕获节点的坐标，或者在地图上选点进行数据采集。

4）在使用 Survey123 收集数据时，数据采集是否需要有 ArcGIS Online 或 Portal for ArcGIS 的用户账号？

公开的调查不需要。如果把调查与所有人分享，即允许匿名访问，任何人都可以向其提交数据，不需要 ArcGIS 账户。

5）我创建了一个可编辑的要素图层，并将其添加到 Web 地图中，并把这个要素图层和 Web 地图与所有人分享。但是我同事在她的 Collector for ArcGIS 中却找不到该 Web 地图。为什么？

你必须与你同事所属的小组共享该 Web 地图。

6）我的用户可以从我的电子邮件、网站或应用程序中打开 ArcGIS for Collector 吗？

可以，你可以构建一个以标识符"arcgis-collector"开头的 URL 并附加其他参数。参考网址 https://github.com/Esri/collector-integration 了解更多详情。以下是几个例子：

（1）这个 URL 打开 Collector 并指定使用哪个 Web 地图：arcgis-collector://? temID = 35b1ccecf226485ea7d593f100996b49；

（2）这个 URL 打开 Collector，指定使用哪个 Web 地图，并指定地图打开时的初始中心位置：arcgis-collector://? itemID = 35b1ccecf226485ea7d593f100996b49&center = 34.0547155，-117.1961714；

（3）这个 URL 打开 Collector，指定使用哪个 Web 地图，指定地图打开时的初始中心位置，并指定向哪个图层收集数据：arcgis-collector://? itemID = 5d417865c4c947d19a26a13c7d320323&center = 43.524080，5.445545&featureSourceURL = http://sampleserver5a.arcgisonline.com/arcgis/rest/services/LocalGovernment/Recreation/FeatureServer/0。

6.4　思　考　题

（1）什么是移动 GIS？它有什么优势？

（2）描述个人和专业移动 GIS 应用的区别。

（3）移动定位技术有哪些？各有何优缺点？

（4）移动 GIS 应用面对哪些技术挑战？它们如何影响移动 GIS 的应用开发？

（5）移动 GIS 应用开发有哪些方式？如果一个应用需要最佳的用户体验，哪种方式更适合？如果一个应用需要较好的跨平台性和较低的开发费用，哪种方式更合适？为什么？

（6）移动 GIS 在应急中有哪些应用？举例说明。

（7）列举几个与移动 GIS 有关的研究热点和前沿。

6.5　作业:使用移动 GIS 收集数据和创建本地移动 GIS 应用

6.5.1　作业 1:使用 Collector for ArcGIS 收集点、线和多边形数据

数据来源:

Web 地图:在 ArcGIS Online 中,使用"recreation map gtkwebgis owner:GTKWebGIS."这个关键词搜索 Web 地图。注意搜索类型是地图。

基本要求:

（1）保存"recreation map"的副本。

（2）使用 Collector for ArcGIS 将点、线和多边形收集到 Web 地图。在属性中添加你的名称。

提交内容:

（1）一两个手机或平板电脑的截屏,以显示你使用 GPS 流收集数据。

（2）一两个属性采集界面的截图,在属性值显示你的姓名,以显示是你在收集数据。

注:Recreation map 是一个例子地图,它包含的例子图层的数据将被定期清除,请在采集数据时及时截屏。

6.5.2　作业 2:使用 Survey123 for ArcGIS 创建表单和收集数据

基本要求:

（1）创建一个问卷,至少包括一个地理位置,能够收集图片和录像。

（2）至少有一个问题支持规则,即能根据用户对某个问题的不同答案,显示或隐藏至少一个其他问题。

（3）允许匿名用户填写调查问卷。

（4）能近实时地查看用户提交的数据。

提交内容：

（1）你创建的表单的 URL。该 URL 要允许用户使用本地应用或浏览器应用打开该表单。

（2）你收集的数据截屏（在台式计算机上登录 http://survey123. arcgis. com，打开该调查问卷，点击其"数据"选项，然后截屏）。

6.5.3　作业 3：使用 AppStudio for ArcGIS 创建本地应用并进行安装和测试

基本要求：

（1）基于 AppStudio 的模板创建一个新的应用程序。

（2）选择你的平台，编译你的应用程序。

（3）在手机或台式计算机上安装和使用你的应用。

提交内容：

在手机或台式计算机上运行你创建的本地应用的截图。

参 考 资 料

Esri.2015.AppStudio for ArcGIS.http://video.esri.com/watch/4635/appstudio-for-arcgis［2018-3-18］.

Esri.2015.AppStudio for ArcGIS：The Basics.http://video.esri.com/watch/4705/appstudio-for-arcgis-the-basics［2018-3-18］

Esri.2015.Collector for ArcGIS：An Overview.http://video.esri.com/watch/4697/collector-for-arcgis-an-overview［2018-3-18］.

Esri.2015.Development Strategies for Building Mobile Apps-The Great Debate.http://video.esri.com/watch/4290/development-strategies-for-building-mobile-apps-_dash_-the-great-debate［2018-3-18］.

Esri.2015.2015 Esri Petroleum GIS Conference Mobile Solutions.http://video.esri.com/watch/4509/2015-esri-petroleum-gisconference-mobile［2018-3-18］.

Esri.2017.管理移动工作人员 http://learn.arcgis.com/zh-cn/projects/manage-a-mobile-workforce/［2018-3-15］.

Esri.2017.应用程序的力量.http://learn.arcgis.com/zh-cn/arcgis-book/chapter7/［2018-2-28］.

Esri.2017.APIs,SDKs and Apps.https://developers.arcgis.com/documentation/core-concepts/apis-sdks-apps/［2018-2-28］.

Esri.2017.AppStudio for ArcGIS.https://appstudio.arcgis.com/［2018-2-28］.

Esri.2017.Collector for ArcGIS.http://doc.arcgis.com/zh-cn/collector/［2018-2-28］.

Esri.2017.Survey123 for ArcGIS.http://survey123.esri.com/［2018-3-15］.

Esri.2017. Survey123 for ArcGIS 入门. http://learn. arcgis. com/zh-cn/projects/get-started-with-survey123/
　　［2018-3-15］.

Jshaner-esristaff.2017.Collector—The Aurora Project.https://community.esri.com/community/gis/applications/collector-
　　for-arcgis/blog/2017/09/06/the-aurora-project［2018-3-15］.

KDonia-esristaff.2017. 5 Minutes to Your First Collector Map. https://community. esri. com/community/gis/
　　applications/collector-for-arcgis/blog/2017/10/03/5-minutes-to-your-first-collector-map［2018-2-28］.

KDonia-esristaff.2017.Things to Try in Collector's Aurora Beta. https://community. esri. com/community/gis/
　　applications/collector-for-arcgis/blog/2017/12/05/5-things-to-try-in-collector-s-aurora-beta［2018-2-28］.

第 7 章

私有云 Web GIS 和动态地图服务

　　前面的章节已经介绍了 ArcGIS Online。基于 ArcGIS Online,用户可以快速地发布图层和创建 Web 应用。然而,很多组织机构需要更强的安全要求,或缺乏互联网连接,或不允许连接互联网,或连接跨国的网络速度很慢,或出于对特殊功能的需求,需要部署和使用基于本地私有云的 Web GIS。

　　本章首先分析为什么需要私有云和混合云的 Web GIS,介绍 ArcGIS Enterprise 的构成以及用它构建私有云 Web GIS 的基本部署模式,随后介绍动态地图服务这种只能在 ArcGIS Enterprise 中发布的服务,讲解它与要素服务的区别。然后介绍动态地图服务的发布流程,并介绍了启用时间的动态地图服务。本章教程部分展示了如何用 ArcMap 和 ArcGIS Server 来发布启用时间的动态地图服务,用 ArcGIS 服务目录来测试 Web 服务,以及如何管理 Web 服务。本教程还利用动态地图服务,创建了一个具有动画效果的 Web 应用,能够展示地理事件随时间的动态变化特征。本章的技术路线如图 7.1 所示。

学习目标:

- 了解对私有云和混合云 Web GIS 的需求
- 了解 ArcGIS Enterprise 及其构成
- 了解动态地图服务和要素服务的区别
- 熟悉发布地图服务的流程
- 使用 ArcGIS 服务目录来测试 GIS 服务
- 创建具有时间动画效果的 Web 应用程序
- 管理和使用 GIS 服务

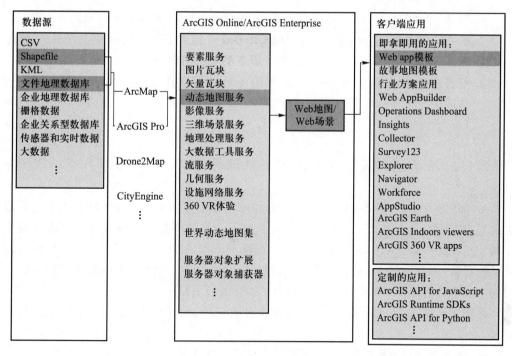

图 7.1　本章技术路线

7.1　概念原理与技术介绍

7.1.1　构建私有云和混合云 Web GIS 的需求

前面的章节介绍了 ArcGIS Online 这一基于 Amazon 和 Microsoft 等公共云计算平台的 Web GIS。ArcGIS Online 的安装、运行、安全和扩展性等由 Esri、Amazon 和 Microsoft 公司管理,为用户省去了系统安装管理维护等诸多方面的工作,让更多的用户能更容易地使用 GIS。但是,很多企业需要在企业内部部署 Web GIS,ArcGIS Enterprise 就是一种基于私有云或企业服务器的 Web GIS。它可以部署在政府和企事业机构等自己的服务器上,由这些机构自己管理。在下列情形中,需要考虑使用 ArcGIS Enterprise:

- 对私有云 Web GIS 的需要:一些组织不能连入互联网,或者其外网连接是受限的、不稳定的或者网络速度很慢。还有些组织因政府或者公司在安全等方面规章限制,不能使用公共云服务或存储。这种情形需要私有云 Web GIS。
- 对混合 Web GIS 的需要:一些组织机构需要在利用私有云 Web GIS 的同时,把自己私有云 Web GIS 上的内容和服务与 ArcGIS Online 的内容(如基础地图、世界地图集和其他丰富的地理分析服务)结合起来。还有的组织机构需要在 ArcGIS Online 的 Web 地图和 Web 应用中引用来自其私有云 Web GIS 的操作图层。这些情形需要混合 Web GIS。

- 对 ArcGIS Enterprise 特殊功能的需要:ArcGIS Online 和 ArcGIS Enterprise 的很多核心功能类似,但也有些不同。ArcGIS Online 提供了丰富的地理处理服务、影像服务、流服务、地理编码服务等 Web 服务类型供用户使用。由于出于安全和性能等方面的考虑,ArcGIS Online 目前还不允许用户在 ArcGIS Online 上自行发布这些类型的 Web 服务。如果用户需要发布这些类型的服务,就需要 ArcGIS Enterprise。

7.1.2　私有云和混合云 Web GIS 的部署

ArcGIS Enterprise 是 Esri 公司所发布的构建私有云和混合云 Web GIS 的产品。可以大致把它理解为一个类似于 ArcGIS Online 但略有差异的产品。它和 ArcGIS Online 提供了两个互补的实施 Web GIS 的方案。它们提供了类似的核心功能,如门户网站、地图和场景查看器、内容管理,以及相同的开发接口。它们还支持类似的 Web 服务或图层。它们的主要不同之处在于部署环境的不同和扩展功能的不同。

在部署环境方面,ArcGIS Online 部署在公有云中,ArcGIS Enterprise 支持多种部署环境:

- 部署在机构的私有云中,包括实体或虚拟服务器上;
- 部署在公有云中,如在亚马逊的网络服务(AWS)和微软的 Azure 云服务平台;
- 部署在混合云环境中。

在功能方面,ArcGIS Enterprise 允许机构自行发布以下类型的 Web 服务和允许机构处理内部平台上的大数据:

- 动态地图服务;
- 地理处理服务;
- 地理编码服务;
- 流服务(基于地理事件服务器);
- 影像服务(基于影像服务器)。

ArcGIS Enterprise 包括以下多个协同工作的软件组件。

1) ArcGIS Server

ArcGIS Server 是 ArcGIS Enterprise 的核心组件,它支持创建和托管多种类型的地理空间 Web 服务,接收和处理各种客户端发送的请求,使机构的地理信息可供组织内和组织外的用户使用。ArcGIS Server 有以下五个许可角色:

- GIS 服务器:提供传统的地理空间 Web 服务和图层。
- 影像服务器:提供影像服务和在线栅格服务。
- GeoEvent 服务器:支持实现实时 GIS,包括实时跟踪、创建地理围栏和实时分析等。GeoEvent 服务支持要素图层和流服务等形式的输出。详情可参见第 10 章时空数据与实时 GIS。

- GeoAnalytics 服务器：它支持一般数据和大数据集的时空分析。详情可参见第 11 章空间分析和地理处理。
- 商业分析服务器：它提供高级的商业分析功能。

2）Portal for ArcGIS

Portal for ArcGIS 主要是一个地理空间内容管理系统。它能在 ArcGIS 平台上统一管理众多类型的地理内容，包括图层、地图和应用程序等。它管理着这些内容的发布、注册、查询、共享、使用和权限。与 ArcGIS Online 相同，Portal for ArcGIS 的用户具有不同的级别、角色和特权。级别 1 的用户可以查看 Portal 中的内容和可以加入组。级别 2 的用可以查看、创建和共享内容及自己的组。Portal for ArcGIS 提供以下功能：

- 发布和管理托管 Web 图层，如要素图层、瓦片图层和场景图层等。
- 创建、保存、共享 Web 地图和 Web 场景。
- 创建和管理 Web 应用程序。
- 地理内容的注册和搜索。
- 地理信息内容的安全管理和访问权限。

3）ArcGIS Data Store

这个组件为 Portal for ArcGIS 所托管的 Web 服务和与 Portal for ArcGIS 联合的 GIS 服务器提供数据存储功能。它提供以下类型的数据存储：

- 关系数据存储：支持要素图层的数据存储。
- 瓦片缓存数据存储：支持场景图层的缓存和存储。
- 时空大数据存储：支持实时时空数据的存储。这些数据可以是 ArcGIS GeoEvent 服务器和 ArcGIS GeoAnalytics 服务器采集的数据或分析的结果。

4）ArcGIS Web Adaptor

这个组件可以把 ArcGIS Enterprise 与组织机构现有的 Web 服务器连接起来，将机构的 Web 服务器收到的请求转发给 ArcGIS Enterprise，并能与组织机构的安全机制相集成。

ArcGIS Enterprise 支持灵活的和可扩展的部署方式，这些部署方式的基础是基本 ArcGIS Enterprise 部署。一个基本部署是指把 ArcGIS Enterprise 的四个组件以一个特定的方式进行安装和配置，使它们能够协同工作。基本部署包括以下要求：

- ArcGIS Server 被授权为 ArcGIS GIS 服务标准版或 ArcGIS GIS 服务高级版，并被配置为 Portal for ArcGIS 的托管服务器。
- Portal for ArcGIS 与 ArcGIS Server 联合。Portal for ArcGIS 负责 ArcGIS Server 的安全和访问权限。

- ArcGIS Data Store 应配置为关系或瓦片缓存数据存储类型。
- 安装一个 ArcGIS Web Adaptor,配置它与 Portal for ArcGIS 联合,安装另一个 ArcGIS Web Adaptor,配置它与 ArcGIS Server 联合。

ArcGIS Enterprise 基本部署模式分为三种:

- 单机部署:这是最小的一体化的配置,其中所有组件都安装在单个计算机或虚拟机上。
- 多层部署:在多层环境中配置基本 ArcGIS Enterprise 部署,其中每个组件安装在单独的物理计算机或虚拟计算机上。
- 高可用性部署:其中每个组件的配置有冗余,例如,每个组件有两套配置或镜像配置,在一套配置不可用的情况下,系统可以转至另一套配置继续运行,最大限度地减少停机时间。

组织机构可以在 ArcGIS Enterprise 基本部署的基础之上添加其他服务器,部署诸如 ArcGIS GeoEvent Server、ArcGIS Image Server 和 ArcGIS GeoAnalytics Server 等许可角色的功能。

7.1.3　Web GIS 分布式协作

社会的组织结构通常是分布式的和分级别的。这些分布式组织之间的有效协作是它们成功的关键。例如,一个城市有许多管理单位,每个单位有许多部门。每个单位和部门都可以有自己的 ArcGIS Enterprise 或 ArcGIS Online。为了实现各自或共同的目标,这些组织机构需要分享彼此所拥有的数据,包括图层、Web 地图和 Web 应用。这种共享有时面临种种技术困难,例如,传统情形下,规划局云 GIS 门户和地震局云 GIS 门户是完全独立的,都分别管理着各自的信息资源。而且他们的内部门户往往设置了限制匿名访问,无法直接实现 Web 服务在云 GIS 门户之间的互相调用。

ArcGIS Online 和 ArcGIS Enterprise 支持 Web GIS 的分布式协作,能实现跨门户的协同能力。分布式协作为不同的 Web GIS 部署之间共享内容提供了一个安全的解决方案。例如,规划局的业务人员可发起建立协同,只需要定义协作名称、创建工作空间、创新用户群组等,系统会生成一个密钥文件,发送给地震局。在协同的受邀方,也就是在地震局门户里,只需要接受协作邀请,将这个密钥文件导入其 Portal for ArcGIS 中,并接受邀请,一个跨越门户的协同链路就这样创建完成了。基于这种全新的分布式多云融合的分享协同机制,地震局的工作人员对数据做的所有更新,规划局都会第一时间实时地同步到这些信息。甚至规划部门还可以指定一些敏感区域,地震局专家可以针对敏感区域提供更精细的规划。另外一个实例是省市县多级数据库之间的纵向协同。通过 ArcGIS 平台提供的强大的协同能力,县级数据中心在业务办理的过程中,对数据库所做的任何操作,省厅业务人员只需要触发协同按钮,就可以获取到变化情况。基于 ArcGIS 的数据库同步复制技术,省厅触发协同按钮之后,省级数据中心会访问县级数据库,提取变更内容,生成增量数据包,并将增量数据抓取到省厅的服务器里。基于平台提供的协同服务,省厅的工作人员还可以将刚刚获取到的增量包,实现全自动的入库与更新。

这样利用跨门户的分布式协作,能够有效地在横向和纵向上实现分布式空间数据的协同与分享。

7.1.4　动态地图服务及其与要素服务的比较

前面的章节已经介绍了要素服务,本章将介绍动态地图服务。地图服务提供访问地图和图层的功能。地图服务可以分为瓦块地图服务和动态地图服务。瓦块地图服务预先创建地图切片,然后把切片在需要时发给客户端(详情参见第 8 章:栅格瓦块和矢量瓦块地图服务)。动态地图服务则是在客户端每一次请求地图时,服务器实时读取数据和生成地图。使用瓦块地图服务可以显著提高地图服务的性能,但一般适用于相对静态的数据,而动态地图服务则能够显示不断更新的数据。

动态地图服务和要素服务都能够提供地图功能,但两者之间有一些区别。动态地图服务是由服务器绘制地图(JPG、PNG 或 GIF 等图片格式),并把这些图片发给客户端,在客户端只需显示这些图片。动态地图服务除了能产生地图图片外,也能够把其图层中地理要素的坐标和属性发给客户端,实现要素服务的制图方式。要素服务是服务器把矢量数据从数据库中读取出来,发给客户端,由客户端来根据地理要素的坐标和属性来绘制地图。

要素服务的优点是客户端已经有了地理坐标和属性,无需向服务器发出请求就能够展示地理要素的弹出窗口,并在弹出窗口中展示要素的属性信息,与用户的交互更为快捷和友好。缺点是当图层数据量很大,而且需要一次从服务器端传回较大的数据量,如上万个要素时,数据的传输时间会比较长,而且客户端的渲染速度也会较慢。ArcGIS Online 和 ArcGIS Enterprise 推出的 WebGL 要素图层改进了要素的获取和渲染方式,能实时地对要素数据进行制图综合和简化,减少数据的传输量,能在浏览器端快速渲染超过数十万个要素,这样要素服务也能支持大的数据量和实时更新的数据。

动态地图服务的优点是支持较大量的数据和实时更新的数据,对客户端计算机的要求极低,任何能显示 JPG、PNG 和 GIF 的浏览器都能显示地图。动态地图服务是在 Web GIS 中提供地图的最早的方法,也曾是最主要的方法。近年来,随着瓦块地图服务和要素服务的广泛应用,动态地图服务的重要性在降低,但它仍然是提供地图功能的重要方法之一。

7.1.5　动态地图服务的发布流程

可以使用 ArcGIS 的桌面版产品,包括 ArcMap 和 ArcGIS Pro,来发布 Web 服务。ArcMap 是一款传统的桌面 GIS 软件,它具有强大的二维地图制作、空间分析、空间数据建库等功能。ArcGIS Pro 是一款新的 64 位原生的桌面 GIS 软件,它支持在 2D 和 3D 一体化的环境中进行地理数据的可视化、分析、管理和共享。ArcMap 可以与 ArcGIS Server 和 ArcGIS Online 连接来发布 Web 服务,而 ArcGIS Pro 可以与 ArcGIS Enterprise 和 ArcGIS Online 连接来发布更多类型的 Web 服务。就发布动态地图服务而言,ArcMap 和 ArcGIS Pro 都能胜任。

利用 ArcMap 和 ArcGIS Pro 发布动态地图服务的工作流程一般包括如下步骤：

（1）使用桌面 ArcGIS 准备数据。

在这一步骤中，建议对数据做以下处理来提升地图服务速度：① 对于大多数情况，将数据投影到 Web Mercator 中，以便与基础底图匹配，而无须在使用地图服务时动态地做投影转换。② 对那些用户将要在应用程序查询的属性字段创建索引。③ 隐去或删除那些与最终应用无关的属性字段。

（2）在桌面 ArcGIS 中配置地图文档，包括配置层符号和其他属性。① 删除无关的图层和底图图层。② 不使用那些地图服务所不支持的或会减慢地图服务性能的复杂符号。

（3）分享 Web 服务。① 选择复制数据到服务器或引用已注册的数据源。② 分析地图和审查任何错误、警告和可能导致的信息。必须修复所有错误才可以发布服务。

（4）校验地图服务。

发布服务后，转至 ArcGIS Server 或 Portal for ArcGIS，将所发布的服务添加至 Web 应用来审核服务是否正常工作。地图服务发布的典型工作流程如图 7.2 所示。

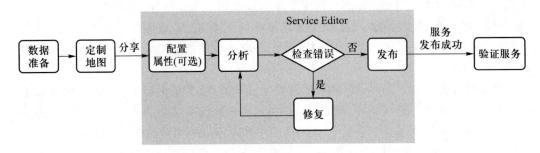

图 7.2 动态地图服务的发布流程

7.1.6 启用时间的地图服务

时间是地理空间数据的一个重要维度。启用时间的 Web 应用程序将允许用户动态地显示地理要素，揭示隐藏在数据中的时间模式和趋势。例如，这些 Web 应用程序可以提供以下功能：

- 在时间尺度上显示不同事件，如犯罪、事故和疾病；
- 显示静止物体（如空气质量传感器和气象站）的值的变化；
- 显示野火或洪水的扩展或消退等。

用户可以启用图层中的时间字段，把该图层发布成动态的地图服务或动态的要素服务，然后用这些服务来制作 Web 地图和 Web 应用，以时间为顺序来动态地显示诸如行驶中的汽车、飞行中的飞机、案件的过程、空气质量的变化、火灾范围的扩展等事件，具有动画一样的效果，提高 Web 应用的用户体验。启用时间的服务对图层的数据有要求，每个要素都必须具有单个日期属性字段或开始和结束日期字段（图 7.3）。日期字段要求是日期类型或"可排序"的其他类型，如 YYYY 或 YYYYMMDD 字符串或数字格式，这些字段排序后和时间的顺序是一致的。其他字段如 MMDDYYYY 格式的字符字段就不符合要

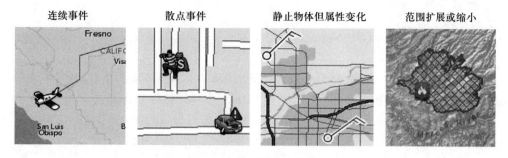

| 连续事件 | 散点事件 | 静止物体但属性变化 | 范围扩展或缩小 |

图 7.3　时间数据的类型

求,因为排序后 03202018 会被认为比 08202017 时间上更早,而实际是 2018 年是晚于 2017 年的。类似这样的字段需要转换为日期类型或其他满足要求的格式。

7.2　实习教程:发布和使用动态地图服务

本实习将创建一个 Web 应用程序,并使用地图动画显示中国及东南亚地区历史上所发生的飓风和地震的时间及空间分布模式。

数据来源:

C:\WebGISData\Chapter7\中有一个地理数据库文件,包含以下两个图层:
(1)中国及东南亚地区 1999 年到 2008 年地震震级大于 6.6 的主要地震;
(2)中国及东南亚地区 1999 年到 2008 年的主要飓风。

基本要求:

在 Web 应用程序中显示以下功能:
(1)所有飓风和地震显示在一个地图上;
(2)按时间动态显示地震和飓风(如以月为单位);
(3)当用户点击地震或飓风时,会显示属性弹出窗口。

系统要求:

(1)ArcMap。
(2)ArcGIS Enterprise(标准版或高级版):必须安装 ArcGIS Server,可选安装 Portal for ArcGIS。需要有发布者或管理员级别的账户;请咨询指导教师或 GIS 管理员以获取 ArcGIS Server 的连接信息。
(3)ArcGIS Online 发布者或管理员级别的账户。

7.2.1　连接 ArcGIS Server

（1）在 ArcMap 中，单击 ArcCatalog 图标以打开 Catalog 窗口（图 7.4）。为了方便起见，单击大头针按钮，关闭自动隐藏模式，使 Catalog 窗口保持打开状态。

（2）在目录树中，展开 GIS Servers 节点，然后双击添加 ArcGIS Server（图 7.5）。

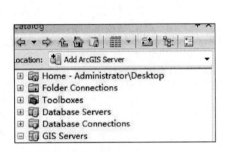

图 7.4　打开 Catalog 窗口

图 7.5　添加 ArcGIS Server

（3）在添加 ArcGIS Server 窗口中，选择 Administer GIS Server 或 Publish GIS Services，单击下一步（图 7.6）。

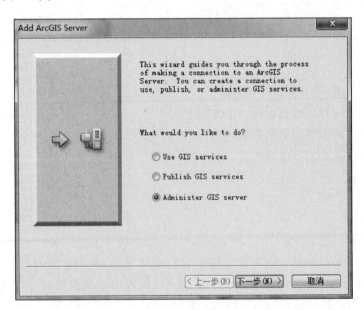

图 7.6　选择账户类型

发布者可以发布、删除、启动和停止服务。管理员可以额外编辑服务器属性,如注册数据位置。

(4)在"General"窗口中,输入以下服务器连接信息(如果需要帮助,请咨询教师或GIS 管理员)(图 7.7):

图 7.7 输入 ArcGIS Server 连接信息

- 服务器网址(Server URL):键入 ArcGIS Server 的网址,通常为 http://服务器名称"6080/arcgis"或 http://服务器名称"/arcgis"。http 可以是 https,具体取决于服务器配置。
- 服务器类型(Server Type):单击下拉框,然后选择 ArcGIS Server。
- 暂存文件夹(Staging Folder):保持原样。该文件夹用于存储临时文件。
- ArcGIS Server 的管理员或发布者账户的用户名(User Name)和密码(Password)。

(5)单击完成。

此时的连接将显示在目录树的 GIS Servers 节点中(图 7.8)。现在已与 ArcGIS Server建立连接,可用于发布服务。

图 7.8 查看本地 ArcGIS Server 节点

7.2.2 设计地图

本节将创建一个地图文档并使用它来发布地图服务。本书不着重介绍地图设计或制图,因此将快速设计一个简单的地图。

(1) 在 ArcMap 主菜单栏上,单击 File 选项,然后单击 New 选项。

(2) 单击空白地图,单击确定。

此步骤创建一个新的空白地图。默认情况下,地图文档和地图服务的坐标系统与添加到地图的第一个图层相同。从空白地图开始,可防止受到先前工作的影响。

(3) 在 ArcMap 目录窗口中,单击连接到文件(Connect to Folder)按钮,单击我的电脑>C 盘>WebGISData(图 7.9)。

(4) 选择 Chapter7 文件夹,然后单击确定。

此书示例数据与文件夹的联系已经创建完成,允许快速访问。

(5) 在目录窗口中,查找文件夹连接。单击文件夹"C:\WebGISData\Chapter7",找到"Data. gdb",并展开 Data. gdb 文件,显示两个要素类(图 7.10)。

图 7.9 浏览本地数据目录

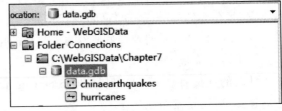

图 7.10 浏览本地数据

(6) 将两个图层(地震和飓风层)拖拽到地图中。使用默认符号显示。这两个数据层均采用 Web 墨卡托投影坐系。因为它们是添加到地图的第一个图层,所以地图文档的坐标系也是 Web 墨卡托投影坐系。

(7) 单击保存。将地图文档保存为"C:\WebGISData\Chapter7\Natural Disaster. mxd"。单击保存关闭另存为窗口(图 7.11)。

现在已建立了一个地图文档,可以把它发布为一个服务了。下面的步骤(8)~(13)是为了改善图层的符号,使地图服务更加直观。

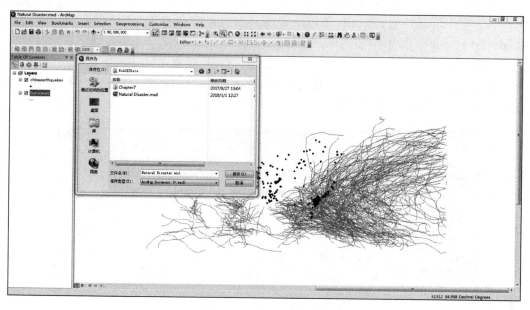

图 7.11 建立地图文档

（8）在内容列表（Table of Contents）中，双击地震图层，打开图层属性对话框。或者可以右键单击 ChinaEarthquakes 图层，然后单击"Properties"打开"Layer Properties"对话框（图 7.12）。

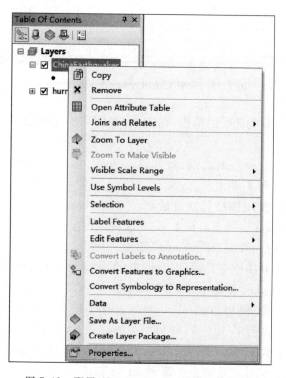

图 7.12 配置 ChinaEarthquakes 地图图层属性

（9）在图层属性对话框中，做以下设置：① 单击符号列表，然后点击 Quantities> Graduated symbols。② 在字段组中，对于 Value，单击 magnitude，即地震震级字段。

（10）在分类组中，把类设置为3。单击分类，选择自然断点（Jenks）方法，然后单击确定。将符号大小（Symbol Size）从8设置为24；单击 Template 按钮选择适当的符号，例如，填充为红色的黑色圆圈（图 7.13）。

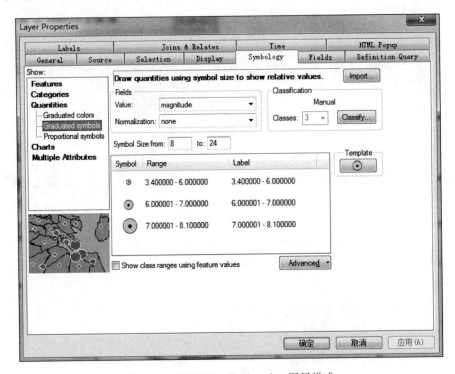

图 7.13　配置 ChinaEarthquakes 图层样式

（11）单击第一个分类区间的范围，输入6。单击标签，设置为3.4-6。此设置使类间隔和标签更易读。

（12）单击第二个分隔符的范围，将其设置为7。单击第二个和第三个分隔符的标签，将它们设置为6-7和7-8.1。

（13）单击"确定"关闭图层属性对话框。完成 ChinaEarthquakes 图层的符号设置更新。新的符号应该出现在地图上。接下来，更改飓风图层的符号。

（14）在内容列表中，双击"Hurricanes"图层。

（15）在图层属性对话框中，进行以下设置：① 单击 Symbology 标签，单击 Quantities> Graduated colors。② 在 Fields 组中，对于 Value，单击"STNUMBER"飓风风速字段。③ 使用3个类进行分类。④ 使用 Natural Breaks（Jenks）。⑤ 使用绿色到红色的渐变色。⑥ 将第一类的标签更改为1-10。⑦ 将第二类的标签更改为11-21。⑧ 将第三类的标签更改为22-36。⑨ 单击"确定"关闭 Layer Properties 对话框（图 7.14）。

Hurricanes 图层的符号在地图上更新完成（图 7.15）。

（16）在 ArcMap 标准工具栏中单击保存，保存地图文档。

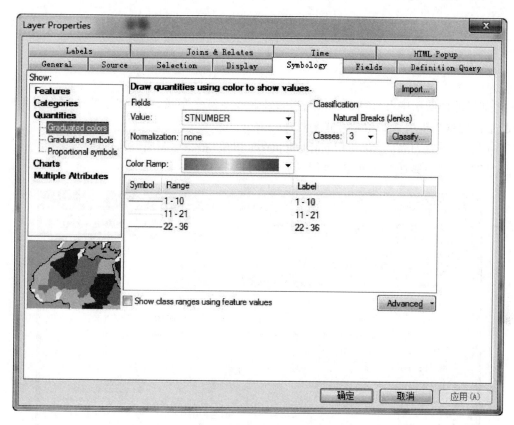

图 7.14　配置 Hurricanes 图层

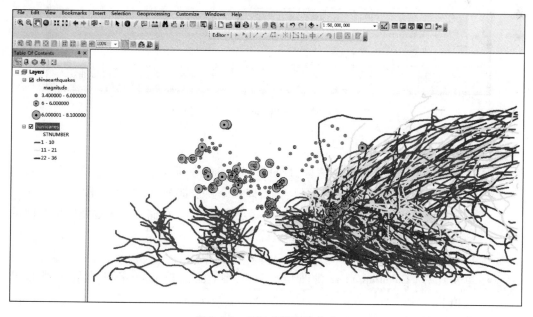

图 7.15　地图文档配置完成

现在已经创建了一个简单但是符号比较容易理解的地图文档。

7.2.3 启用时间

如果地图图层中有日期字段或适当的整数或字符串字段,可以在这些图层上启用时间,这样能够用吸引人的动画方式来可视化数据。

(1) 在内容列表中,双击 ChinaEarthquakes 图层,将显示图层属性对话框。

(2) 在图层属性对话框中,执行以下任务(图 7.16):

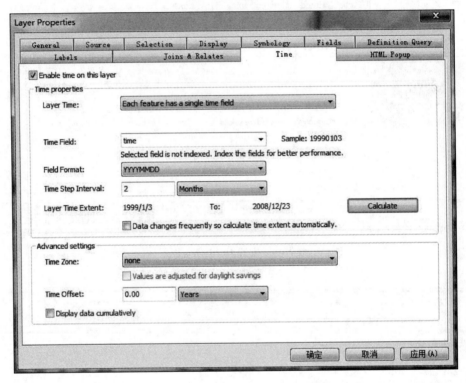

图 7.16　ChinaEarthquakes 图层启用时间

- 单击"Time"选项卡。
- 选中此层上的启用时间复选框(Enable time on this layer)。
- 保留图层时间(Layer Time)的缺省值,即每个要素都有一个时间字段。
- 对于时间字段(Time Field),选择"time"字段,该字段存储着每次地震发生时间的日期。
- 将字段格式(Field Format)选择为"YYYYMMDD"。
- 单击计算(Calculate),查找图层时间范围(也就是 time 字段的最小值和最大值)。
- 单击确定,关闭 Layer Properties 对话框。

不要担心时间步长间隔,因为可以稍后在 Web 地图中配置它。

现在已在地震图层启用时间。接下来,将在飓风图层上启用时间。

(3) 在内容列表中,双击 Hurricanes 图层。将弹出 Hurricanes 图层的 Layer Properties 对话框。

(4) 在图层属性对话框中,进行如下配置(图 7.17):

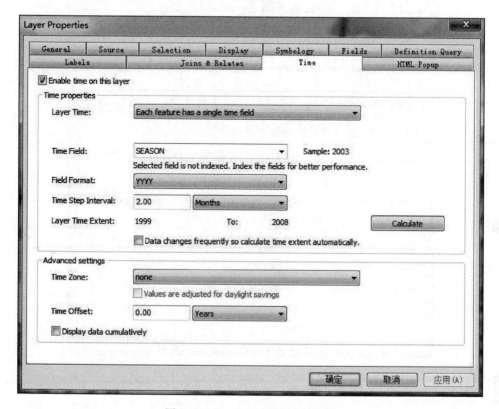

图 7.17　Hurricanes 图层启用时间

- 单击 Time 选项卡。
- 选中此层上的启用时间复选框。
- 保留图层时间的缺省值,即每个要素都有一个时间字段。
- 对于时间字段,选择 SEASON 字段,这一字段存储了每次飓风的发生时间。
- 将字段格式设置为"YYYY"。
- 单击计算,查找图层时间范围。
- 单击确定,关闭 Layer Properties 对话框。

(5) 在 ArcMap 工具箱中,单击 Time Slider 按钮。

- 在 ArcMap 中播放动画效果。在动画的开始或者在动画中,有时数据图层可能会从地图上消失,所有的数据都不再显示,这是因为在某些特定的时间间隔中没有地震或飓风。
- 在 Time Slider 窗口单击 Options 按钮。
- 在 Time Slider Options 对话框中指定两个月的时间窗口。

- 保持默认 Display data for entire time window。然后单击确定,关闭 Time Slider Options 对话框(图 7.18)。
- 单击 Play 按钮,重新播放动画。

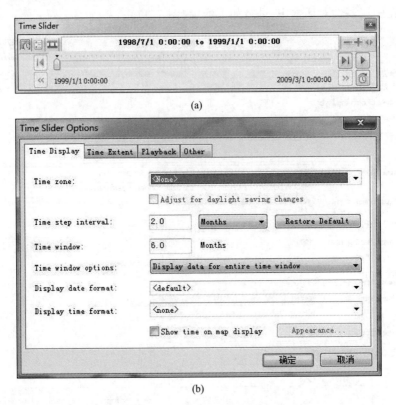

(a)

(b)

图 7.18　查看时间播放效果

如果播放速度太快,可以通过"Playback"选项卡改变速度。不要担心 Time Slider 设置,也可以稍后在 Web 地图中进行配置。

(6)单击 Save 按钮,保存地图文档。

地图中的两个图层已经设置启用时间,这个地图文档将用于发布一个启用时间的地图服务。

7.2.4　发布服务

(1)在 ArcMap 中打开上一节创建的地图文档,在主菜单中单击 File > Share As > Service(图 7.19)。

另外,在 Catalog 窗口中,可以浏览 MXD 文档,单击右键,单击 Share As Service (图 7.20)。

(2)在 Share as Service 对话框中选择 Publish a Service(或者当需要重新发布之前发布过服务的时候选择 Overwrite an existing service),然后点击下一步按钮。

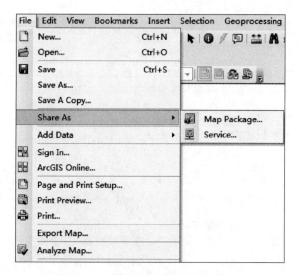

图 7.19 保存地图文档为服务文件

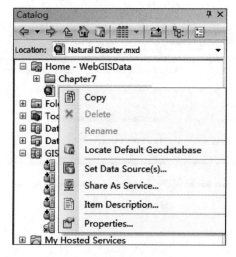

图 7.20 发布地图文档为服务

(3) 在"Choose a connection"列表中,选择在第 7.2.1 节中创建的 ArcGIS Enterprise 连接。输入一个服务名字,如 Natural_Disaster。服务的名字中可以包含字母、数字和下划线。然后单击下一步(图 7.21)。

注意:在同一台服务器上,服务的名字和文件夹名字的组合必须是唯一的,在课堂上当很多学生发布同一个服务的时候,可在服务名称后边加上自己的名字作为后缀或者将服务放置在自己的文件夹中。

(4) 选择"Create new folder"并命名(如自己的名字或者自己项目的名字),然后单击下一步。

默认情况下,ArcGIS Enterprise 发布的服务是在根目录文件夹。把地图服务放在不同的子文件夹中,可以更清晰地管理这些服务,并查看地图服务的参数(图 7.22)。

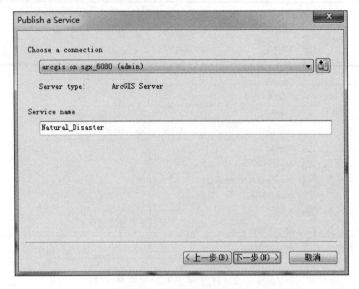

图 7.21　给地图服务命名

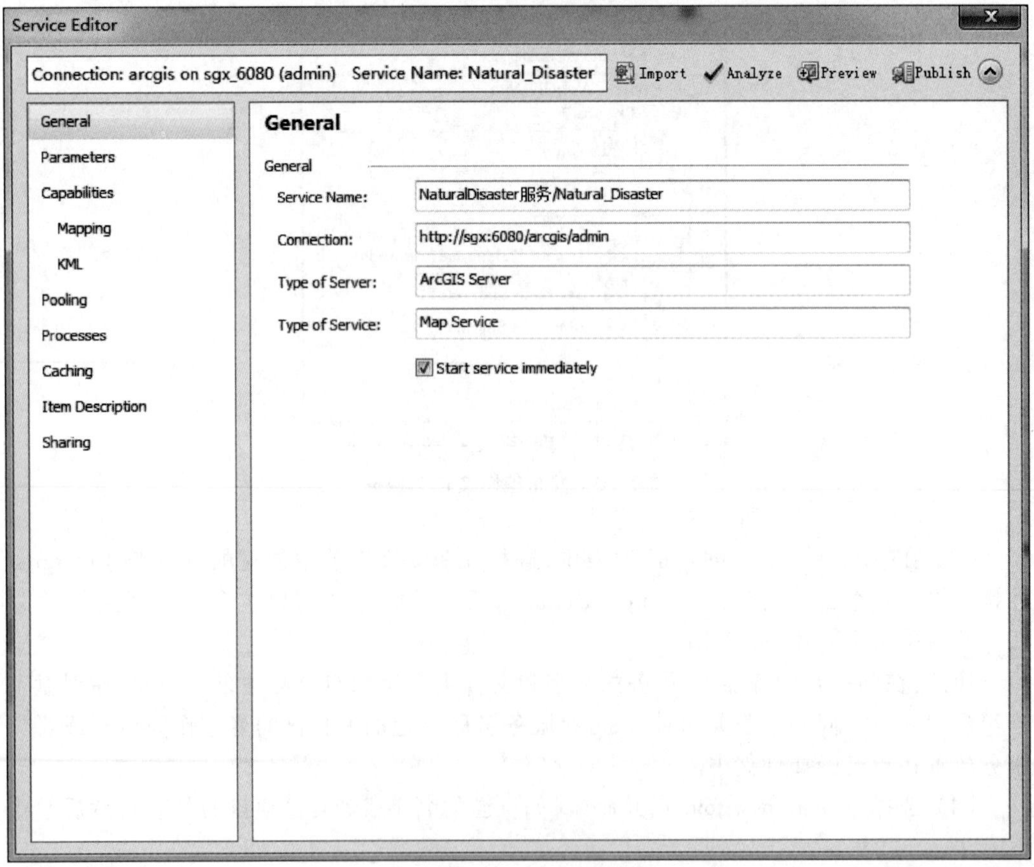

Service Editor	

Connection: arcgis on sgx_6080 (admin)　Service Name: Natural_Disaster　📥Import ✔Analyze 📷Preview 🖥Publish ⌃

General
Parameters
Capabilities
  Mapping
  KML
Pooling
Processes
Caching
Item Description
Sharing

General

General

Service Name:	NaturalDisaster服务/Natural_Disaster
Connection:	http://sgx:6080/arcgis/admin
Type of Server:	ArcGIS Server
Type of Service:	Map Service
	☑ Start service immediately

图 7.22　地图服务参数查看

(5)在 Service Editor 的顶部单击 Analyze 按钮(图 7.22)。

提示:单击 Service Editor 右上角的 Collapse 按钮可把 Service Editor 对话框缩小,为下一步查看服务分析结果留出一个更大的视域。

(6)在准备窗口中查看服务的分析结果。Prepare 窗口可能会出现三种问题。可以通过右键单击一个结果获取其问题的解释。

- Errors:这种提示的地图错误必须在修复之后才能发布地图服务。
- Warnings:这种提示的问题可能影响服务的性能、显示或者数据访问。
- Messages:给出了优化服务的建议。

本实习的 Prepare 窗口不应该有任何错误。在这个练习中显示了一些常见的警告和信息(图 7.23)。

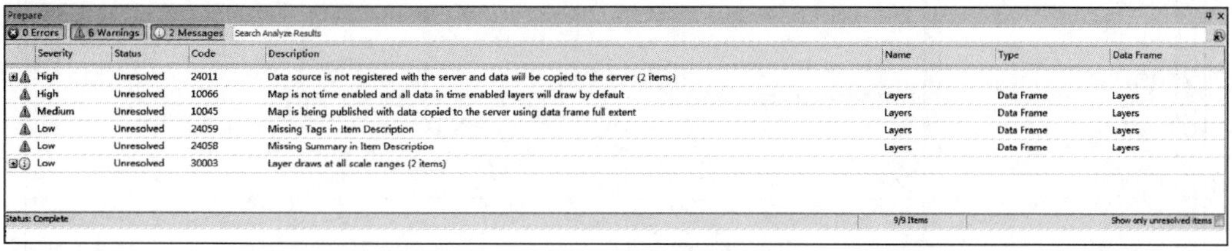

图 7.23   修改地图服务中的警告

(7)因为本实习没有在 ArcGIS Manager 中注册地图中所使用的数据,所以在发布服务时,这些图层数据将会被复制至服务器上。这是正常的,所以可以忽略"Data source is not registered with the server and data will be copied to the server"这一警告。

(8)在 Prepare 窗口中双击在 Item Description 中缺少 Tags 的消息,并添加下列标签:自然灾害、地震、飓风。

(9)在 Prepare 窗口中,双击 Item Description 中缺少 Summary 的消息,并添加下列描述信息:地图展示了自然灾害、地震、飓风(图 7.24)。

(10)忽略所有其他警告。

可以在 Service Editor 窗口中设置其他属性,例如,可以打开下列附加功能:

- KML(Keyhole Markup Language):用来保证那些支持 KML 的客户端能使用本服务。
- OGC WMS(Open Geospatial Consortium Web Map Service):用来保证那些支持 WMS 客户端能使用本服务。

(11)在 Service Editor 窗口的右上角,单击 Publish 按钮(图 7.25)。

(12)在 Copying Data to Server 对话框中,单击确定。发布服务的时间与数据大小和网络带宽有关系。

(13)地图服务发布成功之后会弹出发布成功消息,单击确定,关闭窗口。

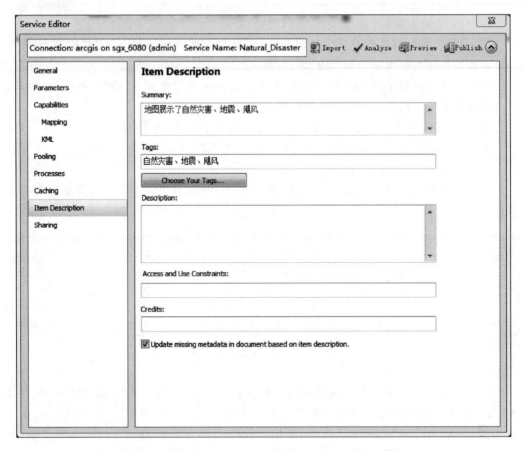

图 7.24　添加 Item Description 中的 Summary 和 Tags 信息

图 7.25　地图服务发布

7.2.5　浏览服务目录

服务发布到哪里了？服务长什么样子？它正常工作了吗？当发布完服务之后，可能会有这样的问题。可以用 ArcGIS Enterprise 的服务目录（Services Directory）、ArcGIS Enterprise Manager 或 ArcCatalog 来解答这些问题。本节将学习使用 Services Directory。

（1）如果 ArcGIS Server 已经与 Portal for ArcGIS 联合，默认情况下发布的服务是私有的，在进行下一步操作之前需按照第 7.2.8 节中的步骤（1）～（4）来共享刚发布的服务。如果不知道 ArcGIS Server 与 Portal for ArcGIS 是否联合，请咨询相关的老师或者 GIS 管理员。

（2）确定服务目录的网络地址。URL 通常为以下格式：<http or https>://<server name>:<port_number>/<instance name>/rest/services。对于一个指定的服务器，可以用这

个 URL 打开其服务目录。<instance name>在 ArcGIS Server 安装中通常是"arcgis"。如果不确定 URL,联系老师或者系统管理员。

　　注意:如果 ArcGIS Server 的配置是用 https 和自定义的 SSL 证书,在这里会看到一个消息,显示连接不是私人或不可信。此时不用管它可以继续,如果有问题,可以在继续操作之前咨询老师。

　　(3) 打开浏览器,输入上一步确认的服务目录网址。

　　打开服务目录之后,主页列出了根目录下所发布的 ArcGIS REST Services 的文件夹和服务(图 7.26)。

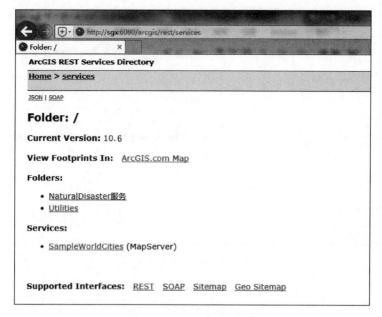

图 7.26　查看地图服务目录

　　(4) 单击发布服务时指定的文件夹名字。

　　上一步发布的服务名字会显示出来,这也确认了服务已经被成功发布。

　　(5) 单击该地图服务的名称,会进入该地图服务的元数据页面,内容包括下列链接和信息(图 7.27):

- View In:地图服务链接,可以用来预览地图服务和测试地图服务是否正常工作。
- Layers:这个链接显示地图服务中图层的名称。
- Spatial Reference:参考代码 102100 说明地图服务的投影坐标系是 Web 墨卡托,另外一种常用的空间参考是 4326,代表了地理坐标系统 WGS84。
- Time Info:这个信息说明此地图服务是启用时间。
- Supported Operations:Web 客户端可以请求地图执行导出地图、识别和查找等操作。

　　注意:本页的 URL(http://sgx:6080/arcgis/rest/services/china/Natural Disaster/MapServer)是一种该地图服务的 REST 端口,客户端可以通过这个 URL 使用这个服务。记住这个 URL 的格式会对后边的操作有帮助。

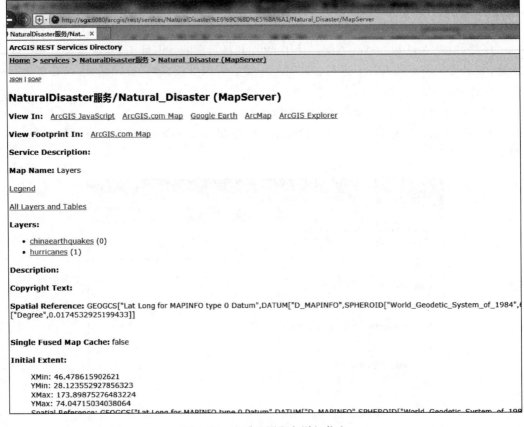

图 7.27 查看地图服务详细信息

（6）在 View In 的链接中，单击 ArcGIS JavaScript 会看到地图服务在新的窗口中显示，可以对地图进行放大和缩小（图 7.28）。

图 7.28 浏览地图服务的链接

这个步骤确认了地图服务不仅发布成功了，而且运行正常。

（7）返回地图服务页面，找到 View In 链接，单击 ArcGIS Online map viewer，地图服务在 ArcGIS Online map viewer 中显示。如果服务在底图上正确加载则说明数据坐标系统和地图服务是正常的。否则，表明坐标系统不正确。当地图服务是启用时间的，在地图下边会出现一个时间进度条。

（8）单击 Play 按钮，观看地震和飓风的时空特征。

接下来学习配置时间滑条。

(9)返回 ArcGIS REST Services Directory 中的地图服务页面,单击地震图层(图 7.29)。

此时会看到元数据页面。这个页面列出了下列信息:

* Geometry Type:说明要素是点状图层。
* Drawing Info:列出了图层的符号。
* Time Info:说明图层是否启用时间。
* Fields:图层属性的名称和类型。
* Supported Operations:(包括查询)列出了网络客户端可以请求服务执行的操作。

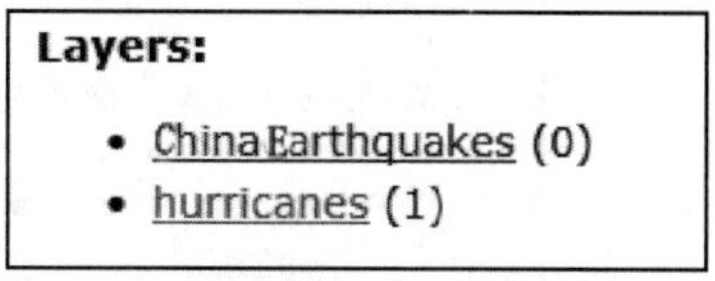

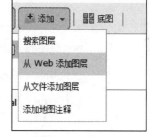

图 7.29 地图服务包含的图层及顺序

注意:这个页面的 URL(如 http://sgx:6080/arcgis/rest/services/china/Natural Disaster/MapServer/0)是该图层的 REST 端口或者 URL,这个端口或 URL 本质上是地图服务的 URL 后面加上数字,这个数字以 0 开始,依次累加。网络客户端都可以通过这个 URL 访问这个图层。

(10)单击浏览器的后退按钮,返回 ArcGIS REST Services Directory 的地图服务页面。

本节用 ArcGIS REST Services Directory 展示了地图服务,并且确认了地图服务被成功发布,能正常运行并使用了正确的坐标系统,启用时间。

7.2.6 创建具有时间动画效果的 Web 应用

(1)在浏览器中导航至 ArcGIS Online 或者自己的 Portal for ArcGIS,登录进入地图窗口。

(2)在地图窗口工具栏,单击添加按钮,然后单击"从 Web 添加图层"(图 7.30)。

(3)在该窗口,指定所要添加的地图服务的 URL,然后单击"添加图层"(图 7.31)。地图服务将被添加到地图窗口中。

提示:可以从服务目录中的地图服务页面获取地图服务网址,无须手动输入,从浏览器的地址栏中复制 URL 并粘贴到 URL 框中。

图 7.30 添加图层

(4)在内容面板中,单击自然灾害图层,展开它的子图层,找到地震图层,单击 ··· (More Options)按钮,然后选择"启用弹出窗口"(图 7.32)。

这个选项启用了地震图层的弹出窗口。单击地图中地震要素,会弹出默认的窗口。

(5)用第 2 章所学到的技能配置弹出窗口的内容和方式。

(6)配置其他图层的弹出窗口。

(7)在工具条栏,点击保存>保存至网络地图(图 7.33)。

ArcGIS Online 会识别地图服务是启用时间的,并会出现一个时间滑条。这个时间滑条可以配置和控制动画的速度及时间跨度等。

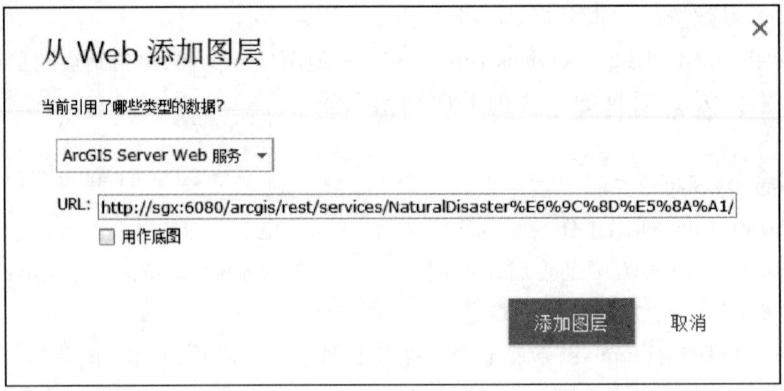

从 Web 添加图层 ✕

当前引用了哪些类型的数据?

ArcGIS Server Web 服务 ▾

URL: http://sgx:6080/arcgis/rest/services/NaturalDisaster%E6%9C%8D%E5%8A%A1/

☐ 用作底图

添加图层　　取消

图 7.31　选择地图服务

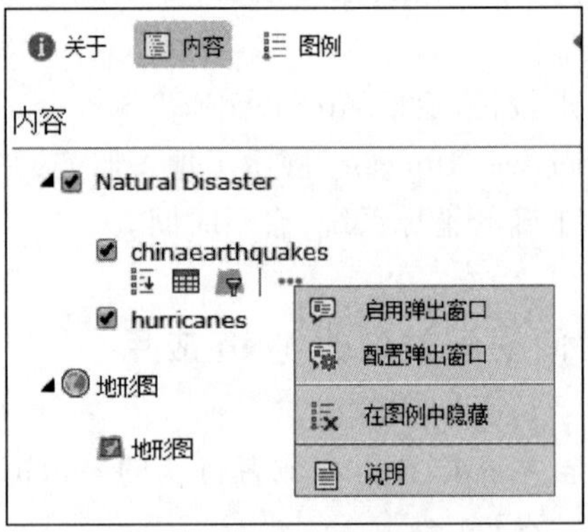

ⓘ 关于　🖾 内容　🗐 图例

内容

◢ ☑ Natural Disaster

　　☑ chinaearthquakes
　　≣ ▦ ⏚ ┆ ···　　💬 启用弹出窗口

　　☑ hurricanes　　　💬 配置弹出窗口

◢ 地形图　　　　　　　≣╳ 在图例中隐藏

　　🗾 地形图　　　　　🗐 说明

图 7.32　设置地图服务

保存地图 ✕

标题:　　　Natural Disaster

标签:　　　Earthquakes;Hurricanes ✕　添加标签

摘要:

保存在文件夹中:　shengliking@126.com　　　　　▾

保存地图　　取消

图 7.33　保存地图服务

(8) 单击滑块右侧的 ╪ (Configure)按钮(图 7.34)。

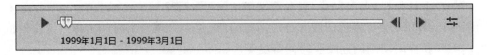

1999年1月1日 - 1999年3月1日

图 7.34　地图时间参数设置

（9）单击时间设置窗口的高级设置。

（10）在"时间显示"下设置动画时间间隔为 2 个月，在"随着时间推移"选项中保持默认选择"仅显示当前时间间隔内的数据"，然后单击"确定"，关闭时间设置窗口（图 7.35）。

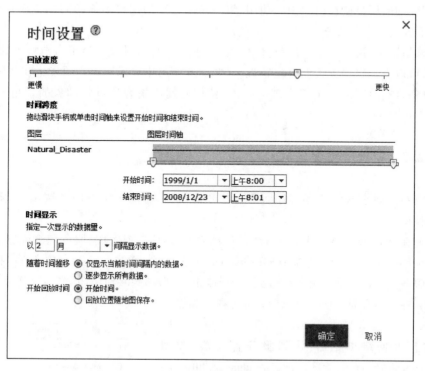

图 7.35 设置时间

（11）单击时间滑块旁的 ▶ （Play）图标，测试动画的配置参数是否能够正常播放。

（12）在工具条栏单击 Save 按钮，保存网络地图。

至此已经用地图服务创建了一个网络地图，并且配置了它的时间属性，接下来要用这个地图创建一个网络应用程序。在前几章中已经学习了怎样用 ArcGIS Online 创建 Web 应用程序，所以本章将不再详细介绍。

（13）在地图视图的工具栏单击 Share 按钮。

（14）在该窗口中把地图共享给所有人。

（15）单击"Create a Web App"。

下一步需要选择一个支持时间动画的应用模板，如 Time Aware。

（16）在可配置应用库中，找到并单击 Time Aware 应用，单击"Create App"。

（17）单击 Save 按钮，然后单击 Done 按钮。

操作完这个步骤会自动跳转至新应用程序的详细页面。另外，可以通过 Edit 按钮更新它的详细信息，也可以单击 Configure App 按钮改变应用的配置。

（18）点击应用图标打开该 Web 应用程序，也可以通过 Open>View Application 打开该应用程序。

　　这个页面的 URL 是该应用程序的 URL,可以将这个 URL 共享给其他人,这样别人就可以使用这个应用程序。

　　注意:如果 ArcGIS Server 装在组织内部的私人服务器上,并且只能通过内部网络访问,所创建的应用只能在组织内网使用,组织网络之外的用户不能访问这个应用(可参考第 7.3 节常见问题解答来了解更多信息)。

　　默认情况下,网络应用程序打开之后会出现一个时间滑块。当单击滑块上的 Play 按钮时,就可以看到这些灾害的时空特性。例如,本实习中显示飓风主要发生在我国东南海岸,并且通常在每年的下半年出现。另外,使用时间滑块表达可将抽象的事情变得形象生动。

7.2.7　管理网络服务

　　本节不是创建 Web 应用程序所必要的步骤,但是有助于学习服务调试、故障检测以及服务管理。

　　(1) 在 ArcMap 的 Catalog 窗口练习启动服务、停止服务、重启服务和删除服务:① 单击 GIS Servers;② 单击创建的 ArcGIS for Server 连接;③ 单击自己的文件夹;④ 找到自己的地图服务;⑤ 右键单击服务会看到启动、停止、重启和删除地图服务选项(图 7.36)。

　　(2) 在 Server Manager 中练习启动、停止和删除服务(图 7.37)。

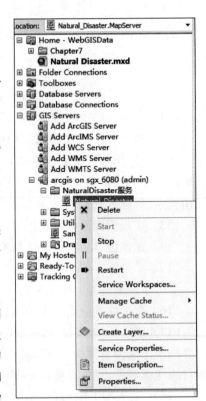

　　① 打开网络浏览器,找到服务管理器(类似 http://yourServerName:6080/arcgis/manager, https://yourServerName:6080/arcgis/manager, http://yourServerName/arcgis/manager, 或 https://yourServer Name/arcgis/ manager)。② 以管理员身份登录。③ 在顶部单击 Services。④ 在主菜单单击 Manage Services 按钮。⑤ 在页面的左侧找到自己的文件夹并单击。⑥ 页面右侧找到自己的服务,分别单击 Stop、Start 和 Delete 按钮来停止、开启和删除服务。

　　(3) 检查 ArcGIS for Server 的日志文件夹(图 7.38):① 登录 ArcGIS Server Manager,在页面右上角单击登录(Logs)按钮。② 根据日志的级别和时间过滤日志。③ 单击查询按钮来检索和显示日志。

　　通常情况下,日志的级别是警告,如果需要详细的日志来调试服务问题,可以单击设置按钮将日志级别设为"Fine"、"Verbose"或"Debug"。需要注意的是,这些详细的日志级别将降低你的服务器性能。如果使用详细的日志级别,不要忘记结束后改为"Warning"。

图 7.36　启动和关闭服务

图 7.37 在 Server Manager 中启动关闭服务

图 7.38 在 Server Manager 中查看日志

7.2.8 在 Portal for ArcGIS 中管理和使用服务(可选)

本节实习需要 Portal for ArcGIS 与 ArcGIS Server 联合。如果两者没有联合,可以跳过本节。

(1)打开网络浏览器,进入 Portal for ArcGIS 的主页,用与第 7.2.1 节相同的账户登录。如果不知道 Portal 网址,请咨询老师或者系统管理员。

(2)单击内容>我的内容,在列表中找到本教程发布的地图服务。

(3)单击地图服务查看详细信息。

(4)在详细信息页面,单击共享将地图服务共享给每个人。

如果软件安装时联合了 Portal for ArcGIS 与 ArcGIS Server,则 Portal for ArcGIS 能够更方便地使用服务。

（5）单击"在地图查看器中打开"。

该地图服务将被添加到 Web 地图中，你可以用与第 7.2.6 节相同的方法来创建具有时间动画效果的 Web 应用。

本节展示了在 Portal for ArcGIS 中更容易地访问服务、管理、创建和共享网络地图和网络应用。

7.3 常见问题解答

1）为什么要预先把地图服务中的图层投影设为 Web 墨卡托？

互联网上绝大多数的底图都采用了 Web 墨卡托投影，如果要与这些底图匹配，可操作图层也应该是 Web 墨卡托投影。如果研究区域不在南极或者北极，而且没有特殊的要求，在发布地图服务之前应该把数据设为墨卡托投影，这样 ArcGIS Enterprise 在提供地图服务时就不必动态地对数据做投影转换，地图能够直接与底图匹配。否则，将会影响地图服务的性能。

2）当在 ArcGIS Online 地图浏览器中加载自己的地图时，所加载的地图出现在非洲湾的海岸附近，这个位置是不正确的，为什么？

因为你的数据图层所定义的坐标系统是错误的。你的数据要么缺失了坐标系信息，要么所设置的 Web 墨卡托坐标信息不正确。

要纠正这个问题，可以打开 ArcGIS Catalog 窗口，找到数据图层，单击右键，然后单击 "Properties" 打开 Properties 对话框，单击 "XY Coordinate System" 选项卡，单击 Geographic Coordinate Systems>World>WGS 1984，单击 OK 按钮。然后，把数据投影为 Web 墨卡托，再把投影后的图层添加到一个新的地图文档中，并把它发布成为一个新的地图服务即可。

3）在发布完地图服务之后，如果更新地图文档，地图服务会不会自动进行更新？

不会。在发布地图服务的过程中，ArcGIS Server 已经将地图文档优化并转换成一个 SD（Service Definition）文件存储在服务器上。这步操作之后，地图服务使用的是 SD 文件，所以原始的地图文档的变化不能影响已发布的地图服务。如果需要更新服务，需要重新发布或者覆盖地图服务。

4）在发布完地图服务之后，如果在 ArcGIS Desktop 中更新了地图数据，所更新的内容会不会自动在地图服务中显示？

需要视情况而定。如果数据没有在 ArcGIS Server 中注册，发布地图时，ArcGIS Server 将把地图数据复制到服务器上并且使用这个副本。所以无论在原始数据上做任何更改，都不会在已经发布的服务中显示出来。

如果需要地图服务自动更新,必须先注册该数据源,并且配置 ArcGIS Desktop 和 ArcGIS Enterprise 共享这个数据源,然后发布服务。

5) 我用自己的地图服务创建了一个网络应用,然而我只能在学校的电脑上才能查看这个网络应用,这是为何?

这是因为 ArcGIS Server 安装在学校内网的服务器上并且该服务器只有通过内网才可以访问。一方面,这种限制有助于保护服务的安全性;另一方面,这种限制对在校外使用地图服务和网络应用造成了不便。

如果要在外网中也能使用你制作的地图服务和应用,可以考虑使用下列任意一种方法来解决:

- 使用 VPN(virtual private network):如果学校内网允许 VPN 访问,在校外的时候可以使用 VPN 进入校园网从而访问服务。
- 使用反向代理:反向代理以代理服务器来接受外网上的连接请求,然后将请求转发给内部网络上的服务器,并将从服务器上得到的结果返回给外网上请求连接的客户端。学校的网络管理员可以设置这个代理。
- 把 ArcGIS Server 安装在外网的公共服务器上,并允许用户通过 HTTP 或 HTTPS 从外部网络访问这个服务器。

7.4 思 考 题

(1) 什么是私有云 Web GIS? 什么是混合云 Web GIS? 它们之间部署方式的差异是什么? 举一些私有云 Web GIS 和混合云 Web GIS 的应用案例。

(2) 什么是动态地图服务? 发布平台有哪些? 如何发布动态地图服务?

(3) 什么是启用时间的地图服务?

(4) 如何创建基于动态地图服务的 Web 应用?

7.5 作业:创建一个展示城市人口 动态变化的 Web 应用

数据来源:

C:\WebGISData\Chapter7\Assignments_data 目录下的 US_Cities_gdb,本地理数据库中有一个图层:US_Cities。该图层具有 100 个人口最多的美国城市在 1790—2000 年间的人口数量。

基本要求：

（1）发布一个启用时间的动态地图服务；
（2）创建一个 Web 应用以动画的形式来动态展示城市人口的变化。

提交内容：

（1）地图服务的 REST URL；
（2）Web 应用的 URL。

提示：

（1）图层数据的属性中不包括日期字段，但是可以使用图层中的 YEAR 字段来启用时间。

（2）可以使用按比例符号来渲染"Population"属性字段（图 7.39），这样可以拉开这些城市之间的符号差别，能更清晰地展示人口变化的程度。

（3）用 10 年来作为时间间隔。

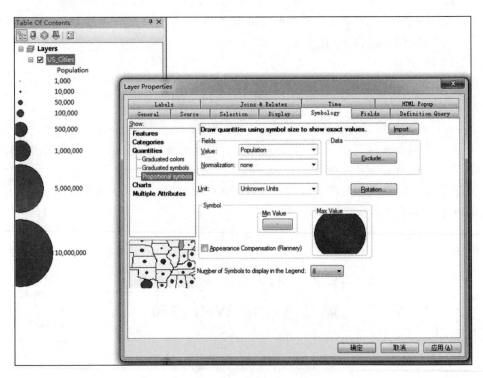

图 7.39 符号配置

参 考 资 料

Esri.2017.分布式协作 GIS. http://enterprise. arcgis. com/zh-cn/portal/latest/administer/windows/about-distributed-collaboration.htm［2018-1-20］.

Esri.2017.共享 Web 图层的介绍.http://pro.arcgis.com/zh-cn/pro-app/help/sharing/overview/introduction-to-sharing-web-layers.htm［2018-1-20］.

Esri.2017.关于将门户与 ArcGIS Server 配合使用.http://server. arcgis. com/en/portal/latest/administer/windows/about-using-your-server-with-portal-for-arcgis.htm（or http://arcg.is/2zny7LL）［2018-1-20］.

Esri.2017.基本 ArcGIS Enterprise 部署.http://enterprise.arcgis.com/zh-cn/get-started/latest/windows/base-arcgis-enterprise-deployment.htm［2018-1-12］.

Esri.2017.什么是 ArcGIS Enterprise. http://enterprise.arcgis.com/zh-cn/get-started/latest/windows/what-is-arcgis-enterprise-.htm［2018-1-20］.

Esri.2017.矢量切片图层.http://pro.arcgis.com/zh-cn/pro-app/help/sharing/overview/vector-tile-layer.htm［2018-1-20］.

Esri.2017.探索 ArcGIS Enterprise 的世界.https://www.esri.com/training/catalog/599c786d8907337d57562b13/explore-the-world-of-arcgis-enterprise/2017［2018-2-20］.

Esri.2017.ArcGIS Enterprise：基本部署.http://enterprise.arcgis.com/zh-cn/get-started/latest/windows/base-arcgis-enterprise-deployment.htm［2018-1-20］.

Esri.2017.ArcGIS Enterprise 门户协作.https://www.esri.com/zh-cn/arcgis/products/arcgis-Enterprise/whats-new［2018-2-20］.

第8章

栅格瓦块和矢量瓦块地图服务

地图能够为用户提供直观的和重要的空间位置信息。随着互联网、计算机以及手机等技术的发展,地图服务已经成为人们生活中必不可少的一部分,人们对地图服务的质量和性能要求也越来越高。动态地图服务在客户端发出地图请求时需要服务器动态渲染地图图像,如果地图中涉及的数据量或者并发请求数量较大,服务器可能会由于过载而大大降低服务的效率。地图缓存或瓦块服务的出现,可以支持众多并发客户端快速显示地图。地图缓存服务包括栅格瓦块服务和矢量瓦块服务,它们把地图进行预先的渲染或处理和切片。在使用时,缓存服务可以将这些已经做好的瓦块快速地提供给大量用户使用,而不必再实时地从数据库读取数据和进行地图渲染,这就大大提高了地图服务的性能和用户体验。

本章首先介绍 Web app 的性能和用户体验、瓦块地图的作用和选择因素,接着分别介绍栅格瓦块和矢量瓦块以及其切片方案、切片实施。实习教程以开封市基础地理数据为例,分别介绍通过 ArcMap 发布栅格瓦块服务和通过 ArcGIS Pro 发布矢量瓦块地图服务的过程,最后展示了如何在 Web 地图和 Web app 中使用已发布的瓦块服务,并对栅格瓦块和矢量瓦块的效果做了简单的比较。图 8.1 显示了瓦块地图在 Web GIS 技术框架中的位置。

学习目标:
- 了解 Web app 用户体验设计的主要原则
- 理解地图缓存技术的概念
- 掌握栅格瓦块和矢量瓦块的优缺点
- 能够根据作业/项目需求选择合适的瓦块类别
- 掌握栅格瓦块和矢量瓦块的切片方案
- 能够通过 ArcMap 和 ArcGIS Pro 发布瓦块地图服务
- 能够对矢量瓦块地图服务进行简单的修改
- 能够在 Web 地图和 Web app 中使用瓦块服务

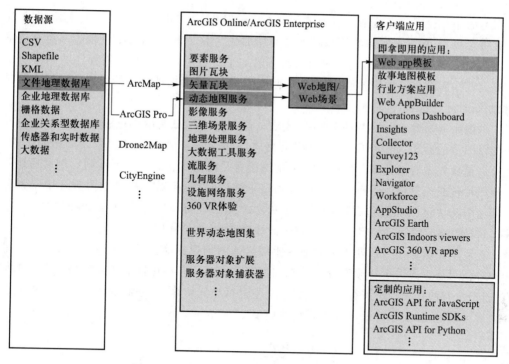

图 8.1　瓦块地图在 Web GIS 技术框架中的位置

8.1　概念原理与技术介绍

8.1.1　Web app 的性能和瓦块地图的作用

Web app 的性能直接影响着 app 的用户体验。用户体验(user experience,UE)已经成为 Web 应用设计时需要考虑的重要因素。Web app 用户体验是指用户在访问或者使用某个 Web app 过程中建立起来的主观感受。影响用户体验的因素主要有系统、用户和使用环境。传统 GIS 应用程序的受众群体是 GIS 专业人员,早期的软件设计和开发过程往往只注重用户的功能需求和软件功能的实现,而忽略应用实践过程中用户的体验。随着互联网和计算机技术的飞速发展,GIS 应用程序的受众群体更多的是非 GIS 专业人员,技术创新形态也发生了变化,"以用户为中心"和"以人为本"的理念越来越受重视,用户体验成为软件设计创新机制中最重要的创新模式之一。广大非专业用户期望 Web GIS 能够像普通 Web 页面一样简单便捷。Web GIS 在用户体验设计方面应该遵循四个主要原则,即有用性、易用性、快捷性和趣味性。有用性需要了解和满足用户的功能需求;易用性要求系统操作简单;快捷性要求应用程序的性能良好和响应速度迅速;趣味性则要求系统的内容和呈现方式丰富有趣。Web app 的性能直接影响着用户的感受,从而影响用户的数量及其访问次数。提高 Web app 的性能不仅需要提高硬件设备性能,更需要对 Web app 本身进行优化,改进用户界面,提高服务效率。缓慢的 Web app 响应速率是扼杀访客吸引力的头号原因。在这个注意力范围短而广的时代,如果网站的加载时间太长,大多数访客将会离去,极少人有耐心等待页面缓慢地加载。不仅如此,服务的呈现方式越来越多样化和复杂化,这也给 Web app 的响应速率增加了负担。Web GIS 应用程序的响应速率主要消耗在底图和可操作图层的加载和显示上。影响地图加载速度的因素有数据读取时间、制图时间、数据量和带宽等。

地图服务是最主要的 Web 服务形式之一。它允许客户端请求把一定地理范围内的地图以图像的形式,如 JPEG、PNG、GIF 等格式,返回给客户端。地图可以是动态制作的,也可以是预先做好的瓦块。地图瓦块或地图缓存是提前生成的一系列不同比例尺的地图瓦块图片包或矢量包。用户每次向服务器请求地图时,服务器将从该地图缓存中检索和返回地图瓦块包或矢量包,这样可以免去数据读取时间和服务器端的制图时间,缩短 Web app 的响应时间,提高加载速度和运行效率,提升用户体验。

瓦块地图服务按一系列指定的地图比例为地图创建相应比例的地图切片,主要适用于内容相对静止或者更新频率较低的基础地图或底图。有些瓦块地图服务是预先制作所有的切片,有的是用动态缓存。动态缓存并不进行预先切片,服务器会在用户第一次请求一个地区的地图时,自动计算并生成切片(图 8.2)。

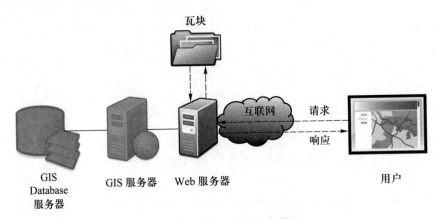

图 8.2   瓦块地图服务架构

瓦块地图服务的优点:

- 加快响应速度:服务器不必再从地理数据库中读取数据,而是可以直接用做好的地图切片来响应客户的请求。这种形式比服务器根据请求每次动态生成地图的方式更快。
- 加强可伸缩性:一旦地图瓦块生成,GIS 服务器和数据库服务器的负载便大大减小,这就使得服务器能够支持更大的并发用户数量。
- 提高制图质量:栅格瓦块允许制图人员提前设计和生产出高质量的地图,矢量切片可以利用客户端以更灵活、更精细的方式来显示矢量地图。
- 符合行业惯例:在目前的 Web 地图应用中,基础底图广泛采用了缓存(瓦块)技术,这已经成了行业的惯例,也改变了用户对 Web GIS 的期望。
- 提升用户体验:终端用户将能够感受到更快更好的地图响应。

地图瓦块虽然具备很大的优势,但是并不适用于所有的地图服务,它主要适用于:

- 地图底图:地图底图的数据层不会频繁发生变化、底图图层的数据量大,对数据输出和地图渲染方面的系统资源需求较大。
- 相对静止并且数据量巨大的操作图层:如果操作图层数据变化频繁,那么每当数据发生变化时,往往没有足够的时间去重新生成瓦块。

8.1.2 栅格瓦块和矢量瓦块概述

瓦块地图服务有栅格瓦块和矢量瓦块两种类型,前者的每个切片是图片,后者的每个切片是矢量数据包。

1) 栅格瓦块

栅格瓦块是按照一系列比例尺,预定生成的一系列 PNG、JPEG、MIXED(混合)、LERC 等格式的瓦块,用于快速显示地图。栅格瓦块地图服务不仅是一堆图片包或矢量包。如果没有禁用其数据查询功能并且没有删除数据源,栅格瓦块地图服务可以与动态地图服务一样支持空间和属性查询。

不同格式的瓦块具有不同的性能和应用领域,用户可根据项目或者作业需求选择合适的瓦块格式,目前常见的栅格瓦块格式有以下几种:

- PNG:使用不同的位深度创建 PNG 格式,根据每个切片中的颜色变化和透明度值对位进行深度优化。PNG 格式适用于很多矢量地图,尤其是颜色种类较少、单色条带较多的地图或者路网、河网等。当不确定使用哪种缓存格式时,可以首先尝试此种格式。
- PNG8:一种无损 8 位彩色图像格式。PNG8 类似于 GIF 图像,能够很好地支持多数 Web 浏览器的透明背景,它可在磁盘上创建非常小且不损失任何信息的切片。当 Web 地图使用了抗锯齿功能时,采用 PNG 或 PNG32 会比 PNG8 得到更高质量的线和标注。如果由于渐变填充或山体阴影而导致地图包含大量颜色,需要采用 PNG 或 PNG32。
- PNG24:用于超过 256 种颜色(如果少于 256 种颜色,使用 PNG8)的叠加服务。
- PNG32:适用于超过 256 种颜色的叠加服务,特别适用于对线或文本启用了抗锯齿的叠加服务。这种格式的切片需要占用更多磁盘空间和更大带宽。
- JPEG:适用于颜色变化较大且不需要透明背景的底图服务。JPEG 为有损图像格式。在不影响图像显示效果的情况下,它会尝试有选择地删除数据。这会在磁盘上产生很小的切片,但如果地图包含矢量线作业或标注,它可能会在线周围生成过多的噪声或模糊区域。如果发生这种情况,可尝试将压缩值从默认的 75 增加到更大的值。更高的值(如 90)可以生成可接受的线作业质量,同时还可保证 JPEG 格式的小切片优势。如果愿意接受图像中存在少量噪声,选择 JPEG 格式可节省大量的磁盘空间,并且浏览器可以更快地下载切片。

- MIXED:混合缓存默认在缓存中心使用 JPEG,同时在缓存边缘使用 PNG32。如果要在其他图层上完全叠加栅格缓存,应使用混合模式。创建混合缓存时,在检测到透明度的任何位置(也就是数据框背景可见的位置)都会创建 PNG32 切片,其余切片使用 JPEG 构建,这可降低平均文件大小,同时可在其他缓存上进行完全叠加。如果在这种情况下不使用混合模式缓存,那么在图像叠加其他缓存的外围会出现不透明的凸边。
- LERC:即有限错误栅格压缩,是一种高效的有损压缩方法,适用于较大像素深度的单波段或高程数据(12 位到 32 位)。压缩为 10∶1 到 20∶1。

2)矢量瓦块

矢量瓦块(vector tile;也称矢量切片)将矢量数据以建立金字塔的方式,像栅格瓦块那样分割成一个一个文件,以 GeoJSON 格式或者以 PBF(protocolbuffer binary format)等格式组织,允许客户端根据显示需要按需请求不同的矢量瓦块数据进行绘图。Esri 的矢量瓦块是基于协议缓冲(Protocol Buffers)技术的紧凑的二进制格式来传递信息的。客户端通过解析样式来动态渲染矢量瓦块数据。

矢量瓦块既能提高性能和伸缩性,又能够像矢量地图那样灵活地修改样式。一个矢量瓦块能以紧凑的格式保存瓦块范围内的几何图形和元数据,如道路名称、用地类型、建筑物的高。这是一种高性能的格式,在样式、输出格式以及交互性方面提供了高度的灵活性。栅格瓦块服务在进行切图时对没有要素或者要素相同的区域依然需要进行多级切片,而矢量瓦块在没有当前级别的切片时会去请求上一级的切片并在当前级别显示,这样就可以有效减小切片数量。不同于栅格瓦块,矢量瓦块能够适应显示设备的分辨率,甚至可以改变样式以用于多种用途。ArcGIS 矢量瓦块继承了这些优势,具有切图快、体积小、传输快、支持高清屏、渲染速度快、文字标注可与底部平行、动态切换不同语言标注等优点。

3)栅格瓦块和矢量瓦块各自的优势和不足

- 两种切片方案都很完整,从生产到发布到使用各个环节都有相应的产品。
- 栅格瓦块速度慢,切片包大;矢量瓦块速度快,切片包小。
- 栅格瓦块支持地图点击查询,而矢量瓦块不具备矢量数据的属性和坐标系信息,因此不支持点击查询。
- 栅格瓦块数据格式大,矢量瓦块数据格式小。
- 栅格瓦块在服务器端制作地图,矢量瓦块在客户端绘制地图,渲染速度快,Web 端使用 WebGL 技术的 mapbox-gl-js 开源库,在移动端使用 OpenGL 和 DirectX 技术,进一步提高渲染速度。

8.1.3　切片方案

在创建瓦块服务之前,发布者需要选择空间参考和诸多切片方案的参数。

1) 坐标系

通常情况下,瓦块地图服务使用的是 WGS 1984 Web Mercator(辅助球体)投影坐标系,除非研究区域靠近极地地区或有一些特殊要求。这种投影方式的地图图像瓦块可以与主要的在线地图,如 ArcGIS Online、百度地图、天地图、Google 地图和 Apple 地图等一起使用。若研究区域靠近极地或者根据需求有特殊要求,也可以使用其他的地图投影。

2) 切片方案

切片方案(图 8.3)由以下几个属性决定:
- 细节程度:比例尺级别数和每个等级的比例;
- 切片尺寸:如 256 像素×256 像素;
- 切片起始坐标;
- 切片范围。

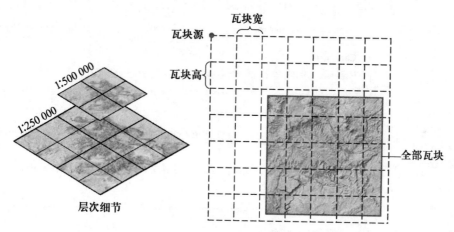

图 8.3　栅格瓦块方案

缓存的比例级别越大,覆盖地图范围所需的切片就越多,而生成缓存所需的时间也就越长。在每次二等分比例的分母时,地图中的每个方形区域将需要四倍的切片数来覆盖。例如,1∶500 比例尺下方形地图包含的切片数是 1∶1000 比例尺下地图所包含切片数的 4 倍,而 1∶250 比例尺下方形地图包含的切片数是 1∶1000 比例尺下地图所包含切片数的 16 倍。

在创建栅格瓦块切片时,需要注意图层的可见性。缓存工具将地图服务中的所有地图图层合并到一幅图像中,因此一旦缓存创建成功,将无法打开或关闭单个图层。这种方式对于服务器而言,获取一幅图像的速度要比获取多幅图像的速度快,能够提高缓存速度。如需对个别图层进行打开和关闭,需要采用分组的方式实现。例如,可以把地图文档分为兴趣点(POI)、人文景观、基础地理等多个地图文档,分别创建缓存。

ArcGIS 的矢量瓦块使用 PBF 来存储和传递,客户端获取切片后通过解析样式来动态地渲染矢量瓦块并拼接成底图。PBF 技术采用的是 Google 的 Protocol Buffers 数据格式,直译过来就是"协议缓冲"。Protocol Buffers 是一种二进制的结构化数据格式,它与语言和平台无关,结构简单,传输效率和解析效率要比 JSON 和 XML 高得多,很适合做数据存储或数据交换格式。

8.1.4 发布流程

瓦块地图服务可以利用 ArcMap 或 ArcGIS Pro 发布。ArcMap 只能发布栅格瓦块服务,可以把服务发布到 ArcGIS Server 和 ArcGIS Online 中。ArcGIS Pro 不仅可以发布栅格瓦块服务,还可以发布矢量瓦块服务,可以把服务发布到 ArcGIS Online 或者 ArcGIS Enterprise 中。第 7 章已经介绍了 ArcMap,本章介绍 ArcGIS Pro。

利用 ArcMap 发布地图服务到 ArcGIS Server 中时,发布者可以选择栅格瓦块并配置切片方案(图 8.4)。

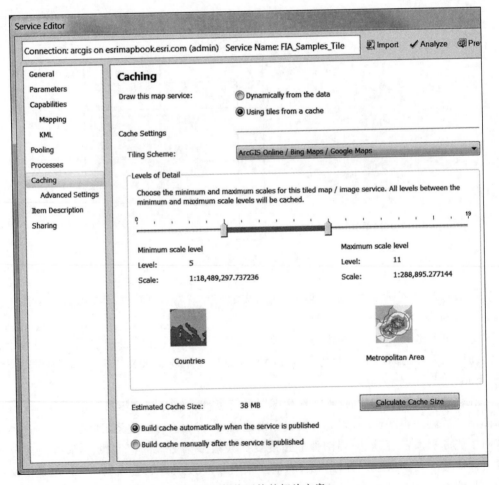

图 8.4　栅格瓦块的切片方案

ArcGIS Pro 是面向新一代 Web GIS 平台,为 GIS 专业人员打造的一款高效的桌面 GIS 应用程序。ArcGIS Pro 除了继承了传统桌面软件(ArcMap)的完整的数据管理、制图和空间分析等能力,还具有很多改进和特色:

- 原生 64 位应用:支持多线程处理,极大地提高了软件性能。
- 界面简单灵活:采用极简的 Ribbon 界面风格,让与当前任务相关的功能按钮平铺在菜单面板中,易于使用。可以打开多个地图窗口和多个布局视图,方便用户快速地在任务间进行切换。
- 与 Web GIS 平台便捷对接:能够对来自本地、ArcGIS Online 或者 ArcGIS Enterprise 的数据进行可视化、编辑、分析和共享。可以比 ArcMap 发布更多类型的 Web 服务,包括 Web Layer、矢量瓦块、Web Map、Web Scene 等。
- 二三维一体化:可以创建多个 2D 或 3D 地图,且能同时打开,以及设置二三维地图的关联同步。在多个 2D 或 3D 地图中,可以同时加载同一图层,其符号化效果保持一致。提供丰富的 2D 和 3D 数据编辑和符号化渲染功能。
- 任务工作流:允许用户预先配置好或自动记录用户的工作流程,将软件操作和处理按步骤流程组合在一起,以完成某项任务。任务文件可以进行再编辑,以便不断地优化工作流程,同时也可以将任务文件在组织成员之间分享,使得组织成员按照统一的标准,高效地协同和完成工作任务。
- 工程项目管理:以工程的形式组织和管理资源,包括地图文档、布局视图、图层、数据表、任务、工具以及对服务器、数据库、文件夹、符号库的链接。用户也可以访问和使用组织内部和 ArcGIS Online 中的资源。用户还可以在工程内部通过浏览或搜索关键字的方式找到和添加所需要的资源。此外,工程支持按"工程模板"的方式创建,按照这种方式创建的工程,其工程的初始设置沿用了模板的设置信息,如文件夹链接、服务器链接等。
- 协同工作:协同工作是 ArcGIS Pro 重要的能力,用户可以把数据、分析结果、地图、文件甚至整个工程在组织内部和 Web 用户间进行共享,方便多部门协同工作。

矢量瓦块可以通过 ArcGIS Pro 制作和发布到 ArcGIS Online 或 ArcGIS Enterprise 中,供客户端使用(图 8.5)。

矢量切片包中每个文件夹都有不同的内容和作用。矢量切片包中主要有两个文件夹,一个是 Esriinfo,另一个是 p12。Esriinfo 是服务的一些基本信息还有缩略图;p12 中包含了矢量切片包的主要内容(图 8.6)。

- resources:存放的是与矢量瓦块服务有关的资源,包括服务的字体文件、样式文件以及图片、符号等,其中最重要的是 styles 文件夹下的 root.json 文件,里面记录了该矢量瓦块服务的样式,修改服务的样式就是通过修改该文件来实现的。
- tile:该目录中存放的是按照级别制作好的矢量瓦块,以 boundle 格式存储。

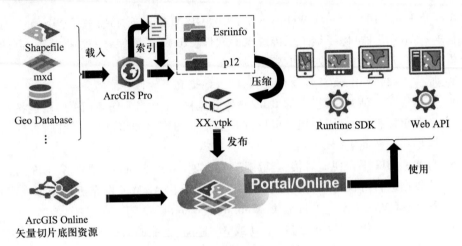

图 8.5　矢量瓦块路线图

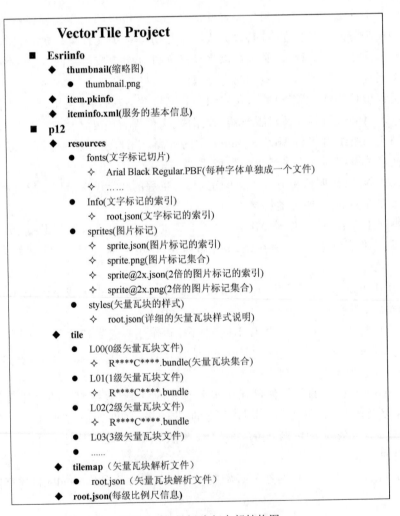

图 8.6　矢量切片包内部结构图

- tilemap:该文件夹中只有一个名为 root.json 的文件,此文件大小与矢量瓦块地图复杂程度有关,越复杂文件越大。
- root.json 文件:记录的是整个矢量瓦块的服务信息,包括服务名称、服务范围、坐标参考、切片等级及比例尺等多种信息。

8.2 实习教程:发布和使用栅格瓦块与矢量瓦块地图服务

本实习把一套基础地理数据分别发布为栅格瓦块和矢量瓦块地图服务,并对矢量瓦块地图服务进行简单的样式修改。最后创建一个对比分析应用程序来比较瓦块服务的加载速度及用户体验。

数据来源:

Shapefile 文件,包含开封市区基础地理及兴趣点数据。本数据来源于国家地球系统科学数据共享服务平台——黄河下游科学数据中心。

基本要求:

(1)分别制作开封市基础地理及兴趣点图层的栅格瓦块和矢量瓦块;
(2)发布栅格瓦块和矢量瓦块地图服务;
(3)使用瓦块地图服务;
(4)修改矢量瓦块地图服务的样式文件;
(5)利用瓦块地图服务创建应用程序。

解决方案:

本实习将采用 ArcMap 发布栅格瓦块,利用 ArcGIS Pro 发布矢量瓦块。需要 ArcMap、ArcGIS Pro 和 ArcGIS Online 的 Compare Analysis 来制作用于比较两种瓦块性能的应用程序。

8.2.1 数据准备

地图设计不是本章的重点,因此本教程不详述地图设计细节,而是着重介绍地图缓存的主要配置。

(1) 在 ArcMap 的 Catalog 窗口中,定位到"C:\WebGISData\Chapter8"。双击"KaifengCity.mxd"或将其拖动到地图画布中打开。

（2）右键单击数据框名称（默认情况下为 Layers），然后单击 Properties 选项；或者通过单击菜单栏的视图菜单下的数据框属性选项，打开数据框属性（Data Frame Properties）对话框（图 8.7）。

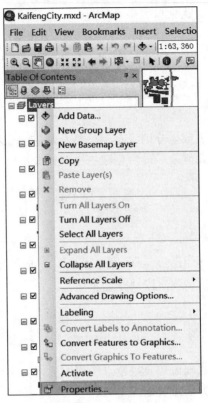

图 8.7   打开数据框属性

（3）验证地图是否是 Web Mercator 坐标系。在数据框属性对话框中，单击坐标系 Coordinate System 选项卡。验证地图的当前坐标系是 WKID：3857 Authority：EPSG。如果该地图不是 Web 墨卡托坐标系，可以选择 Projected Coordinate Systems>World>WGS 1984 Web Mercator（auxiliary sphere）来把地图投影设置为 Web 墨卡托（图 8.8）。

EPSG 代表欧洲石油勘测组织，其坐标系统定义了一套综合坐标系统的 WKID（众所周知的 ID），包括一些 Web Mercator 坐标系。WKID 3857 是一个 Web Mercator 辅助球体，ArcGIS Online、Google Maps、百度地图和天地图都使用它。

（4）单击确定关闭数据框对话框。

（5）将地图设置为仅在计划使用的比例尺上显示，这将使你更容易设计地图和核查它们的比例尺。① 在 ArcMap 标准工具栏上，单击地图比例 Map Scale 下拉箭头以显示比例尺下拉列表，然后单击自定义此列表（Customize This List）。② 在比例设置（Scale Setting）对话框中，单击加载（Load）按钮。③ 单击 ArcGIS Online/Bing Maps/Google Maps 选项（图 8.9）。④ 选择 Only display these scales when zooming 复选框（图 8.9）。⑤ 单击确定。

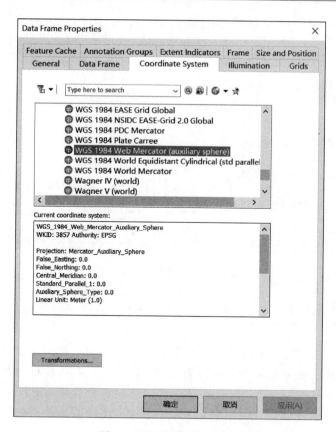

图 8.8 验证数据框坐标系

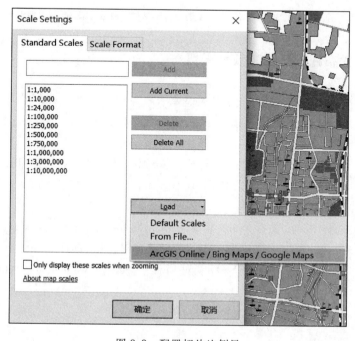

图 8.9 配置切片比例尺

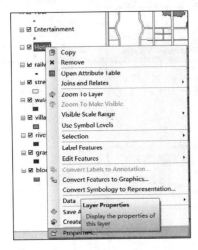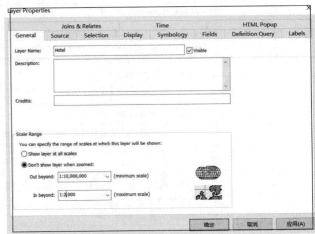

图 8.10 设置图层缩放范围

此时比例尺下拉列表中列出的比例尺组已更新。这便于更容易在这些比例尺之间切换。

本地图文档已经定义了缩放依赖性和图层组。例如,酒店旅馆(Hotel)图层被用于不同的比例尺范围。本地图文档已经为不同尺度定义了不同的符号(例如,大尺度使用较大的符号和标注)。如果需要定义图层的缩放比例:双击 ArcMap 内容列表中的图层打开图层属性(Layer Properties)对话框,在比例范围(Scale Range)的常规(General)选项卡中,同时指定缩小超过(Out beyond)和放大超过(In beyond)(图8.10)。

(6)如果对.mxd 文件进行了更改,请单击保存按钮以保存地图文档。

8.2.2 发布托管栅格瓦块地图服务

本节介绍如何用 ArcMap 发布栅格瓦块地图服务到 ArcGIS Online 中。

(1)从上节继续,或在 ArcMap 中打开"C:\WebGISData\Chapter8\KaifengCity.mxd"。

(2)如果要发布托管的瓦块图层,需要在 ArcMap 中点击 File>Sign In,登录到 ArcGIS Online 或者 Portal 账户。如果要发布到 ArcGIS Server 中,需要在 Catalog 中添加 ArcGIS Server 的连接(参见第7章的教程)。

(3)单击文件(File),选择 Share As >Service(图 8.11)。

也可以在 Catalog 窗口中浏览到"mxd"并右键单击,然后选择"Share as Service"。

(4)在共享为服务 Share as Service 对话框中,选择"Publish a service",然后单击"Next"。

图 8.11 发布栅格瓦块地图服务

(5) 从选择连接下拉列表中,单击先前创建的 ArcGIS Server 连接或者 ArcGIS Online,指定服务名称(如 KaifengCity),然后单击 Continue 按钮(图 8.12)。

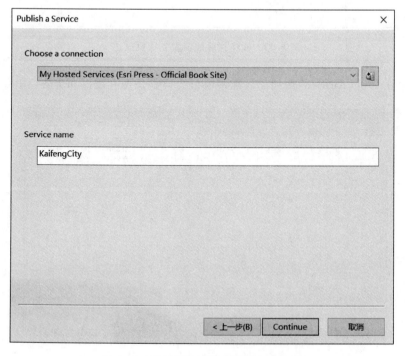

图 8.12 指定栅格瓦块地图服务的名称

（6）在服务编辑器 Service Editor 窗口左侧选择"Item Description"选项,对项目进行必要的描述(图 8.13)。

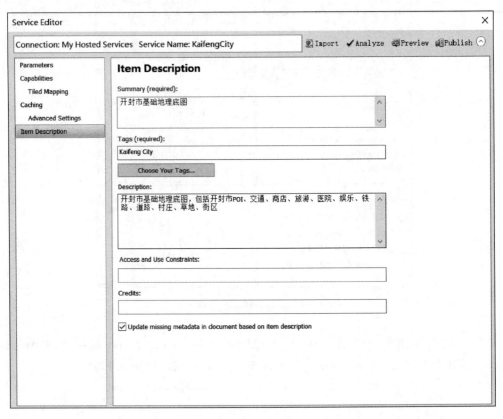

图 8.13　栅格瓦块地图服务项目描述

（7）单击分析(Analyze)按钮。在准备窗口会检查是否有错误和警告(图 8.14)。

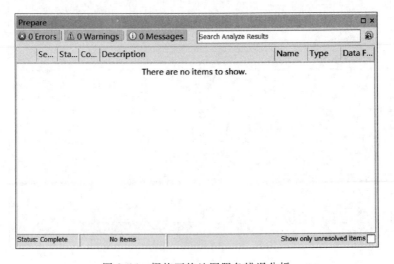

图 8.14　栅格瓦块地图服务错误分析

(8)在准备(Prepare)窗口中,注意以下事项:① 错误消息。需要根据相应提示进行修改直至没有错误,否则无法发布地图服务。② 警告。警告是叹号提示,可不进行修改,但是这样可能会对服务的性能产生一定影响。

修改完错误之后需要重新进行分析。当没有错误时,可对服务进行缓存设置。

(9)选择缓存选项卡,切片方案选择 ArcGIS Online/Bing Maps/Google Maps,细节层次可根据需要进行,本节选择 7(州/省)~17(城市街区)级。设置完成之后可单击 Calculate Cache Size>Start 开始计算缓存大小(图 8.15)。

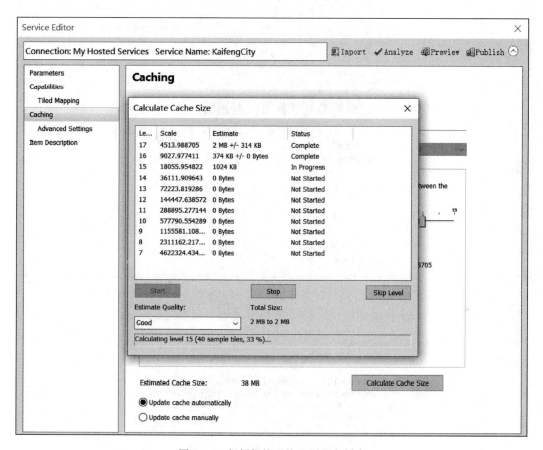

图 8.15 规划栅格瓦块地图服务缓存

(10)单击 Publish 按钮,发布地图服务(图 8.16)。

(11)单击服务编辑器的发布按钮发布地图服务后,出现如下提示时,表示服务发布成功(图 8.17)。

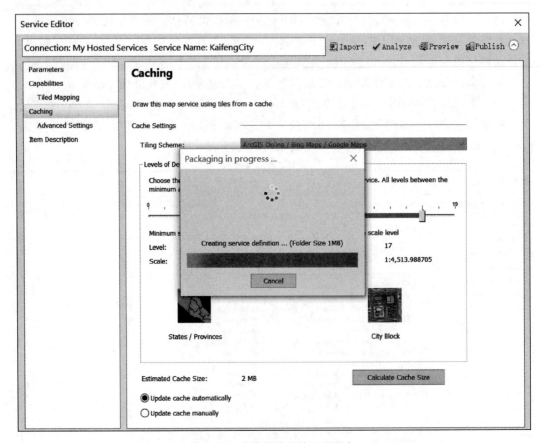

图 8.16   发布栅格瓦块地图服务

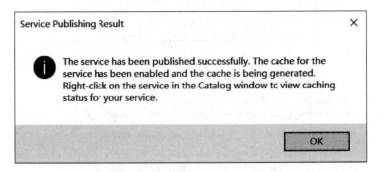

图 8.17   栅格瓦块地图服务发布成功提示

8.2.3   分享和使用栅格瓦块服务

本节以 ArcGIS Online 为例,介绍如何分析和使用栅格瓦块服务,实习步骤也适用于 ArcGIS Enterprise。

(1) 访问 ArcGIS Online 或者 Portal 网站,用账户登录,单击"我的内容",找到上节中发布的栅格瓦块地图服务(图 8.18)。

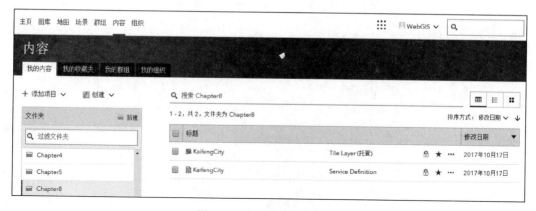

图 8.18 栅格瓦块地图服务

(2) 单击该服务,进入其详细页面。

(3) 单击共享按钮,将服务共享给所有人或者指定的组,单击确定。

(4) 单击在地图查看器中打开按钮。可以看到该瓦块服务显示在地图中。在地图中平移和缩放时,地图切片会快速显示,比动态地图服务响应速度更快。还可以在场景查看器中和 ArcGIS Desktop 中打开此瓦块服务(图 8.19)。

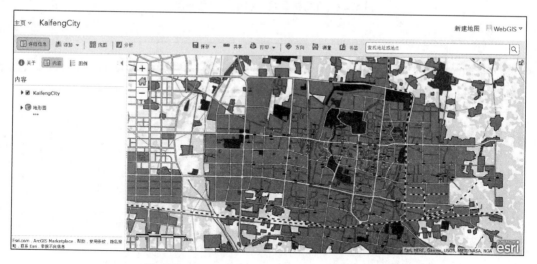

图 8.19 在地图查看器中查看栅格瓦块地图服务

瓦块地图常用于底图,下面将把该瓦块服务作为底图。

(5) 移鼠标至该瓦块图层,单击其更多选项按钮,选择"移至底图"(图 8.20)。

(6) 保存 Web 地图,共享给所有人或者指定的组(图 8.21)。

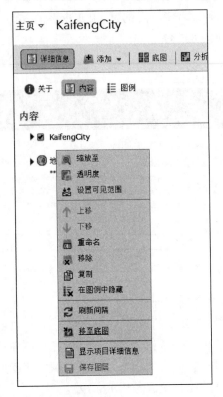

图 8.20　将栅格瓦块地图服务移至底图

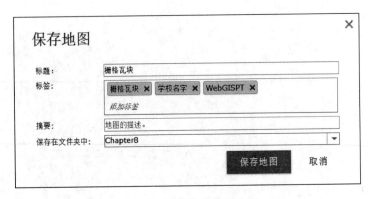

图 8.21　保存栅格瓦块地图

8.2.4　使用 ArcGIS Pro 发布矢量瓦块

在发布矢量瓦块地图服务之前,需要准备好发布的矢量数据并进行配图,保存成.mxd 格式的文档。配图可以用 ArcMap 配置好的地图文档,也可以将矢量数据加载至 ArcGIS Pro 中进行配置。本节中的.mxd 文档是在 ArcMap 中提前配好的。配图和显示比例部分将不再进行练习。

（1）打开 ArcGIS Pro,单击"Blank"新建一个工程,命名为"vectorTile",单击 OK 按钮
（图 8.22）。

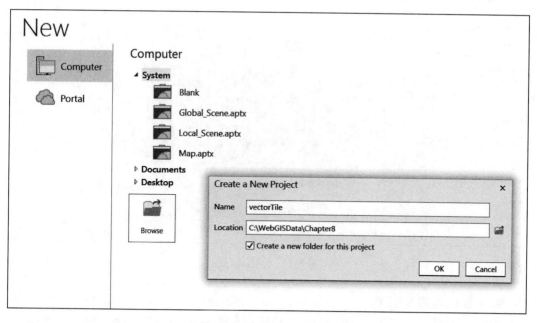

图 8.22　创建矢量切片项目

（2）加载数据。单击 Insert 菜单下的 Import Map 按钮,选择"C:\WebGISData\
Chapter8\KaifengCity.mxd"数据存放位置,将准备好的地图导入 ArcGIS Pro,单击 OK 按钮
（图 8.23）。导入后的地图如图 8.24 所示。

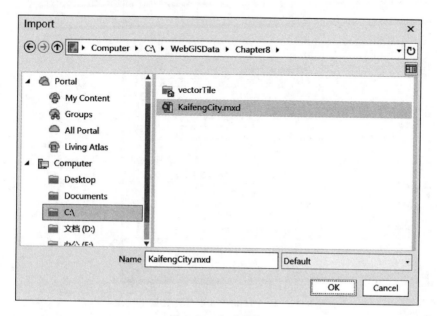

图 8.23　加载数据

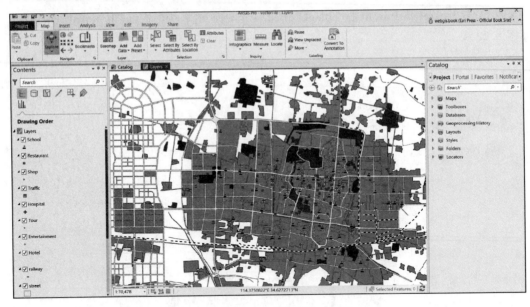

图 8.24 地图概况

（3）验证投影坐标系。在 ArcGIS Pro 的 Contents 面板，右键单击 Layers 的属性（Properties）选项（图 8.25），在弹出来的对话框中单击 Coordinate Systems 选项卡，确认其投影坐标系统为 WGS 1984 Web Mercator（auxiliary sphere）（图 8.26）。

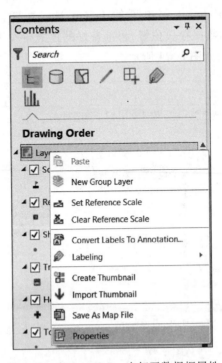

图 8.25 在 ArcGIS Pro 中打开数据框属性

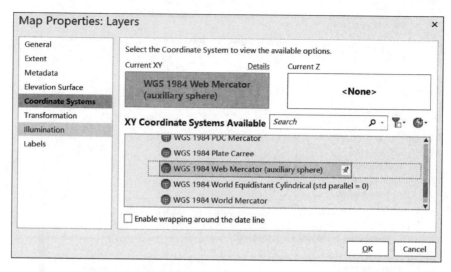

图 8.26 验证投影坐标系

(4)单击 Share 菜单,选择菜单下的 Web Layer 选项(图 8.27),在 Share As Web Layer 窗口中做如下设置(图 8.28):

- 在 Layer Type 选项中选择"Vector Tile";
- 添加简介(Summary)和标签(Tag);
- 在分享选项(Sharing Options)中选择所有人或特定的组群;
- 单击分析(Analyze)按钮。

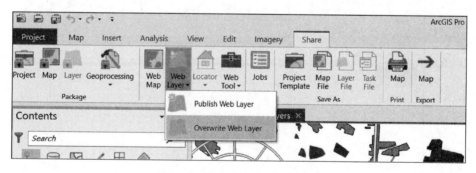

图 8.27 发布矢量瓦块服务工具

(5)确认分析结果中没有错误(图 8.29)。分析结果中若有错误,可以单击错误信息,按提示进行修改,然后再进行分析,直到没有错误为止。结果中的警告可以修改也可以不修改,但最好检查它们,否则可能对瓦块服务的性能有影响。

(6)单击"Configuration",在切片方案(Tiling Scheme)选项中选择 ArcGIS Online/Bing Maps/Google Maps,在细节层次中选择 7~17(图 8.30)。

(7)单击"General",然后单击 Publish 按钮,发布服务。

发布瓦块服务的时间取决于数据量的大小、瓦块方案(如瓦块层次细节)和网络速度。单击 Jobs 按钮来检查瓦块发布的进展。瓦块发布完成后会收到成功发布的消息(图 8.31)。

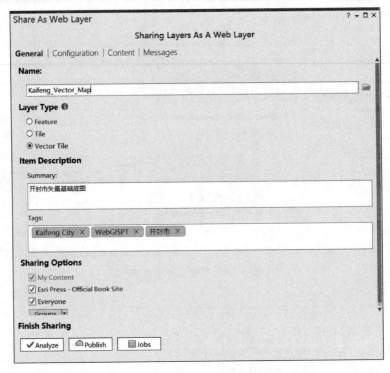

图 8.28 描述矢量瓦块地图服务

图 8.29 矢量瓦块地图服务分析结果

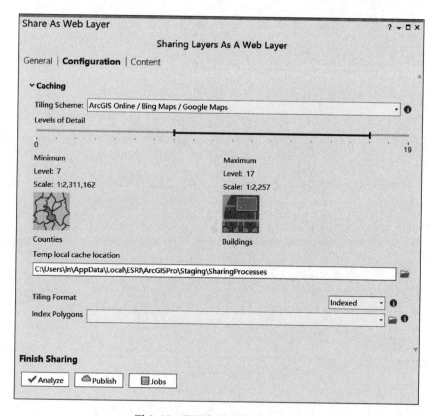

图 8.30 配置矢量瓦块切片方案

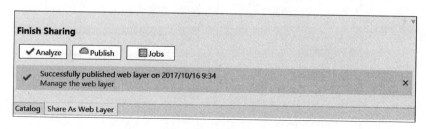

图 8.31 矢量瓦块地图服务发布成功提示

8.2.5 使用矢量瓦块服务和修改矢量瓦块样式

本节将把你发布的矢量瓦块服务添加到 Web 地图中,并修改图层的符号。

(1)登录 ArcGIS Online 或 ArcGIS Enterprise,在"我的内容"中找到上一节发布的瓦块服务。

(2)单击该服务,打开其项目详细信息页面。与要素地图服务或其他类型的地图类似,你可以通过多种方法把瓦块图层加入地图中,例如,在地图浏览器中点击"添加">"从 Web 添加图层">输入矢量瓦块服务的网址。下面将通过项目详细页面上的按钮来添加该服务。

（3）单击右侧的"在地图查看器中打开"按钮，该服务被添加到地图浏览器中（图8.32）。

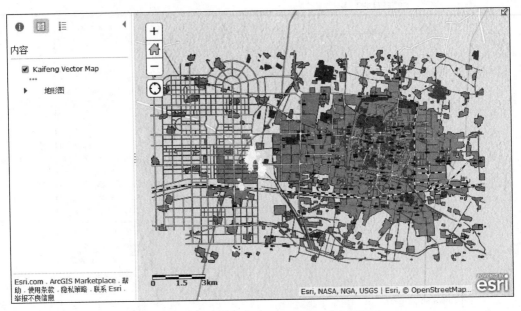

图 8.32 在地图查看器中查看矢量瓦块地图服务

（4）复制矢量瓦块图层（图8.33），然后将复制的图层保存为一个副本（图8.34）。

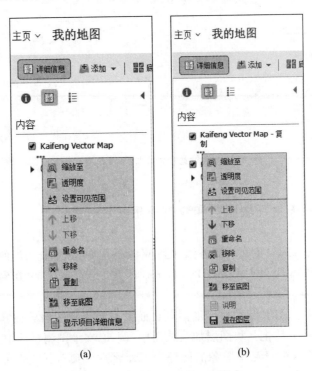

(a)   (b)

图 8.33 复制矢量瓦块地图服务

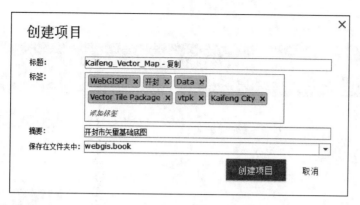

图 8.34　保存副本

（5）移鼠标至副本图层,单击更多选项,选择"显示项目详细信息"(图 8.35)。

图 8.35　显示项目详细信息

（6）在副本的详细信息页面,单击右侧的"下载样式"(图 8.36)。

（7）打开下载下来的样式文件并用记事本或者其他文本编辑器打开。将瓦块地图服务中的道路(street)图层由原来的黄色(#FFF00)改为绿色(#00FF00),然后保存样式文件(图 8.37)。下面将把修改后的样式文件重新上传至 ArcGIS Online 或者 Portal 中。

（8）单击副本项目详细信息的"更新"选项,选择上一步更改后的样式文件,单击"更新样式文件"(图 8.38)。

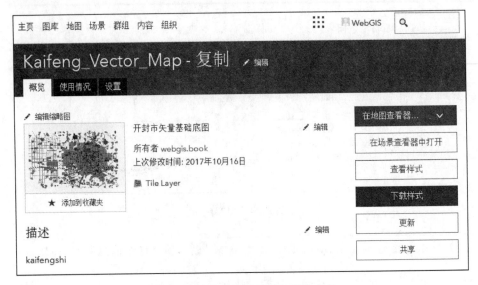

图 8.36　下载矢量瓦块服务样式文件

```
    "minzoom": 9.21,
    "maxzoom": 14.85,
    "layout": {

    },
    "paint": {
      "fill-color": "#0070FF"
    }
  },
  {
    "id": "street",
    "type": "fill",
    "source": "esri",
    "source-layer": "street",
    "minzoom": 9.21,
    "maxzoom": 14.85,
    "layout": {

    },
    "paint": {
      "fill-color": "#00FF00",
      "fill-outline-color": "#6E6E6E"
    }
  },
  {
    "id": "railway/1",
    "type": "line",
    "source": "esri",
    "source-layer": "railway",
    "minzoom": 9.21,
    "maxzoom": 14.85,
    "layout": {
```

图 8.37　修改样式文件

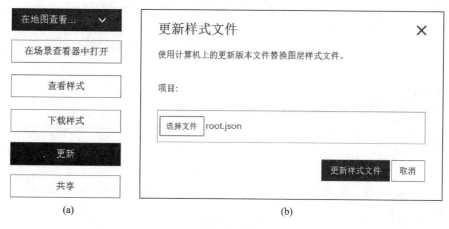

(a)　　　　　　　　　　　　　　　　(b)

图 8.38　更新样式文件

（9）单击在地图查看器中打开,在地图查看器中查看更新后的瓦块服务,道路图层已经被改为绿色(图 8.39)。

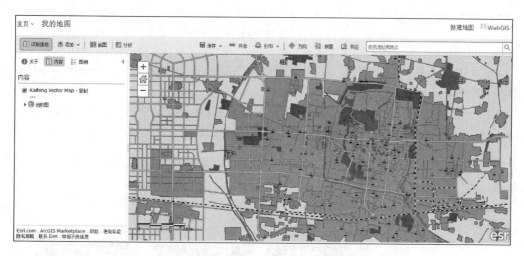

图 8.39　更新样式后地图服务

本节展示了矢量瓦块的样式可以被修改,这是它不同于栅格瓦块的一个特点。

8.2.6　比较栅格瓦块和矢量瓦块地图服务

本节将创建一个 Web 应用,把栅格瓦块和矢量瓦块并列显示在同一个页面上进行比较。

（1）打开 ArcGIS Online 或 ArcGIS Enterprise,登录账号,用地图查看器打开已发布的矢量瓦块地图,将其移至底图,并移除原有所有底图。保存并命名"矢量瓦块"。

这一步与第 8.2.3 节使用栅格瓦块地图相似,具体步骤可参见第 8.2.3 节。

（2）在地图查看器中单击共享按钮,在弹出窗口中选择共享给所有人或特定的组,然后单击"创建 WEB 应用程序"按钮(图 8.40)。

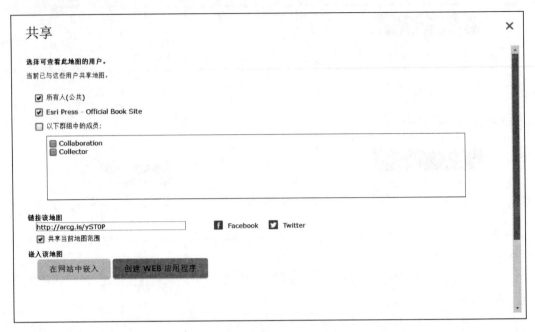

图 8.40 创建 WEB 应用程序

（3）在弹出的窗口中选择"比较地图/图层"选项，选择"Compare Analysis"应用程序模板（图 8.41）。

（4）把应用程序命名为"对比栅格瓦块和矢量瓦块"，单击"完成"按钮（图 8.42）。

图 8.41 选择应用程序模板

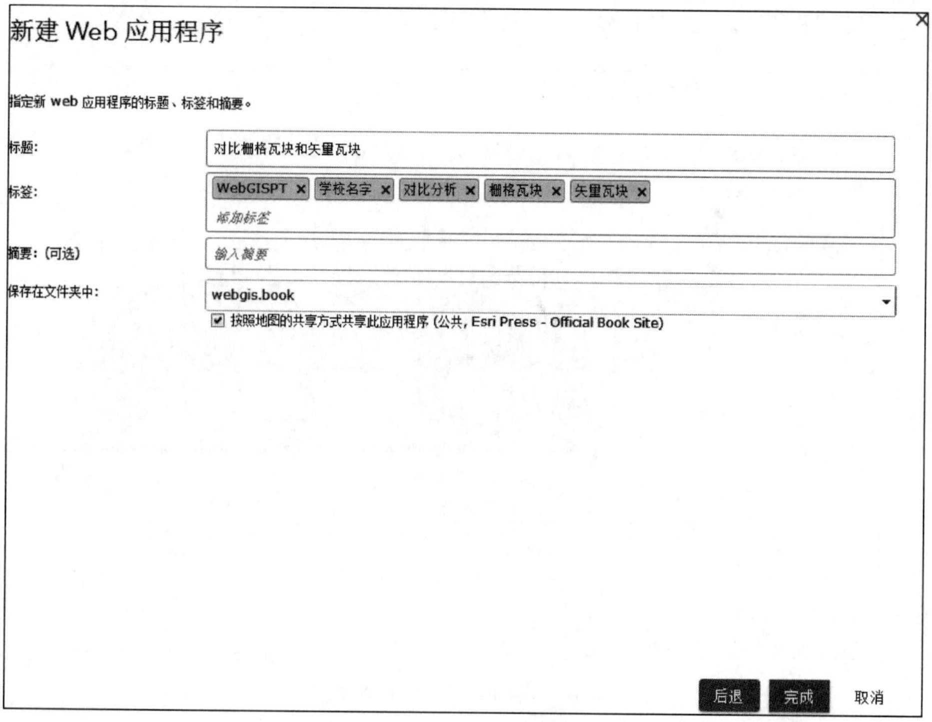

图 8.42 指定新 Web 应用程序的标题和标签

（5）单击"选择 Web 地图"按钮,分别选择第 8.2.3 节创建的栅格瓦块 Web 地图和本节第(1)步创建的矢量瓦块 Web 地图(图 8.43)。

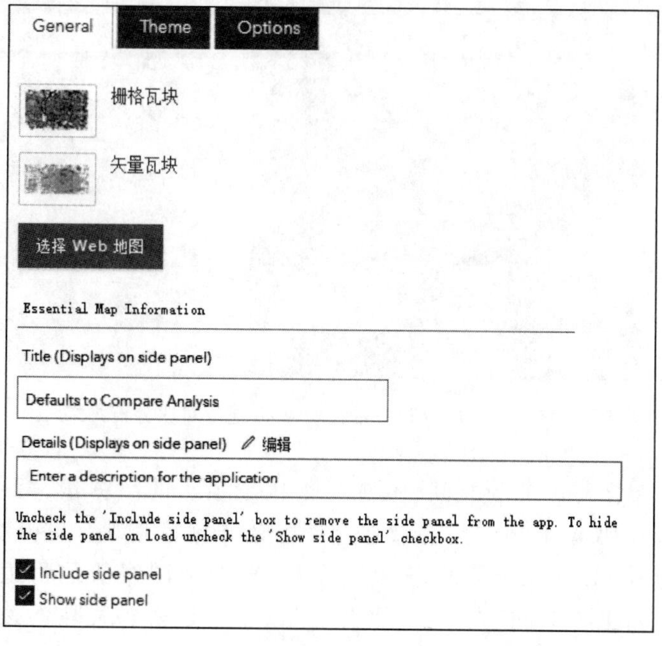

图 8.43 选择对比分析的栅格瓦块和矢量瓦块 Web 地图

（6）单击"保存"按钮,然后单击"启动"按钮打开应用(图 8.44)。

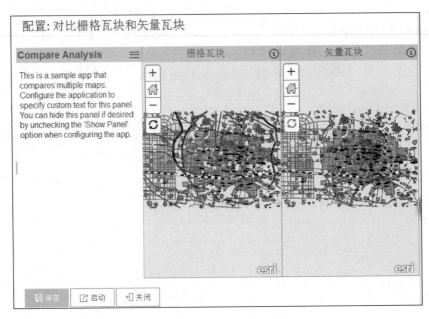

图 8.44　启动对比分析应用程序

（7）对左边的地图进行缩放和平移操作,注意到右边的地图是与左边的地图联动的。比较两个地图的加载速度和地图质量(图 8.45)。

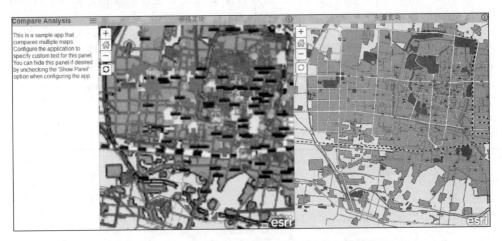

图 8.45　栅格瓦块和矢量瓦块 Web 地图对比分析结果

　　为了节约发布瓦块服务的时间,本练习采用了很小的数据量,两者的差异不大,但仍能看出适量瓦块 Web 地图的加载速度明显优于栅格瓦块。并且数据量越大,差异会越明显。此外,对比分析可发现,矢量瓦块 Web 地图线状地物边界比栅格瓦块更加清晰。如果与上一节的动态地图服务比较,本节这两种瓦块的速度都比动态地图服务快。

8.3 常见问题解答

1）可以将支持时间轴的动态地图服务做成瓦块地图么？我想将我发布的支持时间轴的地图服务做成瓦块地图，并且希望能提高地图的性能。

不能将支持时间轴的动态地图服务做成瓦块地图。如果做成瓦块地图，该服务将丢失其在 ArcGIS Online 模板 Web 应用程序中的时间动画效果。

2）我在一个 ArcGIS Server 开发服务器上创建了栅格瓦块。如何将这些瓦块部署到我的 ArcGIS Server 产品服务器上？

要将栅格瓦块从开发服务器复制到产品服务器，你的产品服务器应该具有与开发服务器相同名称的地图服务。你要将瓦块缓存复制到产品服务器上的正确文件夹中。在基于 Windows 的服务器上，默认文件夹为 C：\ArcGISserver\directories\ArcGIScache\<地图服务名称>或者 C：\ArcGISserver\directories\ArcGIScache\<文件夹名称>_<地图服务名称>。然后重新启动产品服务的 ArcGIS Server。

3）我的数据更新了，如何更新 ArcGIS Server 中的栅格瓦块服务？

在 ArcMap Catalog 窗口中，单击 Toolboxes > System Toolboxes > Caching > Manage Map Server Cache Tiles。此工具可以更新你指定的比例尺和指定边界内的瓦块缓存。

如果你的源数据经常变动，可以使用 Python 脚本自动定期地运行"Manage Map Server Cache Tiles"地理处理工具。请参阅 ArcGIS 帮助中的 Automating cache creation and updates with geoprocessing，了解其工作原理的示例。

4）我利用 ArcGIS Server 发布了一个栅格瓦块服务。如何在没有瓦块的区域或尺度上显示"数据不可用"瓦块？

在缓存的根节点放置一个名为"missing.png"、"missing.jpg"或"blank.png"的图片。如果服务器在缓存中找不到瓦块，就会默认使用此图片。具体步骤如下：

（1）创建或下载一个与你的瓦块地图方案中的瓦块相同尺寸的图片。将其命名为 missing.png 或 missing.jpg。你可以在 Esri Knowledge Base，article number 36939 中下载此图片。

（2）将该图片保存在地图服务缓存文件夹的 _alllayers 文件夹下，例如，C：\ArcGISserver\ArcGIScache\MyFolder_MyMapService\Layers_alllayers\missing.png。

8.4　思　考　题

（1）什么是缓存地图服务？它有什么意义？

（2）什么是栅格瓦块？

（3）什么是矢量瓦块？

（4）栅格瓦片和矢量瓦块的异同点有哪些？

（5）什么情况下用栅格瓦块？什么情况下用矢量瓦块？

8.5　作业：发布并比较栅格瓦块和矢量瓦块地图服务

基本要求：

选取某个区域的基础地理数据完成以下要求：

（1）创建并发布一个栅格瓦块地图服务；

（2）用相同数据创建并发布一个矢量瓦块地图服务；

（3）用发布的栅格瓦块地图服务和矢量瓦块地图服务创建一个 Web 应用程序来比较其性能。

提交内容：

（1）栅格瓦块地图服务的 URL；

（2）矢量瓦块地图服务的 URL；

（3）Web 应用程序的 URL。

参 考 资 料

Esri.2013.ArcGIS Server 中的地图缓存.http://video. ArcGIS. com/watch/2322/map-caching-in-ArcGIS-for-server［2018-2-5］.

Esri.2013.Compare two Web Maps, Side by Side.http://www.esri.com/esri-news/arcwatch/0613/compare-two-web-maps-side-by-side［2018-2-5］.

Esri.2017.发布托管切片图层.https://enterprise.arcgis.com/zh-cn/portal/10.4/use/publish-tiles.htm［2018-2-5］.

Esri.2017.更新矢量切片图层样式.http://enterprise. arcgis. com/zh-cn/portal/latest/use/update-vector-tile-style.htm［2018-2-5］.

Esri.2017.将 ArcGIS Server 服务目录连接至门户.http://enterprise.arcgis.com/zh-cn/portal/latest/administer/

windows/connecting-the-arcgis-server-services-directory-to-your-portal.htm［2018-2-5］.

Esri.2017.切片图层.https://enterprise.arcgis.com/zh-cn/portal/latest/use/tile-layers.htm［2018-2-5］.

Esri.2017.矢量切片图层.https://enterprise.arcgis.com/zh-cn/portal/latest/use/vector-tile-layers.htm
［2018-2-5］.

Esri.2017.ArcGIS Server Web 服务.https://enterprise.arcgis.com/zh-cn/portal/latest/use/arcgis-server-services.htm［2018-2-5］.

Esri.2017.Compare Analysis.https://www.arcgis.com/home/item.html?id＝c125805b2d1c4cb39ba514985
7f0b5a1［2018-2-5］.

第 9 章

三维 Web 场景

我们生活在三维的世界里,因此一般会感觉利用三维地图分析和理解现实世界更为容易和直观。三维地图,及其相关的虚拟现实(virtual reality,VR)和增强现实(augmented reality,AR)技术已经迅速融入 Web GIS,它们能创建出更加生动形象的地理环境,使用户如身临其境。在 ArcGIS 平台中,三维 Web 地图(3D Web Map)是指 Web 场景(Web Scene)。Web 场景可以由二维图层和三维场景图层构成,前者主要包括要素图层等,后者包含四种类型图层:点、点云、三维模型和倾斜摄影三维场景图层。本章首先介绍 Web 场景的基本概念,三维 Web 场景图层的类型,如何利用 ArcGIS Pro、Esri CityEngine 和 Drone2Map for ArcGIS 来创建场景图层,以及如何利用 ArcGIS Scene Viewer 来创建 Web 场景;然后介绍三维相关领域如 VR、AR 和室内三维地图的基本原理和应用。实习教程首先介绍在 ArcGIS Scene Viewer 中浏览不同类型的场景图层,然后介绍在 ArcGIS Scene Viewer 中以三维专题符号和真实符号来展示二维图层、创建 Web 场景和三维 Web 应用。三维 GIS 是一个很专业的领域,ArcGIS Pro、Esri CityEngine 和 Drone2Map for ArcGIS 能够生成更精确的和具有更高性能的场景图层。本章的问题解答部分简述了如何利用 ArcGIS Pro 来创建和发布场景图层的基本操作。本章的技术路线如图 9.1 所示。

学习目标:

- 理解 Web 场景的基本概念
- 熟悉场景图层的主要类型
- 利用 ArcGIS Scene Viewer 浏览 Web 场景
- 利用 ArcGIS Scene Viewer 创建 Web 场景
- 在 ArcGIS Scene Viewer 中配置三维符号
- 从 Web 场景创建三维 Web 应用
- 掌握创建点云图层、三维对象场景图层和纹理格网(textured mesh)图层的相关技术

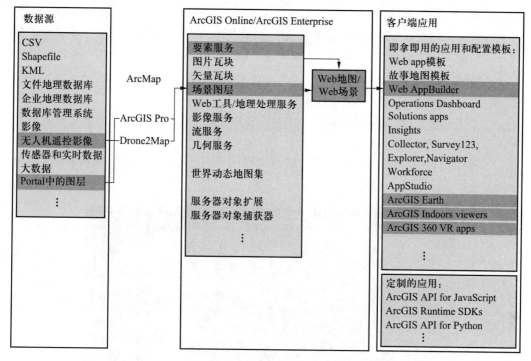

图 9.1 本章技术路线

9.1 概念原理与技术介绍

9.1.1 三维 GIS 基础

三维地图在二维地图上增加了特殊的一维,进而在数据可视化、空间分析和人机交互方面具有明显优势,显得更加生动有趣,便于直观理解。这些优势使得三维 GIS 在城市规划、建筑设计、三维专题制图、作战模拟、电影制作等几乎所有与地理和空间相关的领域,有着广泛的应用。三维 GIS 能够使观众快速理解目标对象的大小和位置,能够使设计者快速创建灵活的场景,并能有效避免由于设计错误带来的高昂代价。一些三维应用还提供了特殊功能,如环绕飞行、透视图或者雷达影像,让用户看到建筑物内部或者地表以下的场景。除了可视化方面,三维 GIS 还可以提供强大的分析功能,如视域分析、光照和阴影分析、城市建筑限高与天际线检测等。目前,与三维 GIS 密切相关的数字城市、地理设计、室内制图、VR 和 AR 等都是 GIS 研究领域的前沿和热点。

在 ArcGIS 平台上,三维 Web 地图就是 Web 场景。就像一幅 Web 地图可以包含很多图层一样,一个 Web 场景也可以包含很多二维和三维图层,如要素图层、地图影像图层和场景图层。根据视觉效果,场景可以分为如下两种主要类型:

- 真实感场景:利用图片和纹理要素重建现实世界。这种类型的场景通常利用影像作为纹理来显示诸如城市的建筑物等地理对象。

- 专题制图场景：利用二维专题制图技术并将其转化为三维形式。这种类型的场景通常使用属性驱动符号（高度、大小、颜色和透明度）来显示自然的、抽象的或者不可见的要素，如人口密度、地震等级、飞行路径、分区规则、日照影响和航线风险等。

场景有两种视图模式：

- 全球模式：在球面上显示要素。该模式适用于显示大的地理区域内或者覆盖整个地球表面的现象（图 9.2）。
- 局部模式：在平面上显示要素。该模式适用于显示或分析区域（城市）尺度和地表以下的数据（图 9.3）。

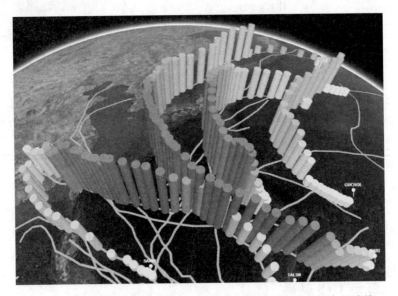

图 9.2　一个全球专题制图场景——2005 年 8 月西太平洋的台风路线

颜色表示气压，高度表示风速

图 9.3　一个局部真实感场景——加拿大蒙特利尔市

9.1.2　三维场景的元素构成

场景主要包含四种元素：

- 高程表面：高程表面中的每一个(x,y)坐标都有一个高程或其他测量值，提供了显示其他内容的基础。表面通常指数字高程模型（digital elevation model,DEM）、数字地面模型（digital terrain model,DTM）和数字表面模型（digital surface model,DSM）。
- 地理要素：存在于高程表面之上或者之下，是三维应用的可操作图层。
- 纹理特征：提供三维要素的内部或外部表面特征，通常使用具有真实感的图像或者抽象的地图符号来显示。
- 空气效果：主要是光照和雾化效果。

9.1.3　ArcGIS 平台中的三维技术

ArcGIS 平台提供了一系列三维产品，用以支持创建、可视化、分析和共享三维场景。

- ArcGIS Pro：一个桌面版应用，提供二维和三维数据管理和制图，二维地图和三维场景的分析和共享等功能的专业 GIS 桌面应用。
- Esri CityEngine：一个桌面版应用，提供高级三维创建能力。该应用可以手工创建真实感场景，也可以通过创建规则集大批量生成三维对象，已经广泛应用于城市设计、轨道交通、数字城市、电影广告等领域，尤其是电影中的场景。例如，影片 Cars 2、Madagascar 3、Superman 和 ZooTopia 中使用该工具创建了大量的城市场景。
- ArcGIS Online 和 ArcGIS Enterprise：Web GIS 平台可以在公有云和私有云环境下托管场景图层，提供场景浏览器以支持 Web 场景的创建和浏览，并提供 Web AppBuilder for ArcGIS 以及其他即拿即用的三维应用模板。
- ArcGIS Earth：一个轻量级的、容易使用的 64 位 Windows 桌面应用，用于显示和探索二维和三维数据，包括 KML、场景图层及其他图层。
- ArcGIS API for JavaScript：用于开发基于浏览器的三维应用。
- ArcGIS Runtime SDKs：主要用于开发桌面端和移动端的二、三维应用。
- ArcGIS 360 VR：一个移动浏览器，让用户浏览基于 EsriCityEngine 开发的 VR 场景。
- Esri Labs AuGeo：一个移动应用，让用户在 AR 环境中使用 ArcGIS 数据。
- ArcGIS Indoors 及其三维浏览器：一套工具集，用于创建和管理室内 GIS 数据、图层、地图和服务。其三维浏览器应用允许用户浏览室内三维地图并进行室内路径分析。

9.1.4   Web 场景和 Web 场景图层

一个 Web 场景可以包含二维图层和三维场景图层,其中的二维图层可以是要素图层、地图影像、矢量瓦块、栅格瓦块和影像服务等。Web 场景中的要素图层可以用二维或三维符号来显示(图 9.4)。

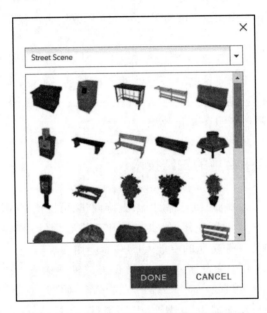

图 9.4   要素图层可以用三维符号配置显示

一个 Web 场景也可以包含三维图层或者场景图层。场景图层或者场景服务,是缓存后的 Web 图层,对大量二维和三维要素进行了优化,便于快速显示。场景图层遵循开放索引的三维场景图层(open Indexed 3D Scene Layer,I3S)标准,并提供支持所有平台的客户端应用的 REST API。场景图层包括以下四种类型:

1) 点场景图层

为确保能在所有客户端快速显示,点场景图层对大量的点数据进行了缓存处理。点场景图层在较小尺度上可以自动简化,以提升操作和显示的效率。自动简化的意思是,不是所有的要素均在小尺度上显示;当放大时,才显示添加更多的要素。例如,可以用一个点场景图层显示一个城市所有的树木。点场景图层可以用 Create Scene Layer Package 地理处理工具来创建,生成一个 slpk 文件。然后这个文件可以直接在 ArcGIS Pro 中预览,并可以用 Share Package 地理处理工具上传到 Portal for ArcGIS 或 ArcGIS Online 上发布共享。

2）点云场景图层

这些图层提供大规模符号化的点云数据的快速显示。这些数据通常是用激光雷达（激光探测和测距）获取，或者基于无人机的 Drone2Map 生成，最初用在机载激光测绘领域，是传统测绘如摄影测量的一种性价比高的可替代型技术。激光雷达是一种光学遥感技术，采用激光高密度地对地球表面采样，生成包含 xyz 的高精度的点云数据。点云数据可以是真彩色、类代码（如地面、道路和水体）、高程数据和强度值（图 9.5）。一个点云图层可以转换为场景图层包，并上传到 Portal for ArcGIS 或 ArcGIS Online，发布为一个点云场景图层。

(a)　　　　　　　　　　　(b)

图 9.5 （a）一个用真彩色显示的点云图层；（b）用高程显示的同一点云场景图层

3）三维对象场景图层

这些图层可以用来表达和显示三维对象，如带纹理或者不带纹理的建筑物。三维模型可以手工或者利用程序规则自动在 ArcGIS Pro 或 Esri CityEngine 中创建，程序化建模比劳动密集型的手工建模效率更高。程序规则可以使用二维 GIS 数据，包括创建平面图和属性，如楼层、屋顶类型和墙体材料，可以批量生成整个城市的三维对象（图 9.6）。要创建一个三维对象场景图层，可以将三维对象图层转换为多面体（multipatch）图层，然后在 Portal for ArcGIS 中共享，或者进一步将多面体图层转换为场景图层包，上传到 ArcGIS Online。

程序化建模=几何体+属性+规则集

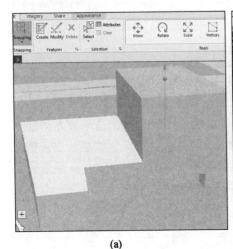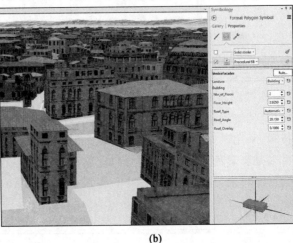

(a)　　　　　　　　　　　　(b)

图 9.6　三维对象图层可以一个一个地手工创建(a),
也可以使用程序化规则自动批量创建(b)

4) 倾斜摄影场景图层或集成格网(integrated mesh)场景图层

倾斜格网(mesh)一般基于大量的重叠影像数据集生成,例如,可以利用 Drone2Map for ArcGIS 生成。Drone2Map 是一个桌面版应用,可以将无人机的原始影像转化为具有价值的信息产品。给定一套重叠影像,Drone2Map 可以在不同影像上识别匹配点,然后根据这些点进行拼接,生成点云数据,再连接这些点构建三角网,并利用真实纹理生成一个倾斜格网图层。网格图层可以共享到 ArcGIS Online 或 Portal for ArcGIS,生成一个倾斜格网场景图层(图 9.7)。除了纹理化的格网和点云数据,Drone2Map 还可生成其他产品,如 DSM、DTM 和二维 Orthomosaic 图层。无人机可以飞行在那些人们由于空间、地形和危险等原因无法到达的区域,其生产的信息产品在环境变化监测和自然灾害评估等领域显得尤其重要。除了 Drone2Map 外,Pixel 4D、Bentley ContextCapture(Smart 3D)、Skyline 的 Photo Mesh 等都可以生成遵从 I3S 标准的倾斜格网类型的场景图层包。

9.1.5　创建 Web 场景

ArcGIS Scene Viewer、ArcGIS Pro 和 Esri CityEngine 是创建 Web 场景的基本工具。第一个很容易使用,后两个提供配置三维符号的更高级功能。创建一个 Web 场景分为以下步骤(图 9.8):

(1) 选择全球或者局部场景。

(2) 选择基础底图。

(3) 添加图层:

图 9.7 利用 Drone2Map 创建的一个纹理格网

图中线条表示无人机的飞行路径,点表示每个影像的拍摄位置;纹理格网可以发布为综合格网场景图层

图 9.8 创建 Web 场景的一般步骤

- ArcGIS Scene Viewer 可以使用 Web 图层,包括场景图层、高程图层、要素图层、地图影像图层、矢量瓦块图层和瓦块影像服务图层;
- ArcGIS Pro 可以使用 Web 图层和本地数据图层,包括 Shapefile、KML、图层包、多面体图层,以及其他文件格式或者地理数据库文件。

(4)配置图层的风格、标注和弹出窗口等。

(5)捕获幻灯片或书签。

(6)保存并共享场景:

- 对于 ArcGIS Scene Viewer,场景直接保存在 ArcGIS Online 或 Portal for ArcGIS;

- 对于 ArcGIS Pro 和 CityEngine,共享步骤还包括发布 Web 场景和场景图层到 ArcGIS Online 或 Portal for ArcGIS。一些图层在共享前需要转换为多面体类型和场景图层包。

一旦 Web 场景被创建,即可以在很多即拿即用(commercial off the shelf,COTS)客户端和自定制的客户端应用中浏览。

COTS 客户端包括:

- ArcGIS Scene Viewer;
- Web AppBuilder for ArcGIS 3D 模式;
- ArcGIS Online 和 Portal for ArcGIS 在 Display a Scene(3D)类别中的可配置应用模板;
- ArcGIS Indoors 3D Viewer。

自定制客户端应用可以利用如下方式开发:

- ArcGIS API for JavaScript;
- ArcGIS Runtime SDKs(图 9.9)。

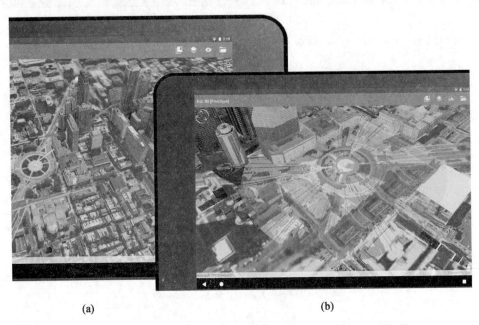

(a)　　　　　　　　　　　　　　(b)

图 9.9　一个用 ArcGIS Runtime 开发的移动应用,可以显示三维场景,
进行通识线分析(a)和视域分析(b)

9.1.6　VR 和 AR 技术

VR 和 AR 旨在用更生动有趣的方式提供位置服务,让用户参与互动和观察。每天都有更多的用户利用这些新兴技术创建优秀的应用。了解 VR 和 AR 的应用和商业需求,对于创建有趣且有用的解决方案十分重要。

1) VR 技术

VR(虚拟现实)是利用计算机模拟产生一个三维空间的虚拟世界,提供用户关于视觉、听觉、触觉等感官的模拟,让用户可以交互式地观察三维空间内的事物,产生如同身历其境的临场感。一个人利用 VR 设备可以环视周围虚拟的环境,在其中移动、漫游并与之互动。

VR 提供了 GIS 数据可视化和数据操作的新方式。GIS 可视化从二维到三维是一个巨大的进步,从三维地图到 VR 又是一个跨越。对于二维和三维地图,用户仍在地图之外;而对于 VR,用户是在虚拟的环境之中。利用耳机或者头盔,用户可以沉浸在由 GIS 数据生成的场景之中,不仅可以看到面前的三维地图,也可以沉浸其中巡视漫游,并可以与环境要素进行互动,进而提升人们对 GIS 数据的认识和理解。

ArcGIS 360 VR 是一个基于移动平台的浏览器应用,用户可以浏览由 Esri CityEngine 生成的虚拟环境。这些场景可以展示和比较城市街区设计的多种方案,可以对城市的过去或者未来进行虚拟展示。同时,还可以显示地表以下和墙体内的管线,甚至可以用立体形式展示在现实中不能直接看到的专题信息,如噪声强度和空气质量指数。这些场景可以发布到 ArcGIS Online 中,用户可以下载应用到手机上,把手机转入 GearVR 眼镜中,登录 ArcGIS Online,从网络载入这些 VR 场景。

以前虚拟现实的用户要购买昂贵的头盔设备,现在只需要有一个智能手机,并把手机装入一个虚拟现实眼镜中。这些虚拟现实眼镜可以是那些由塑料或带塑料透镜的纸板构成,成本大大降低,价格很低,大大降低了使用 VR 的门槛。VR app 实质上是在手机屏幕上显示两个地图,通过适当的变形,使两只眼睛分别观察两张地图以产生立体和浸入式体验(图 9.10)。

2) AR 技术

AR(增强现实),即混合现实,是合并现实和虚拟现实而产生的新的可视化环境,主要是在用户看到的真实场景上叠加由计算机生成的虚拟景象或其他信息。AR 和 VR 有很多相似之处,但也存在重要区别,那就是 AR 重在提升一个人对当前真实现实的感知,而 VR 则是表达一个模拟的也许并不存在的世界。

目前,大多数的 AR 应用主要利用相机、GPS 和其他位置服务、罗盘及智能手机的陀螺仪来实现。智能手机供应商已经开始提供 AR 开发工具。例如,苹果手机的 ARKit 利用点云数据,可以检测像桌子和地板一类的平面,把计算机生成的对象如游戏场景添加到相机获取的桌子或地板图像上。新的智能手机可以探测深度,能把 AR 对象和现实环境更好地配准,生成高质量的增强现实效果。

结合 GIS,AR 应用可以获取与移动用户的当前位置、观察方向和目标距离相关的 GIS 数据,然后把这些数据展示到用户相机看到的图片上。利用 AR 显示地理信息,具有很多生动的展示功能。例如,AR 应用可以在用户的手机相机上看到楼房图片叠加显示楼内

图 9.10　ArcGIS 360 VR 能让用户快速沉浸到城市虚拟场景之中
目前该应用采用三星 Gear VR 眼镜,并在探索尝试使用廉价的 VR 纸板眼镜

的结构和管道,让用户能具有"过木眼";当市政施工人员的手机对准地面时,在他们相机的图片上叠加显示地下管线,让他们能看穿地面,保证安全开挖;当旅游者到一个陌生的城市,把手机对着街道上的一家家商店,相机的视图上立刻能叠加显示出每家商店的介绍和用户评分,能够对这里了如指掌。

EsriAuGeo 是一个基于移动平台的浏览器应用。AR 可以在用户相机捕捉的视图中叠加符号化的兴趣点(图 9.11)。这些点来自存放在 ArcGIS Online 的要素图层,可以显示位置,如三维建筑物中的消防栓,一个社区的每座建筑物的名称,或者一个掩埋在地面以下的水管开关阀门。

9.1.7　室内三维 GIS

将 GIS 推向室内或者集成室内和野外应用是 GIS 的一个重要发展方向,具有极大的潜力。最早的 GIS 应用几乎都在室外,如森林、资源管理和土地利用规划等。传统 GIS 应用可以帮助查找餐馆和旅馆等户外整体设施,但几乎不支持购物中心和医院等复杂室内空间的导航。室内 GIS 除了室内路径导航,还可以实现室内空间设施管理、室内应急响

图 9.11　EsriAuGeo 在用户手机相机的实时视图上显示设施信息

右下角插图是用户在手机上看到的信息

应、警卫部署及其他诸多应用。目前,社会对室内 GIS 的需求迫切,目标也很清晰,但是室内 GIS 的开发主要面临两大问题:一是 GPS 在室内不能运行,需要一种有效的方法解决室内定位问题;二是室内空间通常是复杂的三维形式,构建室内精准模型,并高效存储、共享和使用这些数据等都面临挑战。

ArcGIS Indoors 提供了一套工具,用于生成室内 GIS 内容、服务和应用。ArcGIS Indoors 的核心是一个 ArcGIS Pro 项目,它利用任务驱动让 GIS 专业人员添加室内平面布置图到 ArcGIS 平台。一旦这些数据成为 ArcGIS 系统的一部分,就可以生成二维和三维地图或场景并作为服务发布,可广泛应用于室内路径导航、设施管理、安全规划和应急响应(图 9.12)。

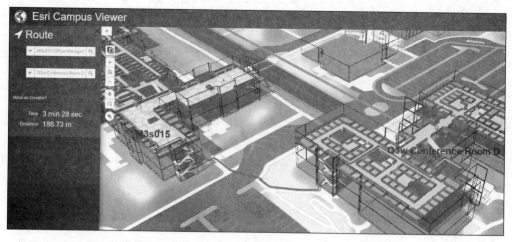

图 9.12　ArcGIS Indoors 三维浏览器可以显示室内三维场景,

支持涉及室内楼梯和多个建筑的三维路径计算

9.2　实习教程：创建 Web 场景和三维 Web 应用

第 9.2.1 节使用 ArcGIS Scene Viewer 浏览不同类型的场景图层；第 9.2.2 节创建一个台风的 Web 场景，以三维的形式来显示风速；第 9.2.3 节对二维数据使用三维符号来显示，创建一个公园设计的 Web 场景；第 9.2.4 节通过编辑二维数据来改进 Web 场景；第 9.2.5 节从 Web 场景创建 Web 应用。

数据来源：

由 ArcGIS Online 提供。

系统要求：

（1）ArcGIS Online for Organizations 或者 ArcGIS Enterprise；
（2）一个发布者或管理员账号。

9.2.1　使用 ArcGIS Scene Viewer 浏览 Web 场景

本节学习 ArcGIS Scene Viewer 的基础并浏览和理解不同类型的场景图层。
（1）启动一个 Web 浏览器，转到 ArcGIS Online（https://www.arcgis.com）或者 Portal for ArcGIS 并登录。
（2）在最顶部的菜单栏点击"场景"菜单项（图 9.13）。

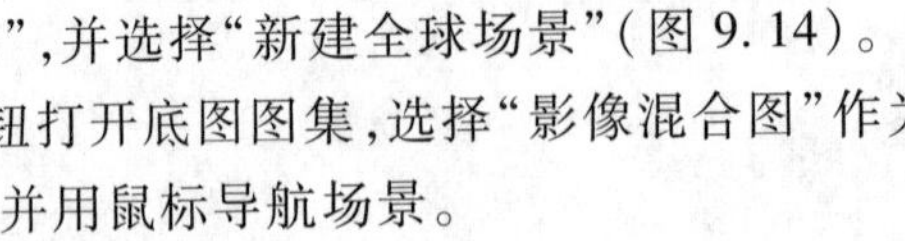

主页　图库　地图　场景　群组　内容　组织

图 9.13　启动 ArcGIS Scene Viewer

（3）如果出现创建一个新场景的提示，单击×按钮关闭这个窗口。
（4）单击"新建场景"，并选择"新建全球场景"（图 9.14）。
（5）单击"底图"按钮打开底图图集，选择"影像混合图"作为新建场景的底图。
下面搜索专题内容，并用鼠标导航场景。
（6）单击"搜索"按钮，输入"grand canyon national park"，然后点击"搜索"（图 9.15）。
（7）单击×按钮关闭搜索框。
（8）移动鼠标到场景，平移（Pan）按钮缺省是被选择的；如果没有，可单击此按钮选择它。

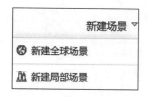

图 9.14 新建全球场景

图 9.15 搜索大峡谷

(9) 按以下操作导航并浏览场景:① 单击并按住左键,移动场景。② 使用鼠标滚动轮进行缩放。如果没有滚动轮,可以单击导航工具条的"+"和"–"按钮进行放大和缩小。③ 单击并按住鼠标右键,旋转倾斜场景。如图 9.16 所示,可以看到三维效果。

图 9.16 浏览场景

(10) 单击指南针按钮,重新定位场景的北方方位。

(11) 单击"主页"按钮,回到场景的开始时的相机视点位置。

接下来,浏览不同类型的场景图层。这些图层可以在 ArcGIS Online 搜索到。

(12) 在"图层"面板,单击"添加图层"(图 9.17)。

(13) 在图层搜索框,输入"Western Pacific Typhoons web scene",然后单击回车或者"搜索"按钮。

(14) 在搜索结果中,单击"添加"按钮,将找到的场景图层输入场景中(图 9.18)。

(15) 移动鼠标到场景,注意底部显示的幻灯。单击一个幻灯,注意相机视点位置和图层可视化的变化。

(16) 在"添加图层"面板,搜索"Vancouver web scene"。

(17) 在搜索结果中,单击"添加"按钮,输入找到的 Web 场景(图 9.19)。

(18) 单击幻灯,导航到城市的不同部分。注意:这是一个不带纹理的三维对象场景图层。

图9.17 添加图层

图9.18 添加图层

这是一个专题类型场景,圆柱的高度
表示风速,颜色表示风压

（19）单击"移除"按钮,移除这个场景图层
（可选操作）。

（20）在"添加图层"面板中,搜索"Philadelphia
web scene"。

（21）在搜索结果中,单击"添加"按钮。

（22）单击幻灯,导航到这个城市的不同部
分。注意:这是一个带真实纹理的三维对象场景
图层。

图9.19 添加图层

（23）单击"移除"按钮,移除这个场景图层
（可选操作）。

（24）在"添加图层"面板,搜索"Iron Pagoda, Kaifeng, GTKWebGIS"。

（25）在结果中,输入找到的 Web 场景。注意:这是一个集成纹理格网（textured
mesh）场景图层。这个图层基于一系列无人机影像,由 Drone2map for ArcGIS
生成。

（26）通过导航检查图层细节质量。注意:从上向下看是清晰和准确的,但从倾斜角
度看,铁塔的侧面并不清晰（图9.20）。

用于生成铁塔场景的图像是下视（垂直向下）图像。下视图像用于生成二维正射影
像,即用于显示连续区域和最小失真的航空影像。要生成高质量的三维格网场景图层,应
该使用倾斜摄影,飞行路径应该环绕目标建筑,飞行高度也要适当,以获取建筑物侧面的
清晰镜头。

（27）在"图层搜索"框,搜索"河南大学环境与规划学院点云 owner:GTKWebGIS"。

（28）在搜索结果中,找到的 Web 场景,把它加入场景中。注意:这是一个点云场景图层。

（29）单击"完成"。

接下来,改变该图层的样式。

（30）在"图层"面板,指向点云图层,单击下拉菜单,并选择"配置图层"（图9.21）。

（31）对于"绘图样式",选择"真彩色",然后单击"完成"（图9.22）。

（32）放大并倾斜场景,发现这些点是有高程的。

图 9.20 从不同视角查看图层细节

图 9.21 添加并配置图层

图 9.22 点云颜色选择

（33）在"配置图层"面板，单击"高程"样式，再单击"选择"和"选项"按钮；

（34）在直方图中，移动手柄拉伸色系，并注意观察：随着点的高程变化，点云的颜色也随着变化；

（35）关闭浏览器，不保存 Web 场景。

9.2.2　创建一个专题 Web 场景

（1）启动 Web 浏览器，转到 ArcGIS Online（https://www.arcgis.com）或者 Portal for ArcGIS，并登录。

（2）在顶部菜单栏单击"场景"。

（3）如果提示新建一个场景，单击×按钮关闭这个窗口。

（4）单击"新建场景"，选择"新建全球场景"。

（5）单击"我的场景>添加图层"；

（6）搜索"Western Pacific Typhoons（2005）featureowner:GTKWebGIS"，会发现一个要素图层。

（7）单击"添加"按钮，将找到的要素图层添加到场景中。

（8）单击"完成"。

（9）导航场景到西太平洋地区，并注意观察贴在地球表面的台风路径。

（10）在"图层"面板，指向"Typhoons Q1"，单击下拉菜单，选择"配置图层"。

（11）选择要可视化的主属性"wind_kph"，即以"km/h"为单位的风速；选择绘图样式为"3D 计数和数量"。在场景中，台风将显示为直立的圆柱（图 9.23）。

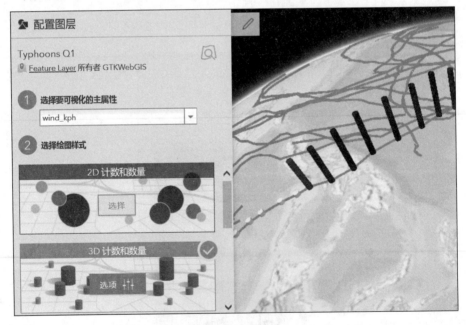

图 9.23　配置图层

（12）单击"选项"。

（13）在"3D 计数和数量"面板，进行如下设置：

- 颜色：单击色块图标。在色系集合中，向下滑动选择黄色到红色这个色系。单击
  "完成"（图 9.24）。

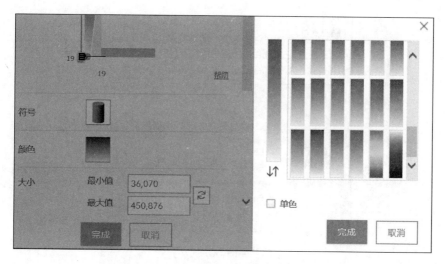

图 9.24　颜色设置

- 大小：最小值改为"50,000"，最大值改为"500,000"。
- 直方图：移动手柄调整色调的显示和三维符号高度。
- 向下滑动到"标注"：大小选择"大"；单击"增强透视"切换键，这会让标注显示更
  直观清晰。然后单击"完成"。台风标注显示在台风顶部。如果旋转或者倾斜场
  景，标注始终在上面。

（14）导航场景到适当的相机视点。场景保存以后，这个视点就是初始视点。

（15）单击"完成"。

（16）单击"保存场景"。

（17）在"保存场景"窗口，进行如下设置：

- 标题：设定"Western Pacific typhoons Q1"。
- 标签：设为"Typhoons, 3D, GTKWebGIS"。

然后单击"保存"。

（18）在页面的左上角，单击"主页"，然后选择"内容"。

（19）在内容列表中，找到刚创建的在线场景，选择场景并向"所有人"发布共享。

9.2.3　用真实三维符号显示二维数据

（1）单击"新建场景"，选择"新建局部场景"。

（2）如果有提示，单击关闭，将会创建一个空白的局部场景。

（3）单击"底图"按钮，选择"影像混合图"作为底图。

接下来,添加两个要素图层。

（4）在"图层"面板,单击"添加图层"。

（5）在图层搜索框,输入"3d fun park features owner:GTKWebGIS",然后按回车键或者搜索按钮(图 9.25)。

图 9.25　搜索图层

（6）单击"添加"按钮,添加这两个图层到场景浏览器。

（7）在"添加图层"底部单击"完成"。

（8）如果场景没有缩放到这个新图层,指向"FunPark_Points"图层,单击下拉菜单中"缩放至"按钮(图 9.26)。

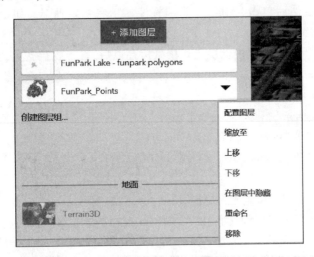

图 9.26　缩放到点图层

场景缩放到要素图层,注意到这些二维图层是紧贴在地表的。

（9）单击"保存场景"。

（10）在"保存场景"窗口进行如下设置:

- 标题,设置为"My Fun Park Design";
- 摘要,设置为"3D view of my fun park design";
- 标签,设置为"3D, Fun Park, GTKWebGIS"。

然后单击"保存"。

接下来,将根据类型、大小和旋转属性字段配置点图层的样式。

(11)在"图层"面板,停留在"FunPark_Points"图层,单击向下箭头,单击"配置图层";

(12)在"配置图层"面板,选择要可视化的主属性为"ObjectType";选择绘图样式为3D 类型,然后单击"选项"按钮(图 9.27)。

接下来,针对每个类型的对象设定符号。

(13)在"所有符号"下面进行如下设置:

- 大小:选择"ft"作为"ObjectSize"的单位。
- 旋转:选择"ObjectRotation"字段。注意:旋转类型是地理含义,从 12 点钟方向顺时针旋转(图 9.28)。

图 9.27 配置图层

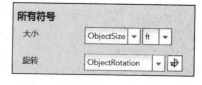

图 9.28 符号设置

(14)旋转场景,注意观察:点以不同大小的三维符号显示(图 9.29)。

接下来,设定每个点类型的符号。

(15)单击"Palm"类别,然后找到符号框(图 9.30);

(16)在符号选择器窗口,单击下拉列表,选择"植被"。植被图标按照字母顺序显示。

(17)选择"芭蕉树"图标,单击"完成"(图 9.31)。

在场景中,代表芭蕉树的点就显示为芭蕉树符号。

(18)重复上面 3 个步骤,选择其余点类型的符号。

- Bush;在"专题植被"集中选择"美洲梨木"。
- Hickory;在"专题植被"集中选择"落羽松"。

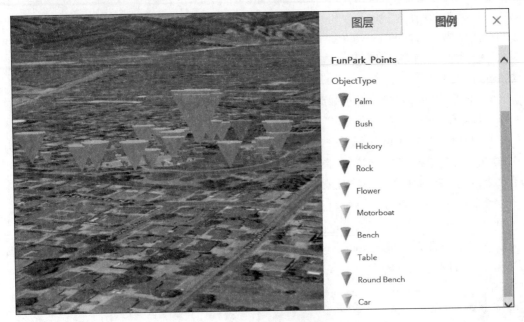

图 9.29 三维点符号显示

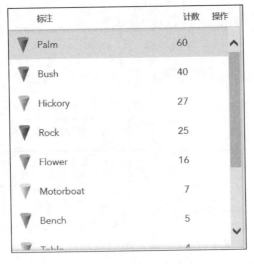

图 9.30 符号框

- Flower;在"专题植被"集中选择"海岛丝兰"。
- Rock;在"街景"集中选择"基石 1"。
- Bench;在"街景"集中选择"公园长椅 2"。
- Table;在"街景"集中选择 Picnic Table."野餐桌"。
- Round Bench;在"街景"集中选择"公园长椅 4"。
- Car;在"交通"集中选择"Audi A6"。
- Motorboat;在"交通"集中选择"汽艇"。

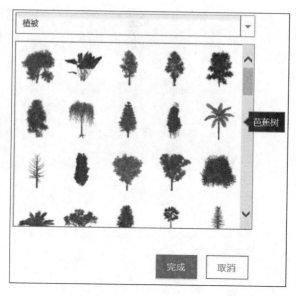

图 9.31　选择植被符号

（19）单击"完成"，再次单击"完成"，实现对点图层的改变。

（20）注意观察：所有点均显示为 3D 符号。

（21）单击"保存场景"，然后单击"保存"按钮（图 9.32）。

图 9.32　保存场景

（22）单击"幻灯片"。

（23）导航场景到外围区域，单击"捕获幻灯片"，命名为"Picnic area"，单击"完成"（图 9.33）。

接下来，将设置湖泊图层样式。

（24）导航场景到湖泊区域。

（25）在"图层"面板，停在"FunPark_Lake"图层，单击向下箭头，然后单击"配置图层"。

（26）单击"符号"下拉条，然后选择"更改符号"（图 9.34）。

（27）进行如下设置：

图 9.33　创建幻灯

- 类型:选择"2D 多边形";
- 填充颜色:选择"浅蓝色";
- 透明度(%):设置为 0;
- 轮廓大小(像素):设为 7。然后单击"完成"(图 9.35)。

图 9.34　改变符号

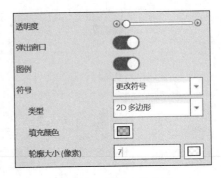

图 9.35　符号参数设置

（28）注意观察:湖泊显示为蓝色并镶嵌在地表上。

（29）单击"底图"按钮,更改底图为"街道图"。

（30）单击"日光"按钮,对当前数据,选择"显示阴影"(图 9.36)。

（31）单击"动画化一天当中的阳光和阴影"按钮,可以模拟阳光全天变化,尤其注意观察阴影的变化。

（32）暂停操作,标记为午间时间。

（33）单击"幻灯片"。

（34）单击"捕获幻灯片",命名为"Lake",单击"完成"(图 9.37)。

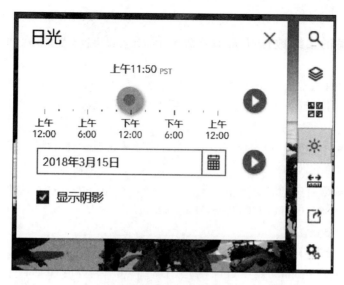

图 9.36 光照设置

图 9.37 设置光照情况下场景幻灯片

(35)移动鼠标到场景,在幻灯列表中,单击"Picnic area"。注意观察视图变化。

相机视点位置转到野餐区域,底图变为影像混合图,阴影没有显示。这展示了 Web 场景中的幻灯保存了相机的视点位置、底图、阴影效果,以及图层是否显示等其他设置。

(36)单击"保存场景",并单击"保存"按钮。

(37)在本页面左上角单击主页按钮,选择"内容"。

(38)在"我的内容"下面,找到 Web 场景,可向"所有人"发布共享。

(39)为了便于下一节实习,请不要关闭浏览器。

9.2.4　编辑二维数据并添加三维对象场景图层以改进 Web 场景

一个设计项目通常需要反复设计和不断改进。本练习事先提供了一个快乐公园设计的点图层。在实际设计一个工程项目时,需要编辑设计,效果预览,这个过程往往需要重复多次。

上节创建的快乐公园场景是基于一个二维点要素图层。本节将改变该二维点图层,在三维场景中预览修改的效果,也将在公园中输入一个三维对象场景图层。

（1）在新浏览器中,转到“http://esripressbooks.maps.arcgis.com/apps/webappviewer/index.html? id = 88851068b0c440a78e547bc3b2a1dc1b”,这是一个二维 Web 应用,指向三维场景中的相同要素图层。

（2）在页面底部中间,单击“打开属性表”按钮。

（3）注意观察:FunPark _ Points 图层有 3 个属性字段:ObjectType,ObjectSize 和 ObjectRotation.ObjectSiz 单位为英尺;ObjectRotation 单位为度,从 0 到无旋转,按顺时针从 90°到 90°,以此类推。

（4）单击“图例”按钮,查看点符号类型（图 9.38）。

（5）单击地图上的一些点,在弹出窗口中预览这些点的类型、大小并旋转。在上节创建的三维 Web 场景中,预览这些点以便了解属性值是如何控制三维效果的。

接下来,通过编辑二维数据来完善公园设计。

（6）单击“编辑”按钮,单击一个点类型,如“Motorboat”（图 9.39）。

（7）在地图上适当位置点击,填入旋转和大小的适当属性值（图 9.40）。

（8）找到在上一节创建的 Web 场景浏览器。刷新页面。

如果上节关闭了浏览器,可以重新登录到 ArcGIS Online,在“我的应用”中打开上节所创建的快乐公园的 Web 场景。

图 9.38　图例中的点符号,每个点
　　　　　类型用字符表示

（9）导航场景到添加点的位置。注意观察:这个点显示为基于设定的属性字段的三维符号（图 9.41）。

（10）在二维应用中,打开编辑窗口,单击刚添加的点。改变大小和旋转的属性值,如 20 和 175。

（11）在场景浏览器中,刷新页面,导航到刚编辑的点,预览编辑效果。

可以重复上面的步骤,添加另外一些点,通过编辑改善场景效果。

注意:为了避免公园中点太拥挤,FunPark_Points 图层将会被定期恢复到最初的练习数据。

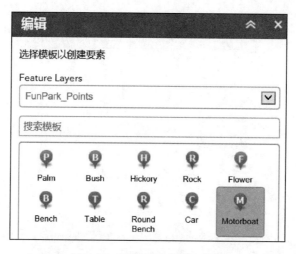

图 9.39　选择要编辑的点符号

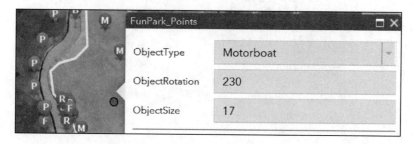

图 9.40　旋转和大小的属性值设置

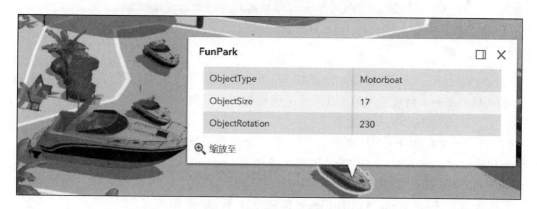

图 9.41　查看添加点的三维符号

接下来，在公园中载入三维对象场景图层。

（12）在场景浏览器中，在"图层"面板，单击"添加图层"按钮。

（13）查找"Fun park structures"，单击添加按钮，找到匹配主题，然后单击"完成"（图 9.42）。

（14）导航场景，查看已经添加到场景中的城堡、足球场等（图 9.43）。

图 9.42　添加图层

图 9.43　导航场景查看新的场景图层

FunPark_Structures 图层是由 ArcGIS Pro 利用程序规则生成,然后作为场景图层发布到 ArcGIS Online。可以参考第 9.3 节常见问题解答来了解更多细节。

接下来,设置场景的初始视图。

(15) 导航场景到一个相机视点位置,将这个位置的视图作为用户的初始视图。

(16) 单击"Save Scene"和"Save",保存场景。

9.2.5　使用 Web AppBuilder 创建 3D Web 应用

(1) 启动一个网络浏览器,转到 ArcGIS Online (https://www.arcgis.com)或者 Portal for ArcGIS,并登录。

(2) 在"内容>我的内容",单击"创建>使用 Web AppBuilder"(图 9.44)。

(3) 在"创建 web 应用程序"窗口,进行如下设置:① 选择 3D;② 标题:设为 My FunPark Design;③ 标签:设为 3D,Fun Park,design,GTKWebGIS;④ 单击"确定"。

注意：确保选中 3D 选项。

（4）在"主题"下面，进行如下设置：① 选择"盒子主题"；② 选择一种喜欢的颜色；③ 选择第二种布局。

（5）单击"场景"，单击"选择 Web 场景"按钮，选择已经创建的快乐公园 Web 场景，然后点击"确定"。

（6）如果提示"地图转换确认"，单击"确定"继续。

（7）单击"微件"菜单项，单击"在此控制器中设置微件"。

（8）单击"添加"按钮。

（9）在"选择微件"窗口，选择"底图库"、"图层列表"和"图例"微件，然后单击"确定"；

（10）单击"保存"。

（11）预览幻灯过程中，单击你的应用中的每个按钮，了解其功能。

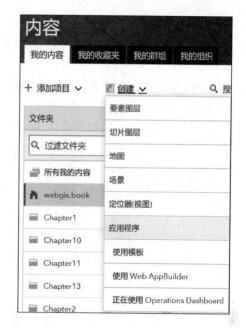

图 9.44 启动 Web AppBuilder

Web AppBuilder 的未来版本将提供更多带扩展功能的 3D 微件。

（12）在页面的左上角，单击"主页>内容"。

（13）在"我的内容"下面，选择刚创建的应用，向"所有人"发布共享。

（14）单击该应用，进一步显示其详细页面。

（15）单击"查看应用程序"。当前页面的 URL 就是该应用的 URL，可以向用户分享。

本章提供了一个初级教程，首先在 ArcGIS Scene Viewer 中浏览了不同类型的三维场景图层，然后分别利用专题性的和真实感的三维符号来设定二维要素图层的样式，进而创建 Web 场景，最后通过编辑其相关的二维数据来改进 Web 场景设计，并创建了一个三维 Web 应用。本节介绍的创建三维应用的方式简单灵活。

三维 GIS 是一个广阔而专业的领域。ArcGIS Pro，CityEngine 和 Drone2Map 能够生成更高级的、可以支持海量数据的、更精确的、具有更高性能的场景图层。如果对此感兴趣，可以参考第 9.3 节常见问题解答一节及相关资料。

9.3 常见问题解答

1）在 CityEngine 或者其他工具中创建的真实感三维模型，如何发布为 ArcGIS Online 或 Portal for ArcGIS 的 Web 场景？

首先，可以把三维模型转换为 multipatch 格式。Multipatch 是一个由 Esri 开发的 GIS 工业标准。它使用几何体集合来表示三维对象。Multipatch 要素可以在 ArcGIS 中用来构建三维要素,保存当前数据,与其他非 GIS 的三维软件包进行数据交换,如 Collaborative Design Activity(COLLADA,∗.dae 格式)和 SketchUp(∗.skp 格式)。

　　然后,在 ArcGIS Pro 中单击 Map 菜单项 > Add Preset > Realistic Building,选择 multipatch 图层,把 multipatch 图层添加到 ArcGIS Pro 中的场景(图 9.45)。Multipatch 图层可以发布到 Portal for ArcGIS,或者转换为场景图层包,然后上传到 ArcGIS Online,生成的场景图层,用于 Web 场景或者三维应用。

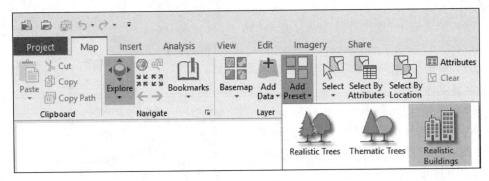

图 9.45　添加 multipatch 图层到 ArcGIS Pro 中的场景

2)在 ArcGIS Pro 中,如何立体显示一条 2D 线或者多边形图层?

可以进行如下操作:

(1)在场景中,把该图层从二维图层组移动到三维图层组。

(2)在顶部菜单中单击 Appearance 菜单项。

(3)如果需要,可以移除该图层的“Visibility Range”。

(4)在 Extrusion 组,选择一种突出类型,指定突出高度(图 9.46),例如,设置突出高度为人口密度乘以 100 m。

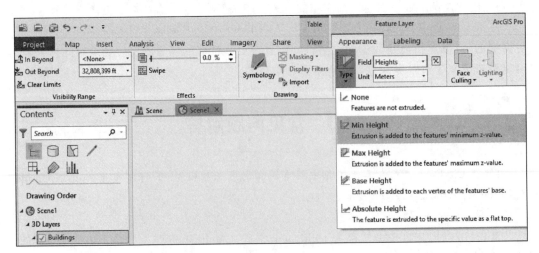

图 9.46　图层突出高度设置

3）教程中将足球场、城堡这些三维要素场景图层添加到快乐公园中。这些三维要素是如何在 ArcGIS Pro 中创建的？

这些要素是利用程序规则从一个多边形要素图层创建的。下面简述其步骤（图 9.47）。

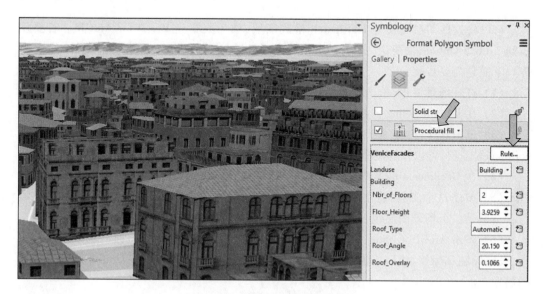

图 9.47　利用程序规则创建结构

（1）在 ArcGIS Pro 中创建一个场景工程。

（2）从"C：\ WebGISData \ Chapter9 \ FunParkData \ Park. gdb \ Structures"图层添加到场景。

（3）在 Contents 面板中，把 Structures 图层从 2D 图层组移动到 3D 图层组。

（4）在 Contents 面板，右键单击 Structures 图层，选择"Properties"。

（5）在图层属性窗口，把高程设置为相对于地面（Relative to the ground），高度为 baseElev 字段，单击 OK。

（6）在 Contents 面板，右键单击 Structures 图层，选择"Symbology"。

（7）在 Symbology 面板，选择"Unique Values"。

（8）单击"symbol for SoccerField"。

（9）单击 Propertie，然后单击 layers 按钮。

（10）单击多边形填充下拉列表，选择"Procedural fill"。

（11）单击 Rules 按钮，选择"C：\ WebGISData \ Chapter9 \ FunParkData \ rpk \ Soccer-Field.prk"。

（12）单击"Apply"。

（13）在 Symboloy 面板，单击"back"。

（14）单击 Castle 的符号，重复对 soccer 字段所做的步骤，但要使用"Castle.rpk"。

（15）单击 House 的符号，重复对 soccer 字段所做的步骤，但要使用"Venice-Facades.rpk"。

4）如何把立体显示的线和多边形图层或者按照程序规则样式化的三维要素图层发布到 Portal for ArcGIS 或 ArcGIS Online 中，成为三维场景图层？

可以将这些图层转换为 multipatch 格式图层，然后共享到 Portal for ArcGIS。若要发布到 ArcGIS Online，需要进一步将 multipatch 图层转换为一个场景图层包文件，然后上传。下面是简要步骤：

（1）打开场景工程，单击 Analysis 菜单项，再点击"Tools"。

（2）在 Geoprocessing 面板，找到"Layer 3D to Feature Class"。

（3）单击这个工具，将你的图层作为输入的要素图层，然后运行。结果就是一个 multipatch 图层，可以作为场景图层共享到 Portal for ArcGIS。

（4）在 Geoprocessing 面板，找到"Create Scene Layer Package"。

（5）单击这个工具，将上面的 multipatch 图层作为输入图层，指定输出文件，然后运行。结果是一个场景图层包。

（6）登录 ArcGIS Online，单击 Add Item>From my computer，选择上面的场景图层包文件，设定标题和标签，然后单击 Add Item，将场景图层包上传到 ArcGIS Online 并作为场景图层发布。

9.4　思　考　题

（1）列举几个在线三维 Web 应用。

（2）三维场景有哪些基本类型和基本元素？

（3）Web 场景图层有哪几种类型？

（4）什么是程序化建模？这种方法有什么优点？

（5）创建 Web 场景的基本步骤是什么？

（6）什么是虚拟现实？列举两个应用案例。

（7）什么是增强现实？列举两个应用案例。

（8）虚拟现实和增强现实有何不同？

（9）简述建设室内三维的意义。

9.5　作业：创建一个美丽社区的三维 Web 应用

基本要求：

（1）主题可以是一条街道，一个住宅区，一个海边公园或者其他类型，但其选址必须不同于本章教程中的快乐公园地址。

（2）Web 场景应该至少有一个点图层和一个多边形图层。

（3）点图层的三维符号应该通过属性字段设置，例如 ObjectType，ObjectSize 和 ObjectRotation。

（4）至少创建两个幻灯片。

（5）创建的场景要生动有趣。

（6）可以利用前面章节学习的多种方式创建要素图层。点要素图层可以复制 FunPark_Points 要素图层（URL 存储在 C：\WebGISData\Chapter9\FunParkData\FunPark_Points_URL.txt）。也可以使用 ArcGIS for Developers（https://developers.arcgis.com，点击 "+" 号，选择 "New Layer"，设定名称、标签、几何体类型和属性字段）（图 9.48）。

图 9.48　使用 ArcGIS for Developers 创建要素图层

（7）使该要素图层可编辑。

（8）把该要素图层添加到一个 Web 地图中，并在图层上添加要素。

（9）把该要素图层添加到一个 Web 场景中，并设置样式。

（10）可能需要在 2D 编辑窗口和 3D 场景窗口之间多次切换，以编辑数据和预览效果。

提交内容：

（1）Web 场景的 URL。

（2）3D Web 应用的 URL。

参 考 资 料

Esri.2016.I3s specification.https://github.com/esri/i3s-spec［2018-2-18］.

Esri.2017.ArcGIS Earth.http://www.esri.com/software/arcgis-earth［2018-2-18］.

Esri.2017.ArcGIS Online：Scene Basics.https://www.esri.com/videos/watch? videoid＝TDjn13tP89o&channelid＝
UCgGDPs8 cte-VLJbgpaK4G Pw&title＝arcgis-online：-scene-basics［2018-2-18］.

Esri.2017. Display a scene with realistic detail. https://learn. arcgis. com/en/projects/get-started-with-arcgis-
pro/lessons/display-a-scene-with-realistic-detail.htm［2018-2-18］.

Esri.2017.Drone2Map for ArcGIS.https://www.esri.com/products/drone2map［2018-2-18］.

Esri.2017.Get started with Scenes.https://doc.arcgis.com/en/arcgis-online/get-started/get-started-with-scenes.
htm［2018-2-18］.

Esri.2017. Mapping the Third Dimension. In：The ArcGIS Book. http://learn. arcgis. com/en/arcgis-book/
chapter6/［2018-2-18］.

Esri. 2017. Procedural symbology. http://pro. arcgis. com/en/pro-app/help/mapping/symbols-and-styles/
procedural-symbol-layers.htm［2018-2-18］.

Esri.2017.Scenes.http://pro.arcgis.com/en/pro-app/help/mapping/map-authoring/scenes.htm［2018-2-18］.

Esri.2017.Share a web scene.http://pro.arcgis.com/en/pro-app/help/sharing/overview/share-a-web-scene.htm
［2018-2-18］.

Esri. 2017. Sharing 3D Content Using Scene Layer Packages. https://www. esri. com/training/catalog/
58471aa5fb83aeb761847d7f/sharing-3d-content-using-scene-layer-packages/［2018-2-18］.

Esri. 2017. Sharing 3D Content with ArcGIS. http://training. esri. com/gateway/index. cfm? fa ＝ catalog.
webCourseDetail&courseid＝2959［2018-2-18］.

Esri.2017. View scenes in scene viewer. http://doc. arcgis. com/en/arcgis-online/get-started/view-scenes. htm
［2018-2-18］.

Esri.2017.What is a scene layer? https://pro.arcgis.com/en/pro-app/help/data/point-cloud-scene-layer/what-
is-a-scene-layer-.htm［2018-2-18］.

Esri.2018. Get Started with Drone2Map for ArcGIS. https://learn. arcgis. com/en/projects/get-started-with-
drone2map-for-arcgis/［2018-2-18］.

Goodchild M. 2011. Looking Forward：Five Thoughts on the Future of GIS. https://www. esri. com/news/
arcwatch/0211/future-of-gis.html［2018-2-18］.

Meehan B.2017. NJ Utility on Forefront with New Mixed Reality Application. https://www. esri. com/about/
newsroom/publications/wherenext/nj-utility-on-forefront-with-new-mixed-reality-application/［2018-2-18］.

第 10 章

时空数据与实时 GIS

任何事件均发生在相应的时间与地点，实时 GIS 已成功应用于监控地理目标随时间变化而产生的移动、轨迹等多种时空动态信息。目前，手机、传感器网、智慧城市以及物联网(IoT)等可高速地产生海量实时数据。这些实时数据需要实时 GIS 进行定位与跟踪，同时需要对其进行存储、管理、检索、分析与显示。本章主要介绍时空数据的基本概念、物联网与智慧城市的价值及其对 GIS 平台的新要求，同时介绍了可提供实时 GIS 服务的 ArcGIS 产品，包括 ArcGIS GeoEvent Server 和 Operations Dashboard for ArcGIS。最后，实习教程部分介绍了如何创建 Operations Dashboard 应用。ArcGIS 平台提供了诸多构建 Web GIS 应用的方法，图 10.1 中连线和箭头所示为本章教程将讲授的技术路线。

学习目标:
- 了解时空数据的概念与术语
- 学习有关物联网、传感器网、智慧城市及其他相关技术的前沿
- 了解流服务的优点
- 学习 ArcGIS GeoEvent Server 的结构和功能
- 利用 Operations Dashboard for ArcGIS 监控实时数据

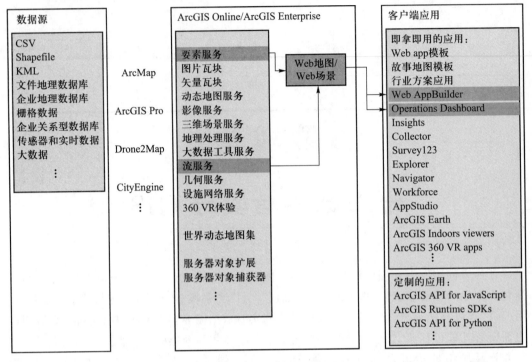

图 10.1　本章技术路线

10.1　概念原理与技术介绍

10.1.1　时空数据与实时 GIS 基础

　　时间是 GIS 数据中的一个重要维度,时间数据包括目标与事件随时间变化的运动和状态,例如,一个事件在何时何地发生,此事件具有什么样的变化等。时空数据可归纳为以下几种类别:

- 动态(如行驶的飞机、公共汽车、小汽车、救护车、消防车、火车等);
- 非连续(如犯罪事件、地震、具有地理标签的微博等);
- 静止(如气象站点监测的风速风向、水文站监测的水位、高速公路与街道的交通速度、监控摄像机获取的实时图像和视频等);
- 变化(如野火的范围、洪泛区、城市扩张、土地利用与土地覆被变化等)。

　　实时 GIS 是指可以处理当前及动态变化的空间数据的 GIS。这些实时数据可以是多种传感器获取的地理目标的最新位置、高程、速度、方向、温度、压强、浓度或水位等数据。实时 GIS 能够在事件发生的同时就进行处理与分析,进而能够提供更好的事态感知能力,提供更好的应急响应与决策支持。

　　在时空 GIS 数据中,事件的时间属性可以是时间点或时间段。

- 时间点：如雷电的发生，此类事件的时间值一般存储在一个时间属性字段内。
- 时间段：如一次野火过程的开始和结束，此类时间属性一般存储在两个属性字段内，一个字段用于存储开始时间，另外一个字段用于存储结束时间。

时空数据包括以下基本名词与术语：

- 时间测量系统（如单位）：时间可以用很多单位来描述，如年、月、日、小时、分钟、秒等。
- 时间参照系统（如时区与夏令时规则等）：最常用的时区为格林尼治标准时间（Greenwich mean time，GMT）与协调世界时（coordinated universal time，UTC）。这两个时间参照系统均在本初子午线（0°经线），GMT 考虑了夏令时而 UTC 未考虑。为避免时区与夏令时变化造成的混淆，大部分信息系统（包括 ArcGIS）将时间存储为其 UTC 时间自 1970 年 1 月 1 日起的秒数或毫秒数。
- 时间表示：时间可表示为多种不同的格式与语言（如 12/18/2018，December 18，2018，18/12/2018，18 December 2018，2018 年 12 月 18 日等）。ArcGIS 与大部分信息系统可根据用户指定的格式、浏览器的语言环境以及时区等来灵活地表示日期时间。
- 时间分辨率：时间分辨率是指对于时间的采样间隔，如自动车辆定位系统通常是每隔 15 s 监测记录一次车辆的位置，气象站通常每隔 15 分钟报告一次气温的监测值。较高的时间分辨率将会生产出较精确的时空数据，也会生产出较大量的数据需要被传输与存储，而较低的时间分辨率将会产生较小的数据量，但其时空数据的精度则相对较低。

10.1.2　物联网

时空数据具有多源性，可以来自人工输入数据、传感器观测数据及模型模拟数据等。目前，众多传感器技术的出现、成熟与可购性，进一步扩展了时空数据的来源。智能手机和平板电脑的普及加速了志愿式地理信息（VGI）的普及，另外全球定位系统（GPS）精度的提高、高速无线数据通信以及传感器价格的大幅降低推动了物联网（IoT）技术的发展。

物联网就是物物相连的互联网，一方面，它的核心和基础仍然是互联网，是在互联网基础上的延伸和扩展的网络，另一方面，它把网络连接延伸和扩展到了物品与物品之间，并且这些物品带有传感器，能够收集和交换数据（图 10.2）。物联网中的"物"可以指飞机、出租车、自行车、桥梁、大坝、管道、电网、灯、冰箱、心脏监测仪、生物芯片、监控摄像头以及无人驾驶汽车等各种设备。物联网被称为继计算机、互联网之后世界信息产业发展的第三次浪潮，其概念已在全球范围内迅速普及。据专家预计，到 2020 年，物联网将连接包括约 300 亿个物体，物联网的全球市场价值将达到约 7.1 万亿美元。

物联网系统中要求收集的传感器数据需要在一个平台上加以理解才能变得可使用，而地理位置便提供了这种平台。GIS 可以将具有地理位置的原始数据转换成有用的地理信息，最终生成可操作的智能信息。例如，智能汽车可与其他车辆共享路况信息，为其他

图 10.2　物联网是一个连接物与人的巨网络

车辆实时提供湿滑等交通状况信息,提醒他们哪些路段容易打滑。位置信息对于车辆感知不良路况来说并没有帮助,因为即使没有位置信息这一点也很容易做到。但是,如果需要将路况告知其他车辆,就需要知道该路段的位置以及与车辆之间的距离。这时,定位和地理空间分析就把传感器数据转换为可用的信息。只有知道打滑路段的位置,车辆才能判断是否对其当前的行驶路线造成影响(图 10.3)。

图 10.3　物联网概念下的车联网可交换道路状况信息

近年来,科技界、政府以及商业界已普遍接受了物联网的概念,支持创建从企业级应用到消费者应用的系统和产品。企业级物联网应用包括智慧城市、基础设施管理、环境质量监测、智能零售库存管理和精准农业等。消费者物联网应用包括互联汽车、互联健康和智能家居等。

1)智慧城市

智慧城市是物联网的一个重要应用领域,智慧城市使用物联网技术来提供有助于城市有效管理资产和资源的信息(图 10.4),能更有效地利用城市基础设施,让公民和决策者能够及时地了解、适应和应对城市中不断变化的事态和环境。

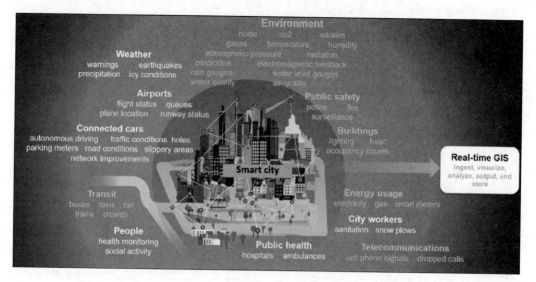

图 10.4 建立一个智慧城市不仅是要布设传感器,对时空数据的实时获取、可视化、分析和存储能力是智慧城市成功的关键

实施智慧城市不仅是在城市周围部署传感器并收集传感器数据,如果没有对数据进行实时处理分析与可视化,就无法较好地体现数据的功能。位置数据加上时间数据可使城市管理者知道在什么时间、什么位置发生了什么事情,且可将原始传感器数据转换为可操作信息。智慧城市的实现需要 GIS 来提取数据、存储数据并对其进行时空分析。数据分析可以及时发现事件的模式和趋势,预测未来可能发生的事情,使城市更安全更宜居和更好地发展。

2)智能家居

智能家居也被称为智能家庭或家庭自动化,是把物联网技术与家居生活有关的设施集成,构建高效的家居管理系统。智能家居通常是利用 Wi-Fi 将智能传感器或控制器连接来实现的,如智能空气净化器、智能恒温器、Amazon Echo 的人工智能控制设备等。智能家居能自动地或让用户能够远程地管理家中的照明、暖气、空调、媒体和安全系统等设备,通过上述功能的自动化,提升家居安全性、便利性、舒适性和艺术性,并实现环保节能的居住环境。

智能家居的发展仍处于起步阶段,但 GIS 将为这一发展带来革命性的变化。例如,庭院智能自动喷水系统可以连接到基于位置的天气预报,了解所在城市当天和未来几天的天气,并根据是否有降雨而自动调整草坪和花园的浇水量。另一个例子是当今家里的智能温度控制器,它可以根据一天的时间来设置家庭温度,并可以远程控制和手动调整。但是,假设家居主人决定有一天早些回家,但他并没有手动调整家中的温度,他到家时家里的室温可能太冷或太热。如果他的智能温度控制器与智能手机应用连接起来,使用 GIS 应用程序在其工作场所周围建立地理围栏,如果他提前下班了,手机就可以触发地理坐标并提醒家中的控制器调至适宜温度,不会太冷或太热。如果有上千位用户在使用这个应用,最终所节省下来的能源将非常可观,可以想象这个看似常见的应用将会发挥出多大的价值。

10.1.3　用于实时 GIS 的 Web GIS 技术

物联网的快速发展需要实时 GIS 来定位和跟踪这些众多相连的物品,包括存储、管理、检索、分析和显示数据,并做出预测。同时,无处不在的物联网传感器也对实时 GIS 提出了挑战,实时 GIS 不只是要能够获取和处理数据,还要有足够快的数据吞吐速度和处理速度。

1) ArcGIS GeoEvent Server

ArcGIS GeoEvent Server 是 Esri 实时 GIS 技术的核心。ArcGIS GeoEvent Server 可以连接多种类型的流数据,执行连续的数据处理和分析,并在特定条件发生时发送更新和警报,所有这些都是实时的。ArcGIS GeoEvent Server 具有可扩展性,能够满足对物联网高速生成的海量实时数据进行采集、处理和存储的需求。ArcGIS GeoEvent Server 提供了用于接收实时数据的输入连接器,提供用于执行实时过滤和分析的处理器,并提供用于生成结果的输出连接器,可进一步支持 Web 地图、Web 应用程序和大数据分析(图 10.5)。

数据获取:该组件用于与各种数据源连接,它提供了通过众多种通信传输协议与各传感器或传感器网络、社交网络以及其他实时数据流进行通信的方式。它支持的传输协议包括传输控制协议(TCP)、用户数据报协议(UDP)、HTTP、REST、文件传输协议(FTP)、文件、电子邮件、WebSocket 等。数据获取组件还提供了解析和转换不同数据格式(如文本 CSV、JSON、XML、二进制等)到 Web GIS 内部数据结构的功能。

数据处理:该组件用于处理数据获取子系统接收和转换的实时数据。此数据处理子系统提供了过滤器与处理器。

- 过滤器可删除那些不符合指定标准的事件。过滤器通常是属性过滤器、空间过滤器或两者的组合。属性过滤器可以配置一个或多个属性表达式(例如,飞机的高度小于 50 m,速度大于每小时 200 km)。空间过滤器基于它们与地理围栏的空间关系(例如,当飞机正在飞入和飞出风暴时;当物流运输卡车接近客户家时)来过滤事件。

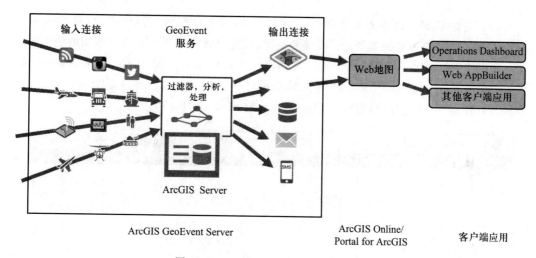

图 10.5 ArcGIS GeoEvent Server 架构

- 处理器用于执行特定的操作。例如,在地震周围创建缓冲区,通过缓冲区找出受影响的人口统计信息并估算财产损失。GeoEvent 空间过滤器可以检测对象何时进入或离开地理围栏,以及对象在地理围栏内部还是外部,这些事件可以配置为触发某些警报或操作(图 10.6)。

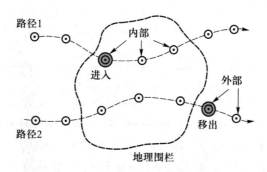

图 10.6 GeoEvent 空间过滤器示意图

输出:输出组件具有与数据获取组件相似的特性,但方向相反。该组件与 Web 客户端连接,通过各种传输协议分发数据,并发送各种警报或更新。输出子系统可以将数据发送到大数据存储区或 Web 客户端,通过电子邮件、短信或推文等形式发送警报,或发送特定命令来激活外部系统来执行某些任务。

存储: ArcGIS 支持各种常规和新型数据库技术。很多传统的关系数据库技术最初并不是为高频率更新海量数据设计的。经验表明,一个关系型数据库实例在写入和更新数据时有大约每秒 300 条记录的极限。因此,需要新技术来应对物联网数据实时存储的挑战。作为 ArcGIS Enterprise 组件的 ArcGIS Data Store 提供了专门用于处理高速和大量时空数据的配置方案,能通过支持节点和集群部署模式提供更高的可伸缩性。ArcGIS 还可以结合新的数据库技术(如 no-SQL,MongoDB 和 Hadoop)一起使用,以处理大数据的高频率写入和检索。

　　（1）创建 GeoEvent 服务的步骤：一个 GeoEvent 服务的配置流程包括：① 确定采用何种输入连接器接收和转换数据；② 设定要执行的过滤和处理步骤；③ 设置采用的输出连接器。可以使用 ArcGIS GeoEvent Manager 来创建和管理 GeoEvent 服务，GeoEvent Manager 提供了一个类似于 ArcGIS ModelBuilder 的简单设计器界面。设计器允许添加输入和输出，将其与处理器和/或过滤器连接，并发布 GeoEvent 服务（图 10.7）。

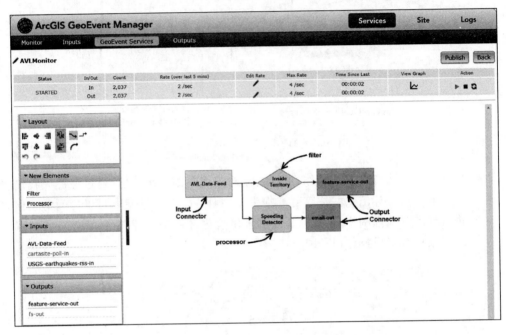

图 10.7　ArcGIS GeoEvent Manager 界面

　　以下是创建 GeoEvent 服务的一般步骤（图 10.8）：① 使用现有连接器或可以下载或开发的自定义连接器来配置输入和输出。如果要使用 ArcGIS Data Store、MongoDB 或 Hadoop 等对实时数据进行存储，则需要在 ArcGIS Server 管理器中注册数据存储。② 将输入和输出添加到 GeoEvent 服务设计器。③ 向设计器中添加过滤器和处理器，并根据需要进行配置。④ 连接输入、过滤器、处理器和输出组件。⑤ 发布服务。

图 10.8　创建 GeoEvent 服务的步骤

　　（2）从服务器到客户端传送实时数据：ArcGIS 支持轮询（Poll）和推送（Push）两种方式来传送实时数据。

- 轮询是客户端定期（例如，每 30 s）轮询服务器以获取最新数据的传统方法。例如，在 ArcGIS 地图查看器中，可以将 Web 地图中的图层配置为以 6 s 到 1 天的间隔进行刷新。实时 GIS 数据通常保存在 ArcGIS Online 或 ArcGIS Enterprise 的一个要素图层中，在每次接收到客户端的轮询时，把最新数据返回给客户端（图 10.9）。

- 推送是通过使用 HTML5 WebSocket 协议实时地为客户端提供数据的新方法。例如，GeoEvent 的流服务就可以将数据实时推送到客户端(图 10.9)。流服务对于高速海量数据的实时数据传输或以未知间隔时间变化的数据尤为有用。在 ArcGIS 地图查看器中，可以将流服务添加到 Web 地图，且可以启动和停止数据流。

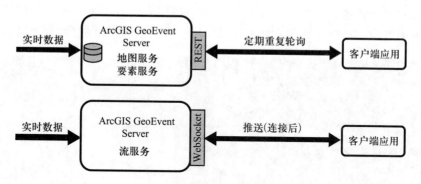

图 10.9 轮询模式与推送模式

ArcGIS 地图浏览器可以通过轮询和推送模式获取实时数据图层。具有实时图层的 Web 地图可以通过 ArcGIS Web 应用程序模板 Web AppBuilder for ArcGIS、Operations Dashboard for ArcGIS 或自定义 JavaScript 代码将其转换为 Web 应用程序(图 10.10)。

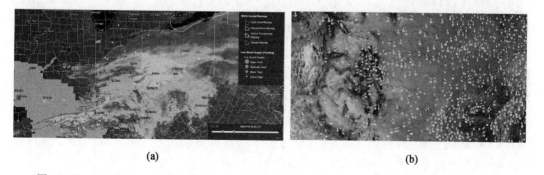

图 10.10 ArcGIS Web 应用程序展示近实时数据：(a) NEXRAD(下一代雷达)图像；(b) 风向

2) Operations Dashboard for ArcGIS

驾驶汽车时，司机需要依靠汽车的仪表盘来监控当前的速度、油位、档位和发动机状态等状况。同样，当管理应急、监控移动车辆和设备、了解外业人员位置和工作进展等业务时，也需要一个仪表盘来获得态势感知。Operations Dashboard for ArcGIS 就提供了这样一个管理系统和资源的仪表盘或通用视图。它能集成 Web 地图和众多数据源，能创建全面及时的操作视图。这些视图包括图表、列表、仪表和指示器等，它们随着底层数据的变化而自动更新，这些实时视图允许管理者实时或接近实时地监控和跟踪现场事件。例如：

- 执法机构根据所报告的情况监测犯罪情况与报警电话,以最快的方式控制犯罪。
- 急救部门利用仪表盘(Dashboard)来掌握地面和空中急救人员的位置,了解病人或车祸事件的位置,以便做出最好的应急方案,抢救生命。
- 环保部门利用仪表盘来实时显示传感器监测到的空气质量和水质数据,便于有针对性地发现问题,解决问题,改善环境(图 10.11)。
- 公司使用微博等实时社交媒体资源来监测有关自己公司产品和品牌的网上评论,对有负面的评论的地区及时回复,及时开展针对性的市场宣传,维护公司品牌。

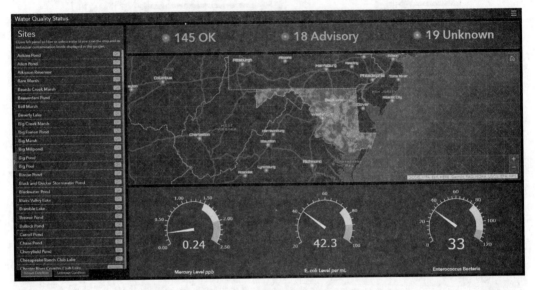

图 10.11 Operations Dashboard for ArcGIS 应用示例

Operations Dashboard for ArcGIS 具有 Windows 版本和两个 Web 浏览器版本。Windows 版本可以创建操作视图并显示多个视图。较旧的浏览器版本用于显示由 Windows 版本创建的单显示操作视图,新的浏览器版本可以创建和显示仪表盘。本章的实习教程部分将介绍新浏览器版本的 Operations Dashboard。

10.2 实习教程:利用 Operations Dashboard 创建实时 GIS Web 应用程序

本实习教程的目的是,为美国雷德兰兹市创建一个 Operations Dashboard Web 应用程序,以协助该市的医疗、犯罪和消防部门的应急管理。

数据来源:

以 Web 图层的方式提供。

基本要求:

(1) 监控警察、消防车和医疗车辆的近实时位置;

(2) 监控报警事件的近实时位置和详细信息;

(3) 列出最新事件的详细信息;

(4) 用易于理解的图表显示事件的计数、类别和状态。

系统需求:

(1) ArcGIS Online 管理员或发布者级别的账户;

(2) Chrome 浏览器,用于检查服务器和浏览器之间的数据轮询和推送。

10.2.1　创建一个包含实时图层的 Web 地图

(1) 启动 Chrome 浏览器,打开并登录 ArcGIS Online。

(2) 查找"Redlands Dashboard Map owner:GTKWebGIS",并取消选中"仅在你的组织中搜索"选项。

(3) 单击找到的 Web 地图的缩略图,在地图查看器中打开。

Web 地图中包括报警的事件、警察、消防、救护车、设施和交通服务等图层(图10.12)。这些图层被配置为定期刷新以显示最新的数据。

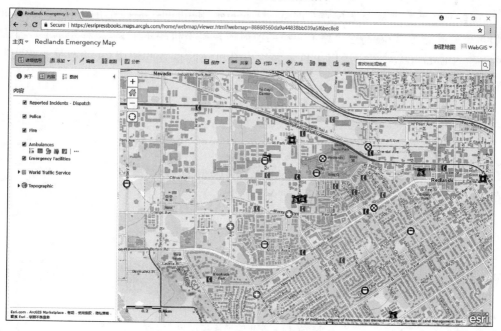

图 10.12　Web 地图显示

（4）在"内容"面板中，指向"Police"图层，单击更多选项按钮，选择"刷新间隔"，可看到此图层每 0.1 分钟刷新一次（图 10.13）。此图层每 6 s 轮询一次，如果警车位置发生改变，则对应的符号可能会在地图上移动。

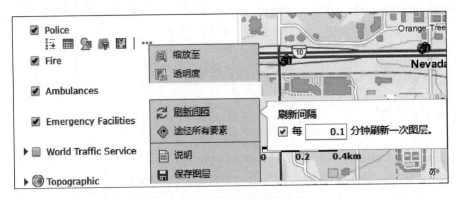

图 10.13　图层刷新间隔设置

（5）重复上一步操作，查看所有其他图层的刷新间隔。

"Emergency Facilities"图层没有刷新间隔，因为这些紧急设施和交通照相机图层一般不会移动位置。其他图层的刷新间隔范围从 0.1 分钟到 5 分钟。

下一步将添加另外两个时间图层。

（6）在地图查看器工具栏上，单击"添加"按钮并选择"搜索图层"选项。

（7）在"搜索图层"面板中查找 ArcGIS Online 下的"dashboard sample data owner：GTKWebGIS"。取消勾选"在地图区域内"复选框。

在查询结果中有两个图层："CalTrans_Cameras_Redlands"是一个用于显示 CalTrans（加利福尼亚交通部）在高速公路上架设的实时监控摄像机的图层，本教程用的是一个简化图层。"Helicopters"是一个用于显示警用直升机实时位置的流服务，此数据为模拟数据（图 10.14）。

图 10.14　查找图层面板设置

（8）在搜索结果列表中,单击每个图层旁的"添加"按钮将图层添加到地图。

（9）单击"图层添加完毕"来退出搜索图层面板。

（10）在地图上,单击 CalTrans 相机图标符号,在弹出窗口中能够查看近实时的高速公路图像(图 10.15)。这些图像为每隔几分钟捕捉的高速公路视频帧图像,截屏时间可以从图像的时间戳中识别出来。

图 10.15　高速公路实时视频图像显示

接下来,将检查浏览器是如何以轮询和推送方式接收实时或接近实时数据的。

（11）在"内容"面板中,指向"Helicopters"图层,单击更多选项按钮,选择"流传输控件"选项,单击"停止流传输"停止流,然后单击"开始流传输"开始流(图 10.16)。

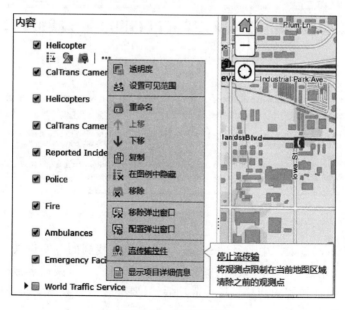

图 10.16　流控制设置

（12）按下键盘上的 F12 键调出开发者工具，或单击 Chrome 选项按钮，选择"More tools">"Developer tools"（图 10.17）。

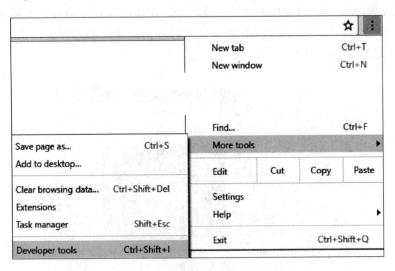

图 10.17　打开 Chrome 开发者工具

（13）在开发者工具中，单击"Network"选项卡，可注意到有新的查询请求出现。这些是每 6 s 刷新的对报警事件、警察、消防车和救护车图层的轮询请求（图 10.18）。

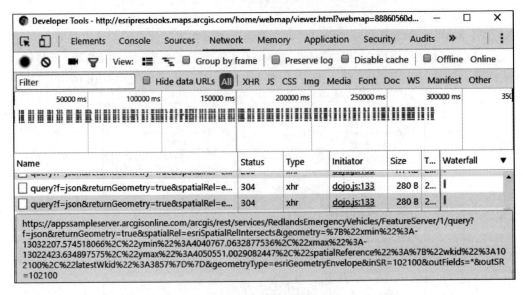

图 10.18　轮询请求

（14）在"Filter"输入框中，指定"Stream"，然后单击找到的订阅请求。单击"Frames"选项卡，单击一条消息，并查看收到的实际数据（图 10.19）。订阅请求与服务器初始化了一个基于 WebSocket 协议的连接。连接成功后，只要服务器有数据更新，就会自动地把更新的数据推送到浏览器端。

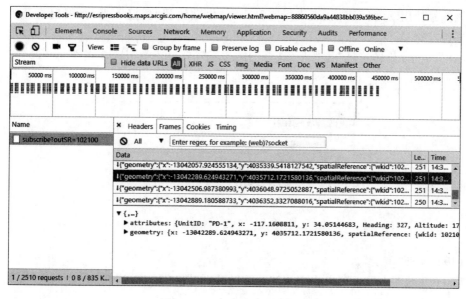

图 10.19　查看实时接收数据

（15）关闭"Developer Tools"窗口。

接下来,将对"Helicopters"图层进行符号化。

（16）在"内容"面板,鼠标指向"Helicopters"图层,单击"更改样式"按钮。

（17）单击"符号",单击"使用图像",设置 URL 为"https://i.imgur.com/LhzIJ82.gif",并单击其右侧的"+"按钮,设置符号大小为 24 像素,单击"确定"（图 10.20）。

图 10.20　符号设置

该符号使用动画(GIF)代表飞行直升机,符号默认朝北,接下来,将根据直升机飞行方向来旋转符号。

(18) 选中"旋转符号"复选框,选择"Heading"字段,选中"从 12 点方向顺时针"单选按钮(图 10.21)。

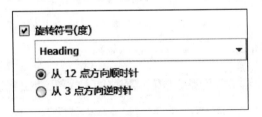

图 10.21 符号旋转设置

(19) 单击"确定"。

(20) 在地图上可看到一个螺旋桨在旋转的直升机(图 10.22)。

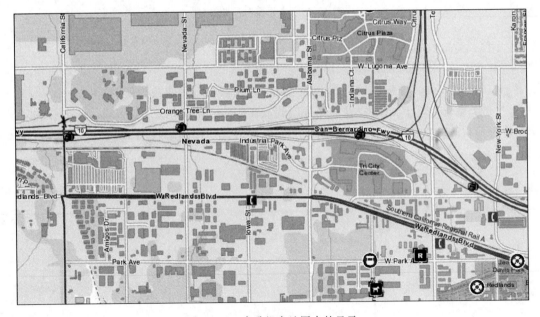

图 10.22 直升机在地图中的显示

(21) 在地图浏览器菜单上,单击"保存",选择"另存为",保存 Web 地图。

(22) 单击"分享"按钮将地图共享给所有人。

本节创建了一个包含实时和近实时图层的 Web 地图,其中一些图层可实时移动位置,另一些图层能够实时更新属性或图像。这些图层提供了应急管理所需的实时信息。

接下来,将基于此 Web 地图创建一个仪表盘应用。

10.2.2 创建一个仪表盘应用

（1）启动 Web 浏览器,打开 ArcGIS Online,然后登录。如果是基于上一节内容的继续,请单击"主页"下拉菜单并选择"主页"。

（2）在页面上端,单击"应用程序"按钮,然后选择"Operations Dashboard"(仪表盘应用)。页面将会转到"Operations Dashboard"网站。

（3）单击"创建仪表盘"。

（4）输入"Redlands Emergency Dashboard"作为标题,将标签设置为"Redlands, Dashboard, GTKWebGIS",然后单击"创建仪表盘"。

将看到一个空的仪表盘。接下来,将向仪表盘添加地图。

图 10.23 添加地图设置

（5）单击"+"按钮选择"地图"(图 10.23)。

（6）选择已经创建好的"Redlands Emergency Map"。

（7）在"地图工具"下选择"图例"、"图层可见性"、"底图"和"放大/缩小"并单击"完成"按钮(图 10.24)。

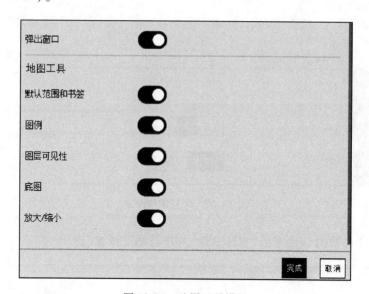

图 10.24 地图工具设置

选择的 Web 地图即可显示在仪表盘上。接下来,需添加一个仪表来显示当前尚未处理的报警事件的计数。

（8）单击"添加"按钮并选择"仪表"。

（9）对于图层选择"Reported Incidents-Dispatch"。

（10）单击"数据"选项卡,然后单击"过滤器"按钮。

（11）将过滤器的"Operational Status"设置为"相等",设置"值"为"Open"(图 10.25)。

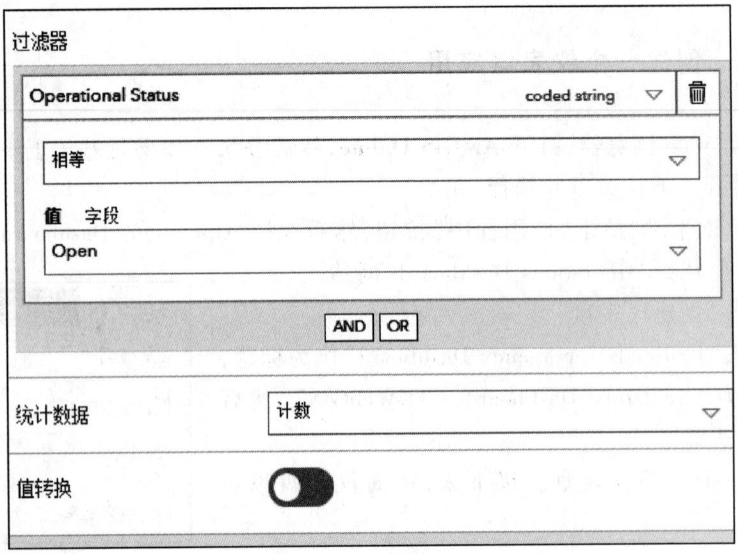

图 10.25　过滤器设置

统计选项的默认设置为"计数",默认的值类型为固定,默认的最小值和最大值分别为 0 和 100。

(12) 单击"仪表"选项卡,将"样式"更改为"米",将"形状"设置为"马蹄形"(图 10.26)。

图 10.26　仪表选项设置

(13) 单击底部的"+参考线"按钮 3 次,并进行如下设置(图 10.27):

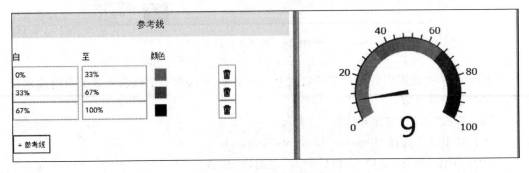

图 10.27　仪表参考线设置

- 从 0% 到 33%，使用绿色表示没有太多未处理报警事件。
- 从 33% 到 67%，使用橙色来提醒有很多未处理报警事件。
- 从 67% 到 100%，使用红色警告未处理报警事件过多。

（14）单击"常规"选项卡，将"标题"设置为"Open Incidents"（图 10.28）。

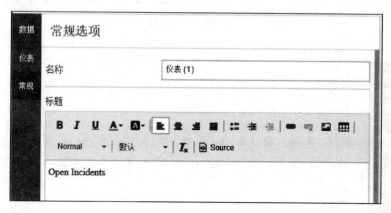

图 10.28　常规选项设置

（15）单击"完成"按钮完成对仪表的设置。该仪表元素即可添加至仪表盘面板。

（16）单击"保存"按钮保存仪表盘。

接下来，需要添加一个用于显示最近 10 个报警事件的列表元素。

（17）单击"+"按钮，选择"列表"。

（18）选择"Reported Incidents-Dispatch"图层。

（19）单击"数据"选项卡，设置"显示的最大要素数量"为 10，单击"+排序"按钮（图 10.29）。

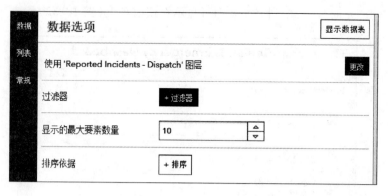

图 10.29　数据选项设置

（20）对于"排序依据"，选择设置"Open Date"字段，并单击"降序"排列（图 10.30）。

（21）单击"列表"选项卡，在"线项目文本"工具栏中，点击"⫶"，选择事件"Incident"字段，按回车键移至下一行，然后再次点击"⫶"以选择"Open Date"字段（图 10.31）。将"线项目图标"设置为"符号"（图 10.31）。

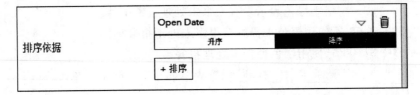

图 10.30　排序设置

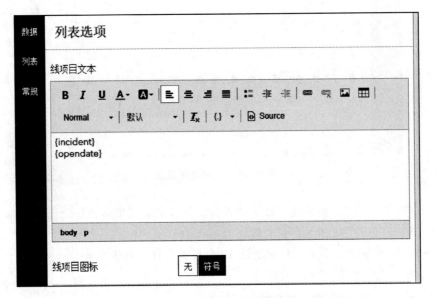

图 10.31　列表选项设置

（22）单击"常规"选项卡，设置"标题"为"10 Most Recent Incidents"。

（23）单击"完成"。一个列表元素即可显示在仪表盘上（图 10.32）。

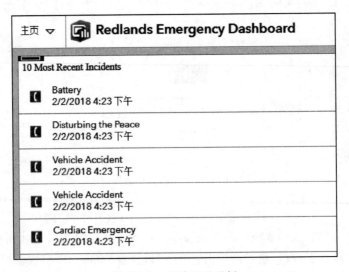

图 10.32　列表显示示例

接下来，需要美化这些已添加元素的布局，使列表显示在仪表下方。

（24）将鼠标至列表元素左上角的蓝色条上以显示其菜单。单击并按住"拖动项目"按钮，将列表元素移动到仪表元素底部中心，然后释放鼠标将其作为一行停靠（图 10.33）。

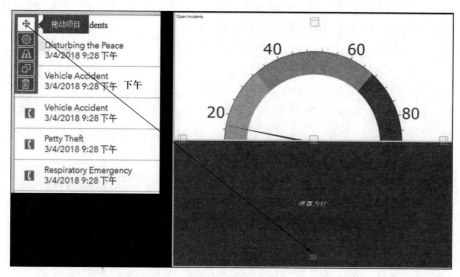

图 10.33　列表元素布局设置

接下来，将调整元素的大小使得地图占据大部分屏幕。

（25）将鼠标移至地图左侧的垂直边框上，直到光标变为十字准线，然后将边框向左拖动，直到地图达到所需的大小（图 10.34）。

（26）参照上一步操作，调整仪表元素的大小，使列表获得更多的空间。

接下来，将添加一个"饼图"元素来显示未处理的报警事件与已处理的事件的数量。

（27）单击"+"按钮，选择"饼图"。

（28）选择"Reported Incidents-Dispatch"图层。

（29）在"数据选项卡>数据"选项下，把"类别字段"设置为"Operational Status"，将"统计数据"设置为"计数"（图 10.35）。

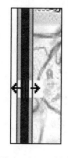

图 10.34　元素
大小调整

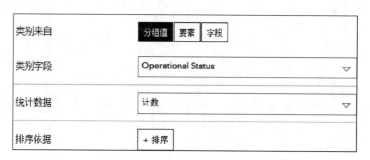

图 10.35　类别字段与统计方式设置

（30）单击"图表"选项卡,将"标注偏移"设置为"5 px"。

（31）单击"常规"选项卡,将"标题"设置为"Open vs Closed Incidents"。

（32）单击"完成"。

一个饼图将显示在仪表盘上。接下来,需将饼图移动至地图的右侧。

（33）将鼠标悬停在饼图左上角的蓝色条上以显示其菜单,单击并按住"拖动项目"按钮,将饼图元素移动到地图的右侧,并将其停靠为列。

接下来,将添加一个柱状图来显示各种事件的计数。

（34）单击"+"按钮,选择"系列图表"。

（35）选择"Reported Incidents-Dispatch"图层。

（36）在"数据选项卡>数据"选项下,将"类别字段"设置为"Incident"。将"统计数据"设置为"计数"。

（37）单击"图表"选项卡,将"方向"设置为"水平"。

（38）单击"常规"选项卡,将"标题"设置为"Incidents by Categories"。

（39）单击"完成"。

接下来,需要将系列图表移动至饼状图的上方。

（40）将鼠标移至柱状图左上角的蓝色条上并显示其菜单,单击并按住"拖动项目"按钮,将柱状图元素移动到饼图的顶部,并将其停靠为一行。

（41）将地图的右边界向右移动以加宽地图的显示区（图 10.36）。

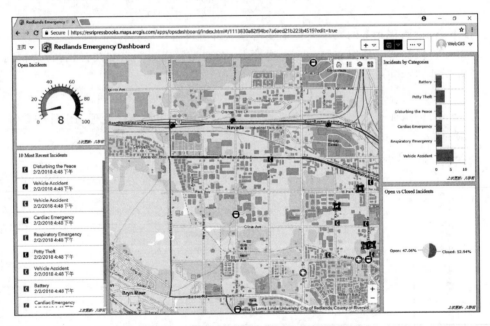

图 10.36　添加完成各元素后的仪表盘界面

（42）单击"+"按钮,选择"页眉"。

（43）在页眉显示面板,将"大小"设置为"大型",将"背景颜色"设置为浅灰或用户喜欢的其他颜色。

(44)单击"完成"。

接下来,需在页眉中添加一个选择器。选择器将允许用户过滤仪表盘以显示所有的报警事件、仅显示未处理的事件或仅显示已处理的事件。

(45)将鼠标移至页眉左上角的蓝色条上以显示其菜单,然后选择"添加类别选择器"(图 10.37)。

(46)在选择器选项卡,"选择器选项"下进行以下设置:

- 首选显示类型:设置为"按钮栏";
- 类别来自:设置为"分组值",并选择"Reported Incidents-Dispatch"图层;
- 类别字段:设置为"Operational Status";
- 选择"无选项";
- 标注为无:设置为"All"。

在进行设置时,可以预览屏幕右侧的选择器,以上步骤设置的选择器应如图 10.38 所示。

图 10.37 添加类别选择器

图 10.38 选择器界面

接下来,需要指定目标(即选择将应用于哪些元素)。

(47)单击"操作"选项,单击"添加操作>过滤器"。

(48)在"操作"面板进行以下设置(图 10.39):

- 单击"添加目标",并在地图中选择"Reported Incidents-Dispatch"图层。
- 再次单击"添加目标",选择列表。
- 再次单击"添加目标",选择系列图表。

(49)单击"完成"。

类别选择器将显示在页眉中。下面对选择器进行测试。

(50)在选择器中单击"Closed"、"Open"与"All"来改变选择,地图、列表以及柱状图将随过滤器的值而更新。

(51)单击"保存",保存对仪表盘的设置。

(52)在左上角单击"主页"按钮,选择"内容"。

(53)在内容中查找创建的仪表盘,单击进入详细信息页面。

(54)单击"共享"按钮将其共享给所有人。

(55)单击"查看仪表盘"查看创建的仪表盘。打开"World Traffic Service"交通服务图层,随着后台数据的更新,将会看到移动的汽车、紧急事件、车辆行驶速度、实时更新的高速公路图像等(图 10.40)。

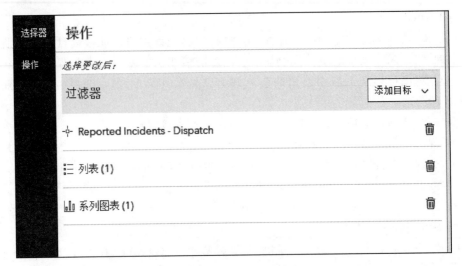

图 10.39　操作面板设置

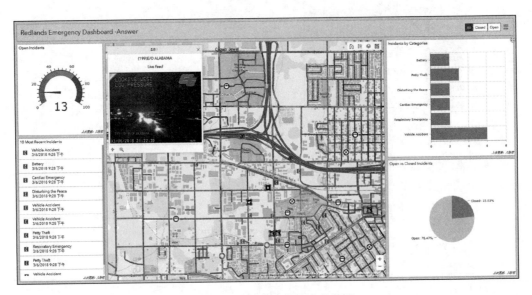

图 10.40　配置完成的仪表盘界面

　　当前页面的网址就是创建的仪表盘的网址,可以与用户共享以便他们能使用此仪表盘应用。

　　在本节创建了一个仪表盘,城市应急管理人员在这个应用中可以一目了然的了解该市的事态,全面、准确、及时地了解本地区的突发性事件的状况和救援资源的分布,从而能够迅速地制定优化的应急方案和决策。

10.3　常见问题解答

1) 可以通过 ArcGIS Online 发布 GeoEvent 服务吗?

不可以。但是可以将 GeoEvent 服务的输出结果实时发布到 ArcGIS Online 中。

GeoEvent 服务需要在 ArcGIS Enterprise 上运行,但是可以将 GeoEvent 服务的输出(如要素集)实时地发布到 ArcGIS Online 中的托管要素图层中。然后这些输出结果可以随着这个要素图层在 Web 地图和 Web 应用程序中使用,并可以实时提供给最终用户。

2) 如何利用 GeoEvent Server 发布一个流服务来推送数据?

在 GeoEvent Manager 中,使用"发送要素到流服务"这一连接器来创建输出,填写相应的参数并发布流服务。然后,把这个输出和相关的输入及其过滤器和处理器连接起来,发布服务即可。

3) 在 Operations Dashboard 中,是否可以将指示器和系列图表配置为仅反映当前地图范围内显示的内容? 换句话说,如何让指示器和系列图表随着用户放大、缩小或平移地图而实时更新?

可以。打开地图的"配置操作"对话框,选择"源"图层,这个图层将是进一步过滤其他元素的数据源。单击"添加操作",选择过滤器,单击"添加目标",选择可用目标元素列表中的指示器和系列图表即可。

10.4　思　考　题

(1) 什么是实时 GIS? 实时 GIS 可以应用在哪些领域?

(2) 什么是物联网? 物联网在智慧城市建设中有哪些作用?

(3) Operations Dashboard 具有哪些功能? 如何利用 Operations Dashboard 监控实时数据?

10.5 作业:创建一个仪表盘应用来监控近实时数据

数据来源:

以一个托管要素图层的方式来提供,在 ArcGIS Online 中查找"point incidents dashboard owner:GTKWebGIS"。

基本要求:

(1)仪表盘中至少应包含地图、仪表、列表、系列图表、页眉和类别选择器。

(2)类别选择器至少应该过滤地图、仪表和列表。

提示:

(1)将提供的要素图层添加到 Web 地图中,并将图层设置为以 0.2 分钟为间隔刷新,然后保存 Web 地图。

(2)基于此 Web 地图创建仪表盘。

(3)使用 Collector for ArcGIS 打开此 Web 地图并收集数据,并监控仪表盘中地图和图表的刷新。

提交内容:

创建的仪表盘应用的网址。

参 考 资 料

Esri.2017.GeoEvent community.https://community.esri.com/community/gis/enterprise-gis/geoevent[2018-04-18].

Esri.2018.绘制物联网地图.http://learn.arcgis.com/zh-cn/arcgis-book/chapter9/[2018-04-18].

Esri.2018.监控实时应急事件.http://learn.arcgis.com/zh-cn/projects/monitor-real-time-emergencies/[2018-04-18].

Esri.2018.实时监控扫雪车.http://learn.arcgis.com/zh-cn/projects/oversee-snowplows-in-real-time/[2018-04-18].

Esri.2018.ArcGIS GeoEvent Server 帮助文档.http://server.arcgis.com/en/geoevent/[2018-04-18]

Esri.2018.ArcGIS GeoEvent Server 产品介绍.https://www.esri.com/arcgis/products/geoevent-server[2018-04-18]

Esri.2018.GeoEvent Server 教程.http://enterprise.arcgis.com/zh-cn/geoevent/latest/get-started/geoevent-server-tutorials.htm[2018-04-18]

Esri. 2018. ArcGIS GeoEvent Server: Leveraging Stream Services. https://www.esri.com/training/catalog/59b7fa8a17d9bf0910929d24/arcgis-geoevent-server:-leveraging-stream-services/(or http://arcg. is/

2BT5B3B）〔2018-04-18〕.

Esri.2018.Introduction to GeoEvent Server.https：//www. esri. com/training/catalog/5980e11fc42086479c7f3371/introduction-to-geoevent-server/〔2018-04-18〕.

Esri.2018.Making the Most of the Internet of Things：The Power of Location.https：//assets.esri.com/content/dam/esrisites/media/pdf/14637-iot-ebook/G78166_Brand_IoT_ONLINE_dl_R5_WEB.pdf〔2018-04-18〕.

Esri. 2018. Notifications in GeoEvent. https：//www. esri. com/training/catalog/599313636a53461c0bc8f505/notifications-in-geoevent/〔2018-04-18〕.

Esri.2018.Operations Dashboard for ArcGIS 帮助文档.http：//doc.arcgis.com/en/operations-dashboard/〔2018-04-18〕.

Esri. 2018. Operations Dashboard for ArcGIS community. https：//community. esri. com/community/gis/applications/operations-dashboard-for-arcgis〔2018-04-18〕.

第 11 章

空间分析和地理处理

Web GIS 的功能远不限于制图。空间分析是 GIS 的核心功能之一，用户可利用空间分析技术发现地理空间数据中的关系、模式和趋势，提供强大的商业智能。空间分析传统上仅局限于使用桌面 GIS 软件的专业人员，而 Web GIS 为每个人进行空间分析提供了可能。ArcGIS Online 和 ArcGIS Enterprise 等 Web GIS 平台提供了丰富的标准分析工具。此外，ArcGIS Enterprise 提供了针对大数据的分析工具，还允许发布者把自己的模型和脚本发布为地理处理服务。最终用户可以通过 ArcGIS Map Viewer、Web AppBuilder、Insights 和其他界面友好的即拿即用的客户端来使用 ArcGIS 提供的分析功能，也能通过 ArcGIS Python API 等应用开发接口来调用 ArcGIS 的分析功能，开发定制的应用。这使得 GIS 专业人员和非专业人员均可获得地理方面的洞察力，能支持他们进行科学的分析与决策。本章实习教程包括两个研究案例，分别说明如何发布和使用地理处理服务，以及如何进行大数据分析。图 11.1 中箭头所示为本章教程将讲授的技术路线。

学习目标：
- 了解 ArcGIS 提供的基于 Web 的分析工具
- 了解 ArcGIS Online 提供的丰富数据集
- 了解 ArcGIS Insights 的基础知识
- 使用 ArcGIS Enterprise 创建和发布地理处理服务
- 在 Web 应用程序中使用 Web 工具
- 了解大数据分析的工作流程

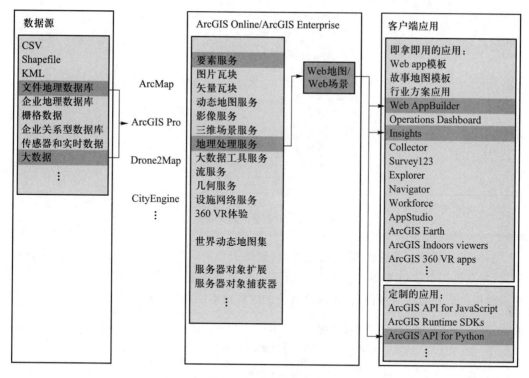

图 11.1　本章技术路线

11.1　概念原理与技术介绍

11.1.1　空间分析与 ArcGIS Web 工具概述

空间分析在人们日常生活和机构运营中具有巨大的应用价值,且已成功应用于众多领域。人们可能每天都会用到空间分析,例如,使用智能手机查找上班或回家的最佳路线;银行、超市和房地产开发商利用空间分析进行市场区域划定、销售潜力估算及设施位置选择等;执法部门利用空间分析发现犯罪的热点地区也即多发区域,并以此来优化警力部署;应急部门利用空间分析计算危险化学品溢出后可能的影响范围或预测飓风的轨迹与强度,并分析需要进行疏散的区域;规划部门综合分析一个行政区域的土地承载力和人口增长预测等因素,进而规划一个区域未来的发展。

随着传感器网络、物联网、移动和可穿戴设备的不断发展,人类获取了现实世界的大量数字资料,形成了大数据。这些数据集太大或太复杂,传统的数据处理软件已无法应对。大数据具有数据量大(volume)、数据产生的速度快(velocity)、数据格式多样(variety)和在真实性方面有不确定性(veracity)的“4V”特点(图 11.2)。这些特点给大数据的存储、传输、可视化、分析和共享带来了挑战。

图 11.2　大数据的四个特点

ArcGIS 提供了标准化的 Web 分析工具,包括矢量大数据分析工具和栅格大数据分析工具,并允许用户创建 Web 工具和发布自己的地理处理服务(图 11.3)。本章将重点介绍除栅格分析外的其他内容,有关栅格分析的内容请参阅第 12 章。

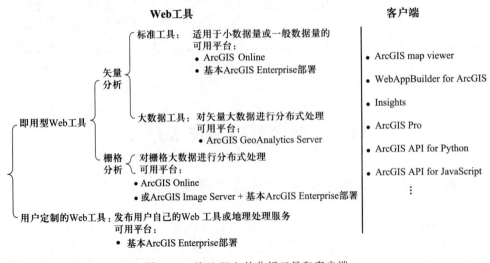

图 11.3　基于 Web 的分析工具和客户端

ArcGIS Online 和 ArcGIS Enterprise 提供的在线空间分析功能彼此不同但互为补充(表 11.1)。

表 11.1　ArcGIS Online 和 ArcGIS Enterprise 分析功能比较

	ArcGIS Online	ArcGIS Enterprise	
	分析工具	即用工具	定制 Web 工具
工具源	即用型工具,由 Esri 公司创建与托管	即用型工具,随安装软件安装,并托管在机构的软硬件基础设施上	由组织机构创建和自行托管

续表

	ArcGIS Online	ArcGIS Enterprise	
	分析工具	即用工具	定制 Web 工具
难度	难度低,易用		难度较高,需具备 ModelBuilder 或 Python 等其他用于创建服务的编程能力
目标用户	专业与非专业用户		提供 Web 工具与服务的专业用户
是否提供数据	是(也可利用自己的数据)	否(但也可利用 ArcGIS Online 的数据)	
是否支持信用支付	是	否,除非正在引用 ArcGIS Online 工具和高级内容	否,需购买和安装软件及许可
系统需求	发布者、管理员和具有特定权限的自定义账户		管理员和具有发布地理处理工具权限的其他用户

11.1.2 标准 Web 分析工具

ArcGIS Online 和 ArcGIS Enterprise 提供了六大类相似的标准化分析工具。这些工具的数量和功能将随着新版本软件的发布而扩展,表 11.2 列出了目前主要的工具。

表 11.2 ArcGIS Online 和 ArcGIS Enterprise 提供的标准化分析工具

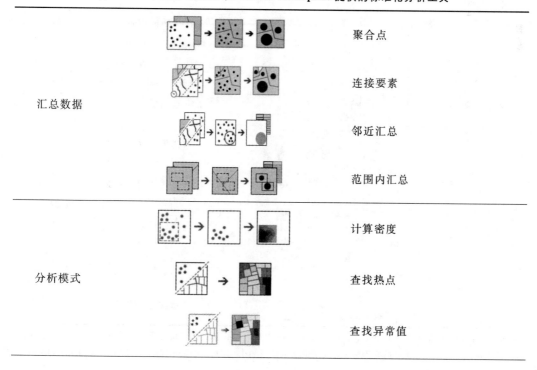

汇总数据		聚合点
		连接要素
		邻近汇总
		范围内汇总
分析模式		计算密度
		查找热点
		查找异常值

续表

分析模式		插值点
		创建视域*
		创建流域*
		追踪下游*
管理数据		提取数据
		融合边界
		合并图层
		叠加图层
查找位置		查找现有位置
		派生新位置
		查找相似位置
		选择最佳设施点*
数据丰富		丰富图层*
邻近分析		创建缓冲区
		创建形式时间区域*
		查找最近点*
		计划路径*
		连接起点和终点*

　　这些工具大部分在 ArcGIS Online 和 Portal for ArcGIS 中都可以找到。默认情况下,Portal for ArcGIS 中没有标注"＊"的工具。Portal for ArcGIS 的管理员可以配置相应的服务(例如,ArcGIS Online 提供的服务)来启用这些工具。

　　一些标准化的 ArcGIS Web 工具需要由 ArcGIS Online 提供的基础数据支持。例如，用户可以通过路网数据、历史交通数据和实时交通数据分析计算最优行驶路线，也可以根据某地的人口、收入、住房、消费行为等数据来分析一个企业所感兴趣的区域。搜集、转换和存储诸如交通和商业等类型的历史数据集往往需要大量的金钱和时间，ArcGIS Online 通过提供大量的覆盖全世界的数据，使得数据分析的成本或费用变得更低，而用户体验更为便捷、分析效果更为有效。另外，在 Portal for ArcGIS 环境下，通过相关配置也可以使用 ArcGIS Online 的数据进行空间分析。

　　ArcGIS 标准化分析工具的使用一般包括以下 4 个步骤（图 11.4）：

　　（1）数据准备：用户可以创建自己的数据图层或检索并使用其他用户的数据图层，这些图层可以是多种格式的矢量数据。

　　（2）添加到地图：在地图查看器中添加已准备或者查找到的数据。也可以使用地图注记图层来动态地创建数据，然后使用新创建的数据进行分析。如果要使用世界动态地图集（Living Atlas of the World）的图层，并不一定需要将数据添加到地图中。

　　（3）执行分析：选择适当的分析工具，设置适当的参数，并运行工具。

　　（4）查看和解释结果：分析结果通常被以托管要素图层或表格存储在 ArcGIS Online 或 Portal for ArcGIS 中，这些图层被自动地添加到 Web 地图中，并自动配置了弹出窗口内容。用户可以查看并分析这些结果，或进一步调整参数并再次运行工具。作为 Web 地图和应用程序的一部分，分析结果可以与大众共享。

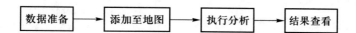

图 11.4　使用 ArcGIS Online 和 ArcGIS Enterprise 标准化分析工具的步骤

11.1.3　大数据分析工具

1）用于大数据分析的 ArcGIS Web 分析工具

　　一台个人计算机难以处理大数据，互联网甚至局域网也无法快速地传输大数据。传统的 GIS 系统结构不足以应对大数据处理产生的挑战。ArcGIS GeoAnalytics Server 是 ArcGIS 利用快速的分布式计算和存储技术，专门用来处理带有时间和空间属性的矢量或者表格数据的服务器产品（图 11.5）。基于 ArcGIS 平台的大数据分析，在基本 ArcGIS Enterprise 部署之外，还需要部署 ArcGIS GeoAnalytics Server。随着数据量的增长，可以在更多的服务器上部署更多的 ArcGIS GeoAnalytics Server 和 ArcGIS Data Stores 以扩展系统的处理能力。

　　ArcGIS GeoAnalytics Server 提供了一系列即用型工具，这些工具包括数据汇总、位置查找、模式分析、邻域分析和数据管理等。这些工具提供了时空分析、汇总和聚集性分析等功能，可帮助用户从不规则时空大数据中挖掘出有用信息，发现隐含的知识和规律（图 11.6）。

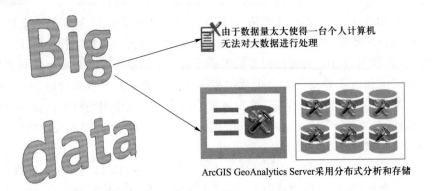

图 11.5　ArcGIS GeoAnalytics Server 与传统计算机数据处理方式比较

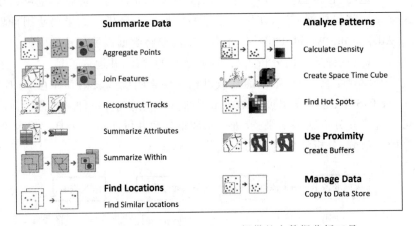

图 11.6　ArcGIS GeoAnalytics Server 提供的大数据分析工具

2）使用大数据分析工具的工作流程

使用 ArcGIS GeoAnalytics Server 进行大数据分析一般包括以下五个步骤：

（1）数据准备。用户的数据源可以来自以下数据：① 要素图层。② 大数据共享文件，例如，共享文件：本地磁盘或网络共享的数据集目录；HDFS（Hadoop 分布式文件系统）；Hive：元数据数据库；云存储：亚马逊网络服务（AWS）的简单存储服务或者微软 Azure 二进制存储云包含的数据集目录。

（2）注册大数据共享文件。该步骤通常在 ArcGIS Server Manager 中完成，主要包括两个目的：① 通知 GeoAnalytics Server 在哪里检索数据；② 自动生成标识几何字段、时间字段和属性字段的清单文件。

（3）在必要的情况下，编辑大数据共享文件。如果生成的清单文件不正确，则可以编辑该文件以分配正确的几何字段和时间字段等。

（4）执行分析。选择适当的分析工具，基于要素图层或大数据共享文件中的数据运行工具。

（5）查看和解释结果。分析结果通常采用托管要素图层或关联表格的格式存储在

Portal for ArcGIS 中。这些结果将自动添加到 Web 地图中,并自动配置了图层的弹出窗口,进而可以通过网络与最终用户共享。

从上述步骤可以看出,用户不需像使用标准分析工具时那样直接将大数据添加到 Web 地图中。大数据太大,无法在地图上显示,而且过于拥挤,即使显示出来也难以看出规律。但是,分析结果要小得多,可以在 Web 地图中显示和查看。例如,2010 年,美国纽约市有超过 1.7 亿个出租车接送点,该数据量大约 50 GB。原始数据绘制的地图(图 11.7a)非常拥挤,难以发现任何规律。通过大数据计算,把这些点按正方形(图 11.7b)、六边形(图 11.7c)和街区组(图 11.7d)进行汇总,就可以清晰地揭示出租车接送点的分布规律,哪里比较多,哪里比较少。在进行聚合分析时,还可以对这些点进行时间切片,对每一个时间切片中的点进行分别汇总(图 11.7e),这样就能得到一个时空立方体(图 11.7f),能揭示纽约市出租车接送点在时间和空间上的变化规律。

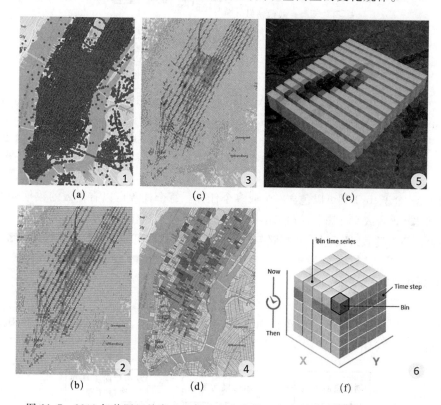

图 11.7　2010 年美国纽约市 1.7 亿个出租车接送点分布图和大数据分析结果

11.1.4　自定义的 Web 工具和地理处理服务

ArcGIS Online 和 ArcGIS Enterprise 的分析工具本质上以地理处理服务的技术来实现和提供。在 Portal for ArcGIS 中,Web 工具是一个项目类型,该项目实质上指向 ArcGIS Sever 中的一个地理处理服务。用户可以使用 ArcGIS Desktop,包括 ArcGIS Pro 或 ArcMap,将自己的桌面工具发布到 ArcGIS Enterprise 上成为 Web 工具,这种基于用户自已发布的工具称为定制的 Web 工具,以区别于 ArcGIS Enterprise 和 ArcGIS Online 提供的标准工具。ArcMap 允许发布者将桌面工具作为地理处理服务发布到 ArcGIS Server。ArcGIS Pro 允许发布者将桌面工具作为地理处理服务发布到 ArcGIS Server 上,同时在 Portal for ArcGIS 中创建一个指向该地理处理服务的 Web 工具(图 11.8)。

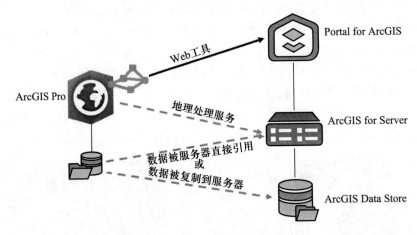

图 11.8　ArcGIS Pro 工具共享示意图

当从 ArcGIS Pro 把一个桌面工具向 ArcGIS Enterprise 发布时,这个发布过程将在 ArcGIS Server 中发布一个地理处理服务,并把这个服务注册在 Portal for ArcGIS 中成为一个 Web 工具。这个服务所需的数据可以被复制到服务器,或者被服务器直接引用(数据须在服务器上注册)

通常,一个 Web 工具可以包含一个或多个任务。每个任务可以有输入的数据或参数,并以要素、地图、报告或文件等形式输出结果。桌面工具是在操作者的桌面计算机上运行的,地理处理服务与之类似,只不过它是在服务器上运行,这种比较可便于理解地理处理服务

1) 创建 Web 工具的步骤

创建 Web 工具需要用户创建桌面工具,运行桌面工具,并发布桌面工具的执行计划三个步骤来完成(图 11.9)。

图 11.9　创建地理处理服务或 Web 工具的步骤

(1) 创建桌面工具。通常使用 ModelBuilder 或 Python 创建或编写地理处理桌面工具。在这一步,除了需要实现工具内对数据的处理分析,还要指定所需数据的位置,并定义输入和输出参数。输出参数定义了哪些 Web 客户端可以接收以及最终用户可以访问哪些内容。

(2) 运行桌面工具。创建工具后,用户需要运行工具,且该工具必须运行成功。

(3) 发布执行计划。工具运行成功后,可以被分享,这将在 ArcGIS Server 上发布为

一个地理处理服务,在 Portal for ArcGIS 上发布为一个 Web 工具。在分享 Web 工具时,需要对工具的执行模式进行设置。执行模式包括异步与同步两种。ArcGIS 地图浏览器、Web AppBuilder for ArcGIS、ArcGIS API for JavaScript 以及其他客户端均支持这两种执行模式。

- 同步模式:如果将服务设置为同步模式,客户端将会等待任务完成以后获取结果。通常,同步模式适用于那些能在较短时间内完成的任务,如在 5 s 或更短时间内快速执行。如果同步模式的任务需要太长时间才能完成,Web 客户端将遇到连接超时的错误。
- 异步模式:异步模式通常用于需要较长时间执行的任务。在此模式下,客户端会轮询服务器是否已完成任务,并在任务完成时从服务器端获取结果。大多数情况下推荐使用这种模式。

2) 创建桌面工具的方法

桌面工具是创建 Web 工具的基础。在 ArcGIS 中,桌面工具主要用 Python 和 ModelBuilder 来创建。

Python 是一种免费、功能强大、跨平台和开源的脚本语言。在 ArcGIS Desktop 和 ArcGIS Enterprise 安装过程中已自动集成安装了 Python。Python 通常用于将那些需要手工执行的工作流自动化,进而提高工作效率。作为一种解释型语言,Python 不必编译即可运行。开发者可在任何文本编辑器(如记事本)或更高级的集成开发环境中来编写 Python 程序。Python 程序可以在 ArcGIS 环境下运行,也可以独立运行。ArcGIS 通过提供 ArcPy 来对 Python 脚本语言进行扩展。ArcPy 是一个提供了 GIS 数据分析、数据转换、数据管理和制图自动化的模块。此模块为用户提供了丰富的 GIS 函数、声明、模块与类,让开发者能方便地开发 GIS 分析和处理工具。

ModelBuilder 是 ArcMap 和 ArcGIS Pro 中提供一个可用来创建、编辑和管理地理处理模型的工具。ModelBuilder 是一种可视化编程语言,创建模型时只需要将 ArcGIS 的地理处理工具添加到模型中,有序地把它们连接起来,并设置各工具的输入与输出参数。

11.1.5 使用 Web 工具

ArcGIS 的 Web 工具包括标准工具、GeoAnalytics 大数据分析工具和自定义工具(图 11.10)。这些工具可在 Web 地图查看器、Web AppBuilder for ArcGIS、Insights for ArcGIS、ArcGIS API for Python、ArcGIS API for JavaScript、ArcGIS Pro 以及其他基于 ArcGIS REST API 的客户端来调用。本章实习教程将介绍前两种方法。本节以下的内容将简单介绍 Insights for ArcGIS 和 ArcGIS API for Python。

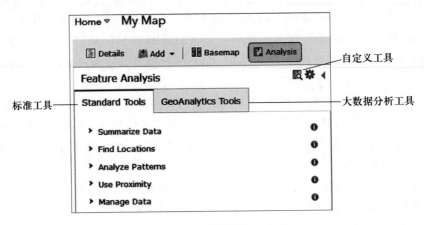

图 11.10   ArcGIS 的 Web 工具

1）利用 Insights for ArcGIS 进行分析

Insights for ArcGIS 是一款全新的 Web 应用，它提供了丰富的可视化和空间分析方法，让用户可以通过简单的拖拽式操作，对 ArcGIS 数据、表格数据、企业级数据库中的数据以及丰富的在线地图资源等多种数据类型进行交互式的探索和分析。Insights for ArcGIS 集成了商业智能（BI）的功能和界面交互方式，为用户带来了全新便捷的洞悉挖掘数据的体验，不仅适用于 GIS 专业人士和行业技术人员，也适合商业数据分析人员，在他们的工作中加入地理学视角，让他们能够更加立体地分析商业数据规律，创更大的价值（图 11.11）。

图 11.11   Insights for ArcGIS：空间分析和商业智能分析的桥梁

Insights for ArcGIS 具有以下几个主要特征：

- 拖拽式操作方式，带来了快捷和直观的数据体验。
- 提供地图、统计图和表格三类可视化方法。有多种多样的地图渲染方式，如热力图、分级渲染图、符号化地图等。也有丰富多彩的统计图，如散点图、气泡图、柱状图、时间序列图等。还有自由组合的表格，并且可进行排序、汇总等表格基本操作。
- 数据的可视化和分析结果均存放在一个个卡片中。所有这些卡片是动态地联动，便于直观地发现数据的规律（图 11.12）。
- 自动记录工作流，并保存为模型。当需要再次使用模型分析不同的数据时，只需要加载模型到自己的工作簿，更新数据，即可复现工作流。
- 分析得到的数据、页面、工作簿、工作流均可保存在 Portal for ArcGIS 或 ArcGIS Online 中，进而可在组织中共享，方便组织内成员共享工作成果，提高协同工作效率。

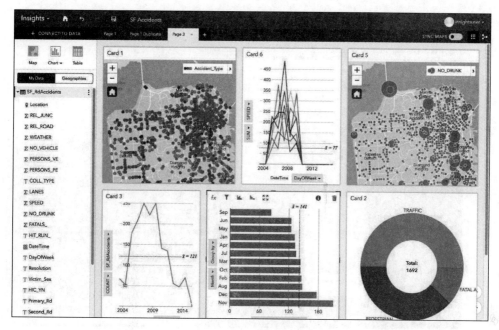

图 11.12　Insights for ArcGIS 的数据探索分析和可视化功能界面

2）利用 ArcGIS API for Python 进行分析

ArcGIS API for Python 是一个 Python 库，它可以在基于浏览器的交互式脚本环境 Jupyter Notebook 中使用。此环境提供了一个用来执行代码和显示结果的环境。用 ArcGIS API for Python，可以很容易地实现 GIS 空间分析、可视化、空间数据管理，以及组织内部用户和内容的管理。

如果想了解如何在 ArcGIS API for Python 中使用 Web 工具，可以打开链接"http://arcg.is/2zYJQBu"，单击"Try it live"，然后单击"New"创建一个新的"notebook"，然后按照"http://arcg.is/2z2x3hi"中的例子进行操作。

除了使用 ArcGIS 提供的分析工具之外，ArcGIS API for Python 还可以与丰富的科研工具包集成，例如，与 SciPy 这一个开源的 Python 算法库和数学工具包集成，与 IBM Watson 深度学习工具包集成，来扩展 ArcGIS 所提供的分析工具。美国佐治亚电力公司有 17 000 英里①的输电线和沿线众多的绝缘片，对这些众多的绝缘体进行检查，发现那些损坏、污染、被电力击穿的绝缘片以便及时维修是个繁琐又耗时的巨大工作。该公司采用无人机沿输电线飞行，对沿线的绝缘片拍照，然后利用 ArcGIS API for Python，结合 IBM Watson 深度学习开发接口，能够自动、快速地从这些无人机图像中识别出那些需要维修的绝缘片，并把它们的位置在地图上突出显示（图 11.13）。这种方法把原本需要人工对照图像逐个识别、手工定位的工作自动化，大大地提高了该项工作的效率。

---

① 1 英里 ≈ 1.6 km

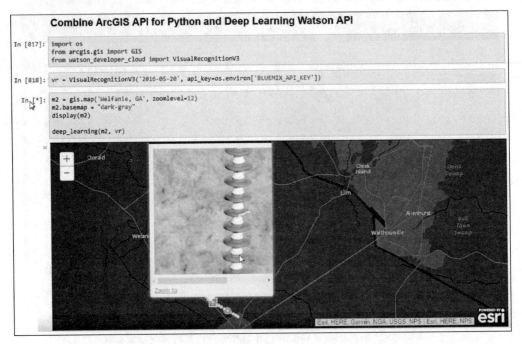

图 11.13   ArcGIS API for Python 集成 IBM Watson 深度学习工具包，
从众多的无人机图像中自动识别和标注出那些需要维修的绝缘片

11.2   实习教程：发布和使用地理处理服务及大数据分析

本教程包括两个案例研究：一个利用 ArcGIS Enterprise 发布和使用地理处理服务；另一个利用 ArcGIS GeoAnalytics Server 进行大数据分析。如果没有安装部署设置 ArcGIS Enterprise，可以将本教程作为阅读作业。

案例研究一

创建一个 Web 工具和一个使用 ArcGIS Enterprise 来选择工厂位置的 Web 应用程序（第 11.2.1 节~第 11.2.4 节）。

一家公司想在美国亚拉巴马州建立一家工厂，您的任务是建立一个 Web GIS 应用程序，帮助公司管理人员选择可能的工厂位置。选址准则如下：

（1）新工厂应接近公司管理者确定的理想区域；

（2）此工厂需使用大量的水，应该建在距离河流较近的区域；

（3）工厂产品需要铁路运输，因此工厂应靠近铁路。

数据来源:

（1）文件地理数据库包含以下三个要素类:① 亚拉巴马州的主要河流;② 选定的亚拉巴马州铁路;③ 空的点要素类。

（2）用于显示河流和铁路图层的 Site_Selection.mxd 地图文档。

（3）名为包含 Select_Sites 工具 Planning.tbx 的工具箱。

基本要求:

您的 Web 应用程序应允许公司管理者指定以下参数:

（1）指定感兴趣位置的点;

（2）工厂距离感兴趣位置的距离;

（3）确定工厂距河流的距离;

（4）确定工厂与铁路的距离。

系统要求:

（1）用于设计 GP 模型的 ArcGIS Pro;

（2）用于发布和托管地理处理服务的 ArcGIS Enterprise;

（3）可以发布 Web 工具和执行分析的 ArcGIS Enterprise 管理员或发布者账户。

案例研究二

分析纽约市出租车下客和上客地点的大数据,并确定下客地点的时间和空间模式（第 11.2.5 节）。

11.2.1　设计一个桌面地理处理工具

本书不专注于设计地理处理工具,因此不讨论关于 ModelBuilder 的较多细节,而是从一个大部分已经完成的模型开始。

（1）启动 ArcGIS Pro。

（2）创建一个新的空白项目,将名称设置为"Factory Site Selection",然后单击 Ok 按钮。

（3）在 Catalog 窗口中的 Project 选项卡下,右键单击"Folders",单击"Add Folder Connection",导航到"C:\WebGISData",选择"Chapter11"文件夹,然后单击 Ok 按钮。

（4）展开"Chapter11"文件夹（图 11.14）,将发现 Lab_Data.gdb、一个地图文档(.mxd)和一个工具箱(.tbx)。

（5）单击 ArcGIS Pro 左上方的插入标签，单击"Import Map"，浏览到 Project>Folders>Chapter11，选择"Site_Selection.mxd"，并单击 Ok 按钮。地图中将显示出铁路和河流。

接下来，可以编辑地理处理模型了。

（6）在 Catalog 面板中查找并展开"Planning.tbx"文件，右键单击"Select_Sites"模型，然后单击"Edit"选项（图 11.15）。

图 11.14　在 Catalog 中查看数据

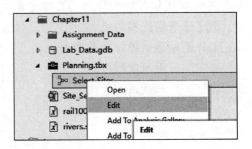

图 11.15　编辑模型

（7）检查模型中的元素（图 11.16）。该模型包括以下工具：

- Buffer1：在用户单击位置的周围生成缓冲区；
- Clip1：选择距感兴趣点指定距离的河流；
- Clip2：选择距感兴趣点指定距离的铁路；
- Buffer2：在选定的铁路周围生成缓冲区；
- Buffer3：在选定的河流周围生成缓冲区；
- Intersect3：生成前两个缓冲区之间相交部分；
- Dissolve：将相邻的多边形合并形成更大的多边形。

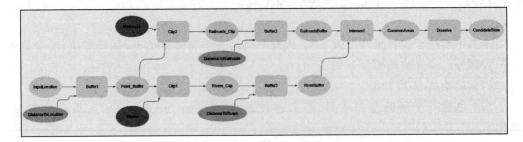

图 11.16　查看模型工具

这个模型大体上已经完成了，只需要定义几个输入、输出参数即可。

（8）右键单击变量 InputLocation，并单击 Parameter（图 11.17）。

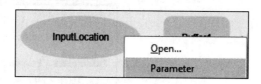

图 11.17 设置工具参数

字母"P"会出现在这个变量的右上角。这个字母表示该变量是模型的一个参数,该参数允许用户为模型指定新的数据或值。

(9)右键单击变量 DistanceToLocation,并单击 Parameter。

(10)右键单击变量 DistanceToRailroads,并单击 Parameter。

(11)右键单击变量 DistanceToRivers,并单击 Parameter。

(12)右键单击元素 CandidateSites,并单击 Parameter。这一步设置是将 CandidateSites 作为一个输出变量。

(13)右键单击元素 CandidateSites,并单击 Add to display。这一步设置是将模型运行结果添加到地图中。

(14)在 ModelBuilder 选项中单击保存按钮,保存模型。

(15)保存项目。此时模型构建已经完成。

11.2.2 运行桌面地图处理工具

在把桌面工具共享为 Web 工具之前必须保证桌面工具可以成功运行。

(1)单击 Layers 选项,使地图窗口处于活动状态(图 11.18)。

图 11.18 选择 Layers 选项

(2)在 Catalog 面板中,找到上节完成的 Select_Sites 模型,右键单击它,并单击"Open"菜单(图 11.19)。

(3)在 Geoprocessing 窗口中,输入以下参数:对于 InputLocation,单击画笔按钮,选择"Points"菜单。单击地图上一个位置,尽量接近河流和铁路,否则将找不到既接近河流又接近的地方,会得到一个空的输出。保留其他参数的默认值,单击"Run"按钮,运行此工具(图 11.20)。

模型运行成功后,结果会在地图上显示。

(4)在地图中查看模型运行结果(图 11.21)。

得到的候选厂址在地图上单击的位置附近,并且靠近河流和铁路。

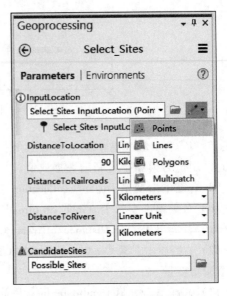

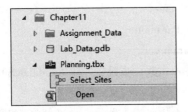

图 11.19　打开模型

图 11.20　设置工具参数

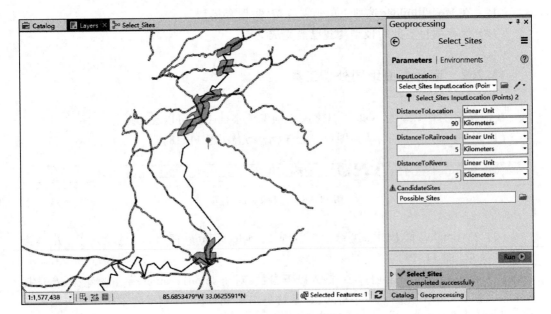

图 11.21　模型运行结果

11.2.3　发布 Web 工具和地理处理服务

本节要求有部署好的 ArcGIS Enterprise 并且要求 ArcGIS Pro 已经连接到 Portal for ArcGIS。有关如何添加门户连接的详细信息,请参阅本章常见问题解答一节。

(1) 接上一节内容继续,单击"Share"选项卡,单击"Web Tool",然后选择"Select_ Sites"(图 11.22)。

图 11.22 选择要发布的 Web 工具

(2)在"Web Tool"面板中,进行以下设置(图 11.23):

- Name:设置为 SiteSelection;
- Data:选择"Copy all data"选项。
- Tags:设置为"Site Selection,GTKWebGIS";
- Share Options:设置为"Everyone"。

图 11.23 设置 Web Tool 面板参数

（3）在 Web Tool 面板中选择"Configuration"选项卡，并确认选择异步"Asynchronous"执行模式（图 11.24）。

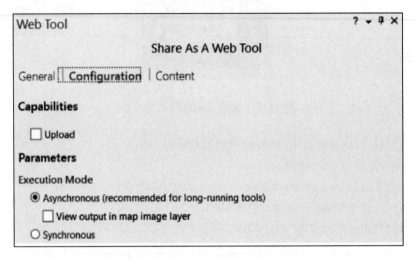

图 11.24　设置执行模式

（4）在 Web Tool 面板选择"Content"选项卡，单击 Select_Sites 右侧的铅笔形状按钮（图 11.25）。

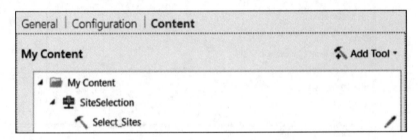

图 11.25　单击属性参数设置按钮

（5）设置以下参数（图 11.26）：在"Parameters"下单击"DistanceToLocation"，将描述"Description"设置为"Enter distance to location of interest"，然后单击"DistanceToLocation"将其折叠。

重复以上步骤，将"DistanceToRailroads"的描述设置为"Enter buffer distance to railroads"，将"DistanceToRivers"的描述设置为"Enter buffer distance to rivers"，将"CandidateSites"的描述设置为"Output candidate sites"，将"InputLocation"的描述设置为"Enter location of interest"。这些描述将让用户能容易地理解该工具所需的输入参数。

（6）单击"InputLocation"，在输入模式"Input mode"中选择用户定义值"User defined value"（图 11.27）。

此选项允许用户交互式地在地图上指定输入位置。

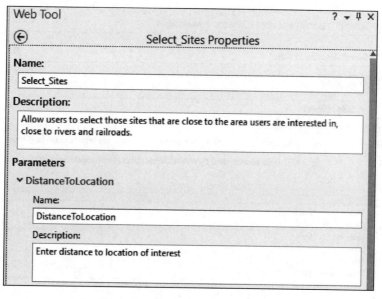

图 11.26　设置 Web 工具属性参数

（7）单击 Web Tool 面板左上角的返回按钮。

（8）单击"Analyze"按钮,并检查消息"Message"
选项卡中的分析结果(图 11.28)。

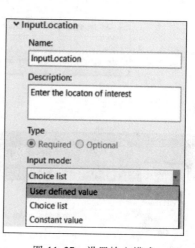

图 11.27　设置输入模式

分析结果没有错误,但会看到一些警告提示说该
工具所用的数据没有在 ArcGIS Enterprise 中注册,数
据将被复制到服务器上,这是正常的。只要没有错
误,就可以继续发布工具。

（9）单击"Share"按钮。

（10）保存项目。

（11）单击"Manage the web tool"链接,将打开
Portal for ArcGIS 的项目详细信息页面(图 11.29)。

（12）在项目详细信息页面右下角,找到 Web 工
具的 URL,单击复制按钮,并将 URL 粘贴到记事本或其他文本编辑器中。下一节将会用
到这个 URL (图 11.30)。

这个 URL 是该 Web 工具的 REST URL 或 REST 端点。Web 客户端可以通过这个
URL 访问这个 Web 工具。

下一步将测试这个刚发布的 Web 工具。

（13）单击"Open in Map Viewer"按钮,Web 工具将在地图浏览器中打开。

（14）单击"InputLocation"右侧的点符号按钮,在亚拉巴马州的某位置单击鼠标左
键,例如,靠近蒙哥马利市的区域,然后单击"Run Analysis"运行工具(图 11.31)。

如果选择的点位置距离铁路和河流不太远,那么这个 Web 工具就会找到厂址的候选
区域,并把结果显示在地图上(图 11.32)。

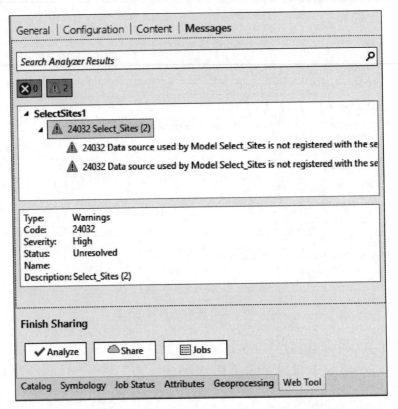

图 11.28　检查分析结果

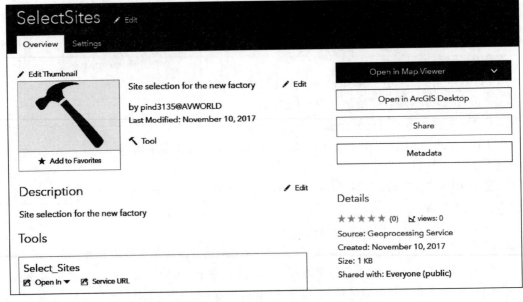

图 11.29　Portal for ArcGIS 的项目详细信息

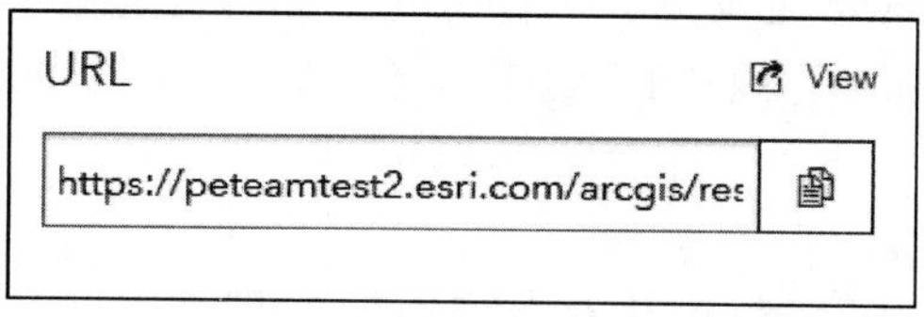

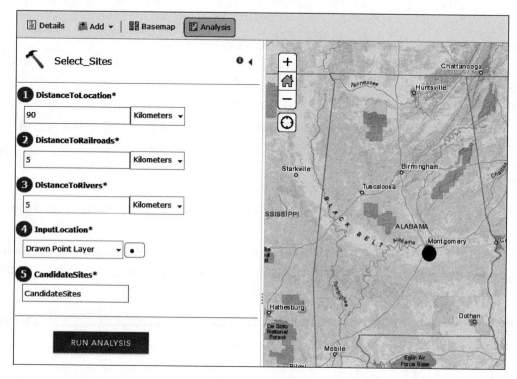

图 11.30 Web 工具 URL

图 11.31 运行工具

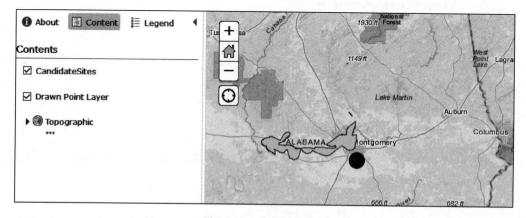

图 11.32 模型运行结果

本节在 Portal for ArcGIS 上发布了一个 Web 工具,这个过程实际上也在 ArcGIS Server 上发布了一个地理处理服务,并自动把这个服务注册到 Portal for ArcGIS 中成为 Web 工具。本节还测试了这个 Web 工具并确保其能够正常工作。

11.2.4　在 Web 应用程序中使用 Web 工具

本节不讨论 ArcGIS 中的 Web AppBuilder 的详细信息。有关详细信息,请参阅本书第 5 章。

(1) 接上一节内容继续,单击"主页",然后单击"内容"。

如果已经关闭了上一节打开的浏览器,可以打开 Web 浏览器,进入 Portal for ArcGIS,登录并单击"内容"。

(2) 在"我的内容"选项下选择"创建>应用程序>使用 WebAppBuilder"。

(3) 输入标题(例如,New Factory Site Selection)、标签(例如,Site Selection)、此应用程序的摘要(可选),然后单击"确定"按钮。

(4) 选择"珠宝盒"主题。

(5) 选择"地图"选项,然后单击"选择 Web 地图"。

下一步将搜索并使用一个做好了的 Web 地图,该地图包含亚拉巴马州的主要铁路和河流图层。

(6) 选择"公共",然后单击 ArcGIS Online,在搜索框中输入"Alabama Rivers Railroads owner:GTKWebGIS",单击搜索按钮。选择搜索到的 Web 地图,然后单击"确定"按钮(图 11.33)。

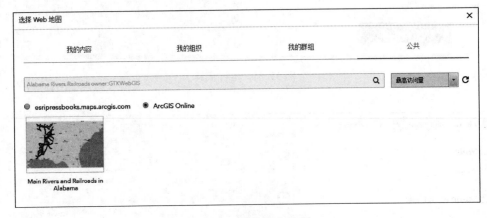

图 11.33　搜索 Web 地图

地图将缩放至亚拉巴马州,并显示下面 Web 工具将使用的主要河流和铁路。

(7) 单击"微件"选项卡,然后单击第一个微件按钮(图 11.34)。

(8) 在"选择微件"中选择"地理处理"按钮,然后单击"确定"。

在弹出的"设置 GP 任务"窗口中,有两种方法来设置 GP 任务:一种是在 Portal for ArcGIS 中搜索;另一种是直接指定服务的 URL。

图 11.34 添加微件界面

(9)选择"Portal for ArcGIS",在"公共"选项卡下搜索并找到"SelectSites"Web 工具,单击"下一步"(图 11.35)。

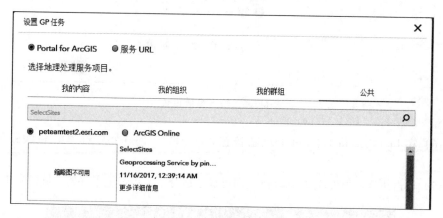

图 11.35 查找 Web 工具

也可以单击"服务 URL"来设定地理处理的 URL,只需复制、粘贴第 11.2.3 节第 12步中保存的 URL,然后单击验证。

(10)选择"Select_Sites"任务,然后单击"确定"按钮。地理处理微件会自动列出任务的输入和输出参数。

(11)在输入参数列表中,单击"InputLocation"。在输入要素下,选择在地图上选择交互绘制选项(图 11.36)。

还可以单击选择每个输入参数,把标注和工具提示修改为更便于用户理解的词语。

(12)单击"确定"按钮,关闭地理处理配置窗口。

(13)单击"保存"按钮,保存配置好的应用程序。

接下来,将在 Web 应用程序中测试微件。

(14)单击"启动"。应用程序将在一个新窗口中打开,地理处理微件也会默认自动打开。

（15）使用参数的默认值或指定新值，例如，DistanceToLocation 可设为 50 千米，DistanceToRailroads 可设为 8 km，DistanceToRivers 可设为 9 km。

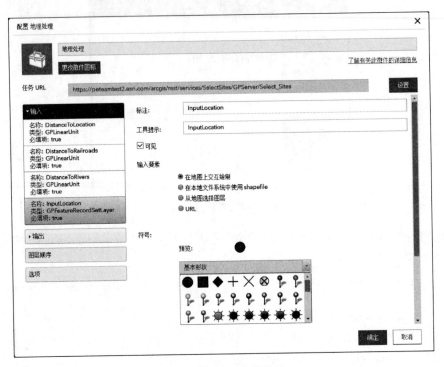

图 11.36 输入参数设置

（16）在 InputLocation 下，单击点状按钮，单击地图上一个靠近河流和铁路的位置（图 11.37）。

（17）单击执行。稍等片刻，在地图上即可显示适合于工厂选址条件的区域（图 11.38）。

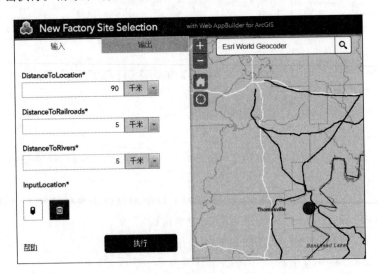

图 11.37 使用 Web 工具

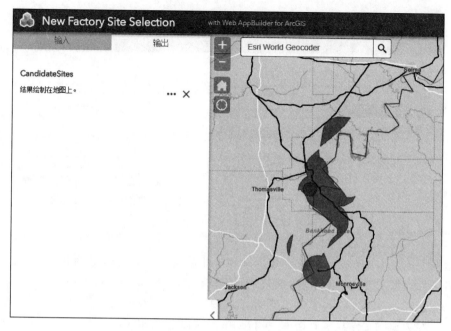

图 11.38 执行结果

11.2.5 基于 Web 的大数据分析(可选)

本节将用 GeoAnalytics 工具对纽约市出租车乘客下车的位置进行分析,确定那些下客的热点区域。本节练习需要下载的数据量大,还需要 ArcGIS GeoAnalytics Server 软件的支持。如果无充足的时间以及系统环境来讲授或学习本节内容,可把本节作为阅读内容,以便了解大数据分析的基本工作流程。

(1) 在 GeoAnalytics Server 可用的位置创建一个名为"BigDataExample"的文件夹。在该文件夹中创建一个名为"NYCTaxi"的文件夹。该文件夹的位置要在 GeoAnalytics Server 所在的计算机上或这服务器能读取的共享路径上。

(2) 启动 Web 浏览器,访问网址 http://on.nyc.gov/1EjFCfd(即 http://www.nyc.gov/html/tlc/html/about/trip_record_data.shtml),下载 2014 年 1 月和 2 月的黄色出租车数据,下载到上一步创建的文件夹"BigDataExample\NYCTaxi"中。

下面将把该大数据文件路径注册到 ArcGIS Server 中。

(3) 在浏览器中,导航至 ArcGIS Server Manager(URL 为 https://gisserver.domain.com:6443/arcgis/manager。如果不清楚此 URL,请向管理员询问),用管理员账户登录。

(4) 单击站点"Site">GIS Server>数据存储"Data Stores",并选择注册大数据文件共享"Big Data File Share"(图 11.39)。

(5) 在注册大数据文件共享窗口,把名称设置为"NYCTaxi",把类型设置为文件共享"File Share",把文件夹路径设置为上面下载数据的路径(例如,\\ MyServerComputerName\BigDataExample),然后单击创建。

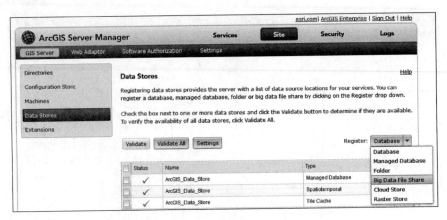

图 11.39　注册大数据文件共享

　　这将创建一个大数据文件共享数据存储。此数据集具有多个日期和时间字段,下面将编辑该大数据文件共享的字段,把其几何字段设置为下车地点的经纬度。

　　(6) 选择大数据文件共享旁边的"铅笔"按钮。

　　(7) 在大数据文件共享对话框,进行如下配置(图 11.40):

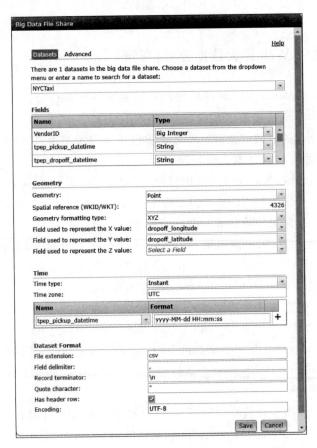

图 11.40　配置大数据文件共享

- 在数据集下,选择 NYCTaxi 数据集。
- 用于代表 X 值的字段:设置为 dropoff_longitude,即下车点的经度。
- 用于代表 Y 值的字段:设置为 dropoff_latitude,即下车点的纬度。
- 单击"保存"并关闭大数据文件共享对话框。

下面将通过 Portal for ArcGIS 对出租车数据进行分析。

(8) 在浏览器中,导航至 Portal for ArcGIS(URL 为 https://webadaptorhost. domain. com/portal/home),用管理员账户或具有执行大数据分析权限的用户登录。

(9) 单击"地图"转至地图查看器。

(10) 单击"分析"按钮,然后单击"GeoAnalytics 工具">"汇总数据">"聚合点"(图 11.41)。

图 11.41 选择聚合点工具

(11) 在"选择包含可聚合到区域中的点的图层"下拉式菜单中,选择"浏览图层"。在出现的对话框中,单击"我的内容",单击纽约市出租车数据集,选择该图层然后单击"添加图层"(图 11.42)。

(12) 为聚合点大数据工具配置如下参数(图 11.43):

- 聚合成 1 km 大小的方形。

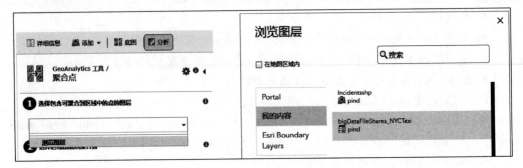

图 11.42   添加图层

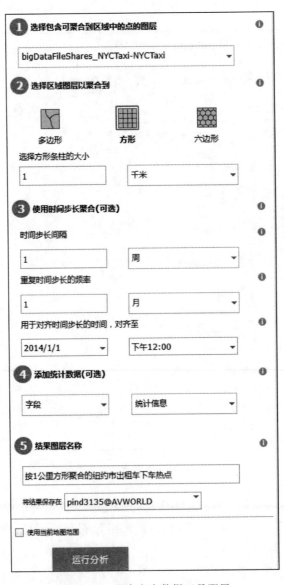

图 11.43   聚合点大数据工具配置

- 将时间间隔设置为 1 周,时间步长设置为 1 个月,并将参考时间设置为 1 月 1 日中午 12:00。可以选择感兴趣的统计数据,如车费的平均值或者行程距离的平均值,在最后的分析结果中,这些统计数据将是聚合正方形的属性字段。本节略去统计数据。
- 把"结果图层名称"设置为"按 1 公里方形聚合的纽约市出租车下车热点"。
- 使用正方形或六边形来聚合点要素需要设置投影坐标系。单击分析环境设置齿轮按钮,在弹出的对话框中把"处理坐标系"设置为"UTM Zone 18N",这是纽约本地投影。单击"应用"以关闭分析环境对话框(图 11.44)。

图 11.44　配置分析环境

- 单击"运行分析"。运行结束后,分析结果将显示在地图中(参见图 11.7b)。

本教程第 11.2.1 节~第 11.2.3 节介绍了使用 ArcGIS Enterprise 创建地理处理服务和 Web 工具,第 11.2.4 节讲述了如果使用地理处理服务和 Web 工具,第 11.2.5 节展示了使用 ArcGIS GeoAnalytics Server 进行大数据分析的步骤。

11.3　常见问题解答

1) 我是 ArcGIS Enterprise 的发布者用户。为什么既不能从 ArcMap 中发布地理处理服务,也不能在 ArcGIS Pro 中共享 Web 工具? 为什么?

在 ArcGIS Enterprise 10.4 及更高版中,出于系统安全性的考虑,系统默认只有管理员才可以发布地理处理服务和 Web 工具。有两种方法解决这个问题:一种是由管理员在

Portal for ArcGIS 中创建一个能发布 Web 工具的定制角色,并把你的用户角色修改为此定制角色;另一种是管理员允许所有的发布者发布地理处理服务。

第二种方法的具体步骤如下:

(1) 打开 ArcGIS Server 管理员目录,并使用拥有该站点管理权限的账户登录(图 11.45)。管理员目录 URL 通常为 https://gisserver.domain.com:6443/arcgis/admin;

(2) 单击 System>Properties>Update。

(3) 输入{"allowGPAndExtensionPublishingToPublishers":true}。

(4) 单击"Update"更新。

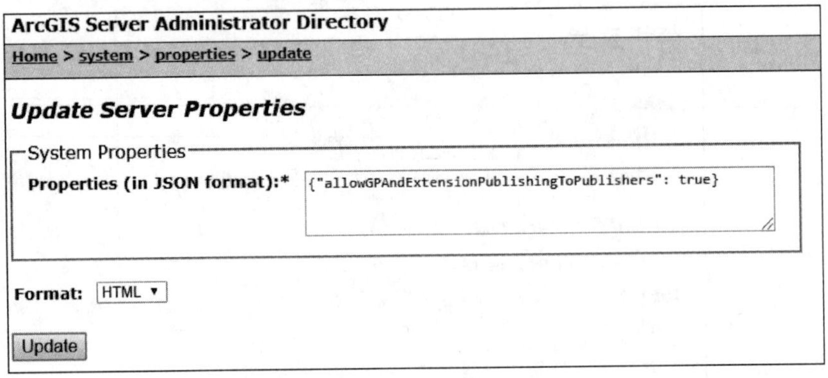

图 11.45　ArcGIS Server 管理员目录

2) 当考虑用 ModelBuilder 或 Python 来构建模型时,应该选择哪一个来构建我的模型或工具?

这需要根据你想要完成的任务和你当前掌握的技能来选择。如果没有编程基础,并且需要尽快完成工作,建议使用 ModelBuilder。ModelBuilder 具有以下特点:

- 比 Python 简单易学;
- 能直观地描述和构建想要完成的大多数任务的工作流程;
- 可以将模型导出为 Python 脚本,便于在此基础上改进。

如果你已经了解 Python 或有充足的时间,可考虑使用 Python。Python 具有以下特点:

- Python 是一种脚本语言,可以完成较为复杂的工作流程并实现更细致的控制。例如,使用 ModelBuilder 进行简单的文本操作比较困难,而 Python 这可以轻而易举地完成这些任务。
- Python 可以更好地与其他软件工具(如 Microsoft Excel、统计软件包 R、深度学习和人工智能 API)或关系数据库管理系统(RDBMS)中的过程进行集成。
- Python 不仅可以用于创建地理处理服务,而且可以在 ArcGIS 环境之外单独运行。你可以用命令行来运行它,也可以设置它在特定的时间运行。

3）如何在 ArcGIS Pro 中连接 Portal for ArcGIS？

ArcGIS Pro 可以连接到 ArcGIS Online 或 Portal for ArcGIS。如果要发布地理处理服务或 Web 工具，必须有一个 Portal for ArcGIS 连接并把该连接设置为当前活动门户。连接 Portal for ArcGIS 的步骤如下：

（1）在 ArcGIS Pro 中，单击左上方菜单中的"Project"选项，或单击右上方的门户连接选择管理门户"Manage Portals"，打开管理门户界面。

（2）单击"Add Portal"添加门户。

（3）在添加门户对话框中输入门户 URL，然后单击"确定"并登录。如果要将新添加的门户连接设置为活动门户，右键单击该门户的 URL，然后单击设为"Set As Active Portal"活动门户。

11.4　思　考　题

（1）大数据具有哪些特点？这些特性给大数据的存储、传输、可视化、分析和共享带来了哪些挑战？

（2）ArcGIS Online 和 ArcGIS Enterprise 提供了哪些标准化分析工具？使用这些工具的流程是什么？

（3）如何自定义 Web 工具？如何发布 Web 工具和地理处理服务？

11.5　作业：创建一个用于裁剪、压缩和传输 GIS 数据的 Web 应用程序

向客户提供数据是很多测绘部门的业务之一，而提供数据的流程一般需要手工提取和复制数据。某测绘地理信息局希望改进其数据分发工作流程，创建一个 Web 应用程序，让用户能够在地图上勾勒出所需数据的范围，选择需要的图层和数据格式，由该 Web 应用自动地把用户选择区域的数据切割出来，转换格式，压缩打包，供用户在线下载。

数据来源：

该数据位于 C:\WebGISData\Chapter11\Assignment_Data，包含以下数据集：

（1）data.gdb：包含用户可以下载的地震和飓风图层；

（2）natural_disasters.mxd：这是一个显示数据图层的地图文档；

（3）ExtractData.tbx：包含一个即将完成的用于裁剪、压缩、传输数据的模型 ExtractData。

基本要求：

Web 应用程序应允许用户选择需要的图层，勾勒感兴趣的区域，选择所需的数据投影和格式等功能，并能够将数据剪切并压缩以供用户下载。

作业提示：

（1）在 ArcGIS Pro 中打开 natural_disasters.mxd。

（2）编辑 ExtractData 模型，将 Layers to Clip、Feature Format、Areaof Interest 和 Output_zip File 设置为模型参数。

（3）运行 ExtractData 模型，并将模型结果作为 Web 工具共享。

（4）用户需要在地图上看到地震和飓风的位置，以帮助他们选择要下载的区域。你可以把练习数据中的 natural_disasters.mxd 发布到 ArcGIS Online 或 ArcGIS Enterprise 成为一个要素服务，并把它添加到地图浏览器中来创建一个 Web 地图。也可以使用一个事先做好的 Web 地图（可用"Historic Earthquakes and Hurricanes owner：GTKWebGIS"，查询 ArcGIS Online 就能找到该地图）。

（5）利用 Web AppBuilder for ArcGIS 创建一个 Web 应用程序，使用地理处理微件，并将其配置为指向 Web 工具中的 ExtractData 任务。

提交内容：

（1）Web 工具的 URL，即地理处理服务的 REST URL；
（2）Web 应用程序的 URL。

参 考 资 料

Esri.2017.Web AppBuilder for ArcGIS-地理处理微件.https://doc.arcgis.com/zh-cn/web-appbuilder/create-apps/widget-geoprocessing.htm［2018-4-18］.

Esri.2018.创建模型工具.https://pro.arcgis.com/zh-cn/pro-app/help/analysis/geoprocessing/basics/create-a-model-tool.htm［2018-4-18］.

Esri. 2018. 创 作 和 共 享 Web 工 具 快 速 浏 览. https://pro. arcgis. com/zh-cn/pro-app/help/analysis/geoprocessing/share-analysis/quick-tour-of-authoring-and-sharing-web-tools.htm［2018-4-18］.

Esri.2018.发电厂周边视域分析.http://learn.arcgis.com/en/projects/i-can-see-for-miles-and-miles/［2018-4-18］.

Esri.2018.构建用于连接美洲狮栖息地的模型.https://learn.arcgis.com/zh-cn/projects/build-a-model-to-connect-mountain-lion-habitat/［2018-4-18］.

Esri.2018.什么是 ArcGIS GeoAnalytics Server？ https://enterprise.arcgis.com/zh-cn/server/latest/get-started/windows/what-is-arcgis-geoanalytics-server-.htm［2018-4-18］.

Esri. 2018. 什 么 是 Web 工 具？ https://pro. arcgis. com/zh-cn/pro-app/help/analysis/geoprocessing/share-analysis/what-is-a-web-tool.htm［2018-4-18］.

Esri.2018.使用 ArcGIS GeoAnalytics Server 执行大数据分析.https://enterprise.arcgis.com/zh-cn/server/latest/get-started/windows/perform-big-data-analysis.htm[2018-4-18].

Esri.2018.医疗保健花销最大的地方在哪?.https://learn.arcgis.com/zh-cn/projects/where-does-healthcare-cost-the-most/[2018-4-18].

Esri.2018.在 ArcGIS Online 中使用分析工具.https://doc.arcgis.com/zh-cn/arcgis-online/analyze/use-analysis-tools.htm[2018-4-18].

Esri.2018.在 ArcGIS Online 中执行分析.https://doc.arcgis.com/zh-cn/arcgis-online/analyze/perform-analysis.htm[2018-4-18].

Esri.2018.在 Portal for ArcGIS 中执行分析.https://enterprise.arcgis.com/zh-cn/portal/latest/use/perform-analysis.htm[2018-4-18].

Esri.2018.ArcGIS API for Python.https://developers.arcgis.com/python/[2018-4-18].

Esri.2018.Get Started with Insights for ArcGIS.https://www.esri.com/training/catalog/5899f4b295dd882431ce77b7/get-started-with-insights-for-arcgis/[2018-4-18].

Esri.2018.Insights for ArcGIS.http://www.esri.com/products/arcgis-capabilities/insights[2018-4-18].

Esri.2018.Python Scripting for Geoprocessing Workflows.https://www.esri.com/training/catalog/5763042c851d31e02a43ed84/python-scripting-for-geoprocessing-workflows/[2018-4-18].

第 12 章

影像服务与在线栅格分析

栅格数据(影像)能够提供直观和丰富的空间信息。遥感技术的发展为 GIS 提供了不断更新的、高分辨率、高精度的海量栅格数据。目前,高分辨率商业卫星 WorldView-4 遥感影像的空间分辨率已达到 0.31m,能够清楚地识别出地面汽车的形状。激光雷达技术生成的高分辨率数字地面模型能精确地模拟地表的起伏。多光谱和高光谱影像不仅能识别出植被覆盖区域,还能辨识出具体的植被种类和评估植被的生长状况。

栅格数据已经成为 GIS 的一种重要的数据源,基于栅格数据的影像服务也已成为 Web GIS 的一种主要的服务类型。影像服务不仅能用作底图使用,还可以用来进行各种空间分析。例如,城市管理部门可以利用多光谱影像服务生成归一化植被指数(NDVI)分布图,分析城市植被覆盖的变化趋势。

本章首先介绍栅格数据的基本概念、常见类型以及在 ArcGIS 中的管理,接着介绍影像服务的基本概念、影像服务的准备以及发布,然后介绍栅格函数以及应用栅格函数进行在线栅格分析,最后以美国陆地卫星 Landsat 8 影像为例,介绍通过 ArcGIS Pro 发布影像服务到 Portal for ArcGIS 的过程。图 12.1 中箭头所示为本章教程将讲授的技术路线。

学习目标:
- 了解栅格数据
- 掌握影像服务的概念
- 掌握影像服务的准备和发布过程
- 了解栅格函数以及在影像服务中的应用
- 掌握通过 ArcGIS Pro 发布影像服务到 Portal for ArcGIS 的基本方法和步骤

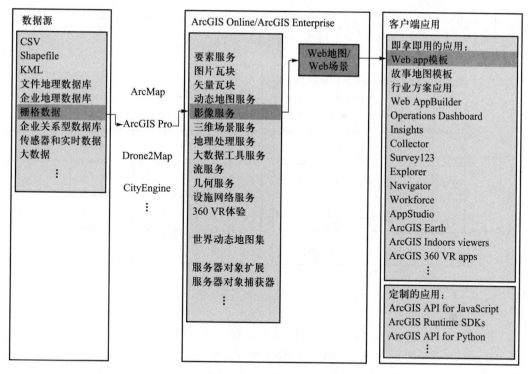

图 12.1　本章技术路线

12.1　概念原理与技术介绍

12.1.1　栅格数据

GIS 数据包括矢量数据和栅格数据两种类型。矢量数据通过点、线、面来表示空间物体和现象,适合用来表示离散分布的、具有明确空间位置和形状的地物。栅格数据通过规则的栅格表示空间物体和现象,适合用来表示空间上连续变化的现象,如降水量、高程、土壤类型等。下面主要介绍栅格数据的概念、分类、管理。

1) 栅格数据的概念

栅格是一种数据结构。由按行和列(或格网)组织的像元(或像素)矩阵组成,其中每个像元都包含一个信息值(如高程、土壤类型等)。常见的栅格数据包括数字遥感影像、数字高程模型以及栅格主题地图(如土地利用分类、土壤类型等)。栅格数据的基本属性包括像元值和像元大小。

像元值:栅格数据的每一个像元都包含一个数值,该数值用来表示该像元所在位置的地物属性。像元值既可以用来表示地物实际的数值,如地面高程的变化(415.26 m,

413.19 m,409.86 m,…)(图 12.2a),也可以用来表示地物的分类,如土地利用分类(1 代表城镇用地,2 代表林地,3 代表水域,…)(图 12.2b)。

415.26	413.29	409.86	404.19	400.95	394.38
407.88	408.06	406.71	403.38	400.23	396.45
403.83	401.94	401.76	400.34	399.51	399.78
405.09	403.11	400.77	400.86	401.49	401.58
408.51	407.88	407.52	406.08	404.46	401.67
412.29	413.82	413.28	412.02	408.96	411.57

(a)

1	1	1	1	1	2
1	1	1	1	2	2
1	1	1	2	2	2
1	1	3	2	2	2
1	3	3	3	3	2
3	3	3	3	3	3

(b)

图 12.2　栅格数据的像元值

像元大小:像元大小即像元所代表的地表面积大小。例如,10 m 大小的像元覆盖地面 100 m^2(10 m×10 m)的面积,30 m 大小的像元覆盖地面面积为 900 m^2(30 m×30 m)。像元大小决定了栅格数据的空间分辨率。像元越小,空间分辨率越高;像元越大,空间分辨率越低。因此像元大小为 10 m 的栅格数据比像元大小为 30 m 的栅格数据具有更高的空间分辨率。

栅格数据的数据结构简单,适于进行各种空间分析、统计分析、叠加分析。栅格数据也适于用来模拟地面,并进行各种表面分析。

2) 常见栅格数据

常见栅格数据包括数字遥感影像、数字高程模型以及各种栅格主题地图。

数字遥感影像:包括卫星影像、航空影像以及低空无人机影像。数字遥感影像常用作 GIS 底图,具有直观和信息丰富的特点。特别是新近采集的高分辨率影像能提供用户最新的详细的地物空间信息。对遥感影像分类生成各种主题地图,例如,土地利用/覆盖类型图,可以了解各种土地类型的分布情况;植被指数图(如 NDVI、NDRE),掌握植被的分布和生长状况。结合不同时段的影像数据,还可以生成各种变化检测图,例如,土地利用变化图、植被覆盖变化图,用来监控城市扩张、生态环境变化。

数字高程模型:用来表示地面高程的栅格数据。传统的数字高程模型的获取方式主要有三种:野外人工测量、立体摄影测量和雷达(Radar)。近年来,随着激光雷达(LiDAR)技术的广泛应用,激光雷达以其采集高程数据精度高的特点,正在成为数字高程模型最主要的获取手段之一。数字高程模型可用作底图,例如,由数字表面模型生成的等高线图、山体阴影图、晕渲地貌图。基于数字高程模型可以进行各种地形相关的分析,例如,进行坡度分析、坡向分析、可视性分析。数字地形模型可以用来模拟地表水的流动过程,可以计算出流域的范围、水流的方向和汇集过程等,结合各种水文模型可以为流域管理提供重要的依据。

栅格主题地图:主要是针对某一主题而生成的栅格数据,常见的如土地利用/覆盖类型图、土壤类型图等。这类栅格数据主要通过分析其他数据而生成。例如,通过对遥感影像进行分类,可以生成土地分类图。

3) 栅格数据管理

栅格数据在 ArcGIS 中的存储方式包括栅格数据集和镶嵌数据集。

栅格数据集(Raster Dataset)是栅格数据最基本的存储模型。指单个或多个波段的栅格数据,每个波段包含一个像元矩阵,每个像元都有一个值。常见的文件格式包括 TIFF、JPEG 2000 和 MrSid。除了像元值和像元大小两个基本属性外,常见的属性还包括:

- 波段:栅格数据可以拥有一个或多个波段。单个波段的栅格数据的每一个像元位置只对应一个信息值,常见的单波段栅格数据包括数字高程模型和全色影像。多波段栅格数据的每一个像元位置对应多个信息值(图 12.3)。常见的多波段栅格数据主要有多光谱影像。例如,航空影像多为可见光红-绿-蓝三个波段,高空间分辨率卫星 WorldView-4 影像包含红-绿-蓝-近红外四个波段,Landsat 8 影像包含 11 个波段。

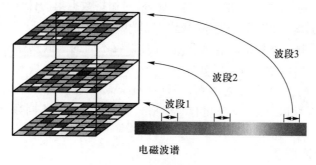

图 12.3　栅格数据的波段

- 栅格金字塔(Pyramid):原始栅格数据的一组分辨率逐级递减的栅格数据组合(图 12.4)。创建栅格金字塔能大大提高影像服务的显示速度。当在小尺度显示影像服务时,尽管数据传输范围大,但由于传输的只是低分辨率的栅格数据,所以影像显示所需时间大大减少。而当在大尺度显示影像服务时,尽管传输的是高分辨率的栅格数据,但由于数据传输范围小,影像显示的速度依然很快。
- 统计值:当对栅格数据进行某些操作时,如某些地理操作,需要用到栅格数据的统计值。统计值通常情况下存储在栅格数据外部的一个辅助文件中。
- 压缩:压缩栅格数据能减少文件的大小,能大大提高网络上传输栅格数据的效率。需要注意的是,当在显示器显示压缩的栅格数据时,需要一个解压过程。这个过

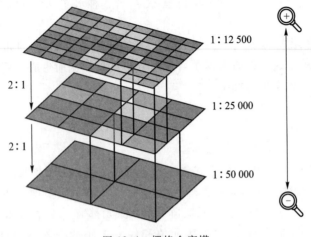

图 12.4　栅格金字塔

程将占用服务器或者是终端的中央处理器资源。数据压缩分为有损压缩和无损压缩两类。无损压缩是指栅格数据的像元值压缩后没有改变或缺失。如果目的是为了分析,最好选择不压缩或者无损压缩。

镶嵌数据集(Mosaic Dataset) 是一组以目录形式存储并以镶嵌影像方式显示的栅格数据集。用于大量栅格数据的管理、显示和分析。镶嵌数据集具有以下主要特点:① 镶嵌数据集只是链接(reference)各个栅格数据,并没有将栅格数据拷贝到地理数据库中,从而避免了数据的复制,节省了硬盘的空间。此外,对栅格数据集的任何操作也都不会影响到原始栅格数据。② 使用动态镶嵌来管理重叠影像。例如,设置不同的镶嵌方式(Mosaic Method)控制栅格数据的显示顺序,通过设置不同的镶嵌操作确定重叠区域像素的数值。③ 应用栅格函数进行实时处理(on-the-fly processing),极大地节省了分析处理时间和硬盘存储空间。④ 通过创建概视图(Overview)保证在各个尺度下栅格数据都能快速显示。⑤ 具有可扩展性(scalability),栅格数据集可以链接不同数量的栅格数据。

12.1.2　影像服务

1) 影像服务概念

影像服务(Image Service)是一种提供栅格数据以及相关功能的 Web 服务。

栅格数据也可以发布成其他类型的服务,如地图服务。将栅格数据发布成影像服务或者地图服务主要取决于发布服务的目的。如果主要目的是将栅格数据作为底图使用,那么发布地图服务就能满足需要;如果主要目的是为了分析栅格数据,则需要发布影像服务。对于发布的影像服务,客户端可以改变影像的属性,如影像显示(RGB 组合、拉伸类型)和影像质量,还可以进行各种栅格函数分析(如裁剪、算数);而对于发布的地图服务,客户端则不能进行以上操作。

2）影像服务发布准备

在发布影像服务之前,需要知道哪种数据类型能够发布为影像服务,需要考虑数据的存放位置,需要了解影像服务的各种功能和参数,需要考虑创建栅格金字塔以及生成影像服务缓存(Cache)的方式来提高访问速度。如果要对影像服务进行在线分析,还需要应用栅格函数(Raster Functions)。

数据类型:能够发布成为影像服务的数据类型包括栅格数据集、镶嵌数据集、栅格数据集图层文件和镶嵌数据集图层文件。如果只有 ArcGIS Server 自身的软件许可,则只能发布栅格数据集和栅格数据集图层文件。如果需要发布镶嵌数据集或者镶嵌数据集图层文件,则还需要有影像服务器许可(Image Server Role)。

数据存储:在发布影像服务时,默认情况下数据将被复制到服务器上。为了避免复制数据,也可以将存储数据的文件夹注册为 ArcGIS Server 的数据源,这样在发布服务时,数据只是链接到服务器,而不是复制到服务器。

影像服务的功能:影像服务的功能指的是用户如何连接影像服务,包括影像(Imaging)功能、网络覆盖服务(Web Coverage Service,WCS)功能和网络地图服务(Web Map Service,WMS)功能。影像功能是必选。影像功能允许用户端使用 ArcGIS Server 或通过 REST 连接影像服务,显示和分析影像。也可以选择启用 WCS 功能和 WMS 功能,WCS 和 WMS 是开放地理空间信息联盟(Open Geospatial Consortium,OGC)的标准。这样除了 ArcGIS 以外的其他开源软件或其他公司的产品,只要能访问符合 WCS 和 WMS 标准的服务,就能使用 ArcGIS 的影像服务。WCS 返回的是栅格数值,因而可以用作分析,且被多种影像处理软件支持;而 WMS 是一种地图服务,它只是返回图片,不能用作分析,通常只能用作影像底图使用。

影像服务的参数:影像服务的参数控制如何将栅格数据发布成为影像服务,以及客户端与影像服务的交互方式。有些参数是面向所有数据类型的,例如,影像的压缩方式和重采样(Resampling)方式;有些参数是针对镶嵌数据集的,例如,用户每次可以最多下载栅格数据的数量。

栅格金字塔和缓存:提高用户访问影像服务的速度可以通过创建栅格金字塔和生成缓存来实现。栅格金字塔的概念前面已经介绍。影像服务缓存是指服务器按一组预先定义的尺度级别或像素大小生成一组影像,当服务器接收到对影像的请求时,会返回一个缓存的影像而不是重新绘制原始影像,从而更加快捷。如果经常访问某些特定区域或者某些尺度,针对这些区域和尺度提前生成缓存会大大提高影像的显示速度。

3）影像服务发布步骤

(1)准备数据。如果要发布的栅格数据缺失栅格金字塔和统计值,需要创建栅格金字塔和计算统计值,用来提高影像显示速度和效果。如果要进行在线栅格分析,需要生成栅格函数模板文件。

（2）连接 Portal for ArcGIS。目前,影像服务只能发布到 Portal for ArcGIS,不能发布到 ArcGIS Online。需要连接到 Portal for ArcGIS 并且将其设置为 Active Port。

（3）发布影像服务。目前,影像服务只能从 ArcGIS Pro 的页面发布(不能从 Contents 页面发布)。需要在 Catalog 页面创建一个"Folder Connection"用来连接包含要发布栅格数据的文件夹。

（4）选择数据存储位置。选择复制数据到服务器还是注册数据到服务器。栅格数据通常较大,建议将包含栅格数据的文件夹注册到服务器,从而避免复制数据和节省服务器空间。

（5）设置各种功能和参数。

（6）分析。分析结果包括发现的各种错误(Error)和警告(Warning)。在发布服务前需要改正所有的错误。

（7）发布影像服务。图 12.5 显示的是通过 ArcGIS Pro 发布影像服务到 Portal for ArcGIS 的主要步骤。

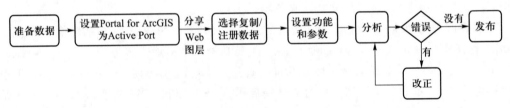

图 12.5　ArcGIS Pro 发布影像服务的过程

4）栅格函数

栅格函数是影像服务的一项核心功能,可以用来转换、渲染以及分析栅格数据。表 12.1 列出了一些常用的栅格函数及说明。

表 12.1　常用栅格函数及说明

栅格函数名称	说　　明
归一化植被指数(NDVI)	利用影像的红波段和近红外波段生成植被指数
晕渲地貌(Shaded Relief)	根据高程模型和色带生成地貌晕渲图
山体阴影(Hill shade)	考虑太阳相对位置对地形的阴影影响,生成地形的灰度模型
全色锐化(Pan Sharpening)	通过融合更高分辨率的全色图像,来提高多波段影像的空间分辨率
对比度和亮度(Contrast and Brightness)	调整对比度或者亮度
拉伸(Stretch)	通过拉伸(如 Standard Deviation、Minimum−Maximum 等),来增强影像

续表

栅格函数名称	说　明
坡度（Slope）	计算坡度
坡向（Aspect）	计算波向
裁剪（Clip）	提取某个区域的栅格数据
算数（Arithmetic）	栅格之间或者栅格与常量之间的算数运算
波段合成（Composite Bands）	合并多个波段生成一个多波段栅格数据
重映射（Remap）	更改或重新分类栅格数据的像素值
最大似然法分类（ML Classify）	使用最大似然法对影像分类
均值平移分割（Segment Mean Shift）	将相邻并具有相似光谱特征的像素组合到一个分割块中
加权总和（Weighted Sum）	将栅格数据各自乘以指定的权重并合计在一起

使用栅格函数发布影像服务时具有以下特点：① 服务器端实时处理的过程。② 仅处理显示器显示范围内的那一部分影像。③ 没有生成新的数据，只是动态地显示处理结果。

栅格函数的上述特点，大大减少了影像处理所需的时间。此外，发布一个影像服务时，同时可以应用多个栅格函数，这样发布一个栅格数据就能实现多种分析功能。例如，发布高程数据时，可以同时添加坡向函数和山体阴影函数。这样用户点击相应的按钮，可快速显坡向图和山体阴影图。否则，需要发布三个影像服务。图 12.6 显示的是发布的高程影像服务以及应用栅格函数进行在线分析。图 12.6a 是豫西山地的数字地面高程模型（ASTER GDEM）；图 12.6b 上图显示的是坡向分析，下图显示的是山体阴影分析。

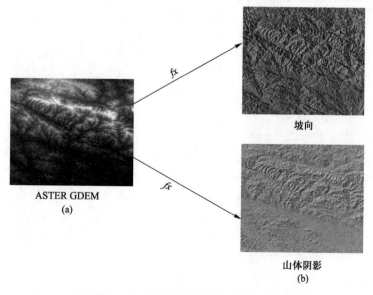

坡向

ASTER GDEM
(a)

山体阴影
(b)

图 12.6　多个栅格函数应用于一个栅格数据

ASTER GDEM 是由 ASTER 传感器上近红外波段 3N 和 3B 波段采集的立体像对通过摄影测量技术生成的数字地面高程模型。覆盖全球 99% 的面积(南北纬 83 度之间),空间分辨率为 30 米。

栅格函数不仅可以单独使用,多个栅格函数也可串联在一起使用,用来进行复杂的分析。这种串联在一起的栅格函数称为栅格函数链(Raster Function Chains)。单个的栅格函数或栅格函数链可以输出为栅格函数模板(Raster Function Template),用作栅格数据分析。

12.2 实习教程:发布影像服务和基于栅格数据的快速分析

本实习把遥感影像数据发布为影像服务,让用户仅通过 Web 浏览器就能查看影像,查询像元值,快速进行真假彩色合成以及 NDVI 计算。

数据来源:

美国陆地卫星 Landsat 8 的影像的 2,3,4 和 5 波段。

Landsat 8 是美国陆地卫星系列的后续卫星,隶属美国地质调查局(USGS),一共有 11 个波段,涵盖可见光、近红外、短波红外、长波红外(表 12.2)。Landsat 8 应用领域广泛,包括农业、林业、地质、水文、土地利用及制图、海岸资源、环境监测等。

表 12.2 Landsat 8 卫星影像的各个波段

波段	波长范围/μm	空间分辨率/m
1 沿海/气溶胶	0.433~0.453	30
2 蓝色	0.450~0.515	30
3 绿色	0.525~0.600	30
4 红色	0.630~0.680	30
5 近红外	0.845~0.885	30
6 短波红外	1.560~1.660	30
7 短波红外	2.100~2.300	30
8 全色	0.500~0.680	15
9 卷云	1.360~1.390	30
10 长波红外	10.30~11.30	100
11 长波红外	11.50~12.50	100

系统要求:

ArcGIS Pro 2.1 和 ArcGIS Enterprise 10.6 以及以上版本。

基本要求:

(1) 将多光谱影像发布为影像服务;
(2) 在影像服务应用 NDVI 函数;
(3) 对影像服务进行在线栅格分析;
(4) 生成 Web 应用。

12.2.1 合成多光谱影像以及生成栅格函数模板文件

实习数据是 Landsat 8 的 4 个波段。本节首先要将 4 个单独波段合成一个多波段影像,并生成一个栅格数据模板文件,用来进行在线栅格分析。

(1) 打开 ArcGIS Pro。首先需要连接到 Portal for ArcGIS。如果已经连接了 Portal for ArcGIS,略过下面的步骤(2)~(7)。

(2) 在打开的 ArcGIS Pro 页面,单击页面左下角的"About ArcGIS Pro"。

(3) 在打开 About ArcGIS Pro 页面左边,单击"Portals"。

(4) 在 Portals 页面,单击 Add Portal 按钮。

(5) 在 Add Portal 对话框,输入 Portal for ArcGIS 的 URL,单击确定。

(6) 右键单击新添加的 Portal,选择 Sign In,输入用户名和口令。

(7) 右键单击新添加的 Portal,选择"Set As Active Portal"。

(8) 创建一个新的地图工程。

- Name:ImageService;
- Location:C:\WebGISData\Chapter12;
- 取消选中 Create a new folder for this project;

单击确定。

(9) 在 Catalog 页面的 Project 标签下,展开"Folders",再展开"Chapter12",会看到本章实习将使用的 Landsat 8 影像的 4 个波段。

- LC08_L1TP_123036_20150822_20170405_01_T1_B2.TIF (蓝),
- LC08_L1TP_123036_20150822_20170405_01_T1_B3.TIF(绿),
- LC08_L1TP_123036_20150822_20170405_01_T1_B4.TIF(红),
- LC08_L1TP_123036_20150822_20170405_01_T1_B5.TIF(近红外)。

(10) 在 Analysis 标签下,单击 Tools。在打开的 Geoprocessing 页面的查询框中输入"Composite Bands",单击回车。

我们将使用 Composite Bands 工具将 Landsat 8 的 4 个波段合并成一个多波段影像。

（11）在查询结果框中单击 Composite Bands 工具，打开该工具的页面。将 Landsat 8 影像的波段 B4，B3，B2 和 B5 依次从 Project 标签下拖入 Input Rasters 的输入框，Output Raster 设置为"C:\WebGISData\Chapter12\Multispectral.tif"（图 12.7）。

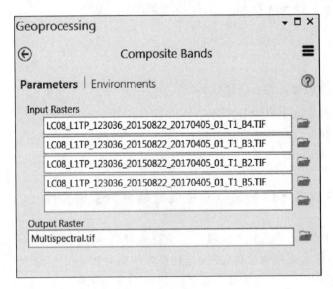

图 12.7 波段合成工具页面

输入框中显示的波段顺序决定了新生成影像的波段顺序。新生成影像的 1，2，3，4 波段分别对应输入的 B4（红），B3（绿），B2（蓝），B5（近红外）波段。

（12）单击工具页面的 Environments 标签。将 Resampling technique 和 Resample 改成 Bilinear。其余保持默认设置。单击运行。

Bilinear 插值适合于影像显示。

（13）新生成的 4 波段多光谱影像 Multispectral.tif 添加到地图。

（14）在 Analysis 标签下单击 Function Editor 按钮（图 12.8）。

图 12.8 栅格函数编辑器按钮

打开一个空白的 Raster Function Template。

（15）单击 Raster Function Template 工具栏最右端的 Raster Functions 按钮，打开 Raster Functions 页面（图 12.9）。

（16）将 NDVI 函数拖入 Raster Function Template。

（17）将 Multispectral.tif 从 Project 标签下拖入 Raster Function Template。

（18）用左键将影像 Multispectral 和 NDVI 函数连接起来（图 12.10）。

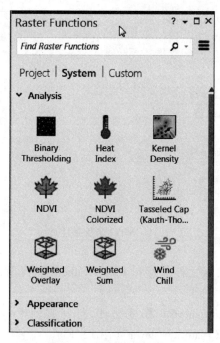

图 12.9　栅格函数页面

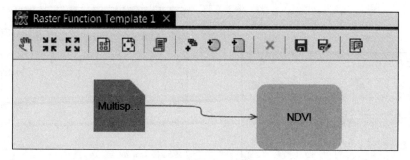

图 12.10　栅格函数链

（19）双击 NDVI function,打开属性页面。Visible Band ID 选择 1,Infrared Band ID 选择 4;选中 Scientific Output(图 12.11);单击确定。

NDVI 的计算需要近红外波段(波段 4)和红色波段(波段 1)。选择 Scientific Output 所生成的 NDVI 的数值介于 -1 和 1 之间。

（20）单击 Raster Function Template 工具栏的保存按钮。在打开的 Save 页面中,进行如下设置:

- Name:NDVIForMultispectral;
- Category:Project;
- Sub-Category:Project1;
- Description:NDVI function template for a Landsat 8 multispectral imagery。

单击确定。

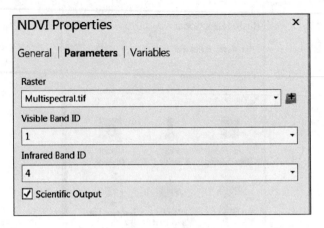

图 12.11 NDVI 函数属性页面

（21）新创建的栅格模板文件保存在 Raster Functions 页面 Project 标签下的 Project1 中（图 12.12）。

（22）单击 NDVIForMultispectral 模板文件，打开它的 Properties 页面。单击 Create new layer 下拉菜单，选择"Create new layer"（图 12.13）。

NDVIForMultispectral 图层添加到地图。图层显示为灰度图，植被显示为白色。

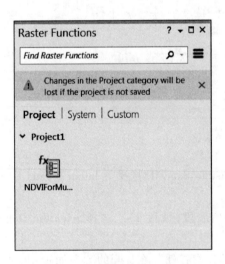

图 12.12 栅格模板文件保存位置

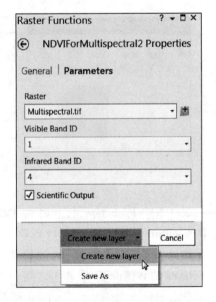

图 12.13 在栅格模板属性页面创建新的图层

12.2.2 发布影像服务

本节介绍发布影像服务的过程，包括如何添加栅格函数模板文件的方法。

(1) 在 Catalog 页面,右键单击"Multispectral.tif",选择"Share As Web Layer"(图 12.14)。

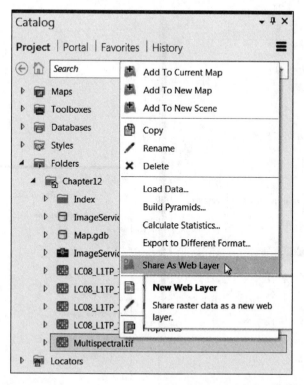

图 12.14 分享 Web 图层

(2) 你可能会收到一到两次安全警告。单击 Yes 按钮继续。这种警告一般是因为你所用的 ArcGIS Enterprise 在安装和配置安全协议时,没有使用正式的安全证书,而是使用了自签名或域签名的证书。这种情况很常见。

(3) 在 General 标签,进行如下设置:

- Name:Chapter12\Multispectral_NDVI;
- Data:选择 Copy all data;
- Summary:Landsat 8 multispectral image service with NDVI function;
- Tags:WEBGISPT,Image Service,Landsat 8,NDVI;
- Sharing Options:选中 Everyone,ArcGIS Enterprise 也被自动选中。

图 12.15 显示的是 General 页面的设置。影像数据通常较大,建议使用"Reference register data"。本实习数据不大,出于设置方便的原因,我们选择"Copy all data"。如果选择"Reference register data",具体设置参考第 12.3 节常见问题解答。

(4) 在 Configuration 标签,单击 Configure Web Layer Properties 按钮(图 12.16)。

(5) 在 Image Service Properties 页面,展开 Raster Functions,单击 Add processing templates 按钮(图 12.17)。

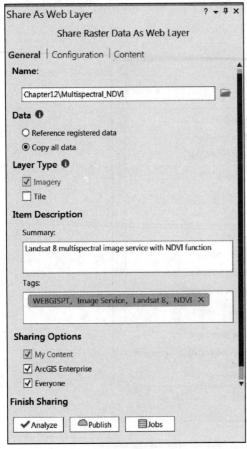

图 12. 15 分享 Web 图层的 General 页面

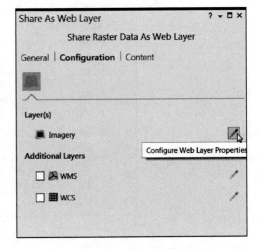

图 12. 16 配置 Web 图层属性按钮

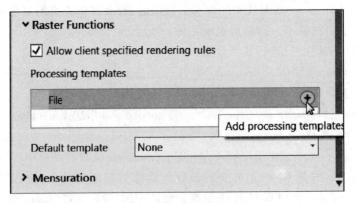

图 12. 17 添加处理模板按钮

（6）在打开的 Select raster function template(s)对话框中，选中 NDVIForMultispectral.
rft.xml 文件（该文件保存在 Raster Functions>Project>Project1），单击确定。

（7）该栅格模板文件添加到 Processing template 的输入框中。

（8）返回到 General 标签，单击 Analyze。

如果收到错误报告，则必须改正所有错误后才能发布服务。

（9）单击 Publish 按钮，发布影像服务到 Portal for ArcGIS。

12.2.3　在 Portal for ArcGIS 中查看影像服务并进行在线栅格分析

本节首先在 Portal for ArcGIS 中查看发布的影像服务，然后进行在线栅格分析，最后利用 Image Interpretation 模板创建一个 Web 应用。

（1）登录 Portal For ArcGIS，在你的内容中找到发布的 Multispectral_NDVI 影像服务，把它添加到地图中。

（2）单击 More Options，选择"Zoom to"，影像显示在当前的地图窗口（图 12.18）。

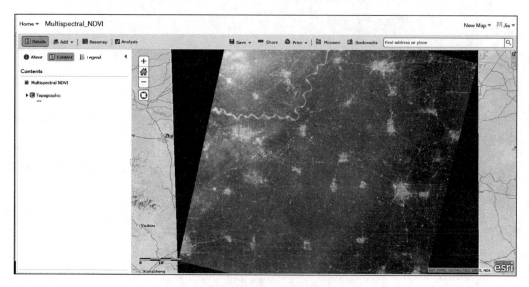

图 12.18　影像 Web 图层显示在地图

（3）单击 More Options，选择"Image Display"。当前的"RGB composite"是 1-2-3（红-绿-蓝）。植被显示为绿色。

（4）将"RGB composite"改为"4-1-2"（近红外-红-绿），植被显示为红色。

（5）将 Renderer 由"User Defined Renderer"改为"NDVIForMultispectral"（图 12.19），单击应用。

影像以 NDVI 值显示。植被显示为白色。关闭 Image Display 页面。

（6）单击 Save>Save，保存 Web Map。在 Save Map 页面，进行如下设置：

- Title：Landsat 8 Multispectral；
- Tag：WEBGISPT，Landsat 8，NDVI；
- Summary：A Web map of Landsat 8 multispectral image with NDVI function；
- Save in folder：Chapter12；

单击 SAVE MAP。

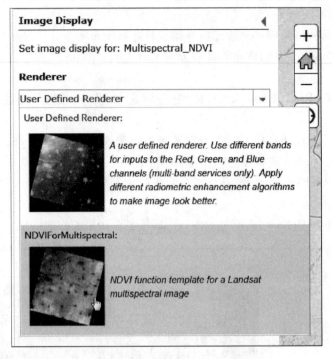

图 12.19　改变 Render 方式

（7）在 Portal For ArcGIS 的 Home 页面，在查询框中输入 Image Interpretation，在下拉菜单中选择 Search for Apps。

（8）在查询结果中，单击 Image Interpretation 打开 Item Details 页面。单击 Create a Web App。

（9）在打开的 Create a New Web App 页面，进行如下设置：

- Title：Landsat 8 Multispectral Imagery；
- Tag：WEBGISPT，Landsat 8，NDVI；
- Summary：Landsat 8 multispectral imagery with NDVI function；
- Save in folder：Chapter12；

单击确定。

（10）在 Select Web Map 页面，在 My Content 中选择"Landsat 8 Multispectral"。单击 SELECT。

（11）Configuration 页面打开。在 General 标签，设置如下：

- Title：Landsat 8 Multispectral Imagery with NDVI function；
- 选中 Enable Scalebar 和 Enable search tool。

（12）在 Imagery Layers 标签，选中 Enable Renderer Tool。

（13）单击 Save，保存设置。

（14）单击 Launch，打开应用。影像以波段组合红-绿-蓝显示，植被显示为绿色。

（15）单击 Renderer，选择 NDVIForMultispectral（图 12.20），单击确定。

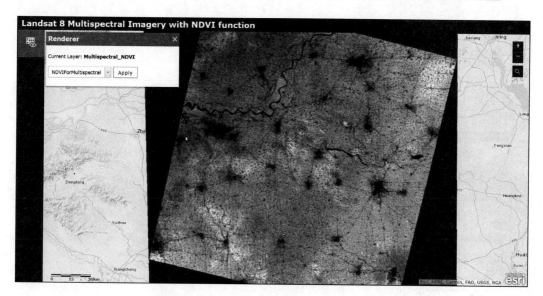

图 12.20   应用 NDVI render

影像以 NDVI 值显示,植被显示为白色。

(16) 关闭 Renderer 页面,关闭应用。

如果没有影像服务,用户需要使用桌面软件如 ArcGIS Pro 或其他专业遥感影像处理软件才能查看和分析遥感影像,从而限制了遥感影像的用户数量和使用。本实习通过 ArcGIS Pro,将遥感影像发布成了影像服务,并应用了栅格函数。用户只需要一个 Web 浏览器,就可以快速查看遥感影像,并能进行快速的图像增强和植被指数计算。影像服务把海量的遥感数据和需要专业软件才能进行的分析功能提供到互联网上,使广大用户不需要安装专业软件和进行专业培训,就能完成对遥感影像的视觉和空间分析,从而极大地扩大了遥感影像和栅格数据的应用价值。

12.3   常见问题解答

1) 没有影像服务器许可能发布影像服务吗?

没有影像服务器许可,仍然可以发布栅格数据集和栅格数据集图层文件,但不能发布镶嵌数据集或者镶嵌数据集图层文件。

2) 如何发布使用缓存的影像服务(Cached Image Service)?

在 Share Raster Data As Web Layer 的 General 页面,选择 Copy all data 并且选中 Tile。然后进入 Configuration 页面,单击 Tile 最右端的 Configure Web Layer Properties

按钮,打开 Tile Properties 页面。在该页面设置 Tiling Scheme,Level of Detail 等参数
(图 12.21)。

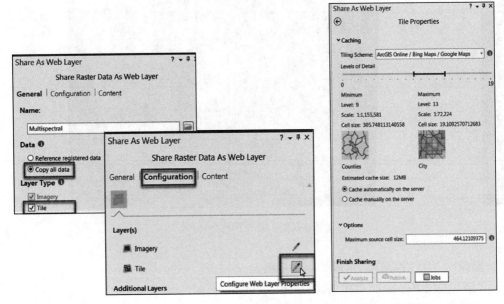

图 12.21　设置缓存

3) 发布影像服务时,我选择了 Reference Registered Data。为什么分析时收到警告"24011
Data source is not registered with the server and data will be copied to the server"?

这是因为包含影像数据的文件夹没有注册到服务器。需要在 ArcGIS Server Manager
将文件夹注册到服务器。在 Site>Data Store,单击 Register 下拉箭头,选择 Folder 选项,选
择包含影像的文件夹。此外,还需要确定 ArcGIS Server 对该文件夹具有访问权限。

4) 哪里能下载免费的 Landsat 8 影像和 ASTER GDEM 数据?

Landsat 8 影像和 ASTER GDEM 数据可以从 USGS 的 EarthExplorer(https://earthexplorer.
usgs.gov)网站免费下载。

首先在 Search Criteria 中按地理位置和时间设定搜索范围。然后在 Data Sets 选中
ASTER GLOBAL DEM 和 L8 OLI/TIRS C1 Level-1(图 12.22)。下载数据需要注册一个
USGS 的用户名。

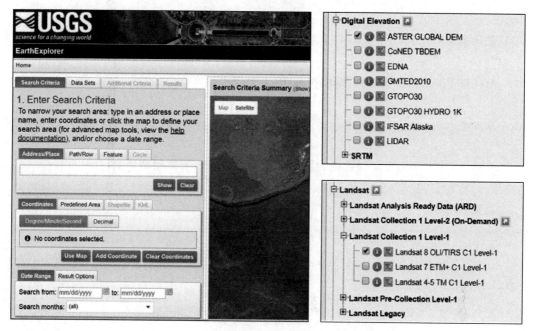

图 12.22　从 USGS 的 EarthExplorer 网站下载数据

12.4　思　考　题

(1) 栅格数据发布为影像服务和发布为地图服务有什么不同?
(2) 如何提高影像服务的访问速度?
(3) 应用栅格函数对影像服务进行在线栅格分析有什么优点?

12.5　作业:在 ArcGIS Pro 中发布数字高程模型并应用栅格函数进行在线栅格分析

数据来源:

可以使用教材提供的 ASTER GDEM 数字高程模型(ASTGTM2_N33E111_dem.tif),也可以下载 ASTER GDEM 高程模型。该数据是面向公众的,可以通过 USGS EarthExplorer 网站免费下载(具体下载方法参看第 12.3 节常见问题解答相关内容)。

系统要求：

ArcGIS Pro 2.1 和 ArcGIS Enterprise 10.6 及以上版本。

基本要求：

发布 ASTER GDEM 高程数据为影像服务并应用山体阴影栅格函数。

提交内容：

Web Map 的 URL。

参 考 资 料

Brown C and Harder C,2016.The ArcGIS Imagery Book.Redlands：Esri Press.

Butler K. 2013. Band Combinations for Landsat 8. https：//blogs. esri. com/esri/arcgis/2013/07/24/band-combinations-for-landsat-8［2018-2-1］.

Esri.2014.Current Landsat 8 Image Services in ArcGIS Online.http：//www.esri.com/esri-news/arcuser/spring-2014/current-landsat8-image-services-in-arcgis-online［2018-2-1］.

Esri.2017.共享影像服务的重要概念.http：//desktop.arcgis.com/zh-cn/arcmap/latest/manage-data/raster-and-images/key-concepts-for-sharing-an-image-service.htm［2018-2-1］.

Nagi R. 2014. Introducing Esri's World Elevation Services. https：//blogs. esri. com/esri/arcgis/2014/07/11/introducing-esris-world-elevation-services［2018-2-1］.

Quinn S.2010.Imagery in Web applications：Should I use a cached map service or an image service？ https：//blogs. esri. com/esri/arcgis/2010/05/04/imagery-in-web-applications-should-i-use-a-cached-map-service-or-an-image-service［2018-2-1］.

Windahl E.2017.Use the Image Interpretation app template to create an imagery app in minutes.https：//blogs.esri.com/esri/arcgis/2017/10/16/image-interpretation-app-template［2018-2-1］.

第 13 章

无人机遥感图像和 Web 应用

山地突发山体滑坡之后，无人机迅速抵达灾区采集数据，采集的数据经过处理和分析，快速生成正射影像和数字表面/地形模型并发布成 Web 服务，各级救灾指挥部门通过 Web 服务及时了解和客观评估灾情，从而科学地制定抢险救灾方案……这只是现代生活中无人机遥感应用的一个实例。

近年来，无人机遥感得到飞速发展，已经成为 Web GIS 的一个重要数据源。无人机遥感具有采集数据及时、操作灵活、投入成本低廉等特点，能根据需要快速获取高空间分辨率的影像数据和 3D 数据，有效弥补了传统卫星遥感和航空遥感数据更新周期长和空间分辨率较低的不足。无人机遥感产品通过 Web 发布成各种服务，用户不需要安装专业软件，通过 Web 就能查看和分析无人机遥感产品。

本章主要介绍无人机遥感的概念、无人机的分类、机载传感器以及无人机遥感的主要产品与服务发布。最后以 Drone2Map for ArcGIS 软件为例，介绍如何使用该软件处理无人机遥感图像、生成 2D 和 3D 产品以及发布服务的过程。

本章重点介绍利用无人机采集图像生成 3D 产品和发布服务。本章的 3D 产品主要指的是纹理格网和点云，是通过遥感技术获取的真实地物的 3D 数据。本书第 9 章涉及的 3D 数据主要是人工创建的 3D 模型，或者是 2D 数据属性的 3D 可视化。本章也涉及无人机遥感的 2D 产品及服务发布，但上述内容已经在第 12 章做过详细介绍，这里不再详述。图 13.1 中箭头所示为本章教程将讲授的技术路线。

学习目标：

- 掌握无人机遥感的基本概念
- 了解摄影测量和激光雷达的基本原理
- 了解无人机遥感的主要产品（正射影像、数字表面/地形模型、点云和 3D 纹理网格）
- 学习使用 Drone2Map 软件处理无人机遥感图像、生成 2D 和 3D 产品以及发布服务
- 学习发布 3D 纹理格网场景图层和点云场景图层

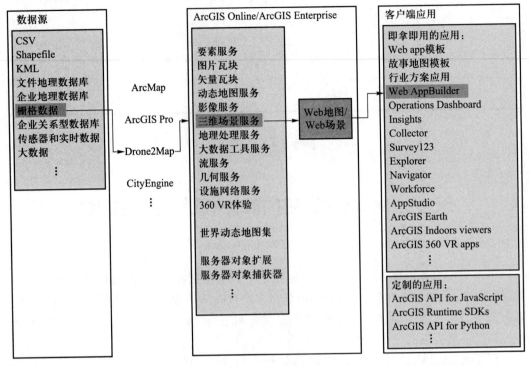

图 13.1　本章技术路线

13.1　概念原理与技术介绍

13.1.1　无人机遥感简介

无人机(unmanned aerial vehicle,UAV;或者 Drone)是一种机上无人驾驶的航空器。无人航空系统(unmanned aircraft system,UAS)与 UAV 不同,它是一个综合的概念,包括无人机和地面控制站(ground control station,GCS)两部分。

长期以来,无人机主要应用于军事领域的侦查和监视。一直到近年来,随着无人机和机载遥感传感器制造成本的大幅度下降,以及数字相机、全球导航卫星系统(global navigation satellite system,GNSS)和惯性导航系统(inertial navigation system,INS)技术的成熟,无人机遥感才得到快速发展,并广泛应用于精准农业、林业、采矿业、测绘、考古、文化遗产保护、生态环境监测、应急救援、电力线路和油气管道管理、建筑检测等各个领域。本章主要介绍轻小型无人机(small UAV,sUAV)遥感产品的服务发布。

1）无人机分类

无人机主要包括固定翼无人机和多旋翼无人机两种类型。固定翼无人机具有承载力大、续航时间长、飞行高度高、飞行速度快、抗风能力强的特点,因而适合较大区域的作业,但其灵活性较差且需要起飞跑道。与之相比,多旋翼无人机具有灵活性强的特点,不需要起飞跑道,能垂直起降,能根据需求随时改变飞行方向、飞行速度和飞行高度,且能在不同高度上环绕目标物近距离飞行。但其承载力小、续航时间短、飞行速度慢、抗风能力差,因此只适合小区域的作业。图 13.2a 所示的是 SenseFly 公司的 eBee 固定翼无人机,图 13.2b 所示的是 DJI(大疆)公司的多旋翼无人机。

(a)　　　　　　　　　　　　　　　　(b)

图 13.2　固定翼无人机(a)和多旋翼无人机(b)

资料来源:https://www.sensefly.com/drone/ebee-mapping-drone;

https://www.dji.com/cn/newsroom/news/phantom-4-pro

2）机载传感器

目前,应用于无人机的遥感传感器包括可见光相机、近红外相机/成像仪、红外相机/成像仪、多光谱相机/成像仪、高光谱相机/成像仪、激光雷达扫描仪和摄影机等。

可见光(RGB)相机:获取可见光光谱范围内的红(R)、绿(G)、蓝(B)三个波段。采集的高分辨影像广泛地应用于各个领域,是生成正射影像、地面高程模型和 3D 数据最为主要的数据源。

近红外(NIR)相机/成像仪:近红外波段,特别是红边(red edge,位于可见光的红光波段和近红外波段之间)范围能反映植物的生长状况,因而广泛应用于农业领域作物生长状况分析。

热红外(TIR)相机/成像仪:热红外波段获取温度信息。主要应用于野生动物监测、污染监测、森林防火、电力巡线、管道排查、军事侦察和救援。

多光谱(multispectral)相机/成像仪:包括可见光、近红外和红外波段。通过不同的波段组合获取植被覆盖、植物生长状况、土壤湿度等信息,可广泛应用于农业和林业领域。

高光谱(hyperspectral)相机/成像仪:提供更高的光谱分辨率,用于细分植物和矿物种类。

激光雷达(LiDAR)扫描仪:发射激光脉冲(近红外波段)并接收回波,能直接获取地物的空间位置,是生成高精度地面高程模型的重要数据源。

摄像机:常见的有彩色摄像机和红外摄像机,用来拍摄动态的视频影像数据。视频可以同步传送到地面,提供实时同步信息,广泛应用于应急救援、生态环境监测和管道线路巡检等领域。

3) 地物空间位置的获取

地物准确的空间位置(xyz)是生成正射影像、数字表面/地形高程模型和 3D 模型的关键。摄影测量技术和激光雷达技术是获取地物空间位置的两种重要方法。

摄影测量(Photogrammetry)是通过立体像对(stereo pairs,指同一区域从不同角度拍摄的两张影像),结合 GPS 和惯性测量单元(IMU)或地面控制点坐标来计算地物的空间位置(图 13.3)。摄影测量技术受光照的影响较大,数据精度不如激光雷达高,受阴影影响,但能采集地物丰富的纹理信息和光谱信息。由于数码相机轻小,对无人机的承载量要求低,再加上价格低廉,近几年得到广泛的应用。

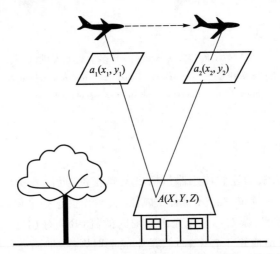

图 13.3　摄影测量技术利用立体像对计算地物的三维坐标

激光雷达(light detection and ranging,LiDAR):直接测得激光扫描仪与地物之间的距离,根据 GPS 确定扫描仪的空间位置,根据 IMU 和扫描角度确定地物相对于扫描仪的方向,从而计算出地物的空间位置(图 13.4)。激光雷达技术能全天候采集数据,数据精度高,不受阴影影响,能获取包括地物空间位置、反射强度和多重回波等多种信息。激光脉冲能透过植被的空隙到达地面,从而获取地面的高程。但激光雷达扫描仪体积大且较重,需要安装在负载量较大的无人机上,再加上价格昂贵,限制了激光雷达技术的广泛应用。

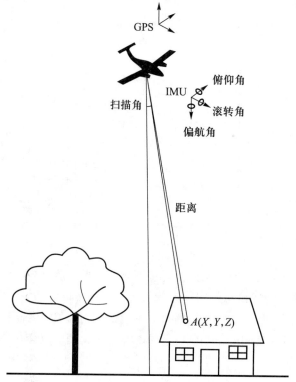

图 13.4　机载激光雷达技术获取地物的三维坐标

13.1.2　无人机遥感图像采集及处理

　　无人机搭载可见光相机采集高分辨率图像,因其应用广泛且成本低廉,是目前最主要的无人机遥感数据采集方式。本节主要介绍无人机遥感图像采集的要求和处理流程。

　　首先要制订正确的飞行计划。如果目的是生成 2D 产品,飞行路线应采用割草模式(lawnmower pattern)或称格状模式(grid pattern),如图 13.5a 所示,建议 80% 以上的航向重叠度和 70% 以上的旁向重叠度,采用垂直摄影方式拍摄影像。如果目的是生成 3D 产品或者检查设施,飞行路线应采用环绕模式(orbit pattern),在一定高度上环绕目标物飞行,如图 13.5b 所示,采用倾斜摄影方式拍摄图像,采集目标物顶部和侧面的几何特征和纹理信息,尽量避免拍摄天空和非目标物。

　　每幅图像必须具有拍摄时的纬度、经度和高度信息。GPS 信息可以直接写进图像文件中,或保存在文本文件中。图像要求对焦准确、曝光正确、分辨率高。

　　为了保证产品的精度,还需要布设合适数量的地面控制点。如果没有地面控制点,仅依靠 GPS 信息,产品的空间位置和比例只能近似于实际。

　　目前,市场上主要的无人机遥感图像商业处理软件(如 PhotoScan,Pix4D)是利用计算机视觉(computer vision)技术来进行地理配准影像。

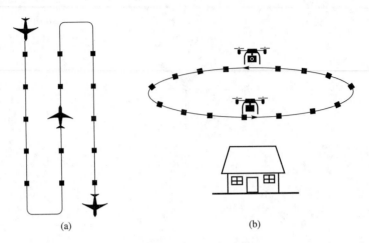

图 13.5　无人机飞行路线

下面是使用 Pix4D 软件处理无人机遥感图像的主要流程：

（1）使用 SIFT 算法找出每幅图像上的关键点（key point）。

（2）基于关键点以及无人机提供的每幅图像的相机参数（位置和姿态），使用光束法区域网平差（bundle block adjustment）技术重新计算每幅图像的相机参数以及每个关键点的空间坐标。

（3）加密点云。

（4）插值生成不规则三角网（TIN），即数字表面模型。

（5）将影像投影到 2.5D 的数字表面模型，从而生成正射影像。

（6）基于点云生成格网，然后将格网投影到原始图像获取纹理，最后生成纹理格网。

13.1.3　无人机遥感产品及服务发布

1）正射影像

正射影像是经过几何纠正的影像。纠正的过程消除了因为影像倾斜以及地面起伏造成的像点位移。正射影像既有影像直观逼真的特点，又有地图的几何精度，能够用来进行测量。

常用的摄影测量软件和无人机遥感图像处理软件都具有生成正射影像的功能。Esri 软件中用来生成正射影像的包括 ArcGIS Pro/Desktop 的 Ortho Mapping 工具集以及 Drone2Map。

正射影像可以发布为影像服务和地图服务。

- Drone2Map 能直接将正射影像发布为影像服务或者地图服务。
- ArcGIS Desktop/Pro 可以将正射影像发布为影像服务和地图服务，还可以在影像服务上应用栅格函数实现更多的功能。

无人机的正射影像产品具有空间分辨率高和更新速度快的特点。相对于卫星影像和航空影像，能清晰地辨识出地物的更多细节，从而提供更精确、更丰富的空间信息；还可根据需要迅速采集数据，而不必像航空影像和卫星影像的更新要等几周或者几个月的时间。正射影像发布成影像服务和地图服务服务,通过 Web 服务,城市管理和规划部门能获取城市的精确的空间信息,从而有助于正确决策,公众也能随时了解周围环境的最新变化。

2) 数字表面模型和数字地形模型

数字表面模型(digital surface model, DSM)和数字地形模型(digital terrain model, DTM)是用来表示高程的数字模型。主要是栅格数据,也可以是矢量数据（如 TIN）。每个像素或者矢量点包含 xyz 的信息。它是一种 2.5D 模型,即每一个水平位置 xy,只能有一个高程值 z。DTM 仅表示地形(不包括各种地表物体)的高程。DSM 表示地形以及地表物体高程。图 13.6 显示了 DSM 和 DTM 的不同。

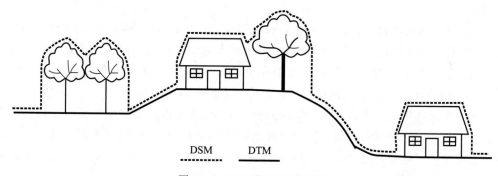

图 13.6   DSM 和 DTM 的区别

DSM 和 DTM 主要通过点云生成。点云既包括地面点,也包括非地面点(如建筑物和植被上面的点)。如果要生成 DSM,需要所有的点。如果要生成 DTM,则只需要地面点。将点云的地面点和非地面点区分开的过程叫作过滤(filtering)。

常用的点云处理软件(如 TerrScan、LP360)和无人机影像处理软件都有自动过滤点云和生成 DSM 和 DTM 的功能。Esri 公司的 ArcGIS Desktop/Pro 和 Drone2Map 也提供相同的功能。

DSM/DTM(栅格数据)能发布为影像服务和地图服务。如果是矢量数据则需要首先转换成栅格数据。

- Drone2Map 能直接将 DSM/DTM 发布为影像服务或者地图服务。
- ArcGIS Desktop/Pro 可以将高程模型发布为影像服务和地图服务,还可以在影像服务上应用栅格函数实现更多的在线分析功能,例如,生成坡度、坡向、山体阴影、晕渲地貌等。

同正射影像一样,无人机遥感生成的 DSM/DTM 也具有空间分辨率高和更新速度快的特点。高分辨率的 DSM 和 DTM 能精确地反映出地表和地形的起伏状况,通过发布成影像服务和地图服务,更多的用户可以通过 Web 服务获取详细和精确的地面高程信息。例如,喜爱登山的用户可以预先根据 DTM 选择一条坡度适宜的路线,也可以基于 DSM 进行可视性分析,找出最佳的观景点。

3) 点云

点云(point cloud)既可以通过激光雷达技术直接生成,也可以通过摄影测量技术间接生成。前者称为激光雷达点云(LiDAR point cloud),后者称为摄影测量点云(photogrammetry point cloud)。常见的文件格式是 LAS。激光雷达点云是对地物的直接测量,准确性较高,除了空间位置(xyz)信息还包括其他信息,如多重回波和反射强度。而摄影测量点云,又称加密点云(densified point cloud),只是影像处理过程中的中间产品,不是对地物的直接测量,准确性较激光雷达点云低,点云中的每个点包含空间位置信息和颜色信息,但不包括多重回波和反射强度等信息。

常用点云处理软件以及 ArcGIS Desktop/Pro 都提供了点云数据管理、显示、分类和分析功能。

ArcGIS Pro 可以将点云发布为点云场景图层(point cloud scene layer,PCSL)。PCSL 符合 I3S 标准,利用缓存和多层细节结构来实现大数据跨平台的快速传送和显示。发布过程包括以下两个步骤:① 在 ArcGIS Desktop/Pro 中生成点云场景图层包(point cloud scene layer package),② 将生成的图层包上传到 Portal for ArcGIS 或者 ArcGIS Online。

无人机遥感生成的点云常用于空间分析。例如,通过点云数据可以得出建筑物的高度;计算出土石方的体积;可以计算出树枝到电线的距离,从而决定是否需要砍伐。点云可以发布成点云场景图层,用户可以通过 Web 访问。点云场景图层目前还只是用于显示(高程、RGB、分类等)。

4) 3D 产品

3D 产品包括很多种类。表 13.1 列出的是 Pix4D/Drone2Map 和 PhotoScan 软件生成的 3D 产品。

表 13.1　无人机 3D 产品

无人机影像处理软件	Pix4D/Drone2Map	PhotoScan
3D 产品	Scene Layer Package,OBJ,FBX, AutoCAD DXF,PLY,3D PDF	Wavefront OBJ,3DS Max,PLY,VRML, COLLADA,Universal 3D,PDF

3D 纹理格网(3D textured mesh)是一种包含形状和纹理信息的 3D 模型,主要用于显示。其空间位置精度不高,因而不适于用于测量。

通过 Drone2Map 生成的 3D 纹理格网可以选择以场景图层包(scene layer package)的格式输出,场景图层包可以发布到 ArcGIS Online 生成 3D 场景图层。

3D 场景图层具有信息丰富和逼真的特点,格网结构表现地物的几何形状,而彩色纹理显示地物真实的色彩,特别适合展示建筑物和特殊景观等,使用户有一种身临其境的感受。3D 场景图层通常是大数据,但由于采用了 IS3 标准,发布成场景服务,用户能在不同平台通过 Web 快速访问。

13.2 实习教程:利用无人机遥感图像创建 3D Web 应用

数据来源:

多旋翼无人机环绕建筑物拍摄的 61 幅图像(表 13.2)。无人机采用倾斜摄影方式采集建筑物顶部和侧面的纹理信息,用于生成 3D 产品。GPS 数据存储在每幅影像的 EXIF 文件中。

表 13.2 实习数据简介

采集时间	2017 年 5 月 12 日	飞行高度/m	65
采集地点	开封市河南大学金明校区地学楼	相机型号	DJI-FC550
无人机类型	多旋翼	拍摄方式	倾斜摄影
无人机型号	DJI-S1000	重叠度/%	80
飞行模式	环绕模式	波段	红绿蓝(RGB)

数据提供:河南大学环境与规划学院。

系统要求:

Drone2Map for ArcGIS 1.3 及以上版本,ArcGIS Pro 2.1 及以上版本,ArcGIS Online。

基本要求:

(1) 使用 Drone2Map 软件,处理无人机图像,生成场景图层和点云;
(2) 通过 Drone2Map 发布场景图层到 ArcGIS Online;
(3) 使用 ArcGIS Pro 生成点云场景图层包;并发布到 ArcGIS Online。

13.2.1 安装和授权 Drone2Map for ArcGIS

Drone2Map 是 Esri 公司于 2016 年推出的一款无人机图像处理软件,采用的是 Pix4D 摄影测量引擎(photogrammetric engine)。其主要功能是将无人机采集的原始图像转换成正射影像、DSM/DTM、点云、纹理格网等产品,并可将产品发布到 ArcGIS Online。Drone2Map 具有操作简单、自动化程度高、产品分享方便快速、方便与 ArcGIS 其他产品结合使用等特点。

Drone2Map 提供了以下四种应用模式:

- 快速模式：快速生成正射影像、DSM/DTM，用于检查图像的质量以及采集图像对遥感区域的覆盖度。
- 2D 制图模式：生成高分辨率的正射影像、DSM/DTM 和归一化植被指数（NDVI）产品。
- 3D 制图模式：生成点云、纹理格网和 3D PDF 等 3D 产品。
- 检查模式：多视角检查目标物，并支持图像标注。

使用 Drone2Map 需要有 ArcGIS Online 组织账号并已被授权使用 Drone2Map。如果已经有了 ArcGIS Online 组织账号但还没有 Drone2Map，可以申请免费试用 Drone2Map；如果还没有 ArcGIS Online 组织账号，可以申请试用 ArcGIS Online，这里面包含了试用 Drone2Map。

如果已经有 ArcGIS Online 组织账号，并且具有管理者权限，登录以下网址 https://marketplace.arcgis.com/listing.html? id＝3855a9d026f64917a09bfc78b590c42f 申请免费试用。

如果不具有管理者权限，需要让拥有管理者权限的用户来申请。① 单击 Free Trial，申请免费试用。② 登录 http://doc.arcgis.com/en/drone2map，单击 Download Drone2Map 下载软件。

如果还没有 ArcGIS Online 组织账号，登录以下网址 http://www.arcgis.com/features/free-trial.html 申请试用 ArcGIS。在 Access Software 网页下载 Drone2Map。

接下来，安装 Drone2Map 软件。第一次启动 Drone2Map 时，用 ArcGIS Online 账号登录。这个账户必须是发布者（Publisher Role）和以上级别的用户，而且已经被授权使用 Drone2Map 软件。

13.2.2　浏览无人机遥感图像

本节介绍如何在 Drone2Map 中创建一个 3D Mapping 工程，并在 Drone2Map 中查看飞行路线和浏览图像。

（1）打开 Drone2Map for ArcGIS。

（2）使用你的用户名和密码登录。

（3）首先创建一个新工程，选择"3D Mapping"工程模板，单击创建按钮。

（4）在打开的创建新工程页面，进行如下设置：

- Give Your Project a Name：GeoBuilding；
- Select Where to Store Your Project：C：\WebGISData\Chapter13；
- Source Image：单击 Add Folder 按钮，选择包含无人机遥感影像的文件夹"C：\WebGISData\Chapter13\GeoBuilingImages"。61 幅无人机遥感图像的名称以及各自的纬度、经度和高度值添加到影像列表中。使用默认的坐标系 GCS WGS 1984 和 EGM 96。

单击确定。

（5）2D View 打开，2D 视图显示的是地学楼的位置。每个蓝点代表每张影像采集时无人机的位置。橙色的线是这些点的连线，代表无人机的飞行路线。

（6）单击 3D View，转换为 3D 视图（图 13.7）。按下右键，移动鼠标调整 3D 视图的观察角度。

图 13.7　3D 视图

（7）左键单击蓝点，打开图像窗口（图 13.8），可以查看图像。查看后关闭影像窗口。

图 13.8　影像窗口

13.2.3　配置参数和处理图像

本节介绍如何配置参数生成 3D 产品。由于课堂时间有限,参数的配置基于节省时间的原则,因而生成的 3D 产品的质量不高。如果要生成高质量的产品,则需要较长的处理时间。

(1) 单击 Processing Options,打开处理选项窗口。

(2) 设置 Initial 参数:

* Keypoints Image Scale:Rapid。该参数控制关键点的生成。Full 选项精确生成关键点,但费时较长;Rapid 选项快速生成关键点,但精度较差。Custom Image Scale 选项提供 1/8,1/4,1/2,1 和 2 共 5 个数值供选择,其中 2 的结果最精确,1/8 的处理时间最快。本例为了节省时间选择 Rapid 选项。
* Matching Image Pairs:Free Flight or Terrestrial。该参数决定影像对和关键点的匹配。Aerial Grid or Corridor 选项适用于格状模式飞行路线;Free Flight or Terrestrial 选项适用于环绕模式飞行路线;Custom 选项利用影像的属性进行匹配,例如,根据影像采集的时间或者影像之间的距离来匹配。本实习中数据是无人机采用环绕模式采集的,所以选择 Free Flight or Terrestrial。
* 其余选项使用默认设置。

注意:输出坐标系变为 WGS_1984_UTM_Zone_50N。

(3) 设置 Dense 参数:

* Image Scale:1/4 (Quarter image size,Fast)。该参数控制生成的影像的比例。影像比例越小,处理时间越快,但精度越低。
* Point Density:Low (Fast)。该参数控制点云的密度。密度低处理时间短,密度高处理时间长。
* Minimum Number of Match:3。该参数决定每一个关键点至少要出现在几幅影像上才能加入点云。匹配数目越少,点云数量越多,但同时也会有更多的噪点。
* Point Cloud Densification:9×9 Pixels。该参数决定匹配关键点的所用网格的尺寸,一共有两种:7×7 像素适用于垂直影像,9×9 像素适用于倾斜影像。

(4) 设置 3D Products 参数:

* Create Point Clouds:LAS (取消选中 zLAS)。该参数提供点云的文件格式。LAS 是点云文件的标准格式。
* Create Textured Meshes:Scene Layer Package(默认)(取消选中 3D PDF)。该参数可以选择各种纹理格网的输出格式。
* Settings:Medium Resolution(default)。生成格网的分辨率有 High、Medium、Low、Custom 选项,Maximum Number of Triangle 和 Texture Size 决定生成的格网的分辨率。这两个值越大,网格越密,但处理时间越长。本例为了节省时间选择默认的 Medium Resolution。

其他参数使用默认设置。

（5）单击确定,关闭处理选项窗口。

（6）单击 Start。图 13.9 是生成的纹理格网。

图 13.9　生成的纹理格网

13.2.4　发布纹理格网和创建 Web 应用

本节介绍在 Drone2Map 中发布纹理格网图层到 ArcGIS Online,并创建 Web 应用的过程。

（1）在 TOOLS 选项卡下,单击 Share 组中的 Scene Layer 按钮。在打开的 Share As Scene Layer 窗口,进行如下设置:

- Products:选中 3D Textured Mesh;
- Name:GeoBuildingSceneLayer;
- Folder:选中 Chapter13(需要在 ArcGIS Online 的 My Content 下提前创建文件夹 Chapter13);
- Tags:WebGISPT,Drone2Map,Textured Mesh;
- Share With:Everyone(public)。

单击确定。

（2）登录 ArcGIS Online。在 My Content>Chapter13 下,单击 GeoBuildingSceneLayer_3D_Textured_Mesh(hosted scene layer)。在打开的 Item Description 页面,单击 Open in Scene View。

（3）场景图层添加到 Scene View 中。单击 SAVE SCENE。在 Save 页面,进行如下设置:

- Title：GeoBuildingScene；
- Tags：WebGIDSPT，Scene；
- Save in：Chapter13。

（4）在 My Content>Chapter13，单击刚保存的 GeoBuildingScene，打开 Item Description 页面。单击 Create Web App>Using the Web AppBuilder。

（5）在 Create a New Web App 页面，进行如下设置：

- Title：GeoBuildingSceneWebApp；
- Tags：WebGISPT，web app；
- Save in folder：Chapter13。

（6）在打开的 Web AppBuilder for ArcGIS 页面，可以设置主题、场景、微件和属性。保持默认设置，单击 Launch。图 13.10 是打开的 Web 应用。

图 13.10　Web 应用

13.2.5　发布点云场景图层

本节介绍如何通过 ArcGIS Pro 生成点云图层包，并上传到 ArcGIS Online 发布成 Scene Layer。

（1）打开 ArcGIS Pro，使用 Local_Scene.aptx 模板创建一个新的工程。

（2）将生成的点云数据"C：\ WebGISData \ Chapter13 \ GeoBuilding \ products \ 3D \ GeoBuild_point_cloud.las"添加到 Scene View。点云图层以高程显示（图 13.11）。

图 13.11　点云图层以高程显示,不同颜色代表不同的高度

（3）在 Contents 页面,右键单击点云图层,在下拉菜单中选择 Symbology。

（4）在 Points 下面的 Draw using 下拉菜单中选择 RGB。点云图层改变为以 RGB 显示(图 13.12)。

图 13.12　点云图层以 RGB 显示

（5）单击 Analysis>Tools。在打开的 Geoprocessing 窗口的查找框,输入"Create Scene Layer Package",在查询结果中单击 Create Scene Layer Package（Data Management Tools）。

（6）在打开的 Create Scene Layer Package 窗口,进行如下设置:

- Input Layer: GeoBuilding_point_cloud.las;
- Output Scene Layer Package: C:\WebGISData\Chapter13\GeoBuildingLas.slpk;
- Attributes to Cache:取消选中所有属性;
- 其余参数保持默认设置(图 13.13)。

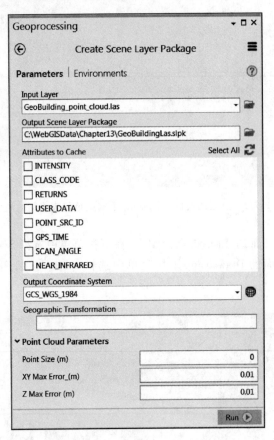

图 13.13　创建场景图层包工具界面

单击运行。

（7）打开浏览器,登录 ArcGIS Online。

（8）在 My Content 中,选中文件夹 Chapter13,单击 Add Item>From My Computer。在打开的 Add an item from my computer 页面,进行如下设置:

- File:选择"C:\WebGISData\Chapter13\GeoBuildingLas.slpk"。"Publish this file as a hosted layer.（Adds a hosted layer item with the same name）"自动显示并被选中;
- Title:GeoBuildingLasSceneLayer;
- Tags:WebGISPT,SLPK,Point Cloud;

单击 Add Item。

（9）场景图层包被上传到 ArcGIS Online。

（10）在打开的 Item Description 页面，单击 Share。在 Share 对话框中，选中 Everyone（public），单击确定。

（11）单击 Open in Scene Viewer，点云场景图层显示在 Scene Viewer 中。

（12）保存场景图层，创建 Web 应用（参考第 13.2.4 节步骤（3）~（6））。

本实习介绍了通过 Drone2Map 软件处理无人机遥感图像，生成 3D 纹理格网和点云产品，并发布场景服务到 ArcGIS Online 的过程。

本实习也同时帮助读者了解实际项目对数据的要求。实习最后生成遥感产品的空间位置和实际位置存在一些偏差，这是由于为了节省时间，在实习过程中没有使用地面控制点来控制产品的空间位置。在实际的无人机遥感项目中，一定要使用地面控制点来控制产品的空间位置。地学楼东部附楼的 3D 纹理格网效果不理想，主要有以下三个原因：一是这部分建筑结构特殊，具有外凸内凹的特点，由于无人机拍摄角度为倾斜向下，导致有些位置被遮挡而未能被拍摄到；二是有些位置被植被所遮挡，如东北角；三是整个地学楼东部无人机采集的图像重叠度不够。上述原因造成在某些位置没有关键点生成，从而导致在生成纹理格网时产生错误。

13.3　常见问题解答

1）Drone2Map 对无人机和图像有特殊要求吗？

Drone2Map 对无人机没有什么特殊的要求，只要求每幅图像有 GPS 数据，图像之间要有足够的重叠度。GPS 数据存储在图像的 EXIF 头文件内，或者存储在一个外部文件中。Omega/Phi/Kappa 数据不是必需的，但如果有该数据，能帮助提高处理结果和加快处理速度。相机的一些参数，如焦距和像素大小也是需要的，但不要求非常精确，近似即可。对图像重叠度要求高，要想取得最优的结果，航向和侧向重叠度一般要要达到80%以上。

2）ArcGIS Pro 的 Orthomapping 工具集能用来处理无人机遥感图像吗？Orthomapping 和 Drone2Map 有什么区别？

Orthomapping 工具集也能用来处理无人机获取的图像。

Drone2Map 是专门用于处理无人机图像的软件，而 ArcGIS Pro 的 Orthomapping 工具集可以用来处理各种遥感影像，包括卫星影像、航空影像以及无人机图像。

Drone2Map 和 Orthomapping 都能生成正射影像、DSM/DTM 和点云。Drone2Map 还能生成纹理格网，而 Orthomapping 不能生成纹理格网。

Drone2Map 是一个独立产品，不需要安装 ArcGIS Desktop/Pro，它将多种功能集成在该产品中，例如，2D 和 3D 显示、快速模式、检查模式、产品发布等。而 Orthomapping 只是

ArcGIS Desktop/Pro 的一个工具集,包含一组生成正射影像的工具,产品的显示、分析、发布需要依赖 ArcGIS Desktop/Pro 的相应功能。

3) 我能在 Web 上直接改变点云场景图层的"symbology"吗?

已发布的点云场景图层的"symbology"不支持修改。如果不满意,则需要删除当前的,再重新生成一个新的点云场景图层。其步骤如下:

(1) 在 ArcGIS Pro 的 Local Scene 中添加要发布的 LAS 文件;

(2) 在 Contents 页面中选中该文件,单击 LAS Dataset Layer>Appearance>Symbology;

(3) 在 Symbology 选择适当的 symbology;

(4) 打开 Create Scene Layer Package 工具,选择需要缓存的属性以及点的尺寸,生成新的图层包;

(5) 上传到 ArcGIS Online/Portal for ArcGIS。

13.4　思　考　题

(1) 生成 2D 产品或者 3D 产品对无人机遥感图像采集有什么不同的要求?

(2) 简述点云和 3D 纹理格网的区别? 如何将它们发布成 Web 服务?

(3) 设计一个无人机遥感应用项目来解决一个实际的问题,包括无人机采集图像,生成 2D 或 3D 产品,发布成 Web 服务,以及利用发布的服务来解决实际问题的全过程。

(4) 本实习教程中地学楼东部所生成的 3D 纹理格网效果不佳,如何通过改进图像采集来提高 3D 产品的质量?

13.5　作　业

数据来源:

固定翼无人机采用格状飞行模式垂直摄影方式拍摄的 13 幅影像(表 13.3)。主要用于生成 2D 产品。GPS 数据存储在文本文件里面。

系统要求:

Drone2Map for ArcGIS 1.3 及以上版本,ArcGIS Pro 2.1 及以上版本,ArcGIS Online。

表 13.3 作业数据简介

采集时间	2015 年 7 月 2 日下午	相机型号	SONY ILCE-7R
采集地点	开封市铁塔公园	拍摄方式	垂直摄影
无人机类型	固定翼	航向重叠度/%	80
无人机型号	黑鹰-1	旁向重叠度/%	40
飞行模式	格状模式	波段	红绿蓝（RGB）
飞行高度/m	500		

数据提供:河南大学环境与规划学院。

基本要求:

（1）使用 Drone2Map 软件,处理无人机图像,生成正射影像、DSM、纹理格网和点云;

（2）通过 Drone2Map 发布正射影像和 DSM 为瓦块地图服务到 ArcGIS Online;通过 Drone2Map 发布纹理格网到 ArcGIS Online;

（3）使用 ArcGIS Pro 生成点云场景图层包,并发布到 ArcGIS Online;

（4）对比固定翼无人机格状飞行模式采集图像生成的 3D 产品和多旋翼无人机环绕飞行模式采集图像生成的 3D 产品的不同。

参 考 资 料

李德仁,李明.2014.无人机遥感系统的研究进展与应用前景.武汉大学学报(信息科学版),39（5）:505-513.

汪沛,罗锡文,周志艳,臧英,胡炼.2014.基于微小型无人机的遥感信息获取关键技术综述.农业工程学报,30（18）:1-12.

Andrews C.2016.Scene Layers and the I3S specification at work across the ArcGIS Platform.https://blogs.esri.com/esri/arcgis/2016/09/18/i3s-scene-layers［2018-2-2］.

Benkelman C.2015.Ingesting,Managing,and Using UAV（Drone）Imagery in the ArcGIS Platform.http://s3.amazonaws. com/ImageManagementWorkflowsTeam/UAV _ Documentation/UA V_W orkflowsArcGIS. pdf［2018-2-2］.

Esri.2017.利用 2D 影像创建 3D 数据.https://learn. arcgis. com/zh-cn/projects/get-started-with-drone2map-for-arcgis/lessons/create-3d-data-from-2d-imagery.htm［2018-2-2］.

Esri.2017.Drone2Map for ArcGIS Help.https://doc.arcgis.com/en/drone2map［2018-2-2］.

O'Neil-Dunne J.2015. UAS Photogrammetric Point Clouds：A Substitute for LiDAR? http://www. lidarmag.com/content/view/11435［2018-2-2］.

Salmon J.2016.Secretes to the Successful Selection of a UAV Platform.http://www.expouav.com/news/latest/author/jeff-salmon［2018-2-2］.

Windahl E 2017.Esri's Ortho Mapping Tools and Drone2Map App Help You Manage Drone Imagery.https://blogs.esri.com/esri/arcgis/2017/02/14/ortho-mapping-and-drone2map［2028-2-2］.

第 14 章

基于 JavaScript 的定制开发

定制开发是改进已有产品，创造新产品，把创新思维变为实际产品的需要。前面的章节已经介绍了如何基于 ArcGIS 提供的 app 模板通过简单的配置来创建 Web 应用。这些 app 模板拿来即用，非常方便。可是它们有时不能满足实际项目中所有的需求。当项目需求超出其能力时，就需要通过代码开发来建立定制应用来满足项目的需求。Web GIS 的定制开发可以在 Web GIS 架构的多个部分实现，包括在数据库端、Web 服务器端和客户端。客户端的开发技术可以是基于浏览器的开发技术、桌面版应用开发技术和移动 App 开发技术。

目前，浏览器端开发技术主要是 HTML5 技术，包括 HTML、JavaScript 和 CSS（Cascading Style Sheet；叠层样式表）。JavaScript 是目前最受欢迎的开发语言之一，其简易性、跨浏览器平台性和丰富的展现能力是它被普遍应用的关键特性。ArcGIS API for JavaScript 基于 JavaScript，并对其进行扩展，为开发者提供了开发定制 Web GIS 应用的类库。这些类库通过 ArcGIS REST API 来调用和集成 ArcGIS Enterprise 和 ArcGIS Online 服务器端的功能。

本章主要介绍如何使用 ArcGIS API for JavaScript 进行简单快速的开发，首先概述了 Web GIS 定制开发的技术体系，简介了 HTML5，然后介绍了 ArcGIS API for JavaScript 的功能、开发流程、主要的类及其属性、函数和事件。实习部分介绍如何通过修改示例代码来创建二维三维一体化的地图显示和查询功能，并介绍了如何调试 JavaScript 和如何使用微件。图 14.1 中箭头所示为本章教程将讲授的技术路线。

学习目标：
- 了解 Web GIS 定制开发的技术体系
- 理解 ArcGIS API for JavaScript 基础
- 初步调试 JavaScript 代码
- 了解 ArcGIS API for JavaScript 主要的类及其关系
- 掌握修改和使用 ArcGIS API for JavaScript 示例代码

- 通过 ArcGIS API for JavaScript 开发二维和三维应用
- 进行要素查询
- 使用微件

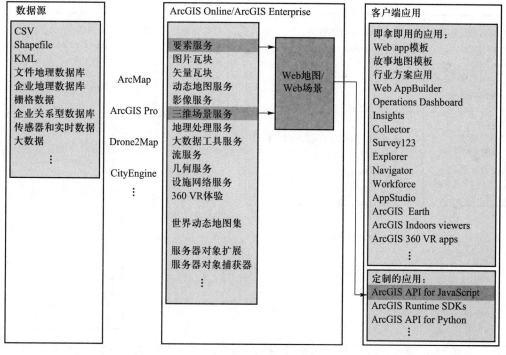

图 14.1 本章技术路线

14.1 概念原理与技术介绍

14.1.1 Web GIS 定制开发技术综述

根据不同的产品和项目需求,Web GIS 定制开发可以选择在数据库端、服务器端和客户端进行(图 14.2)。

1)Web 服务器端开发技术

服务器端技术主要包括运行于服务器端的程序开发语言。Web 服务器专门用于接收 HTTP 请求,对请求进行相应处理,最后返回 HTTP 响应到客户端。它既可以返回一个静态页面或图片作为响应,也可以动态运行相应程序,如 Java Servlet、ASP.net、Python 等,执行 Web 开发人员所设计的业务逻辑。较为常用的 Web 应用服务器主要包括以下几种:

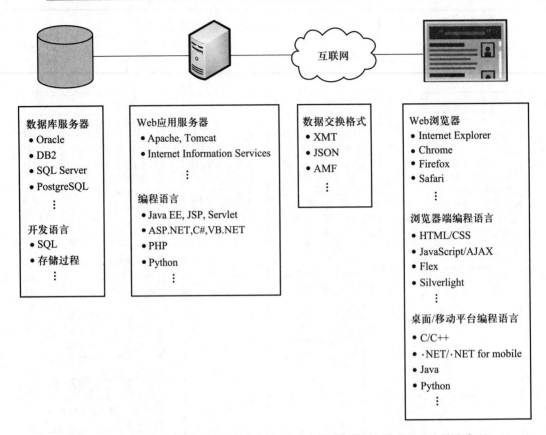

图 14.2　Web 应用开发可以选择用多种技术,在数据库端、服务器端和客户端来实现

- Apache Web 服务器和 Tomcat:它们都属于 Apache 软件基金会(Apache Software Foundation)所支持开发的开源 Web 服务器。其特点是简单、速度快、性能稳定,可以运行在所有的操作系统平台上,包括 Unix、Windows 和 Linux 等,是目前应用最为广泛的 Web 服务器软件。它主要支持 Java 系列的应用程序。
- IIS(Internet Information Services):IIS 是微软公司开发的用于 Windows 操作系统的 Web 服务器,是目前 Web 应用中主要的 Web 服务器之一。IIS 主要支持.NET 系列技术,通过适当扩展,也可以支持其他多种语言。
- 其他 Web 服务器产品:包括 nginx、Node.js、JBoss 和 GlassFish 等。

服务器端开发语言主要用于编写运行在 Web 服务器中的服务器端程序和 GIS 工具库,主要包括:

- Java 系列语言:包括 JavaEE(Java Enterprise Edition)、JavaSE(Java Standard Edition)、Servlet、JSP 和 JSF(JavaServer Faces)等。Java 与 C++程序语言有很多相似之处,但抛弃了 C++中过于复杂、不易使用的功能,比 C++更简单和安全。因此,Java 创始人 James Gosling 曾开玩笑说:"Java 是没有枪支、刀具和俱乐部的 C++"。利用 Java 开发的应用程序,可以运行在 Apache、Tomcat、JBoss 和 GlassFish 等 Web 应用服务器中。

- .NET 系列语言:包括 ASP.NET、C#和 VB.NET 等。它们是微软.NET 框架的重要组成部分。.NET 框架是建立、部署和运行 Web 服务及 Web 应用程序的通用环境,包括服务器端和浏览器端的编程技术。
- Python 语言是一个面向对象的解释型语言。它的语法简洁清晰,特色之一是使用缩进来定义语句块。

开发者可以在 ArcGIS Server 的 Web 服务基础上根据具体的业务逻辑进行扩展。ArcGIS 提供了两种扩展服务类型的方式:

- Server Object Extensions(SOEs):SOE 提供了一种在地图服务和影像服务基础功能的基础上进行扩展创建新的服务操作的机制。SOE 主要用于定制一些用 ArcGIS 客户端 API 比较难实现的业务逻辑。通常,SOE 通过 ArcObjects 代码来操作 GIS 数据和地图。ArcObjects 是 ArcGIS 的核心组件,可以实现非常复杂的 GIS 功能。
- Server Object Interceptors(SOIs):SOI 可以对地图和影像等服务已有的内置操作的请求进行拦截,让开发者能够执行定制的业务逻辑,并可以与现有的客户端实现无缝对接。

2)数据端开发技术

Web GIS 定制开发还可以利用数据库本身提供的开发和扩展技术来实现,如 SQL、存储过程(Stored Procedure)等。数据库端开发的优点是直接在数据库里运行,不必把数据传输到 Web 服务器或客户端,便于处理大量数据。

- SQL 是一门 ANSI 的标准计算机语言,用于访问和处理数据库中的数据。SQL 可与数据库程序协同工作,目前主流的关系型数据库系统如 Oracle、MySQL、MS SQL Server、PostgresSQL 均提供 SQL 语言作为其主要操作接口。
- 存储过程是数据库中的一个重要对象,用户通过指定存储过程的名字并给出参数(如果该存储过程带有参数)来执行它。存储过程是由流控制和 SQL 语句书写的代码段,代码段经编译和优化后存储在数据库服务器中,存储过程可由应用程序通过一个调用来执行,而且允许用户声明变量。同时,存储过程可以接收和输出参数、返回执行存储过程的状态值,也可以嵌套调用。

3)客户端/浏览器端技术

Web 客户端技术主要包括浏览器和运行于其中的多种应用程序,以及在浏览器外运行的桌面和移动应用程序。前者主要包括 HTML、JavaScript、CSS、Flex 和 Silverlight,后者包括 C++、Java、.NET、Flex(通过 Adobe Air 可以作为桌面程序运行,运行于浏览器之外)和 Silverlight(也可以作为桌面程序运行,不依赖于浏览器)。近年来,随着 HTML5 技术的普及,Flex 和 Silverlight 插件技术已经被 HTML5 技术所取代。

Web 浏览器是一种获取和显示 Web 服务器上的 HTML 和其他程序结果,并让用户与这些应用程序互动的一种软件。对于大多数用户来说,Web 浏览器代表万维网的"门面"。从技术上讲,Web 浏览器是遵守 HTTP、HTML 和 JavaScript 规范的客户端,它知道如何与 Web 服务器通信,如何显示 HTML 页面,如何解释和执行 JavaScript 脚本。常用的 Web 浏览器包括谷歌公司的 Chrome、微软公司的 Internet Explorer 和 Edge、Mozilla 公司的 Firefox、苹果公司的 Safari。这些浏览器在 HTML 和 JavaScript 规范的支持上存在着细微差别,有时会造成同一个 Web 网页在不同浏览器中显示时有所不同,给那些需要支持多种浏览器的应用开发带来麻烦。

JavaScript 是 Netscape 公司在 1995 年提出的一种运行在浏览器内的脚本语言。目前,互联网上绝大部分网页中都使用了它,可谓是世界上使用最多的浏览器语言之一。JavaScript 基本语法类似于 Java,简单易学,非专业程序员亦可以方便地对其进行使用。它与操作系统平台无关,运行于浏览器之中。

移动和桌面开发技术主要面向的是可便携设备或者是移动设备,那么要求开发技术要具备轻量级、通信能力强、界面友好、便于操作等特点。主要用于开发桌面和移动端本地应用的语言包括:C++、Java、C#、Objective-C 和 Swift 等。C++作为较早使用的语言,有诸多成熟的框架在不同的平台上对其提供支持,因此 C++可以实现在不同平台、不同操作系统上的桌面及客户端应用的开发。Java 分别针对桌面开发和移动端开发提供了不同的工具,但是由于 Java 虚拟机强大的跨平台性,Java 也可以支持在不同的平台上实现桌面和移动端应用的开发。对于 Windows 操作系统的桌面应用开发,C#一直应用广泛,它能够大大降低开发难度,并且提供了大量的成熟工具给开发者使用。Objective-C 和 Swift 语言主要用于开发 iOS 平台的应用。

4) 服务器和客户端的信息交换格式

Web 客户端经常把参数放在 URL 中传递到服务器端,服务器端则常把结果以 HTML 的格式返回给浏览器。此外,服务器和客户端还常使用如下格式进行数据交换:

- 可扩展标记语言(Extensible Markup Language,XML):XML 是一种允许用户自定义标签和属性的标记语言。它具有很多优点,其标签和属性经常具有易于理解的名字;属于一种纯文本文件,具有广泛的支持性和平台独立性;具有良好的结构,可以被计算机自动解析(即从 XML 中读取某个节点的值或属性)。这些优点使 XML 成为万维网广泛使用的数据交换格式。但相对来讲,XML 也存在明显缺点,它重复使用标签来分隔数据,结构冗余较多,导致文件较大,解析效率较低,不利于在 JavaScript 中使用。
- JavaScript 对象表示法(JavaScript Object Notation JSON):JSON 是一种轻量级的数据交换格式,JSON 比 XML 更加轻巧且易于解析,已经取代 XML 作为主要的交换格式。JSON 具备以下几个特征:数据以数据键和数据值形成的键值对(key-value)结构存储;数据用逗号隔开;大括号里的内容表示一个对象;中括号里的内容表示一个数组。

下例是对 XML 和 JSON 描述同样内容(即两个学生的姓名和爱好)时进行的比较:

```
XML 格式:
<? xml version ="1.0" encoding ="UTF-8"? >
<students >
<student >
<name>John</name>
<hobby>Basket Ball</hobby>
</student>
<student >
<name>Lisa</name>
<hobby>Movie</hobby>
</student>
</students >
JSON 格式:
{"students":
[
        {"name":"John", "hobby":"Basket Ball"},
        {"name":"Lisa", "hobby":"Movie"}
    ]
}
```

14.1.2　HTML5(HTML、JavaScript 和 CSS3)简介

1) HTML、JavaScript 和 CSS 简介

当前几乎所有的网页中都或多或少地包含 JavaScript 代码。JavaScript 是浏览器和服务器之间进行通信的桥梁。JavaScript 语言可以与服务器端进行通信,调用服务器提供的功能然后将结果返回给浏览器,并以更加动态的方式使网页显得更加具备交互性。

JavaScript 语言通常运行在浏览器中,也就是我们所说的客户端,相对应的 Web Service 通常运行在服务器端。JavaScript 语言具备在桌面浏览器和移动浏览器运行的跨平台能力,通过响应式 Web 设计方法,一个基于 JavaScript 的应用可以自适应从桌面显示器到移动端显示屏这些不同大小的显示设备。

使用 JavaScript 语言进行开发并不必须安装专业的集成开发环境,JavaScript 语言也无须在编译以后才能运行。可以用纯文本编辑器进行 JavaScript 代码开发,然后在浏览器上加载和测试所写的代码。

通常,初学者学习 JavaScript 语言时会觉得比较简单,不过当使用 JavaScript 进行功能开发时,会发现必须学习 HTML 标签语言和 CSS 样式表才能开发一个完整的功能或应用。[①]

- HTML 是一种标签语言,通过标签将影像、声音、图片、文字、动画、链接等内容添加到页面中;
- CSS 是用来定义网页内容样式的格式语言;
- JavaScript 语言通过操作网页中的元素为网页增加动态和交互性效果。

2) HTML5 的新功能和在 Web GIS 中的使用

2014 年,万维网联盟(W3C)公布了其对 HTML 语言的第五次重大修改,也就是 HTML5。HTML5 提供了一些有趣的新特性:

- 用于绘画的 canvas 元素,允许在网页中使用 WebGL;
- 可以定位用户和追踪用户的位置的 Geolocation;
- Web Socket 允许网页能够使用 Web Socket 协议来向客户端实时推送信息;
- Web Storage 能够在 Web 客户端以 key-value 的形式对数据进行离线存储;
- Web SQL 能够将数据存储在数据库,并使用类似 SQL 的方式进行查询;
- Web Workers 定义了一套 API,能够允许脚本运行于后台,进行类似于线程化的操作。

这些新特性与 Web GIS 结合产生了更强大的功能。Canvas 为用户提供了绘图接口并且同时支持二维和三维的绘图,WebGL 使网页端无插件的三维地图成为可能,还支持 WebGL 要素图层,能够在浏览器中同时显示数十万个点线面要素,并保持快速的性能。而 Web Storage 和 Web SQL 特性可以使 Web 应用具备离线使用的能力,Web 应用将数据保存到缓存或数据库中后,即使断开与服务器的连接,用户依然可以继续操作 GIS 应用。Web Socket 为 Web GIS 应用处理实时数据提供了基础。在 GIS 应用中需要监控位置实时变化的对象时,不需要去轮询服务器,而是当数据发生变化时,服务器通过 Web Socket 立刻把数据推送给 Web 端。

3) JavaScript 框架和 Dojo 简介

随着 JavaScript 程序语言掀起了使用的热潮,基于 JavaScript 的开发框架也越来越多,功能越来越丰富,包括 JQuery、Bootstrap、Dojo、AngularJS、React 和 Vue 等,这些开发框架为开发者提供了容易使用的文档对象模型(DOM)的操作方法,提供了 JavaScript 面向对象的扩展机制以及各种各样的 JS 功能扩展库和界面扩展组件。基于开发框架进行前端应用的开发可以极大地帮助开发者减少开发量,增强应用的跨平台性,缩短开发周期,提高

---

① 很多网站如 http://www.w3schools.com.cn,可以帮助初学者快速学习和理解 HTML、CSS 和 JavaScript 语言。

应用的友好性和鲁棒性。JavaScript 框架提高了学习的成本,不过对于开发大型的企业级应用来说是非常值得的,它可以让整个项目管理更加规范,更容易在不同的项目中重用基础的组件和模块,降低开发成本。

Dojo 是著名的 JavaScript 开源框架之一。ArcGIS API for JavaScript 中使用的 JavaScript 开发框架就是 Dojo。Dojo 包括 Ajax、browser、event、widget 等跨浏览器 API,包括了 JavaScript 本身的语言扩展,以及各个方面的工具类库和比较完善的 UI 组件库。Dojo 的强大之处在于界面和特效的封装,可以让开发者快速构建一些兼容标准的界面,适合企业应用和产品开发。如果开发者熟悉其他的 JavaScript 开发框架,如 JQuery、Bootstrap 或者 React,也可以把 ArcGIS API for JavaScript 与它们联合使用。

14.1.3 ArcGIS REST API

ArcGIS REST API 是 ArcGIS API for JavaScript 的基础。在之前的章节中已经介绍过如何在 ArcGIS Online 或 ArcGIS Enterprise 中发布不同类型的 Web 服务,这些发布出来的 Web 服务和 Web 地图都提供了 REST API 来作为调用接口。ArcGIS JavaScript API 通过 ArcGIS REST API 与服务端进行交互,向服务器端发出请求,取得服务器端返回的结果 (图 14.3)。

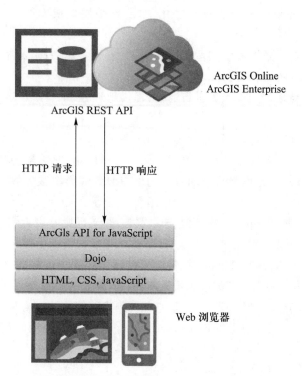

图 14.3 ArcGIS API for JavaScript 通过 ArcGIS REST API 向
ArcGIS Enterprise 和 ArcGIS Online 发出请求和取得结果

在 ArcGIS REST API 中,每一个资源如一个地图服务和图层都对应一个 URL。每个资源支持特定的操作,例如,一个要素图层支持查询操作,每个操作也对应于一个 URL。ArcGIS API for JavaScript 的一个重要功能就是构建这些 URL,发送这些请求和处理服务器返回的结果。

14. 1. 4　ArcGIS API for JavaScript 的功能和应用开发步骤

ArcGIS API for JavaScript 是一套基于 HTML、JavaScript 和 CSS 技术的产品。JavaScript API 主要运行在浏览器端,提供了以下两部分功能:

- 通过与 ArcGIS Online 和 ArcGIS Enterprise 等 GIS 服务器端产品进行交互来提供制图、查询、编辑、空间分析及其他 GIS 功能。
- 在客户端与用户交互,当用户进行操作时,API 以地图、视图、弹出框、图表或其他方式为用户提供反馈。

ArcGIS API for JavaScript 的功能可以更详细地划分为以下几个功能点:

- 空间数据展示:加载地图服务、影像服务、WMS 等类型的服务。
- 客户端聚合(mashup):将来自不同服务器、不同类型的服务在客户端聚合后统一呈现给客户。
- 符号渲染:提供对图形进行符号化、对要素图层生成专题图和服务器端渲染等功能。
- 查询检索:基于属性和空间位置进行查询,支持关联查询,对查询结果的排序、分组以及对属性数据的统计。
- 地理处理:与地理处理服务进行通信,提供地理处理的参数,返回处理的结果显示到地图上。
- 网络分析:计算最优路径、邻近设施和服务区域。
- 在线编辑:通过要素服务编辑要素的图形、属性、附件、编辑追踪。
- 时态感知:展示、查询具有时间特征的地图服务或影像服务数据。
- 影像处理:提供动态镶嵌、实时栅格函数处理等功能。

ArcGIS API for JavaScript 已经部署在云端服务器上,因此开发者利用 JavaScript API 进行开发时,一般不需要把 API 下载到本地,只需要在开发的页面中简单地通过<script>标签引入在线 JavaScript API,并通过<link>标签引入 Esri 公司提供的样式文件就可以使用 API 了。在一些对安全方面要求很高的应用场景下,例如,部署的服务器在一个封闭的内网环境下,则需要下载 JavaScript API 开发包,并把它部署到内网能够访问的服务器上。

通常,当开发者使用 ArcGIS API for JavaScript 开发 Web 应用时,都需要做以下六个步骤的工作:

（1）引入 ArcGIS API for Javascript 开发包;
（2）根据开发的功能加载 API 中的相应模块;
（3）创建地图或场景对象;
（4）创建 2D 或 3D 的地图;

（5）开发网页中的内容,尤其是页面中地图及其相关功能;

（6）美化页面样式。

如果使用 ArcGIS 提供的示例代码进行开发,就可以省略以上的一个甚至大多数步骤,因为 ArcGIS 提供的示例代码已经做了大量的工作,完成了上面的一个或多个步骤。

14.1.5　学习和利用示例程序

如果利用 ArcGIS API for JavaScript 进行开发,开发者会经常使用 ArcGIS API for JavaScript 的官方网站①。这里有 API 的介绍、API 参考目录、示例代码以及在 GeoNet② 网站上专门针对 JavaScript API 的论坛。在论坛里,大家可以分享开发经验,与其他的 ArcGIS 开发者交流和协作。

学习 ArcGIS API for JavaScript 最快捷和简单的方法就是访问 JavaScript API 在沙盒环境下的示例代码。单击示例的"Explore in the sandbox"链接进入沙盒环境。沙盒环境使用非常方便,不需要在浏览器上或本地安装任何软件或插件。可以在沙盒中修改左半侧窗口中的示例代码,单击 Refresh 按钮,就可以在右侧窗口中看到修改后代码的运行效果(图 14.4)。

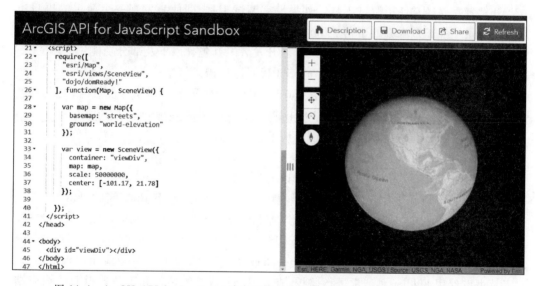

图 14.4　ArcGIS API for JavaScript 沙盒环境允许用户浏览、修改、运行和下载示例程序

通常,基于 JavaScript 示例代码进行开发有下面三个步骤:

（1）替换示例代码中的 Web 服务的 URL,或修改 Web 地图或场景的 ID。

（2）用新的服务或者图层中的属性字段名称和值替换示例代码中原来的属性字段名称和值。

---

① http://developers.arcgis.com/javascript

② geonet.esri.com

（3）替换相关的符号渲染方式。这里通常会涉及要素图层或者图形图层。例如，在一个示例代码中使用了线符号高亮显示了一些线要素，可是新的需求是高亮一些点符号，那么就必须将符号渲染方式更改为用点符号渲染点要素。

混合使用多个示例代码比单独使用一个示例代码复杂一些，不过通常情况下单一的示例代码不能完全满足实际需求，所以混合多个示例代码的情况在开发过程中更常见。在混合过程中，需要加载每个示例代码中依赖的模块，以保证混合以后的代码可以正常运行。在混合示例代码时，如果不同来源的示例代码比较长，可以将不同的示例代码封装到不同的“function”或者“class”中，这样可以避免把多个示例代码混合在一起所造成的代码冲突的可能性，同时这也让代码更容易维护。

14.1.6　集成开发环境、代码调试和应用部署

开发过程中不可避免地会出现拼写错误或其他错误，正因为如此，开发者通常都会选择一款自己喜欢的集成开发环境（IDE），如 WebStorm、Atom、Sublime 和 Visual Studio 等。这些 IDE 提供智能提示功能，让开发更加快捷方便，还能根据不同的情况，辅助开发者完成一部分未完成的代码，进而减少开发者犯错的概率。

开发者需要经常使用调试工具。如果没有调试工具，即使是发现一个简单的拼写错误有时也是一件非常艰难的事情。Chrome、Firefox 的插件 Firebug、Safari 以及 IE（版本 10 以上）浏览器都提供了较好的开发者工具。开发者工具包含以下及部分功能：

- 在控制台（console）中显示 JavaScript 代码运行错误信息；
- 允许开发者在代码中设置断点（breakpoint），当代码运行到断点位置时，开发者可以查看这一时刻的变量值或 DOM 的状态，方便调试 JavaScript 代码；
- 监控代码运行过程中的所有网络请求，可以通过分析网络请求耗费时间来提升代码执行效率；
- 观察 HTML 元素并可以实时的修改元素的样式。

除了使用浏览器开发者工具，还可以使用 Fiddler 辅助 JavaScript 开发。Fiddler 是一个通用的获取网络通信请求的工具，它可以捕获对服务器的请求以及解析服务器的响应。由于 ArcGIS API for JavaScript 是基于 ArcGIS REST API 开发的，所以在与 ArcGIS Online 或 ArcGIS Enterprise 进行通信时都会提交一条或多条 REST 请求。如果应用出现错误，开发者就可以使用 Fiddler 对请求进行监控，查看 REST 请求的参数和服务器返回的响应结果，以保证通信部分的正确性（图 14.5）。不过这种调试方式的缺点是只能监控通信中的问题，无法监控到 JavaScript 脚本中的语法错误或者使用错误。

如果发现监控到的请求是有错误的，还可以通过 Fiddler 自定义 HTTP 请求，只要按照 REST API 的格式拼写请求参数，就可以测试出正确的参数和请求方式，相应地修改 JavaScript 脚本即可（图 14.6）。

在使用 ArcGIS API for JavaScript 进行应用开发的过程中，或者应用开发完毕需要发布时，都需要将应用部署到 Web 服务器中。可以使用 IIS、Tomcat、Glass Fish、node.js 或其他 Web 应用服务器，把应用部署到 Web 服务器的根目录或虚拟目录下。假设需要把一

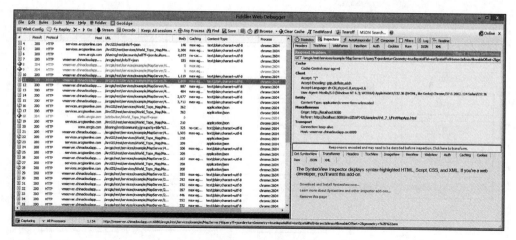

图 14.5　Fiddler 监控界面

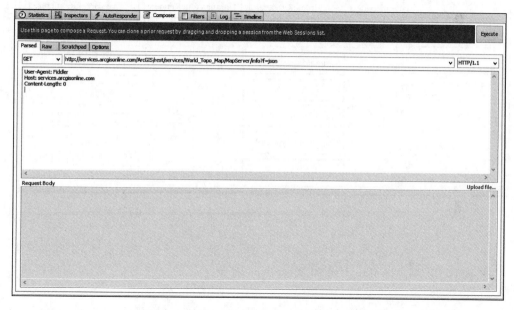

图 14.6　Fiddler 中自定义 HTTP 请求工具界面

个 ArcGIS API for JavaScript 的示例部署到 IIS 中,首先需要在该示例的沙盒环境下单击 Download 按钮,下载该示例的代码文件。然后在 IIS 的根目录(c:\inetpub\wwwroot)下创建一个子目录,把下载的文件复制到该子目录中即可。可以通过"http://机器名/子目录名/文件名"来查看所部署的页面效果。

14.1.7　ArcGIS API for JavaScript 中的重要类

ArcGIS API for JavaScript 提供了大量可以直接使用的类,下面介绍最常用的类(图 14.7)。

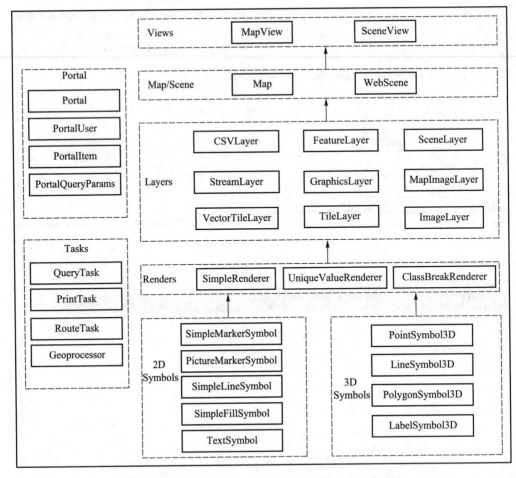

图 14.7 ArcGIS API for JavaScript 中主要的类及其关系

- Views：包含 MapView 和 SceneView 类，分别用来显示二维地图和三维场景。View 提供了与 Map 对象和 WebScene 对象之间的交互功能，并为用户提供操作界面。

- Map：用来管理图层信息，可以在地图中动态添加或删除图层。Map 类还可以加载 Web 地图中的内容。

- WebScene：用来管理三维场景中的图层，也可以实现动态添加或删除图层。WebScene 类可以加载一个已有的 Web 场景中的内容。

- Layers：图层是 2D 地图和 3D 场景中的功能单元。Layer 类包含很多个子类来表示不同类型的图层，如要素图层（FeatureLayer）、图形图层（GraphicsLayer）、动态地图图层（MapImageLayer）、影像图层（ImageLayer）、切片图层（TileLayer）、矢量切片图层（VectorTileLayer）、流图层（StreamLayer）和三维场景图层（SceneLayer）。

- Renders：包含图层的制图信息。这个类包含多个子类，如简单渲染器（SimpleRenderer）、分段渲染器（ClassBreakRenderer）和单值渲染器（UniqueValueRenderer）等。

- Symbols：定义点、线、面和文字的二维符号信息。它包含多个子类，如简单点符号（SimpleMarkerSymbol）、简单线符号（SimpleLineSymbol）和简单面符号（SimpleFill-Symbol）等。

- 3D Symbols：显示点、线、面和文字的三维符号信息。它包含多个子类，如三维图标符号（IconSymbol3DLayer）、三维线符号（LineSymbol3DLayer）和三维拉伸符号（ExtrudeSymbol3DLayer）等。

- Task：任务类。它包含多个子类，如查询任务（QueryTask）、空间处理任务（Geoprocessor）和导航任务（RouteTask）等。这些子类可以实现对一个图层或一个地图服务中多个图层进行属性查询或空间查询、进行空间处理或优化导航路线等功能。

- Portal：为基于 ArcGIS Online 或 Portal for ArcGIS 建立应用提供开发功能。使用 Portal 类可以加载 ArcGIS Online 或 Portal for ArcGIS 中的所有二维或三维地图，而这些地图在发布到 ArcGIS Online 或 Portal for ArcGIS 上的时候就已经定义好了渲染器以及弹出框内容的信息，使用非常方便。

ArcGIS API for JavaScript 中的每个类通常都拥有多个属性、方法和事件。

- 属性：在 MapView 类中，包含 extent、center、rotation、scale、zoom 等属性，可以通过"对象名.属性名"来操作对象的属性值。例如，可以通过 mapView.zoom 来获取或设置地图视图的缩放级别。

- 方法：方法是一个类可以实现的动作或功能。可以通过"对象名.方法名（参数）"的方式调用或者执行方法。例如：可以通过 map.add（layer）来调用地图对象的"add"方法，向地图对象中加入一个图层。

- 事件：事件发生在应用中的元素上，例如，某一个对象已经加载完毕了，会触发该对象的 ready 事件，还有类似的 started、changed、completed、moved 和 displayed 事件等。此外，在应用运行过程中发生了错误也是一个事件。当这些事件发生时，可以定义和触发想要完成的功能。

如果要监控一个对象的属性发生变化的事件，可以使用".watch（property，callback）"方法。例如，要监控地图视图的可视化范围发生变化的事件，可以通过下面的代码来实现：

```
mapView.watch("extent",function(response){
  console.log("the response object is the new extent");
});
```

如果要处理一个任务（task）类的结果，可以使用"promise"。在 ArcGIS API for JavaScript 中，promise 扮演了非常重要的角色。实际上，promise 就是一个在任务执行结束后管理和处理结果返回值的机制。Promise 通常使用".then（callback，errback）"方法，例如，下面这段代码可以实现对查询任务（queryTask）返回结果的处理：

```
queryTask.execute(parameters).then(
        function getResults(queryResult)||,
        function getErrors(err)()
|);
```

Web GIS 应用中通常需要有图层。可以通过两种方式来加入图层：

- 通过 Web 地图或 Web 场景加载图层：Web 地图或 Web 场景中已经包含了图层以及它们的渲染信息和弹出框配置，因而这种方法简单快捷，也是本书推荐的方法。在一个 Web 地图中的操作图层可以通过 webmap.layers 得到，其中第一个操作图层是 webmap.layers[0]。如果该图层是个要素图层，那么其 URL 是 webmap.layers.items[1].url + "/" + webmap.layers.items[1].layerId。类似也可以在一个 Web 场景中取得其各个图层和它们的 URL，这便于对其中的单个图层进行控制和查询等操作。

- 手工添加图层：这种方式开发者必须指定要加入的图层的类型。在选择图层类型时，要考虑不同图层的不同特征和具体需要。例如，要向地图中加入一个要素服务，那就要使用 FeatureLayer 类；要读取矢量切片，就使用 VectorTileLayer；要通过 HTML5 的 WebSocket 技术读取数据流，就使用 StreamLayer 类，诸如此类。又例如，对一个动态地图服务，有两个选择，通过 MapImageryLayer 类把它加入地图，或使用 FeatureLayer 类把图层逐个加入地图。具体使用哪个类取决于项目的需求，不过开发者要理解两种图层的原理。MapImageryLayer 是服务器端向客户端返回地图图片，客户端将图片显示到地图中。FeatureLayer 则是服务器端向客户端返回矢量数据，客户端根据这些坐标和属性来绘制地图。

14.1.8　微件及其使用

微件（Widget），是一些包装了一些功能并具有一些界面的组件。开发者可以像搭积木一样利用这些组件来构建应用。ArcGIS API for JavaScript 提供了多个微件，如底图库、图例、图层列表和搜索等。将一个微件加入 Web 应用通常包含以下几个步骤（图 14.8）：

（1）加载该组件的模块。例如，图例组件对应的模块是 esri/widgets/Legend。

（2）创建一个微件，定义其属性。例如，该微件所关联的视图、地图、图层或属性字段。

（3）把该微件加入视图界面，指定其位置。

图 14.8　使用 ArcGIS API for JavaScript 的步骤

　　需要注意的是,ArcGIS API for JavaScript 中提供的微件与 ArcGIS Web App Builder 中的微件基于不同的框架基础,有很大的差别,前者可以在后者中直接调用,而后者在前者中不可直接调用。

14.2　实习教程:利用 ArcGIS API for JavaScript 开发 Web 应用

　　本教程将创建一个同时在二维和三维视图上显示地震和地壳板块边界的应用。在这个应用中实现了二三维联动功能,当用户在二维地图中进行平移缩放和旋转操作时,三维地图也会相应联动。然后,进一步在这个二维三维联动应用中添加属性查询功能,能够在二维和三维视图中同时显示结果。最后,将为二维和三维视图添加图例微件。

　　数据来源:

　　教程中已经提供了几个要素图层、一个 Web 地图和一个 Web 场景。

　　系统要求:

　　(1) Chrome 浏览器:用它来访问开发的应用和学习 JavaScript 调试。Chrome 支持通过 file://URL 地址来访问 HTML 页面。本教程要求 Chrome 必须支持 WebGL,否则无法显示 3D 场景。可参见 ArcGIS 场景查看器系统需求页面的更多细节(http://arcg.is/2yqPhoD)。

　　(2) Notepad++或其他 JavaScript 开发环境。Notepad++是一个纯文本编辑器,同时它也是一个简单的 JavaScript 开发环境。在 Notepad++中阅读 JavaScript 代码远比在 Notepad 中容易得多。可以在网址 http://www.notepad-plus-plus.org 下载 Notepad++。

　　(3) 要能访问 ArcGIS Online 发布的底图、图层和三维场景服务。这些内容在 ArcGIS Online 上都是向公众开放的,所以读者并不需要为了完成本教程专门申请一个用户。

14.2.1　二维视图和三维视图入门基础

　　(1) 打开 ArcGIS API for JavaScript 官方网站[①],在打开的页面上进入 Sample code 页面,单击 Get Started,可看到一些初级示例链接(图 14.9)。

　　(2) 单击"Get started with MapView-Create a 2D map"。

　　(3) 逐步阅读整个介绍,并按照说明理解开发一个 JavaScript 应用的步骤。注意:不必完全理解每一行代码。

---

　　① https://developers.arcgis.com/javascript

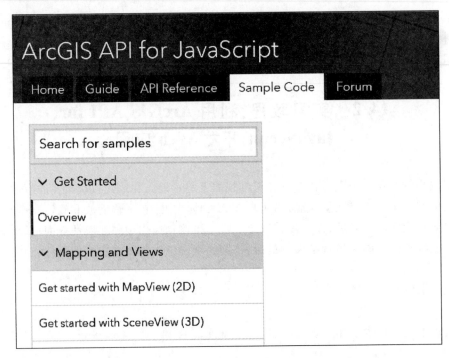

图 14.9　ArcGIS API for JavaScript 的初级示例链接

（4）单击"Explore in the sandbox"按钮，进入开发沙盒环境。

（5）在页面的左半部，阅读源代码；在右半部，操作应用。

（6）单击两次浏览器后退键，返回到"Sample"示例代码页面。

（7）单击"Get started with SceneView,–Create a 3D map"，并且重复步骤（2）~（4）。

14.2.2　通过 Web 地图和 Web 场景加载图层

Web 地图和 Web 场景已经包含了图层和图层的诸多配置，如风格、弹出窗口、过滤器、标注和刷新频率。通过它们来加载和配置图层比在 JavaScript 中加载和配置图层更方便和简洁。

（1）在浏览器中打开 http://t.cn/RmEgohk，或在 ArcGIS API for JavaScript 网站中查询"Load webmap"并单击查询结果中的"Load a basic WebMap"链接（图 14.10）。

（2）单击"Explorer in the sandbox"，本示例将在沙盒环境中打开。

（3）浏览本示例源程序，理解其如下重点：

- 加载了"esri/views/MapView"和"esri/WebMap"；
- 根据一个 Web 地图的 ID 创建了一个 Web 地图对象；
- 把这个地图对象显示在 MapView 中。

（4）把"portalItem"的 ID 修改为"08656515afaf4d0587d4f99b9909ddfc"（可以从 C:\WebGISData\Chapter14\webmap–basic_key.html 中复制此 ID）。单击 Refresh 按钮。

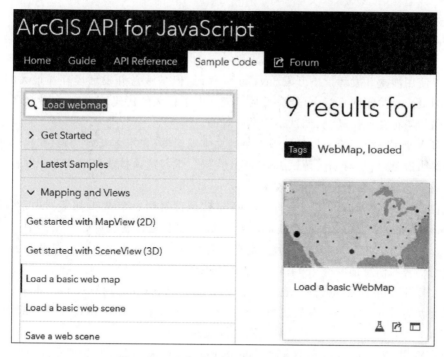

图 14.10 查询有关加载 Web 地图的示例

(5)注意右面的窗口显示了一个二维地图,具有地震点和大陆板块边界两个操作图层。单击地震和板块边界可以看到 Web 地图中配置的弹出窗口。

(6)单击浏览器上一页按钮回到 JavaScript 示例页面,查询"Load webscene"并单击查询结果中的"Load a basic web scene"链接,或直接在浏览器中打开 http://t.cn/RmEeaDT。

(7)单击"Explorer in the sandbox",本示例将在沙盒环境中打开。

(8)浏览本示例源程序,理解其如下重点:

- 加载了"esri/views/SceneView"和"esri/WebScene";
- 根据一个 Web 场景的 ID 创建了一个 Web 场景对象;
- 把这个场景对象显示在 SceneView 中。

(9)把"portalItem"的 ID 修改为"ae2631226f9b4883942a1d2423e29772"(可以从 C:\WebGISData\Chapter14\webscene-basic_key.html 中复制此 ID)。单击 Refresh 按钮。

(10)注意右面的窗口显示了一个三维场景,具有地震点和大陆板块边界两个操作图层。单击地震和板块边界可以看到 Web 场景中配置的弹出窗口。

本节两个简短的实例展示了通过 Web 地图和 Web 场景来加载图层是非常简单的。如果不采用这种方法,而是在程序中自己加入图层,并配置符号和弹出窗口的话,这两个实例程序将长很多。

14.2.3   调试 JavaScript

可以使用沙盒开发环境下开发 JavaScript 代码,但是沙盒开发环境存在很大的限制,当刷新网页或者关闭网页时,可能会丢失已经开发了很久的代码。此外,在沙盒环境下开发的代码如果存在任何问题,调试是非常困难的。

本节将使用一个集成开发环境或一个纯文本编辑器,在本地开发代码,在代码中写入一个内部错误,然后学习如何调试 JavaScript 代码。学习这项技能可以帮助开发者在开发应用时减少挫败感,大大提高开发效率。

注意:通常开发者应该将开发的 JavaScript 代码部署到一个 Web 服务器中,然后打开浏览器,输入 http 或 https 的 URL 地址访问开发的应用,这样就可以在浏览器中开始调试代码了。为了简单起见,本节中的示例是直接对本地的代码进行调试。如果要了解更多关于代码部署的信息请参考第 14.3 节常见问题解答。

(1)打开 Chrome 浏览,输入地址“C:\WebGISData\Chapter14\webmap_debug.html”,进入网页就能看到一个上一节创建的二维地图。下面将在代码中制造一个内部错误,并利用 Chrome 浏览器的开发者工具对代码进行调试。

(2)打开 Notepad++ 或者其他 JavaScript 代码编辑器,打开“C:\WebGISData\Chapter14\webmap_debug.html”。

(3)将代码中的“new WebMap”的大写“W”改为小写“w”,即“new webMap”,保存代码。

(4)在 Chrome 浏览器中刷新页面,原来的地图已经显示不出来了。

下面我们利用 Chrome 浏览器来查看代码哪里发生了错误。

(5)在浏览器中,单击选项(Options)按钮然后单击更多工具(More tools),然后选择开发者工具(Developer tools),打开开发者工具界面。也可以按 F12 快捷键打开开发者工具界面(图 14.11)。

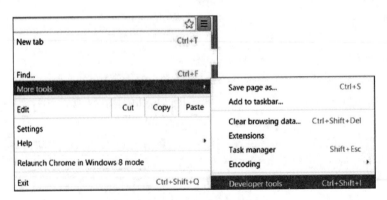

图 14.11   打开开发者工具

(6)在开发者工具窗口中,单击顶部菜单中的控制台(Console)菜单。注意控制台中的错误信息,错误信息中包含了错误发生在哪个文件的哪行代码的信息(图 14.12)。如果没有看到错误信息,可能是因为浏览器读取了页面的缓存信息造成读取的代码不是最新的,需要再刷新一下页面。

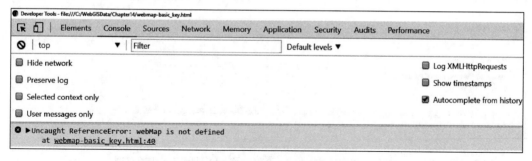

图 14.12 在控制台中查看错误信息

（7）单击包含错误代码行数的错误信息提示,开发者工具将自动跳转到源代码（Sources）菜单中,打开发生错误的文件,跳转到错误代码的行数,并提示错误的位置。

（8）在 Notepad++中定位到浏览器中提示的错误代码位置,将"new webMap"改回到"new WebMap",保存代码。

（9）在 Chrome 中刷新页面,地图又可以正常显示了。

下面将学习如何设置断点。

（10）单击顶部菜单中的源程序（Sources）菜单,单击左侧文件树中的"webmap_debug.html",单击第 55 行的行号。第 55 行出现一个蓝色的标记,这表示在该行已经设置了一个断点（图 14.13）。

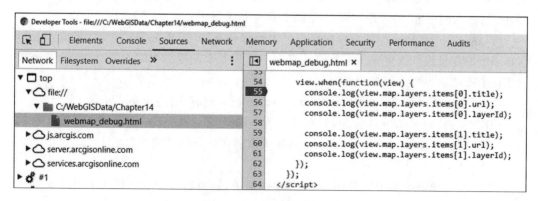

图 14.13 设置断点

（11）在 Chrome 浏览器中刷新页面,注意源程序执行至断点处停止继续执行,原来的地图已经显示不出来了。

（12）在开发者工具窗口中,单击顶部菜单中的控制台（Console）菜单。在其中键入"view.map.layers.items[0].title",键入回车键,将看到"Tectonic_Plates"（图 14.14）。这表明当一个视图加载完毕后,其地图属性中存有其 Web 地图的信息。其地图的图层中存有其所有操作图层,其中第 1 号图层是大陆板块边界图层。

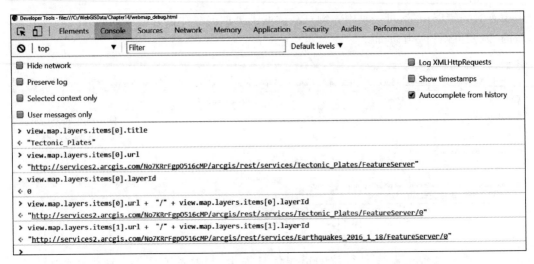

图 14.14　在断点状态下查看 Web 地图中图层的 URL 等其他变量值

　　(13) 在 Console 中键入"view.map.layers.items[0].url",键入回车键,将看到大陆板块边界图层图层的要素服务的 URL。

　　(14) 在 Console 中键入"view.map.layers.items[0].layerId",键入回车键,将看到"0",这是该图层在该要素服务中的图层序号。

　　(15) 在 Console 中键入"view.map.layers.items[0].url+"/"+view.map.layers.items[0].layerId",键入回车键,将看到大陆板块边界图层的 URL 包括其图层序号。

　　(16) 在 Console 中键入"view.map.layers.items[1].url+"/"+view.map.layers.items[1].layerId",键入回车键,将看地震图层的 URL 包括其图层序号。

　　可以看出,当代码运行到设置的断点处时会保持现场,停下来等待调试,可以查看当前状态下的变量值。这里介绍了如何从视图中找到要素图层的 URL。第 14.2.5 节中将利用这个方法取得要素图层的 URL。

　　(17) 单击顶部菜单中的源程序(Sources)菜单,看到有几行 console.log 代码。

　　(18) 单击"webmap_debug.html"左侧第 55 行的行号。

　　第 55 行的蓝色标记消失了,这表示清除了以前在该行设置的断点。

　　(19) 按 F8 键,让程序继续运行。

　　(20) 单击顶部菜单中的控制台(Console)菜单,注意窗口中显示的 console.log 展示的结果(图 14.15)。

Tectonic_Plates	webmap_debug.html:55
http://services2.arcgis.com/No7KRrFgpO516cMP/arcgis/rest/services/Tectonic_Plates/FeatureServer	webmap_debug.html:56
0	webmap_debug.html:57
Earthquakes_2016_1_18	webmap_debug.html:59
http://services2.arcgis.com/No7KRrFgpO516cMP/arcgis/rest/services/Earthquakes_2016_1_18/FeatureServer	webmap_debug.html:60
0	webmap_debug.html:61

图 14.15　通过 console.log 来显示 web map 中图层的 URL 等其他变量值

本示例这里展示开发者可以在开发阶段用 console.log 来在控制台中显示某状态下的变量值。但是注意不要过多使用 console.log,否则它将影响应用的性能。

本节介绍了通过浏览器开发者工具发现应用中的错误代码,并对错误代码进行纠正的方法,然后学习了如何在源代码中设置断点和查看程序运行到断点时的变量值。浏览器开发者还提供了很多其他的 JavaScript 调试功能,例如,可以查看 HTML 页面中元素的状态和 CSS,可以直接在浏览器中修改代码,查看修改后的运行结果,还可以通过浏览器的网络(Network)查看客户端和服务器端之间的通信情况。学习使用这些工具将有助于快速地定位错误和修正错误。

14.2.4 二三维视图联动

在本节,将把一个二维地图和一个三维场景视图关联起来,三维视图随二维视图的缩放平移和转动。在以下步骤中,如果你有问题,可以打开并参考"C:\WebGISData\Chapter14\2d3d_Views_linked_key.html"文件。

(1) 在 Chrome 浏览器中打开"C:\WebGISData\Chapter14\2d3d_Views.html"。可以看到,这个应用中分别用二维地图和三维场景展示了同一份数据,这两个视图之间是相互独立的。

(2) 用 Notepad++或其他编辑器打开"C:\WebGISData\Chapter14\2d3d_Views.html"文件。

为了将二维地图和三维场景进行关联,需要在"create_2dView"方法中去操作三维场景对象。不过之前的代码中,三维场景对象"view"只是一个局部变量,因此在"create_2dView"方法中是无法进行操作的。要实现二三维一体化,就得把三维场景"view"对象修改成一个全局变量。

(3) 在代码中的 create_2dView 方法之前加入以下一行代码:

```
var view_2d,view_3d;
```

这行代码将二维地图对象和三维场景对象都声明为全局变量。

(4) 修改代码中的二维地图对象和三维场景对象的声明语句。将以下代码:

```
var view = new MapView({
```

修改为

```
view_2d = new MapView({
```

删除原来语句中的"var"并将变量名字修改为"view_2d",这样二维地图对象就是在用上面声明过的那个全局变量了。

(5) 同样处理三维场景对象,将以下代码:

```
var view = new SceneView({
```

修改为

```
view_3d = new SceneView({
```

（6）在 create_2dView 方法中加入下面加重显示的代码：

```
        map: webmap,
        container: "viewDiv_2d"
});
view_2d.when(function(){
    view_2d.watch("extent", function(response){
        if (response){
                view_3d.center = response.center;
        }
    });
});
```

代码中"view_2d.when"的含意是当二维地图对象"view_2d"已经加载完毕以后，事件将被触发，括号中的方法将被执行。代码"view_2d.watch（"extent"，function（response）"中的"view_2d.watch"的含意是当二维地图 view_2d 对象的显示范围发生变化时，事件将被触发，括号中的方法将被执行。在"response"中还记录了地图范围发生变化后的新的范围值。代码"view_3d.center＝response.center；"的含意是将二维地图的新的中心点设置给三维场景成为其中心点。

（7）在 Notepad++中保存代码，在 Chrome 浏览器中刷新页面，平移二维地图，观察三维场景的变化。

下面将同步三维场景和二维地图之间的比例尺。

（8）增加下面加粗显示的代码：

```
view_2d.when(function() {
    view_2d.watch("extent", function(response){
        if (response){
                view_3d.center = response.center;
        }
    });
    view_2d.watch("scale", function(response){
        if (response){
                view_3d.scale = response;
        }
    });
});
```

新加入的代码将检查二维地图的比例尺,当比例尺发生变化时,代码会自动将二维地图的比例尺设置给三维场景的比例尺。

(9) 在 Notepad++中保存代码,在 Chrome 浏览器中刷新页面,在二维地图中缩放地图,观察三维场景中发生的变化。

三维场景并没有一个固定的比例尺,上面的比例尺实际上只是其中心的比例尺。因为三维场景的相机位置和倾斜角度,你可能会注意到其显示的可视区域与二维地图的范围不尽相同。

下面,你将通过代码来实现当二维地图进行旋转时二维地图和三维场景的同步。

(10) 在 Notepad++中编辑"2d3d_Views.html"文件,增加下面加粗显示的代码。

```
view_2d.watch("scale", function(response){
    if (response){
        view_3d.scale = response;
    }
});
view_2d.watch("rotation", function(response){
    if (response){
      view_3d.goTo({
                heading: 0 - response
      });
    }
});
```

新增的代码实现了对二维地图旋转操作的监控,当地图的旋转角度发生变化时,新加入的代码将对三维场景进行操作,把三维场景的相机方向设置为与二维地图相同的方向。在三维场景下,方向是相机的一个属性,二维地图中旋转的角度和三维场景中相机的旋转角度正好是相反的,所以在代码中三维场景的旋转角度是"0-response",以保持二维和三维旋转相同的角度。

(11) 在 Notepad++中保存代码。在 Chrome 浏览器中刷新页面,在二维地图中用右键拖拽来旋转地图,并观察三维场景的变化。

在本节中,通过监控二维地图的显示范围、比例尺以及旋转角度等属性的变化,同步设置三维场景的中心点、比例尺和旋转角度等属性,实现了二三维一体化(图14.16)。

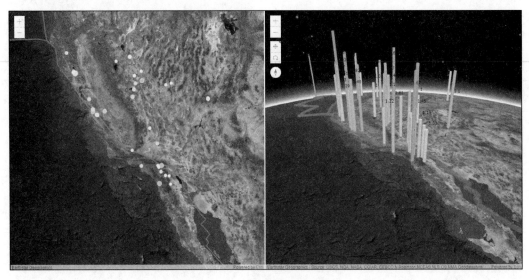

图 14.16　二维三维地图联动

14.2.5　使用 QueryTask 进行要素查询

在 GIS 应用中有大量的基于属性或空间的查询需求,以便用户准确地了解所关心的 GIS 对象的分布以及详细信息。在本节中,将创建一个应用,允许用户填写和选择页面的查询条件,查询到符合条件的要素并在二维和三维场景中显示出来。在以下步骤中,如果有问题,可以打开并参考本节最终的源代码"C:\WebGISData\Chapter14\2d3d_ Query_key.html"。

(1) 用 Notepad++打开"C:\WebGISData\Chapter14\2d3d_Query.html"文件。

这就是上节所开发的文件,它实现了二维地图和三维场景的同步。下面将修改它,对地震图层进行查询并显示查询结果。

(2) 在"body"部分添加下面加粗显示的代码行。

```
<body>
<div id="viewDiv_2d"></div>
<div id="viewDiv_3d"></div>
<div id="optionsDiv">
    震级
    <select id="signSelect">
        <option value=">">大于</option>
        <option value="<">小于</option>
        <option value="=">等于</option>
    </select>
```

```html
        <input id = "valSelect" value = "3" />
        <br>
        <br>
        <button id = "doBtn">查询</button>
        <br>
        <p><span id = "printResults"></span></p>
    </div>
</body>
```

这些代码在页面中添加了几个元素，包括震级比较符选项、震级输入框、查询按钮和查询结果显示区。震级输入框的缺省值是 3 级。

（3）在"style"部分添加下面加粗显示的代码行。

```css
#optionsDiv {
    background-color: dimgray;
    color: white;
    z-index: 23;
    position: absolute;
    top: 0px;
    right: 0px;
    padding: 20px 0px 0px 10px;
    border-bottom-left-radius: 5px;
    max-width: 350px;
}
</style>
```

这些代码将把查询输入界面显示在屏幕的右上方，并指定了其颜色等风格。

（4）在"require"中加入如下加粗显示的代码。

```javascript
require([
    "esri/views/MapView",
    "esri/views/SceneView",
    "esri/WebMap",
    "esri/WebScene",
    "esri/layers/FeatureLayer",
    "esri/layers/GraphicsLayer",
    "esri/symbols/SimpleMarkerSymbol",
    "esri/symbols/PointSymbol3D",
    "esri/symbols/ObjectSymbol3DLayer",
```

```
    "esri/tasks/QueryTask",
    "esri/tasks/support/Query",
    "dojo/dom",
    "dojo/on",
    "dojo/_base/array",
    "dojo/domReady!"
    ],
    function(
    MapView, SceneView, WebMap, WebScene, FeatureLayer, Graphics
Layer, SimpleMarkerSymbol, PointSymbol3D, ObjectSymbol3DLayer,
QueryTask, Query, dom, on, arrayUtils
    ) {
```

一般来说,开发者是逐步添加所需要的模块。为了简化本教程,这里一次性加入这些代码,以加载本节下面所需要的所有模块。

- "esri/layers/FeatureLayer":将用于创建要查询的地震要素图层。
- "esri/layers/GraphicsLayer":将用于显示查询结果。
- "esri/symbols/SimpleMarkerSymbol":将用于创建二维地图中地震查询结果的符号。
- "esri/symbols/PointSymbol3D"和"esri/symbols/ObjectSymbol3DLayer":将用于创建三维场景中地震查询结果的三维符号。
- "esri/tasks/QueryTask"和"esri/tasks/support/Query":将用于创建查询任务和查询条件。
- "dojo/dom":将用于找到执行查询按钮。
- "dojo/on":将用于为执行查询按钮绑定事件监听。
- "dojo/_base/array":提供将用于对查询结果的循环处理。

(5)然后添加下面加粗显示的代码。这些代码创建了两个"Graphics"图层,以便分别在二维地图和三维场景中显示查询的结果。

```
    var view_2d, view_3d;

    var results2DLyr = new GraphicsLayer();
    var results3DLyr = new GraphicsLayer();
```

下面将把这两个图层分别添加到二维地图和三维场景中。

(6)在 create_2dView 方法中增加下面加粗显示的代码行。

```
    view_2d.when(function() {
        webmap.add(results2DLyr);
```

（7）在 create_3dView 方法中增加下面加粗显示的代码行。

```
        container: "viewDiv_3d"
    });
    scene.add(results3DLyr);
}
```

（8）加入下面加粗显示的代码。这行代码为查询按钮绑定了查询事件。用户单击查询按钮时,程序将执行 query_2d3d 方法。

```
create_3dView();

on(dom.byId("doBtn"),"click", query_2d3d);
```

（9）加入如下加粗显示代码来创建 query_2d3d 查询方法。

```
        scene.add(results3DLyr);
}


function query_2d3d(){
        var featureLayerUrl = view_2d.map.layers.items[1].url +
"/" + view_2d.map.layers.items[1].layerId;

        var qTask = new QueryTask({
          url: featureLayerUrl
    });
        var params = new Query({
        returnGeometry: true,
        outFields: ["*"]
        });

            var expressionSign = dom.byId("signSelect");
        var value = dom.byId("valSelect");

        params.where = "mag" + expressionSign.value + value.value;

    qTask.execute(params)
    .then(getResults)
    .otherwise(promiseRejected);
}
```

　　这些代码首先找到了"webmap"中第二个图层,即地震要素图层的 URL,并定义了一个指向地震图层的查询任务,然后设置了查询参数,其中,returnGeometry 属性为 true,表示查询需要返回地震的空间几何信息;outFields 为["＊"],表示返回图层包含的所有属性字段。随后,根据用户输入的地震级别来拼接成查询参数的查询条件。最后,执行查询任务。"qTask.excute"方法执行后,接受两个函数作为回调,一个是查询成功返回结果的回调函数,本代码指定了"getResults"方法,还有一个是当查询出现了错误时返回错误信息的回调函数,本代码指定了"promiseRejected"方法。

　　(10)加入如下加粗显示代码来创建 getResults 方法和 promiseRejected 方法。

```
        .otherwise(promiseRejected);
    }

    function getResults(response) {
        //print the number of results returned to the user
        dom.byId("printResults").innerHTML = response.features.
length +
        " results found!";

        displayResultsIn2D(response);
        displayResultsIn3D(response);
    }

    function promiseRejected(err) {
        console.error("Query failed: ", err.message);
    }
```

　　getResults 方法的代码将先在界面上显示所查询到的要素的数量,然后分别调用在二维地图和三维场景中展示查询结果的方法。promiseRejected 方法将在浏览器的控制台中显示查询出错的原因。

　　(11)在 JavaScript 加入如下加粗显示的代码。

```
    function promiseRejected(err) {
        console.error("Query failed: ", err.message);
    }

    function displayResultsIn2D(response) {
        results2DLyr.removeAll();

    var featureResults2D = arrayUtils.map(response.features,
```

```
    function(feature) {
        feature.symbol = new SimpleMarkerSymbol({
                style: "circle",
                color: "yellow",
                size: "8px",
                outline: {
                  color: [ 255, 255, 0 ],
                  width: 6
                }
            });
        return feature;
});


results2DLyr.addMany(featureResults2D);
 //animate to the results after they are added to the map
 view_2d.goTo(featureResults2D);
 }
```

这些代码首先清除了二维地图的图形图层中以前增加的图形,保证图层中没有遗留的信息。然后循环处理查询结果中的每一个地震,将其符号设置为简单的黄色圆点。循环结束后利用"results2DLyr.addMany"把这些地震一起加到二维地图的图形图层中。最后利用"view_2d.goTo"把二维视图定位到一个合适的范围,可以看到所有的查询结果。

（12）在 JavaScript 加入如下加粗显示的代码。

```
        view_2d.goTo(featureResults2D);
    }


   function displayResultsIn3D(response) {
        results3DLyr.removeAll();
     var featureResults3D = arrayUtils.map ( response.features,
function(feature) {
     var newFeature = feature.clone();
     newFeature.symbol = new PointSymbol3D({
       symbolLayers: [new ObjectSymbol3DLayer({
         material: {
          color: "yellow"
         },
         resource: {
```

```
        primitive: "cone"
      },
      width: 300000,
      height: 1000000
    })]
  });

  return newFeature;
});

results3DLyr.addMany(featureResults3D);
}
```

这些代码首先清除了三维场景的图形图层中以前增加的图形,保证图层中没有遗留的信息。然后循环处理查询结果中的每一个地震,把其符号设置为黄色锥形符号。循环结束后利用"results2DLyr.addMany"把这些地震一起加到二维地图的图形图层中。注意,其中"var newFeature = feature.clone( );"这行代码,它将每个图形进行了深度复制,然后设置它的符号,否则二维和三维设置的符号将会互相产生影响,无法达到分别在二维和三维中使用不同符号的效果。上节中已经实现了二维地图和三维场景的显示范围联动,因此上一步已经设置了二维地图的显示范围,这里就不必再设置三维场景的显示范围了。

(13) 保存代码,然后用 Chrome 浏览器打开"C:\WebGISData\Chapter14\2d3d_Views_linked_query.html"文件,在查询条件中选择大于号,输入震级为 5.5,单击查询按钮,即可看到如图 14.17 所示的查询结果展示效果。

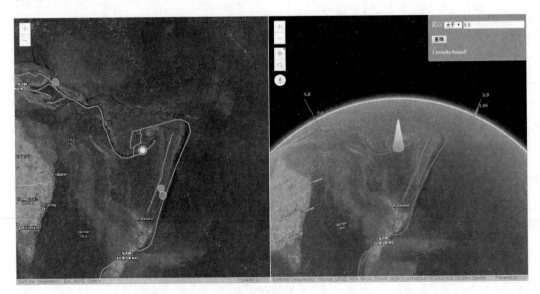

图 14.17　地震查询和结果显示

　　本节介绍了如何取得 Web 地图中单个要素图层的 URL 和对图层进行属性查询这一常用的功能,并展示了如何把查询结果显示在二维地图和三维场景中。

14.2.6　使用微件

　　ArcGIS API for JavaScript 为开发者提供了诸多包装成熟的微件,供开发者直接使用。开发者只需要在自己的代码中结合具体的功能来设置微件的参数,并启动它,就可以将微件提供的功能加入到自己开发的应用中。本节将介绍如何在自己开发的页面中加入图例微件。我们将在上节开发的文件基础上,分别为二维地图和三维场景增加一个针对某个图层的图例微件。

　　(1) 打开 Notepad++,打开"C:\WebGISData\Chapter14\2d3d_Views_linked_query_legend.html"文件。这其实就是上节中我们开发的文件。

　　(2) 在 JavaScript 中添加如下加粗显示的代码,以引入"esri/widgets/Legend"组件。

```
require([
    ……,
    "esri/widgets/Legend",
    "dojo/dom",
    "dojo/on",
    "dojo/_base/array",
    "dojo/domReady!"
    ],
    function(
    ……,Legend, dom, on, arrayUtils
    ) {
        ……
    }
```

　　(3) 在代码 view_2d.when 的 function 中加入以下加重显示的代码。

```
view_2d.when(function() {
    var legend = new Legend({
        id: "legend_2d",
        view: view_2d
    })
    view_2d.ui.add(legend, "bottom-right");
```

　　这些代码创建了一个图例组件,并指定它绑定的视图为"view_2d",然后把该图例组件显示在二维视图的右下角。

（4）在代码中加入以下加粗显示的代码。

```
scene.add(results3DLyr);

view_3d.when(function() {
    var legend3d = new Legend({
        id: "legend_3d",
        view: view_3d
    })
    view_3d.ui.add(legend3d, "bottom-right");
    });
```

这些代码监控三维视图,当其就绪可用时,执行一个"function",该"function"创建一个图例组件,并指定它绑定的视图为"view_3d",然后把该图例组件显示在三维视图的右下角。

（5）保存代码,用 Chrome 浏览器打开"C：\WebGISData\Chapter14\2d3d_Views_linked_ legend.html"文件,将看到二维视图和三维视图都有了图例(图 14.18)。

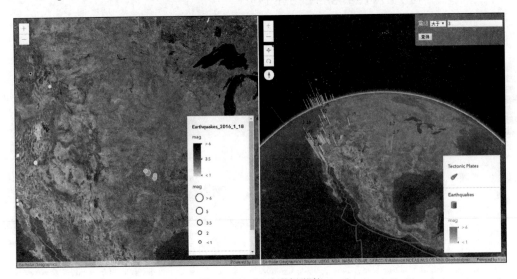

图 14.18　加入图例微件

本教程介绍了如何利用 ArcGIS API for JavaScript 来创建 JavaScript 应用,介绍了如何利用和修改示例代码,如何检查 JavaScript 中的错误信息,如何监控和处理事件、如何显示二维地图和三维场景,如何增加图层,如何使用查询任务以及如何添加组件。尽管本教程创建的这些示例应用比较简单,还可以进行进一步的完善,但它们已经展现了 ArcGIS API for JavaScript 的灵活性和 Web GIS 编程开发的无限潜力。你可以继续学习其他的示例代码,改进本教程中开发的应用,或开发自己的应用项目,把你的创新思维变为实际的产品,推进 Web GIS 的应用和发展。

14.3　常见问题解答

1）如果想根据一个属性的值来拉伸 PolygonSymbol3D 符号，需要该属性字段的最小值和最大值，用于计算三维符号拉伸的高度。应该如何才能取得这两个值？

可以通过访问 ArcGIS REST 服务目录来获得这两个值。首先打开浏览器，打开图层的 URL，然后单击页面底部的"query"链接，或者直接访问如下网址 https：//arcgis. storymaps. esri. com/arcgis/rest/services/SevenBillion/PopulationGrowth ＿ 1960 ＿ 2010/ MapServer/0/query。假设要获得图层里"POP2007"属性的最小值和最大值，那么按照下面的描述进行操作：

- Where 输入项：输入 1 = 1；
- Out Field 输入项：输入 POP2007；
- Return Geometry：选择 False；
- Output Statistics 输入项：输入下面的结构：

```
[
    {
      "statisticType": "min", "onStatisticField": "POP2007", "
outStatisticFieldName": "Min"
    },{
      "statisticType": "max", "onStatisticField": "POP2007", "
outStatisticFieldName": "Max"
    }
]
```

单击 Query（GET）或 Query（POST）执行查询；查看返回记录中的最小值和最大值（图 14.19）。

2）如果修改了 JavaScript 代码并且刷新了浏览器页面，不过页面并没有任何变化，这是什么问题，应该如何解决？

这很可能是由于浏览器的缓存机制造成的。

浏览器会经常将访问的 Web 页面建立缓存，当用户再次访问这个页面时，浏览器可以返回它之前保存的缓存版本，这样可以大大提高访问性能。但是这种缓存会导致浏览器返回一个已经过期版本的网页。

要解决这个问题，可以通过搜索引擎来搜索禁止浏览器缓存的设置方法。

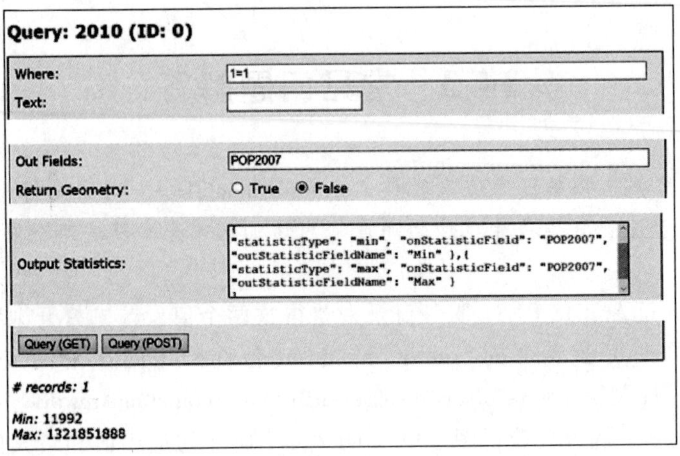

图 14.19　查询图层属性的最小值和最大值

3）在浏览器中使用本地的地址，例如，"file:///C:/WebGISData/Chapter14/2d3d_Views.html"，而不是输入以"http://"开头的页面网址，这样可以查看 Web 页面吗？

有的浏览器如 Chrome，支持以这种方式查看页面，但仅限于那些相对简单的应用。如果要访问的 Web 应用比较复杂，涉及很多页面和 JavaScript 文件，那往往需要通过 HTTP 协议的 URL 来访问它们。

4）将开发的 Web 应用通过 http://localhost/WebGIS/app.html 地址发布给客户后，客户反馈无法访问发布的应用，这是什么原因？

Localhost 是一个相对的地址，它指向当前用户所使用的那台计算机。因此，当你使用这个 URL 访问时，该 URL 是指向你的机器的。可是当你的客户通过这个 URL 访问你的应用时，该 URL 是指向他们的计算机的，可是你开发的应用并没有部署在他们的计算机上。所以，你的客户无法访问到你的应用。

虽然 localhost 对于在你自己的机器上运行应用是非常方便的，可是当你要将你的应用通过 URL 的方式分享出去的时候，则需要将 localhost 修改为正确的主机名。

5）微软的 IIS 是一个非常常用的 Web 服务器，那该如何知道计算机上是否已经安装了 IIS 呢？如果没有，该怎么安装它？

通常可以通过浏览器访问网址 http://localhost 或者"http://计算机名"来测试计算机是否安装了 IIS。如果浏览器可以打开 IIS 的首页页面，那说明机器上已经安装了 IIS 服务器并处于启动状态；否则，请在搜索引擎中搜索相关的主题，包括如何查看 IIS 服务的状态以及如何安装 IIS。

14.4　思　考　题

（1）列举几个服务器端和客户端的 Web GIS 开发语言。

（2）调试 JavaScript 代码有几种方式？

（3）列举 ArcGIS API for JavaScript 的主要类。

（4）基于 ArcGIS API for JavaScript 进行 Web 应用开发包含几个基本步骤？

（5）使用一个微件（Widget）通常包括几个步骤？

（6）如果有足够的开发资金和开发技术，你想开发一个什么样的 Web GIS 产品或应用？简述其功能和价值。

14.5　作业：通过修改 ArcGIS JavaScript 示例来创建 Web 应用

在 ArcGIS API for JavaScript（https://developers.arcgis.com/javascript/）的示例中找一个作为基础，对其进行以下改进来创建一个新的 web 应用。

基本要求：

（1）使用不同的图层（例如，调入不同的 web 地图或场景）；

（2）修改或添加一个 Task（例如，查询不同的图层或使用不同的查询属性）；

（3）添加一个微件。

提交内容：

（1）你所基于的示例的 URL；

（2）你的源代码；

（3）你的应用的截屏：显示主要功能。

参　考　资　料

Esri.2018.ArcGIS API for JavaScript.https://developers.arcgis.com/javascript［2018-4-16］.

Esri.2018.Basics of JavaScript Web Apps.https://www.esri.com/training/catalog/580fc1dea4a46d172b116049/basics-of-javascript-web-apps/［2018-4-16］.

Esri. 2018. GeoNet 论坛——ArcGIS API for JavaScript. https：//geonet. esri. com/community/developers/web-developers/arcgis-api-for-javascript［2018-4-16］.

Gravois J and Arlt P. 2017. JavaScript for Geographers. http：//www. esri. com/videos/watch？ videoid = R2-48jmZH8g&channelid = UC_yE3TatdZKAXvt_TzGJ6mw&title = javascript-for-geographers［2017-4-16］.

W3School. 2018. JavaScript 教程. http：//www. w3school. com. cn/js/［2018-4-16］.

附　录

附录 A　插　图　致　谢

第 1 章

Esri；Esri；Esri；Esri，天地图有限公司；Esri；Esri，天地图有限公司；Esri，天地图有限公司；Esri；Esri；Esri；Esri；Esri；Esri，天地图有限公司；Esri，天地图有限公司；Esri；Esri；Esri；Esri；Esri；Esri；Esri；Esri；Esri，天地图有限公司；Esri；

第 2 章

Esri；Esri；Esri；Esri；Esri；Esri；Esri；Esri；Esri；Esri；Esri；Esri；Esri；Esri；Esri；Esri；Earthstar Geographics；Esri；Esri；Earthstar Geographics；Earthstar Geographics；Esri；Esri；Esri；Esri；Esri；Earthstar Geographics；Esri，CGIAR，USGS｜Esri，ⓒOpenStreetMap contributors，HERE，Garmin，USGS；Esri；Esri；Esri；Earthstar Geographics；Esri ；Earthstar Geographics；Esri ；Esri；Esri，百度百科；Esri；Esri；Esri；Esri；Esri；Esri；

第 3 章

Esri；Esri；Esri；Esri；Esri；Esri；Esri；Esri；Esri；Esri；Esri；Esri；Esri，USGS，NGA，NASA，CGIAR，N Robinson，NCEAS，NLS，OS，NMA，Geodatastyrelsen，Rijkswaterstaat，GSA，Geoland，FEMA，Intermap and the GIS user community｜Esri，OpenStreetMap contributors，HERE，Garmin，USGS；Esri；Esri；Esri；Esri；Esri；Esri；Esri；Esri；Esri；Esri；Esri；Esri；Esri；Esri；Esri；Esri；Esri；Esri；Esri；Esri；Esri；Esri；Esri，Earthstar Geographics，CNES/Airbus DS；Esri；Esri；Esri；Esri；

第 4 章

Esri；Esri；Esri；Esri；Esri；Esri；Esri；Esri；Esri；Esri；Esri，HERE，Garmin，FAO，USGS；Esri；

Esri；Esri；Esri，HERE，Garmin，FAO，NOAA，USGS；Esri，HERE，Garmin，FAO，NOAA，USGS；Esri；Esri；Esri；Esri；Esri；Esri；Esri，USGS；Esri；Esri，USGS；Esri；Esri；Esri；Esri；Esri；Esri；Esri；Esri，DigitalGlobe | Source：USGS，NGA，NASA，CGIAR，GEBCO，N Robinson，NCEAS，NLS，OS，NMA，Geodatastyrelsen and the GIS User Community | This layer contains meshes created with Pix4DMapper；Esri；

第 5 章

Esri；Esri；Esri；Esri，天地图有限公司；Esri；Esri；Esri，天地图有限公司；Esri；Esri；Esri；Esri，天地图有限公司；Esri；Esri；Esri；Esri；Esri；Esri；Esri；Esri，天地图有限公司；Esri，天地图有限公司；Esri；Esri；Esri；Esri；Esri；Esri；Esri；Esri，GEBCO，DeLorme，NaturalVue | Esri，GEBCO，IHO－IOC GEBCO，DeLorme，NGS；Esri；Esri，GEBCO，DeLorme，NaturalVue | Esri，GEBCO，IHO－IOC GEBCO，DeLorme，NGS；Esri；Esri；Esri，天地图有限公司；Esri；Esri；Esri；Esri，天地图有限公司；Esri，天地图有限公司；Esri；

第 6 章

Esri；Esri；Esri；Esri；Esri；Esri；Earthstar Geographics；Esri；Esri；Esri；Esri；Esri；Esri；Esri；Esri；Esri；Esri；Esri；Esri；Esri；Esri；Esri；Esri；Esri；Esri，HERE，Garmin，FAO，NOAA，USGS；Esri；Esri；Esri；Esri；Esri；Esri，HERE，Garmin，FAO，NOAA，USGS

第 7 章

Esri；Esri；Esri；Esri；Esri；Esri；Esri；Esri；Esri；Esri；中国地震；NOAA，National Atlas，NOAA National Climatic Data Center；Esri；Esri；Esri；中国地震网；NOAA，National Atlas，NOAA National Climatic Data Center；Esri；Esri；Esri；Esri；Esri；Esri；Esri；Esri；Esri；Esri；Esri；Esri；Esri；Esri；Esri；Esri；Esri；Esri；Esri；Esri；Esri；Esri；Esri；Esri

第 8 章

Esri；Esri；Esri；Esri；Esri；Esri；Esri；Esri；Esri，黄河下游科学数据中心；Esri；Esri，黄河下游科学数据中心；Esri；Esri；Esri；Esri；Esri；Esri；Esri，黄河下游科学数据中心；Esri；Esri；Esri；Esri，黄河下游科学数据中心；Esri；Esri；Esri，黄河下游科学数据中心；Esri；Esri；Esri；Esri；Esri，黄河下游科学数据中心；Esri；Esri；Esri；Esri；Esri，黄河下游科学数据中心；Esri，黄河下游科学数据中心

第 9 章

Esri；USDA FSA，DigitalGlobe，GeoEye，Microsoft，City of Montreal，Canada，Esri Canada，Esri；
Esri，DeLorme，FAO，NOAA，USGS，EPA，and US Census；Esri；NOAA；City of Venice City Planning Data Portal，Esri，HERE，Garmin，INCREMENT P，USGS ｜ Source：USGS，NGA，NASA，CGIAR，GEBCO，N Robinson，NCEAS，NLS，OS，NMA，Geodatastyrelsen and the GIS User Community；Pix4D，Ascending Technologies，and Esri；Esri；Pictometry International，Microsoft ｜ Source：USGS，NGA，NASA，CGIAR，GEBCO，N Robinson，NCEAS，NLS，OS，NMA，Geodatastyrelsen and the GIS User Community；USDA FSA，Digial Global，GeoEye，Microsoft，CNES/Airbus DS；Esri；Esri；Esri；Esri；Esri；Microsoft ｜ Source：USGS，NGA，NASA，CGIAR，GEBCO，N Robinson，NCEAS，NLS，OS，NMA，Geodatastyrelsen and the GIS User Community；Esri；Esri；Esri；Henan University；Esri；Esri；Esri；Esri；Esri；Esri；Esri；Esri；City of Rancho Cucamonga，Microsoft ｜ Source：USGS，NGA，NASA，CGIAR，GEBCO，N Robinson，NCEAS，NLS，OS，NMA，Geodatastyrelsen and the GIS User Community ｜ City of Rancho Cucamonga，San Bernardino County，Esri，HERE，Garmin，INCREMENT P，USGS，NPS，EPA，US Census Bureau，USDA，Bureau of Land Management；Esri；Esri；Esri；City of Rancho Cucamonga，Microsoft ｜ Source：USGS，NGA，NASA，CGIAR，GEBCO，N Robinson，NCEAS，NLS，OS，NMA，Geodatastyrelsen and the GIS User Community ｜ City of Rancho Cucamonga，San Bernardino County，Esri，HERE，Garmin，INCREMENT P，USGS，NPS，EPA，US Census Bureau，USDA，Bureau of Land Management；Railroads：Courtesy of US Bureau Transportation Statistics；Rivers：Courtesy of ArcWorld；Esri；Esri；Map data OpenStreetMap contributors，CC－BY－SA ｜ Source：USGS，NGA，NASA，CGIAR，GEBCO，N Robinson，NCEAS，NLS，OS，NMA，Geodatastyrelsen and the GIS User Community；Esri；Esri；City of Rancho Cucamonga，Microsoft ｜ Source：USGS，NGA，NASA，CGIAR，GEBCO，N Robinson，NCEAS，NLS，OS，NMA，Geodatastyrelsen and the GIS User Community ｜ City of Rancho Cucamonga，San Bernardino County，Esri，HERE，Garmin，INCREMENT P，USGS，NPS，EPA，US Census Bureau，USDA，Bureau of Land Management；City of Rancho Cucamonga，Microsoft ｜ Source：USGS，NGA，NASA，CGIAR，GEBCO，N Robinson，NCEAS，NLS，OS，NMA，Geodatastyrelsen and the GIS User Community ｜ City of Rancho Cucamonga，San Bernardino County，Esri，HERE，Garmin，INCREMENT P，USGS，NPS，EPA，US Census Bureau，USDA，Bureau of Land Management；Esri；City of Rancho Cucamonga，Microsoft ｜ Source：USGS，NGA，NASA，CGIAR，GEBCO，N Robinson，NCEAS，NLS，OS，NMA，Geodatastyrelsen and the GIS User Community ｜ City of Rancho Cucamonga，San Bernardino County，Esri，HERE，Garmin，INCREMENT P，USGS，NPS，EPA，US Census Bureau，USDA，Bureau of Land Management；Esri；Esri；Esri；City of Venice City Planning Data Portal，Esri，HERE，Garmin，INCREMENT P，USGS ｜ Source：USGS，NGA，NASA，CGIAR，GEBCO，N Robinson，NCEAS，NLS，OS，NMA，Geodatastyrelsen and the GIS User Community；Esri

第 10 章

Esri；Esri；Esri；US Department of Transportation；Esri；Esri；Esri；Esri；Esri；Esri；Esri，HERE，
Garmin，NGA，USGS，NPS ｜ NOAA/NOS/OCS nowCOAST，NOAA/NWS and NOAA/OAR/
NSSL ｜ NOAA/NWS ｜ NOAA，Esri ｜ Esri，HERE，Garmin；Esri，USGS，NOAA/NWS，DeLorme，
USGS，NPS；DCGIS，VITA，Esri，HERE，Garmin，FAO，NOAA，USGS，EPA，NPS，Esri；Esri；
Esri；City of Redlands，County of Riverside，San Bernardino County，Bureau of Land
Management，Esri，HERE，Garmin，INCREMENT P，Intermap，USGS，METI/NASA，EPA，
USDA，California Department of Transportation；Esri；Esri；Esri；Esri；Esri；Esri；Esri；City of
Redlands，County of Riverside，San Bernardino County，Bureau of Land Management，Esri，
HERE，Garmin，INCREMENT P，Intermap，USGS，METI/NASA，EPA，USDA，California
Department of Transportation；Esri；Esri；Esri；Esri；Esri；Esri；Esri；Esri；Esri；Esri；Esri；
Esri；Esri；Esri；Esri；Esri；City of Redlands，County of Riverside，San Bernardino County，Bureau
of Land Management，Esri，HERE，Garmin，INCREMENT P，Intermap，USGS，METI/NASA，NGA，
EPA，USDA

第 11 章

Esri；Esri；Esri；Esri；Esri；Esri；NYC Taxi & Limousine Commission，City of New York；Esri；
Esri；Esri；Esri；City and County of San Francisco，Esri；Esri；Esri；Esri；Esri；Esri；Esri；Esri；
Esri；Railroads：Courtesy of US Bureau Transportation Statistics；Rivers：Courtesy of ArcWorld；
Esri；Esri；Esri；Esri；Esri；Esri；Esri；Esri；Esri；Railroads：Courtesy of US Bureau Transportation
Statistics；Rivers：Courtesy of ArcWorld；Esri，HERE，Garmin，FAO，USGS，EPA，NPS；
Railroads：Courtesy of US Bureau Transportation Statistics；Rivers：Courtesy of ArcWorld；Esri；
HERE，Garmin，FAO，USGS，EPA，NPS；Esri；Esri；Esri；Esri；Railroads：Courtesy of US Bureau
Transportation Statistics；Rivers：Courtesy of ArcWorld；Esri，HERE，Garmin，FAO，USGS，EPA，
NPS；Railroads：Courtesy of US Bureau Transportation Statistics；Rivers：Courtesy of ArcWorld；
Esri，HERE，Garmin，FAO，USGS，EPA，NPS；Esri；Esri；Esri；Esri；Esri；Esri；Esri

第 12 章

Esri；Esri；Esri；Esri；Esri；Esri，METI，NASA；Esri；Esri；Esri；Esri；Esri；Esri；Esri；Esri；
Esri；Esri；Esri，HERE，Garmin，FAO，USGS，NASA；Esri；Esri，HERE，Garmin，FAO，USGS，
NGA，NASA；Esri；USGS

第 13 章

Esri；SenseFly，DJJ；Esri；Esri；Esri；Esri；Esri，河南大学，DigitalGlobal，GeoEye，Earthstar Georgaphics，CNES/Airbus DS，USDA，USGS，AeroGRID，IGN，and GIS Community；Esri，河南大学；Esri，河南大学，DigitalGlobal，GeoEye，Earthstar Georgaphics，CNES/Airbus DS，USDA，USGS，AeroGRID，IGN，and GIS Community；Esri，Pix4D，Henan University，USGS，NGA，CGIAR，GEBCO，N Robinson，NCEAS，NLS，OS，NMA，Geodatastyrelsen and GIS User Community；Esri，河南大学；Esri，河南大学；Esri

第 14 章

Esri；Esri；Esri；Esri，HERE，Garmin，NGA，USGS | Source：USGS，NGA，NASA，CGIAR，GEBCO，N Robinson，NCEAS，NLS，OS，NMA，Geodatastyrelsen and the GIS User Community；Esri；Esri；Esri；Esri；Esri；Esri；Esri；Esri；Esri；Esri；Esri；Earthstar Geographics，USGS，NGA，NASA，CGIAR，GEBCO，N Robinson，NCEAS，NLS，OS，NMA，Esri，Geodatastyrelsen and the GIS User Community；Earthstar Geographics，USGS，NGA，NASA，CGIAR，GEBCO，N Robinson，NCEAS，NLS，OS，NMA，Esri，Geodatastyrelsen and the GIS User Community；Earthstar Geographics，USGS，NGA，NASA，CGIAR，GEBCO，N Robinson，NCEAS，NLS，OS，NMA，Esri，Geodatastyrelsen and the GIS User Community；Esri

附录 B　数 据 致 谢

第 1 章

\\WebGISData\Chapter1\Locations.csv，河南大学

第 2 章

\\WebGISData\chapter2\CN_34Capital_Population.csv，河南大学
\\WebGISData\Chapter2\images\ thumbnail.png，Esri.

第 3 章

\\WebGISData\Chapter3\311incidents.csv，Esri.
\\WebGISData\Chapter3\Assignments_data，Esri.

第 5 章

\\WebGISData\Chapter5\earthquakes.csv，USGS

第 6 章

\\WebGISData\Chapter6\开封市居民能源消费行为调查，河南大学

第 7 章

\\WebGISData\Chapter7\data.gdb，中国地震网，NOAA，National Atlas，NOAA National Climatic Data Center.
\\WebGISData\Chapter7\Assignments_data\US_Cities_gdb，US Census.

第 8 章

\\WebGISData\Chapter8\KaifengCity.gdb，河南大学

第 9 章

\\WebGISData\Chapter9\FunParkData\Park.gdb，Esri.
\\WebGISData\Chapter9\FunParkData\rpk\Castle.rpk，Esri.
\\WebGISData\Chapter9\FunParkData\rpk\Soccerfield.rpk，Esri.
\\WebGISData\Chapter9\FunParkData\rpk\VeniceFacades.rpk，Esri.
\\WebGISData\Chapter9\FunParkData\rpk\FunPark_Points_URL.txt，Esri.

第 11 章

\\WebGISData\Chapter11\Lab_Data.gdb\point_lyr，Esri.
\\WebGISData\Chapter11\Lab_Data.gdb\Railroads，美国交通统计局.
\\WebGISData\Chapter11\Lab_Data.gdb\Rivers，ArcWorld.
\\WebGISData\Chapter11\Assignment_Data\ToolData\rail100k.sdc.xml，美国交通统计局.
\\WebGISData\Chapter11\Assignment_Data\ToolData\rivers.sdc.xml，ArcWorld.
\\WebGISData\Chapter11\Planning.tbx，Esri.
\\WebGISData\Chapter11\Planning.tbx\Select_Sites，Esri.
\\WebGISData\Chapter11\Site_Selection.mxd，Esri.
\\WebGISData\Chapter11\Assignment_Data\Scratch，Esri.

\\WebGISData\Chapter11\Data.gdb\Earthquakes，USGS.

\\WebGISData\Chapter11\Data.gdb\Hurricanes，美国国家海洋和大气管理局气候数据中心.

\\WebGISData\Chapter11\Assignment_Data\natural_disasters.mxd，Esri.

\\WebGISData\Chapter11\Assignment_Data\ExtractData.tbx，Esri.

\\WebGISData\Chapter11\Assignment_Data\ExtractData.tbx\ExtractData，Esri.

第 12 章

\\WebGISData\Chapter12\LC08_L1TP_123036_20150822_20170405_01_T1_B2.TIF，USGS，NASA.

\\WebGISData\Chapter12\LC08_L1TP_123036_20150822_20170405_01_T1_B3.TIF，USGS，NASA.

\\WebGISData\Chapter12\LC08_L1TP_123036_20150822_20170405_01_T1_B4.TIF，USGS，NASA.

\\WebGISData\Chapter12\LC08_L1TP_123036_20150822_20170405_01_T1_B5.TIF，USGS，NASA.

\\WebGISData\Chapter12\ASTGTM2_N33E111_dem.tif，METI，NASA.

第 13 章

\\WebGISData\Chapter13\GeoBuilding.zip，河南大学.

\\WebGISData\Chapter13\IronTower.zip，河南大学.

第 14 章

\\WebGISData\Chapter14\2d3d_Views.html，Esri

\\WebGISData\Chapter14\2d3d_Views_linked_key.html，Esri

\\WebGISData\Chapter14\2d3d_Views_linked_legend.html，Esri

\\WebGISData\Chapter14\2d3d_Views_linked_query.html，Esri

\\WebGISData\Chapter14\2d3d_Views_linked_query_key.html，Esri

\\WebGISData\Chapter14\2d3d_Views_linked_query_legend.html，Esri

\\WebGISData\Chapter14\2d3d_Views_linked_query_legend_key.html，Esri

\\WebGISData\Chapter14\webmap-basic_key.html，Esri

\\WebGISData\Chapter14\webmap_debug.html，Esri

\\WebGISData\Chapter14\webscene-basic_key.html，Esri

索 引

郑重声明

　　高等教育出版社依法对本书享有专有出版权。任何未经许可的复制、销售行为均违反《中华人民共和国著作权法》,其行为人将承担相应的民事责任和行政责任;构成犯罪的,将被依法追究刑事责任。为了维护市场秩序,保护读者的合法权益,避免读者误用盗版书造成不良后果,我社将配合行政执法部门和司法机关对违法犯罪的单位和个人进行严厉打击。社会各界人士如发现上述侵权行为,希望及时举报,本社将奖励举报有功人员。

反盗版举报电话　　(010)58581999　58582371　58582488
反盗版举报传真　　(010)82086060
反盗版举报邮箱　　dd@hep.com.cn
通信地址　北京市西城区德外大街4号
　　　　　高等教育出版社法律事务与版权管理部
邮政编码　100120